Martin Husemann, Oliver Hawlitschek (Hrsg.)

Die Welt der Heuschrecken

Haupt
NATUR

Martin Husemann, Oliver Hawlitschek (Hrsg.)

DIE WELT DER HEUSCHRECKEN

Faszinierende Lebensweise, unterschätzte Vielfalt

Haupt Verlag

INHALT

VORWORT ZUR DEUTSCHEN AUSGABE

Die Forschung zu Orthopteren hat in den letzten Jahrzehnten und gerade in den letzten Jahren einen rasanten Aufschwung genommen. Sehr viele Studien zur Taxonomie, Verbreitung, Ökologie und Biologie wurden angestoßen und veröffentlicht. Vor diesem Hintergrund ist es für Neueinsteiger als auch für die langjährig tätigen Forscherinnen und Forscher äußerst hilfreich, ein umfassendes Überblickswerk vieler renommierter Autorinnen und Autoren zu erhalten.

Schon immer haben Heuschrecken die Menschen aufgrund ihrer Lautäußerungen fasziniert. Das war so und wird auch so bleiben. Heute erforscht eine große, länderübergreifende Gemeinschaft Heuschrecken. Das Wirken der Orthopterists' Society hat diese Forschergemeinde eng zusammengeführt, und der Orthoptera Species File hat als umfassendes gemeinsames Werkzeug einen enormen Schub in die Forschung gebracht.

Mit der Veröffentlichung zum Insektenrückgang im Jahr 2017 durch den Entomologischen Verein Krefeld sind Insekten aus einer Nische herausgetreten und zum festen Bestandteil der Diskussion um die Ursachen und die Bewältigung der Biodiversitätskrise geworden. Heuschrecken sind in diesem Zusammenhang wichtige Indikatoren und haben daher enorm an Bedeutung gewonnen.

Ich hoffe, dass dieses herausragende Werk eine weite Verbreitung findet und viele Menschen anregt, sich mit dieser interessanten Gruppe zu beschäftigen.

Dr. Josef Tumbrinck,
seit 2024 Vorsitzender der Deutschen Gesellschaft für Orthopterologie

VORWORT DER AUTOREN

Oliver Hawlitschek, Martin Husemann

Wer immer sich für Heuschrecken interessiert oder sich gar wissenschaftlich mit ihnen beschäftigt, wird im Laufe ihrer oder seiner Karriere – vielleicht mit Überraschung – erkennen, dass sehr vieles über diese Gruppe noch unbekannt ist. Heuschrecken sind weit verbreitet und vielerorts häufig; praktisch überall, wo Menschen leben, seien es Urwaldcamps oder Großstadtzentren, kommen auch Heuschrecken vor. Und oft sind diese Tiere leicht zu beobachten: Sie singen deutlich hörbar, und viele von ihnen flüchten mit einem auffälligen Sprung, anstatt sich zu verstecken. Aus entomologischer Sicht sind sie eine «weniger artenreiche» Gruppe innerhalb der Insekten: Die etwa 30 000 bekannten Arten stellen nur einen Bruchteil der Hunderttausenden von Käfern, Wespen, Schmetterlingen und Fliegen dar. Andererseits machen Heuschrecken in vielen Lebensräumen einen beachtlichen Teil der Biomasse aus. Sie eignen sich daher hervorragend als Studienobjekte, sowohl für Amateure als auch professionell Forschende. Und jeder Bibliotheksbesuch, jede Internet-Suche und jedes Gespräch mit anderen Naturforschenden zeigt: Heuschrecken werden zu wenig erforscht und wahrscheinlich auch zu wenig beachtet.

Andere Gruppen von Insekten, allen voran Käfer und Schmetterlinge, waren schon beliebte Studienobjekte für Generationen von Enthusiasten und Spezialistinnen. Kein Wunder: Diese Gruppen wurden vielerorts auch aus ästhetischen Gründen gesammelt und gehandelt. Dabei wurden auch viele Erkenntnisse über die Biologie dieser Tiere gewonnen. Heuschrecken wiederum waren in der breiten Bevölkerung nicht so sehr als Schmuckstücke, sondern eher als Landwirtschaftsschädlinge und biblische Plagen bekannt – Grillen seit einiger Zeit vielleicht auch als Futter für Terrarienbewohner. Dieser Gegensatz hat dazu geführt, dass heute umfangreiche Literatur zu den besser bekannten Insektengruppen verfügbar ist, aber nur sehr wenig über Heuschrecken.

Das vorliegende Buch soll diese Lücke zumindest im Ansatz füllen. So wie andere Insekten hat die Evolution auch bei Heuschrecken über Hunderte Jahrmillionen eine scheinbar grenzenlose Vielfalt mit Tausenden von Arten hervorgebracht, die sich an zahllose unterschiedliche Lebensräume angepasst haben. Heuschrecken sind bunt, erzeugen wohlklingende Gesänge und zeigen erstaunlich komplexe Verhaltensweisen. Sie sind häufig, verhältnismäßig leicht zu beobachten und geben daher gute Motive für die Naturfotografie und den Ökotourismus ab. Auch als Haustiere und für die Biodiversitäts- und Umweltbildung sind Heuschrecken hervorragend geeignet. Und für die biologischen Forschungsbereiche der Physiologie, Ökologie und Evolutionsbiologie bieten sie sich durch ihre vielfältigen Sinnesleistungen, ihre zentrale Rolle in Nahrungsnetzen, ihre großen Genome und ihre komplexe Evolution geradezu an.

Heuschrecken sind auf allen Kontinenten der Erde mit Ausnahme der Antarktis zu finden. Wir haben daher Orthopterologinnen und Orthopterologen aus der ganzen Welt eingeladen, an unserem Buchprojekt mitzuwirken. Sie erklären, wie sich Heuschrecken im Verlauf der Erdgeschichte entwickelt haben, wie sie leben, wie sie sterben und wie vielfältig sie sind. Dieses Buch enthält Geschichten über Schiefkopfschrecken, Höhlengrillen, Sägeschrecken, Cooloola-Monster, Sandtapper, Wetas und ihre vielgestaltige Verwandtschaft. Unsere Hoffnung ist, dass das Buch bei anderen Naturforschenden, und solchen die es noch werden wollen, dieselbe Faszination für Heuschrecken entfacht, die auch wir empfinden. Wissenschaftler und Wissenschaftlerinnen werden vielleicht erkennen, wie sehr es sich lohnt, ein Forschungsprojekt über Heuschrecken zu beginnen. Möglicherweise wird auch in Menschen, die sich nie besonders für die Natur um sie herum interessiert haben, durch zufälliges Blättern in diesem Buch ein kleiner Funke des Interesses an der außerordentlichen Vielfalt unserer Mitlebewesen geweckt. Eine besondere Ehre wäre es für uns, wenn auch solche Kolleginnen und Kollegen, die schon eine lange Karriere in der Heuschreckenforschung hinter sich haben, noch etwas Neues aus unserem Buch lernen. Uns erging es auf jeden Fall so.

Deutsche Gesellschaft für Orthopterologie

Orthopterists' Society

HEUSCHRECKEN, GRASHÜPFER, GRILLEN – WER IST WER IN DER HEUSCHRECKENWELT?

Martin Husemann, Oliver Hawlitschek

Wissenschaftlich werden Heuschrecken der Insektenordnung Orthoptera zugeordnet, von der weltweit an die 30 000 Arten bekannt sind. Wenngleich manch andere Insektengruppe noch deutlich artenreicher ist, ist dies doch eine gewaltige Vielfalt. Gleichzeitig haben nahezu alle Heuschrecken einige Merkmale gemeinsam – allen voran die charakteristischen starken Sprungbeine. In der Evolutionsbiologie wird das eine Apomorphie genannt: eine Eigenschaft, die speziell in einer Gruppe von Organismen entstanden ist. Darüber hinaus haben sich Heuschrecken an eine große Vielfalt von Lebensräumen und Lebensweisen angepasst. Dies hat zu einem sehr variablen Aussehen verschiedener Mitglieder der Orthoptera geführt, was wiederum ein Grund für die Vielzahl an Trivialnahmen der verschiedenen Arten und Gruppen ist.

Im Englischen, in dem alle Insekten landläufig ein wenig verächtlich als «Bug» bezeichnet werden, gibt es für das deutsche Wort «Heuschrecke» keine direkte Entsprechung außer dem wissenschaftlichen «Orthoptera». Der Begriff «Hopper», zu Deutsch Hüpfer, kann sich auch auf andere Insektengruppen wie Zikaden und Buckelzirpen beziehen. Das ist im Deutschen klarer. Hier meinen wir meist alle Mitglieder der Orthoptera, wenn wir von Heuschrecken sprechen. Umgangssprachlich kann «Heuschrecke» allerdings auch auf die Kurzfühlerschrecken beschränkt sein, wohingegen ein Teil der Langfühlerschrecken oft als Heupferde bezeichnet werden. Diese nehmen wiederum die Grillen aus, die ebenfalls zu den Ensifera gehören. Der Begriff «Grashüpfer» wiederum meint generell nur einen Teil der Kurzfühlerschrecken, und hier spezifisch der Feldheuschrecken (Acrididae), nämlich die Unterfamilie der Gomphocerinae. Man sieht also: Die Nutzung von Trivialnamen kann verwirrend sein.

Zumindest die Trennung in die beiden Unterordnungen Caelifera und Ensifera, also die Kurz- und Langfühlerschrecken, ist recht eindeutig. Die beiden Gruppen sind so unterschiedlich, dass manche Wissenschaftler ihre nahe Verwandtschaft trotz vieler Belege immer noch anzweifeln. Neben den namensgebenden Antennen, die bei den Caelifera maximal über das Halsschild reichen, können diese bei den Ensifera ein Vielfaches der Körperlänge annehmen. Zudem ist das Gehör bei beiden Gruppen völlig anders gebaut: während die Kurzfühlerschrecken ihr «Ohr» oder Tympanum an der Seite des Körpers über der Hinterhüfte haben, liegt es bei den Langfühlerschrecken am oberen Ende des vorderen Schienbeins. Auch die Erzeugung von Gesängen und die damit verbundenen Strukturen unterscheiden sich deutlich. Die Caelifera reiben ihre Beine generell über die Hinterflügel, wohingegen bei den Ensifera meist die beiden Vorderflügel aneinandergerieben werden (siehe Kapitel Bioakustik).

Auch die Strukturen zur Eiablage unterscheiden sich deutlich. Weibchen der Ensifera besitzen ein stachel- oder schwertartiges Organ, den Ovipositor, wohingegen diese Struktur bei den Caelifera aus kurzen, zangenartigen Strukturen besteht und eher unauffällig ist.

Innerhalb der beiden Unterordnungen haben auch andere Gruppen Trivialnamen bekommen, häufig, um ihre besonderen Eigenschaften hervorzuheben. Die vorher schon erwähnten Feldheuschrecken oder Acrididae haben ihren Namen von dem bevorzugten Lebensraum vieler Mitglieder, offenen Landschaften. Die Dornschrecken oder Tetrigidae besitzen ein verlängertes, in vielen (zumindest europäischen) Arten dornförmiges Halsschild. Häufig haben auch ganze Gattungen Trivialnamen, wie die Heidegrashüpfer (Gattung *Stenobothrus*), die Schönschrecken (Gattung *Calliptamus*), die Sandschrecken (Gattung *Sphingonotus*) oder die Ödlandschrecken (Gattung *Oedipoda*). Die Arten innerhalb der Gattung werden dann durch Zusätze spezifiziert, wie zum Beispiel die Italienische Schönschrecke *(Calliptamus italicus)* oder die Blauflügelige Ödlandschrecke *(Oedipoda coerulescens)*. Das funktioniert allerdings nur bei einer relativ geringen Diversität innerhalb der Gattungen, da es sonst schnell zu Verwechslungen kommen kann. Das merkt man auch schon daran, dass die Heidegrashüpfer *(Stenobothrus)* zum Beispiel nichts mit den Heideschrecken *(Gampsocleis)* zu tun haben, die zu den Ensifera gehören.

Auch innerhalb der Ensifera macht eine Vielzahl von Trivialnahmen die Runde. So unterscheidet man zum Beispiel die Laubheuschrecken (Tettigoniidae) von den Grillen (Grylloidae). Grillen gibt es wiederum viele verschiedene, wie die Feldgrillen (Gattung *Gryllus*), die Ameisengrillen (Myrmecophilidae) oder die Maulwurfsgrillen (Gryllotalpidae). Bei dieser Auflistung erkennt man schnell, dass wir hier nicht über die gleichen systematischen Ebenen sprechen und dass die Ableitung des taxonomischen Niveaus von Trivialnamen nicht möglich ist. Bei den wissenschaftlichen Namen ist das anhand der Endungen sehr wohl möglich (z. B. -idae für Familie, -inae für Unterfamilie usw.). Dazu kommen weitere verwirrende Namen, wie die Heupferde (Gattung *Tettigonia*), Zwitscherschrecke (*Tettigonia cantans*), Warzenbeißer (*Decticus verrucivorus*) oder Weinhähnchen (Gattung *Oecanthus*). Verlässt man die mitteleuropäische Fauna, kommen Namen wie Sandtapper und Wetas (Kapitel 5.1.3 und 5.1.5) hinzu. Allerdings gibt es für den Großteil der außereuropäischen und auch für viele Arten aus dem nicht-deutschsprachigen, europäischen Raum gar keine deutschen Trivialnamen. In diesem Buch schlagen wir für einige Heuschreckengruppen und -arten neue deutsche Trivialnamen vor, um die Tiere besser zu umschreiben.

Diese kurze Zusammenfassung erhebt keinerlei Anspruch auf Vollständigkeit, zeigt aber die Problematik, die generell mit Trivialnamen einhergeht. Sie sind oft nicht eindeutig und unterscheiden sich lokal oder regional – im Unterschied zu den international verwendeten wissenschaftlichen Namen. In diesem Buch verwenden wir daher nach Möglichkeit beide Arten von Namen.

Abbildung > Heuschrecken sind die vorherrschenden Insekten in einigen Ökosystemen. Dieses Bild zeigt Männchen von *Euchorthippus declivus* (oben) und *Omocestus rufipes* (unten; beide Acrididae), die sich einen Ansitz in einer Wiese in östlichen Mitteleuropa teilen. Foto: Oliver Hawlitschek.

1 EVOLUTION UND SYSTEMATIK

1.1 HEUSCHRECKEN UND IHRE VIELFÄLTIGE VERWANDTSCHAFT

Roberto Battiston, Paolo Fontana, Bruno Massa

Innerhalb der Insekten gehört die Ordnung Orthoptera zur größeren Gruppe der Polyneoptera, auch bekannt als orthopteroide Insekten. Diese ist eine der drei primären Untergruppen der Neoptera (Neuflügler), deren Entstehung auf das Karbon datiert wurde. Auch wenn sie weniger artenreich sind als die großen holometabolen Ordnungen (Fliegen, Käfer, Hautflügler und Schmetterlinge), repräsentieren die Polyneoptera eine diverse und faszinierende Gruppe, die zahlreiche Ordnungen mit einzigartigen Eigenschaften und erstaunlichen Anpassungen umfasst. Die genauen phylogenetischen Beziehungen innerhalb der Polyneoptera sind bis heute wenig verstanden und ihre Verzweigungsmuster bleiben unklar.

Laut aktuellem Stand der Forschung umfassen die Polyneoptera zehn Ordnungen von Insekten, darunter auch die Orthoptera, denen dieses Buch gewidmet ist. Die anderen werden im Folgenden beschrieben.

Zoraptera, die Bodenläuse, sind eine winzige und wenig bekannte Insektenordnung mit 30 beschriebenen rezenten Arten, die in den Tropen Südasiens, Westafrikas, Ozeaniens und Südamerikas leben. Alle bekannten Arten zeigen einen bemerkenswerten Dimorphismus von geflügelten und flügellosen Morphen. Die geflügelten Individuen besitzen pigmentierte Körper, Facettenaugen und Ocelli, während die häufiger vorkommenden, flügellosen Formen blasse Körper und keine Facettenaugen oder Ocelli haben und somit völlig augenlos sind. Zudem besitzen sie eine unverwechselbare, y-förmige Furche auf ihren Köpfen. Zoraptera haben einen verlängerten und abgeflachten Körper, Hinterbeine mit verdickten Femora und ein Abdomen, das aus 10 Segmenten besteht. Sie sind primär unter der Erde, unter abgestorbenen Baumstämmen, verfallenem Holz und sogar in Termitenröhren zu finden. Ihre Hauptnahrung sind Pilze, aber sie ernähren sich auch von Fadenwürmern, Springschwänzen und Milben.

Dermaptera, auch bekannt als Ohrwürmer, sind weltweit verbreitet, aber der größte Teil der 2000 Arten wird in tropischen Regionen gefunden. Ohrwürmer besitzen einen verlängerten, abgeflachten Körper, sind typischerweise dunkelbraun oder orange-braun und tragen charakteristische zangenartige Cerci am Ende des Abdomens. Sie sind überwiegend nachtaktiv. Ihre Beine sind kurz und an das Laufen angepasst. Bei geflügelten Individuen sind die Flügel modifiziert: Die Vorderflügel sind zu kurzen Deckflügeln (Tegmina) abgewandelt, unter denen die breiteren Hinterflügel in Ruhestellung zusammengefaltet sind. Nur die Hinterflügel werden zum Flug eingesetzt. Ohrwürmer nehmen eine Reihe von ökologischen Rollen ein und können sich von lebendem Pflanzenmaterial ernähren, Blüten und Früchte beschädigen oder sich an der Zersetzung organischen Materials beteiligen. Einige Arten sind solitäre Prädatoren, während andere in Gruppen leben.

Plecoptera, zu Deutsch Steinfliegen, umfassen etwa 3500 bekannte Arten weltweit. Ihre Nymphen (Larven) bewohnen überwiegend kühle Süßwasserlebensräume, wobei sie montane Regionen und sauerstoffreiche Bäche und Flüsse bevorzugen. Sie sind empfindlich gegenüber Verschmutzung und werden oft als Bioindikatoren für Wasserqualität genutzt. Die unverwechselbaren Merkmale der Steinfliegen sind zwei lange Schwanzfortsätze (Cerci) und harte, abgeflachte Körper. Adulte Steinfliegen sind schlechte Flieger; einige Arten sind sogar gänzlich flügellos und zur Fortbewegung allein auf ihre kräftigen Beine angewiesen. Sie spielen eine entscheidende ökologische Rolle in Süßwasserökosystemen, sowohl als Räuber als auch als Beute, und sind somit auch eine wichtige Nahrungsquelle für Fische und andere aquatische Organismen.

Mantophasmatodea wurden erst 2002 beschrieben und sind damit bei Weitem die jüngst entdeckte aller Insektenordnungen. Wegen ihrer räuberischen Lebensweise und dem Fangverhalten, bei dem sie die Beute zwischen ihren vorderen und mittleren Beinen festhalten, sind sie auch als «Gladiatoren» bekannt.

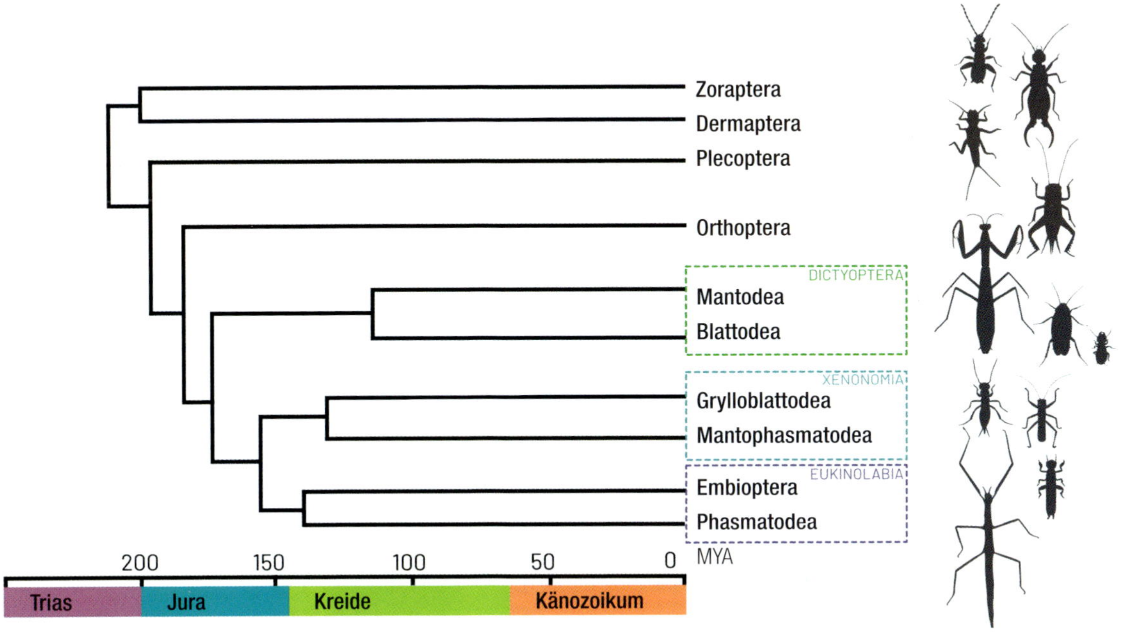

Abb. 1 Stammbaum mit zeitlicher Einordnung basierend auf umfassenden transkriptomischen Daten aus dem 1Kite Projekt. Orthoptera bilden die Schwestergruppe zu einer großen Verwandtschaftsgruppe, die Xenonomia (= Grylloblattodea + mantophasmatodea), Eukinolabia (= Embioptera + Phasmatodea) und Dictyoptera (= mantodea + Blattodea inkl. Termiten) beinhaltet, während sich Plecoptera und Zoraptera + Dermaptera wahrscheinlich im späten Trias von ihnen abspalteten.

Abb. 2. Einige Vertreter der polyneopteren Insektenordnungen: A) Zoraptera, *Zorotypus asymmetricus*, P. Kocarek; B) Dermaptera, *Forficula apennina*, P. Fontana; C) Plecoptera, *Dinocras cepalotes*, R. Battiston; D) Mantophasmatodea, *Minutophasma richtersveldense*, B. Wipfler, T. Theska, R. Predel (Wikimedia); E) Grylloblattodea, *Grylloblatta*, Alex Wild (Wikimedia); F) Blattodea, *Periplaneta americana*, R. Battiston; G) Mantodea, *Geomantis larvoides*, R. Battiston; H) Embioptera, *Embia thyrrenica*, T. Puma; I) Phasmida. *Clonopsis gallica*, R. Battiston.

Die nur 20 bekannten rezenten Arten sind flügellos und ähneln Nymphen von Gottesanbeterinnen oder Stabheuschrecken. Sie werden hauptsächlich in trockenen Savannenregionen von Südwest- und Ostafrika gefunden. Anhand von fossilen Nachweisen wird die Entstehung dieser Ordnung auf das mittlere Jura festgelegt. Damals war die Ordnung weitaus artenreicher als heute. Die Weibchen produzieren sackartige Eipakete, die 10–16 Eier enthalten und viele Monate Trockenheit überstehen können. In Gefangenschaft wurde Kannibalismus unter Nymphen und adulten Tieren beobachtet. Sie besitzen spezialisierte Mechanorezeptoren zur Wahrnehmung von Erdvibrationen, die sie zur Erkennung von Beute und zur Kommunikation durch Trommeln auf den Untergrund verwenden.

Grylloblattodea (Grillenschaben) sind eine Ordnung mit 33 Arten flügelloser Insekten. Sie fallen durch einen verlängerten Körper und lange Beine auf und erinnern entfernt an Kakerlaken, sind aber insgesamt schlanker. Sie kommen im Nordwesten Nordamerikas und im Nordosten Asiens vor, sind aber überall selten. Ihre Beine sind an die Fortbewegung auf steinigen, oft eisbedeckten Oberflächen angepasst, weshalb man sie im Englischen auch manchmal als «rock/ice-crawlers» («Fels/Eiskriecher») bezeichnet. Grylloblattodea sind typischerweise nachtaktiv und ernähren sich von abgestorbenem, organischem Material und kleinen wirbellosen Tieren. Sie gelten als sehr ursprüngliche Insektengruppe und könnten im Perm entstanden sein.

Blattodea sind eine der größeren Ordnungen der Polyneoptera mit etwa 7600 Arten, die Schaben und Termiten umfassen. Diese reichen in der Körpergröße von 2 mm bis 12 cm. Aus phylogenetischer Sicht sind Termiten keine eigene Insektenordnung (bis 2007 Isoptera genannt), sondern einfach sehr untypische Schaben. Die Ordnung hat eine lange Entstehungsgeschichte, die ins Karbon zurückreicht, und sie kommen heute auf allen Kontinenten außer der Antarktis vor. Die soziale Organisation variiert von solitärer Lebensweise bei Schaben bis zu hoch eusozialem Verhalten mit komplexen Kastensystemen bei den Termiten. Reproduktive Kasten umfassen das Königspaar, Ersatzköniginnen und -könige, zusätzliche Königinnen und Könige sowie neotene Ersatz-Geschlechtstiere. Der größte Teil der Individuen gehört jedoch den sterilen Kasten der Soldaten, Arbeiter und sogenannten Pseudergaten (Scheinarbeiter) an. Das Abdomen von Termitenköniginnen ist normalerweise durch die Eiproduktion extrem vergrößert (Physogastrie).

Mantodea, bekannt als Gottesanbeterinnen oder Fangschrecken, sind spezialisierte, räuberische Insekten. Ihre 2500 Arten reichen in der Größe von 1 bis 17 cm und sind vor allem in warmen Regionen zu finden. Sie zeigen diverse Formen, außergewöhnliche Morphotypen und kryptische Verhaltensweisen. Ihre charakteristischsten Merkmale sind die Vorderbeine, die als Fangbeine ausgebildet sind und zum Greifen der Beute verwendet werden. Ihre Femora und Tibien sind mit Stacheln ausgestattet und schließen wie Zangen. Weitere Merkmale sind der dreieckige, hochbewegliche Kopf mit großen Facettenaugen, die räumliches Sehen ermöglichen, und ein verlängerter Prothorax, der oft mit gezahnten Rändern oder seitlichen Verlängerungen ausgestattet ist, um Blätter zu imitieren. Während einige wenige Arten kurzflügelig oder flügellos sind, sind die Flügel normalerweise gut entwickelt und werden oft bei Paarungsritualen oder bei der Mimikry eingesetzt. Fangschrecken passen sich an ihre Umwelt durch hervorragende Tarnung an, um Blüten, Rinde, Blätter, Flechten oder Moose nachzuahmen. Sexueller Kannibalismus ist häufig: Die Männchen laufen Gefahr, gefressen zu werden.

Embioptera, auch bekannt als Tarsenspinner, sind in Gruppen lebende Insekten, die röhrenartige Gespinste aus Seide aus ihren Vordertarsen bilden. Sie kommen in tropischen und anderen warmen Regionen vor. Es gibt etwa 250 bekannte Arten weltweit, mit wahrscheinlich bis zu 750 weiteren noch nicht beschriebenen Arten. Fossile Nachweise deuten auf ein Alter bis ins Obere Perm hin, mit vielen Funden im Bernstein der Ostsee aus dem Tertiär. Adulte Tarsenspinner werden selten größer als 2 cm. Embiopteren zeigen einen bemerkenswerten Sexualkannibalismus, obwohl sie sonst herbivor sind. Nach der Befruchtung legen Weibchen die Eier in ein Gespinst, das oft mit organischem Material und Seide verbunden ist, und betreiben Brutpflege, indem sie die Eier bewachen.

Phasmida oder Phasmatodea, auch bekannt als Stabheuschrecken (oder Wandelnde Blätter im Fall der Arten mit breiten und flachen Körpern), sind eine Gruppe von ca. 3000 beschriebenen, größtenteils tropischen Arten. Sie zeichnen sich durch verlängerte Körper und bemerkenswerte Krypsis aus, wodurch sie Zweigen, Blättern oder Flechten ähneln. Stabheuschrecken zeigen weiterhin einen auffälligen Sexualdimorphismus, wobei die Weibchen typischerweise größer und flugunfähig sind, während die Männchen oft kleiner und flugfähig sind. Sie vermehren sich hauptsächlich sexuell, doch sind viele Arten auch zur Parthenogenese fähig. Bei dieser Form der asexuellen Fortpflanzung wird das Ei ohne Befruchtung durch eine Samenzelle zum Embryo. Stabheuschrecken legen Eier, die wie Pflanzensamen oder Exkremente aussehen, was die Verbreitung durch Ameisen begünstigt. Sie sind herbivor und ernähren sich von speziellen Pflanzenarten, die sie oft nachahmen. Diese vorwiegend nachtaktiven Insekten sind Meister der Tarnung, bleiben tagsüber ruhig und verwenden verschiedene Verhaltensweisen zur Abwehr von Fressfeinden, wie das Imitieren von Zweigen oder Blättern, die Produktion von Stridulationsgeräuschen oder abstoßenden Substanzen. Die Phasmiden halten auch den Rekord für die größte Körperlänge unter allen Insekten (Gattung *Phryganistria*, 62 cm).

1.2 DIE WELT DER FOSSILEN HEUSCHRECKEN

Ulrich Kotthoff, Ole-Kristian Odin Schall, Martin Husemann

Die ältesten bekannten Heuschreckenfossilien (s. Box Taphonomie) stammen aus dem späten Karbon vor ungefähr 300 Millionen Jahren. In diesem Zeitalter bildete ein Großteil der heutigen Kontinente eine zusammenhängende Landmasse um den Südpol. Im darauffolgenden Perm driftete dieses Land nordwärts und kollidierte mit dem dort befindlichen Laurussia zu Pangäa (der Name bedeutet «gesamte Erde»), einem Superkontinent, der alle modernen Kontinente in sich vereinte. Über diese riesige Landmasse breiteten sich aride und semiaride Gebiete aus, die von trockenheitsangepassten Pflanzen wie Koniferen und anderen frühen Samenpflanzen dominiert wurden. Die Angiospermen («Bedecktsamer»), einschließlich der Gräser und der typischen Blütenpflanzen, entwickelten sich erst später.

Der früheste gemeinsame Vorfahre aller Orthoptera lebte gemäß einer Rekonstruktion durch molekulargenetische Studien höchstwahrscheinlich bereits im frühen Karbon vor ungefähr 350 Millionen Jahren (Kapitel 1.1). In dieser Epoche wuchsen die ersten Wälder, hauptsächlich aus Gefäßsporenpflanzen wie Schachtelhalmen, Farnen und Bärlappgewächsen. Im frühen Karbon waren auch nahe verwandte Insektengruppen Teil der Fauna, so die Titanoptera, teils gigantische heuschreckenähnliche Tiere, die von manchen Wissenschaftlern auch als Unterordnung der Orthoptera gewertet werden. Tatsächlich besaßen die Titanoptera einige Ähnlichkeiten zu den «echten» Heuschrecken, wie etwa ihre Stridulationsorgane (Abb. 1). Manche Funde fossiler heuschreckenähnlicher Insekten reichen noch weiter zurück als das Karbon, doch ist die Zuordnung dieser Stücke unsicher und in der Wissenschaft umstritten. Sicher ist jedoch, dass die Heuschrecken und ihre frühen Verwandten, gemeinsam mit den Vorfahren der Libellen und Schaben, zu den erdgeschichtlich ältesten Insektenordnungen gehören – den hemimetabolen Insekten mit einer direkten Entwicklung von einem Larven- oder Nymphenstadium zur erwachsenen Imago. Die holometabolen Insekten (z.B. Wespen und Käfer), deren Entwicklung ein Puppenstadium beinhaltet, traten erst später im Perm und im darauf folgenden Trias auf. Sie profitierten wahrscheinlich vom trockeneren Klima jener Zeit. Doch auch die hemimetabolen Orthoptera passten sich an die neuen Bedingungen an.

Am Ende des Perms kam es zum größten Massensterben aller Zeiten, bekannt als «das große Sterben». Im nachfolgenden Mesozoikum mit den Epochen Trias, Jura und Kreide, welches vor ca. 252 Millionen Jahren begann, brach der Superkontinent Pangäa auseinander. Während des Jura öffnete sich der Atlantische Ozean und das Klima verwandelte die Erde in ein Treibhaus, was in der Kreidezeit noch extremer wurde. Das Mesozoikum war das Zeitalter einiger der bekanntesten Wirbeltiergruppen, die je gelebt haben, allen voran die Ichthyosaurier, Pterosaurier und Dinosaurier. Auch die Säugetiere entwickelten sich. Weniger bekannt ist, dass das Mesozoikum auch die Diversifizierung vieler erfolgreicher Insektenordnungen erlebte, nicht zuletzt mancher Heuschreckenfamilien.

Die über die verschiedenen Zeitalter wechselnden geologischen und klimatischen Bedingungen wirkten sich auch auf den Fossilbericht aus. Fossillagerstätten, in denen Insekten gefunden werden, bieten punktuelle Einblicke in kurze Abschnitte der Entwicklungsgeschichte mit oftmals erstaunlichem Formenreichtum, während über lange Abschnitte der Erdgeschichte bisher jegliche Fossilien von Insekten fehlen. Wenig überraschend sind Fossilien von Heuschrecken daher relativ selten. Nur ungefähr 900 Arten aus über 500 Gattungen sind zurzeit bekannt. Viele Stücke, die gefunden wurden, wurden wissenschaftlich noch gar nicht untersucht. Oftmals handelt es sich lediglich um einzelne Flügel, was die systematische Einordnung sehr schwierig macht. Nichtsdestotrotz ist die Diversität und geografische Verbreitung fossiler Heuschrecken groß, und die meisten heute lebenden Gruppen sind auch durch Fossilien

repräsentiert. Darüber hinaus sind einige artenreiche Familien ausschließlich von ausgestorbenen Vertretern bekannt, darunter die Locustopsidae innerhalb der Caelifera sowie die Elcanidae (Abb. 1A), Haglidae und Oedischiidae innerhalb der Ensifera.

Drei der bedeutendsten Fossillagerstätten, in denen Insekten gefunden werden, sind der Burmesische Bernstein aus dem Norden Myanmars (ca. 110–100 Millionen Jahre alt), die Crato-Formation im Nordosten Brasiliens (ca. 122–113 Millionen Jahre) und die Yixian-Formation im Nordosten Chinas (ca. 130–125 Millionen Jahre). Zwar liegen alle drei Lagerstätten zeitlich nicht allzu weit voneinander entfernt in der frühen bis mittleren Kreidezeit, aber die dort erhaltenen Heuschrecken unterscheiden sich teilweise erheblich voneinander. Tatsächlich finden sich manche Familien nur in einer dieser drei Lagerstätten wieder, während sie aus den anderen beiden nicht bekannt sind (z. B. die Locustopsidae der Crato-Formation, die Haglidae aus Yixian und die Burmecaelidae aus Burmesischem Bernstein). Insbesondere der Formen- und Artenreichtum des Burmesischen Bernsteins ist bemerkenswert. Die Burmecaelidae (Abb. 1B) wirken wie eine Kreuzung aus Tridactyloidea (Abb. 1C) und Tetrigoidea. Die Ripipterygidae, von denen heutzutage nur wenige Arten aus Süd- und Mittelamerika bekannt sind, sind mannigfaltig vertreten. Und das fossilisierte Baumharz erzählt uns weit mehr als bloß die Anwesenheit bestimmter Arten und Artengruppen: Der zum Teil herausragende Erhaltungszustand der eingeschlossenen Insekten erlaubt es Wissenschaftlern, Rückschlüsse auf die Ökologie der Bewohner des damaligen tropischen Waldes zu ziehen. In der Familie Elcanidae wurde zum Beispiel ein großer Formenreichtum der charakteristischen Stacheln an den Schienen der Hinterbeine festgestellt. Manche sind besonders lang und leicht gebogen wie ein Messer (ensiform), andere blattförmig und wieder andere verfügen über kleine Zahnreihen entlang der Ränder; auch komplett gerade Stacheln traten auf. Wissenschaftler vermuten, dass die Stacheln dazu genutzt worden sein könnten, sich auf der Oberfläche des Wassers fortzubewegen, ähnlich wie es heutzutage manche Tridactylidae der Gattungen *Ellipes* und *Xya* tun. Doch weshalb es so viele unterschiedliche Stacheltypen in Elcaniden gab, ist ein Rätsel, welches vorerst unbeantwortet bleibt. Es wird die Aufgabe zukünftiger Forscherinnen und Forscher sein, dies zu lösen, gemeinsam mit vielen weiteren spannenden Fragen über das Leben der mesozoischen Heuschrecken, die Seite an Seite mit den Dinosauriern die Erde bevölkerten.

Nach dem Ende der Kreidezeit vor ca. 66 Millionen Jahren begann das Känozoikum. Einstmals erfolgreiche Linien wie die Elcanidae und die Locustopsidae verschwanden, doch andere Vertreter der Ensifera und Caelifera überlebten das Massenaussterben und blieben – im Vergleich zu anderen hemimetabolen Insekten – relativ divers. Die Fossilien der dänischen Fur-Formation (ca. 50 Millionen Jahre alt) lieferten erste Anzeichen für Wanderrouten von Heuschrecken. Viele weitere Orthoptera sind aus dem etwas jüngeren Baltischen Bernstein sowie weiteren europäischen Baumharz-Vorkommen und aus Seeablagerungen bekannt (Abb. 2). Im späteren Verlauf des Känozoikums führten die Isolation Antarktikas und Änderungen im

Carbonat-Silikat-Zyklus neben weiteren Faktoren dazu, dass das globale Klima kühler und trockener wurde und sich Graslandschaften und ähnliche trockene und zum Teil kühle Ökosysteme ausbreiteten. Manche Heuschrecken entwickelten besondere Anpassungen an diese neuen Habitate auf. An vielen Fundstellen, z. B. Öhningen in Deutschland, sind Arten offener Landschaften, wie etwa die Oedipodinae, weit verbreitet. In weiteren Seeablagerungen des mittleren und späten Känozoikums sind Überreste von Heuschrecken hingegen erstaunlich selten, was möglicherweise mit dem Schwimmvermögen der Tiere zusammenhängen könnte. Natürlich wurden nicht alle Orthoptera zu Bewohnern der gemäßigten Zonen, denn die Tropen, obgleich sie im Verlauf des Känozoikums weiter an Fläche einbüßten, blieben wichtige Ökosysteme am und um den Äquator. Tropische Arten finden sich in dominikanischem Bernstein (ca. 15 Millionen Jahre alt) und madagassischem Copal (einige Tausend Jahre alt). In dominikanischem Bernstein wurden sowohl Caelifera (z. B. Tetrigidae) als auch Ensifera (z. B. Grylloidea) gefunden. Aufgrund des fortschreitend abkühlenden Klimas sowie periodisch auftretender Eiszeiten im Verlauf des Quartärs (vor ca. 2,5 Millionen Jahren) wird der Fossilbericht der Insekten und Heuschrecken aus mittleren sowie höheren Breitengraden lückenhafter. Trotzdem gibt es manche Orthoptera aus jüngeren Ablagerungen, wie etwa die Oedipodinae des fossilen Sees Willershausen in Deutschland (Abb. 3) oder Melanoplinae aus den La-Brea-Teergruben in Kalifornien. Ähnliche Funde wie diese finden sich außerdem in Südamerika.

DER EINFLUSS VON MASSENAUSSTERBEN AUF HEUSCHRECKEN UND EIN AUSBLICK IN DIE ZUKUNFT

Massenaussterben scheinen einen geringeren Einfluss auf Heuschrecken und Insekten im Allgemeinen zu haben als auf andere Tiergruppen. Das bedeutendste Massenaussterben am Ende des Perms, ausgelöst durch starke vulkanische Aktivität in der Gegend des heutigen Sibiriens, ließ vermutlich auch die Insekten nicht unberührt. Einige alte Linien, wie die Permelcanidae sowie Schwestergruppen der Orthoptera starben aus. Allerdings ist es schwierig festzustellen, ob dies in direktem Zusammenhang mit den Ereignissen in Sibirien stand oder ob es sich um einen graduell stattfindenden Aussterbeprozess über einen längeren Zeitraum handelte. Das Kreide-Paläogen-Ereignis, welches zum Aussterben der Dinosaurier führte, beendete auch den Erfolg mancher Heuschrecken-Gruppen des Mesozoikums, wie der Elcanidae und Locustopsidae. In Anbetracht der ähnlichen klimatischen Verhältnisse während der Kreidezeit und zu Anfang des Paläogens ist es möglich, dass der Meteoriteneinschlag auf der mexikanischen Halbinsel Yucatán (und vielleicht die vulkanische Aktivität des Dekkan-Trapps in Südasien) auch direkten Einfluss auf diese Heuschrecken hatte.

Die modernen Heuschrecken stehen inzwischen ganz neuen Bedrohungen menschengemachter Natur

Abb. 1 Heuschrecken in kreidezeitlichem Burmesischen Bernstein. A: Burmacelidae, B: Elcanidae und C: Tridactyloidea. Fotos: A Zhendong Lian, B, C Ole-Kristian O. Schall.

gegenüber (vgl. Kapitel 8.1). Obgleich sie erstaunliche Anpassungsfähigkeit bewiesen haben, bleibt abzuwarten, ob sie es mit diesen nie zuvor dagewesenen Gefahren aufnehmen können. Im Angesicht von Ökosystemveränderung, -isolation und -zerstörung, der weitläufigen Nutzung von Herbiziden und Insektiziden sowie des Klimawandels sind selbst ehemals häufige Arten wie die Nordamerikanische Felsengebirgsschrecke inzwischen ausgestorben.

Abb. 2 Der Vorderflügel eines Mitglieds der Titanoptera aus der Trias Australiens. Foto: Patrick M. Smith (Australian Museum)

Abb. 3 Vorderflügel einer Heuschrecke aus dem See von Willershausen, Deutschland, ca. 3 Millionen Jahre alt. Foto: Ulrich Kotthoff.

TAPHONOMIE: WIE FOSSILIEN ENTSTEHEN

Ulrich Kotthoff, Ole-Kristian Odin Schall, Martin Husemann

Obwohl sie auch in mineralischen Ablagerungen (z. B. Kalk), Teergruben oder Gletschereis zu finden sind, treten Fossilien von Heuschrecken und Insekten im Allgemeinen besonders häufig in Gesteinsschichten perimarinen Ursprungs, Schieferablagerungen prähistorischer Seen und in Bernstein auf. Häufig sind lediglich einzelne Flügel erhalten, doch zuweilen können sogar Rückschlüsse auf das Verhalten der Tiere gezogen werden, etwa anhand von Fraßspuren und der Morphologie der Insekten oder ihrer Situation zum Zeitpunkt des Todes. Erst kürzlich wurden sogar Millionen Jahre alte Eipakete von Caelifera entdeckt. Natürlich hängt die Chance, dass ein Insekt als Fossil erhalten bleibt, maßgeblich von seinem Verhalten ab. So würden Insekten, die in einen See gefallen sind, versuchen, das Ufer zu erreichen; manche könnten aufgrund der Oberflächenspannung sogar auf dem Wasser laufen. Auf der anderen Seite wird Fluginsekten die Flucht durch die Oberflächenspannung erschwert. Dadurch treiben manche Insekten solange an der Oberfläche, dass die Zersetzung bereits begonnen hat, ehe sie hinabsinken. Weiterhin können Raubtiere Insekten beschädigen, bevor sie zum Fossil werden – kurioserweise können Überreste von Insekten so auch z. B. im versteinerten Kot von Fischen gefunden werden.

Während Fossilien in aquatischen Ablagerungen häufig nur teilweise erhalten sind, liefern Inklusen in Bernstein ganz andere Einblicke: Sie sind nicht nur dreidimensional erhalten, sondern oftmals geschah die Konservierung auch so schnell, dass erkennbar ist, welcher Aktivität das Insekt zum Todeszeitpunkt gerade nachging. Allerdings ist die Wahrscheinlichkeit der Erhaltung in Bernstein bei kleineren Insekten höher als bei größeren. Hinzu kommt die Anpassung der Fauna an ein Ökosystem mit vielen Pflanzen, die das notwendige Harz für die Bernsteinbildung produzieren. Das Beispiel macht deutlich, dass Fossillagerstätten meist nicht geeignet sind, allgemeine Diversitätsmuster abzubilden, sondern von bestimmten Ökosystemen sowie vielen anderen Faktoren abhängen. Im Falle der Heuschrecken könnte dies bedeuten, dass solche Arten, die in der Nähe von Seen oder Wäldern lebten, im Fossilbericht überproportional vertreten sind.

1.3 DER STAMMBAUM DER HEUSCHRECKEN – VON EINER ZU 30 000 ARTEN IN 300 MILLIONEN JAHREN

Oliver Hawlitschek, Hojun Song, Martin Husemann

Die momentan ca. 30 000 beschriebenen Heuschreckenarten sind das Ergebnis einer sehr langen Evolutionszeit: Die ältesten Fossilien dieser Gruppe sind ca. 300 Millionen Jahre alt (Kapitel 1.2). Die Untersuchung dieser Evolutionsgeschichte und der stammesgeschichtlichen Verwandtschaftsverhältnisse ist der Inhalt der Disziplin der Phylogenetik. Historisch wurden Stammbäume anhand von morphologischen und bioakustischen Merkmalen rekonstruiert, aber in der jüngeren Vergangenheit wurden durch die Hinzunahme genetischer und sogar genomischer Daten neue Erkenntnisse zum Ursprung und zur Evolution der Gruppe erbracht. Während die Monophylie, also der gemeinsame evolutionäre Ursprung der meisten Familien innerhalb der Orthoptera relativ gut belegt ist, sind die Verwandtschaftsverhältnisse innerhalb der meisten dieser Gruppen immer noch weitestgehend unbekannt. Heutzutage ist vor allem die Verfügbarkeit von Proben der besonders vielfältigen Gruppen ein limitierender Faktor für Stammbaumanalysen, und es ist zu erwarten, dass der Fortschritt dieser Analysen noch so manche Überraschung bereithalten wird.

Die älteste und zugleich gut durch alle genetischen und morphologischen Daten gestützte Aufspaltung innerhalb der Heuschrecken ist die Trennung der Lang- und Kurzfühlerschrecken, Ensifera und Caelifera. Eindeutige Merkmale sind die verschiedenen Ausprägungen der Antennen, der Gesangs- und Gehörapparate und der Geschlechtsorgane. Innerhalb der Ensiferen sind die echten Grillen, die Maulwurfsgrillen und die Ameisengrillen (Kapitel 2.3) klar definierte Gruppen. Die Gesamtheit dieser drei Linien bildet wiederum die Schwestergruppe aller anderen Ensiferen. Die Höhlenschrecken (Raphidophoridae, Kapitel 1.6) sind innerhalb dieser Gruppe das basale Taxon. Die Position der Schizodactylidae (Kapitel 5.2.3) ist nicht eindeutig geklärt; sie stehen je nach Daten entweder in der Nähe der zuvor genannten Linie, neben den echten Grillen oder als nahe Verwandte der Höhlenschrecken und Laubheuschrecken (Tettigoniidae). Die Seidengrillen (Gryllacrididae), Wētās (Anostostomatidae, Kapitel 5.1.5) und Jerusalemgrillen (Stenopelmatidae) bilden eine weitere Gruppe nahe verwandter Taxa innerhalb dieser Verwandtschaftsgruppe.

Die Untersuchung der Verwandtschaft innerhalb der Caelifera wird dadurch erschwert, dass die Analysen unterschiedlicher genetischer und genomischer Daten oft verschiedene Ergebnisse erbracht haben und daher die Verwandtschaftsverhältnisse nicht eindeutig auflösen können. Es scheint allerdings als gesichert zu sein, dass eine Gruppe, bestehend aus den Zwergmaulwurfsgrillen (Tridactylidae), den Sandtappern (Cylindrachetidae, Kapitel 5.1.3), den Ripipterygidae und den Dornschrecken (Tetrigidae, Kapitel 1.7), die Schwestergruppe zu allen anderen Kurzfühlerschrecken bildet. Hierbei bleibt allerdings die Position der seltsamen australischen Cylindrachetidae ebenso wie die der südafrikanischen Pneumoridae fraglich. Ebenso konnten die Positionen der meisten anderen Caelifera-Familien bis heute nicht eindeutig geklärt werden.

Innerhalb der Caelifera sind die Feldheuschrecken (Acrididae) die artenreichste Gruppe. Phylogenetische Analysen zu den Acrididen haben sich allerdings in der Vergangenheit als sehr kompliziert erwiesen. Viele Studien haben nahegelegt, dass einige der derzeit anerkannten Unterfamilien nicht monophyletisch sind. Ähnliche Muster wurden auch auf dem Niveau von Gattungen und Arten gefunden, weswegen einige Wissenschaftler bei vielen der Gruppen mittlerweile eher von «fuzzy sets», also «unscharfen Gruppierungen» als von Taxa im Sinne monophyletischer Gruppierungen reden. Diese fehlende Auflösung kann zum einen das Ergebnis des relativ jungen evolutionären Alters und der genetischen

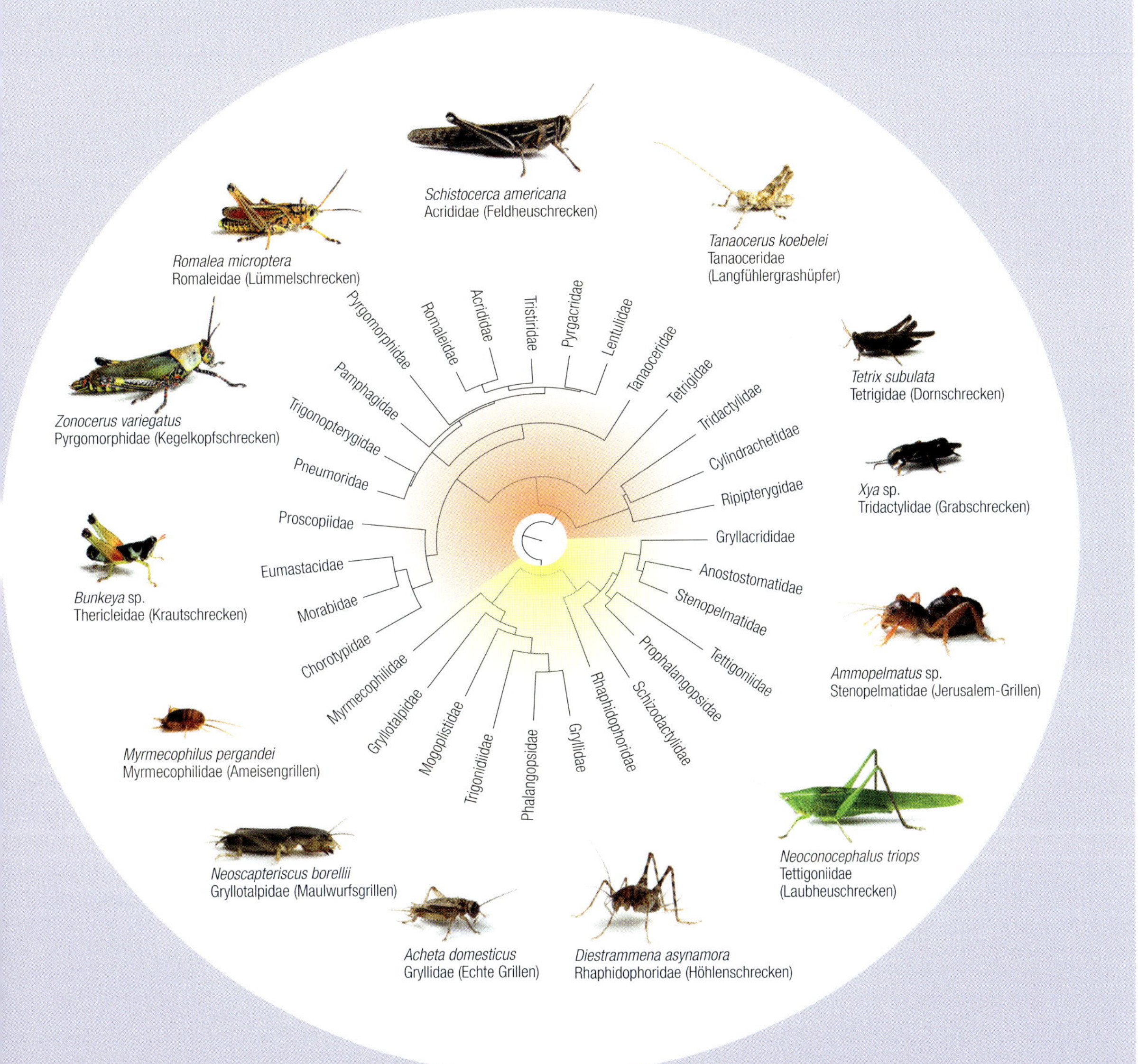

Abb. 1 Phylogenetischer Stammbaum der Caelifera (rot) und Ensifera (gelb), den beiden Unterordnungen der Heuschrecken, basierend auf genomischen Daten. Die Abbildung ist modifiziert nach Shin et al. (2024). Zur vereinfachten Darstellung sind nur die artenreichsten Familien gezeigt. Fotos illustrieren beispielhaft die Vielfalt der Heuschrecken (Fotos von Brendon Woo). Trotz ihrer in diesem Baum als eindeutige dargestellten Position sind nicht alle Verwandtschaftsbeziehungen bisher eindeutig geklärt, und zukünftige Analysen können neue Erkenntnisse bringen.

Ähnlichkeiten vieler Linien sein, zum anderen konnte mittlerweile aber nachgewiesen werden, dass in der traditionellen Taxonomie genutzte morphologische Merkmale, wie Flügel- oder Antennenform, mehrfach konvergent entstanden sind (Kapitel 1.4). Hier wurden oberflächlich ähnliche Phänotypen sowohl in Amerika als auch in Eurasien gefunden. Hinzu kommt, dass auch die Biogeografie der Gruppe nicht einfach zu erklären ist: Viele neuere Studien haben gezeigt, dass manche Linien den Atlantik mehrmals überquert haben, was zu häufigem Austausch zwischen Amerika, Eurasien und Afrika geführt hat.

Genomische Analysen haben bereits mehrfach zu Durchbrüchen bei der Erklärung komplexer evolutionärer Muster in anderen Insektengruppen geführt. Auch das ist bei den Heuschrecken und speziell den Acrididen durch die mitunter extreme Genomgröße erschwert. Alle Heuschrecken besitzen größere Genome als die meisten anderen Insekten, die oft nur wenige Hunderttausend Basen groß sind, doch ist die Spanne der Größen enorm: Sie reicht von weniger als einer Millionen Basen bei einigen Grillen bis – nach derzeitigem Kenntnisstand – zu 23 Millionen Basen bei der Gefleckten Schnarrschrecke *Bryodemella tuberculata*, was fast dem Zehnfachen der menschlichen Genomgröße entspricht. Die Gründe für diese Extreme sind bisher ungeklärt. Sie sind nicht das Ergebnis von einer Duplikation des Genoms, da die Chromosomenzahlen insgesamt sehr stabil bei 11 Chromosomenpaaren plus den Geschlechtschromosomen liegt (23 Chromosomen bei Männchen insgesamt, 24 bei Weibchen). Die Europäischen Mitglieder der Unterfamilie Gomphocerinae verfügen über eine reduzierte Chromosomenzahl mit nur 8 Paaren, aber ohne gleichzeitige Verkleinerung der Genomgröße. Zukünftige Sequenzierungen kompletter Genome werden sicher weiter zu Klärung der verwandtschaftlichen Beziehungen innerhalb der Heuschrecken beitragen und vielleicht auch Hinweise darauf liefern, warum die Genome so groß geworden sind.

Die zeitliche Einordnung der Evolution der Heuschrecken ist ein weiteres Feld intensiver Forschung. Das Alter der Heuschrecken als Insektenordnung wird, basierend auf umfangreichen Analysen aller Insekten, auf ca. 300 Millionen Jahre datiert, was somit als relativ verlässlich angesehen werden kann. Über den Ursprung einzelner Gruppen innerhalb der Heuschrecken ist hingegen weniger bekannt. Eine Datierung basierend auf der molekularen Uhr unterliegt vielen Unsicherheiten und benötigt generell eine Kalibrierung mit Fossilien. Da jedoch nur relativ wenige Fossilfunde von Heuschrecken vorliegen und ihre Einordnung in den Stammbaum nicht einfach ist, sind hier noch viele Fragen offen (Kapitel 1.2). Mehr Studien über fossile Heuschrecken, kombiniert mit besseren Stammbäumen mit mehr Taxa und weiteren genomischen Markern, sind erforderlich, um unser Verständnis der Stammesgeschichte und Evolution der Heuschrecken zu verbessern.

Abb. 2. (A) Der aus drei Pulsen bestehende Gesang von *Pterophylla camellifolia* wird im Englischen lautmalerisch als «ka-ty-did» wiedergegeben, weswegen Laubheuschrecken in dieser Sprache auch allgemein als «Katydids» bezeichnet werden. (B) Nicht alle Grashüpfer leben auch im Gras. Ödlandschrecken (vgl. gegenüberliegende Seite), wie dieses Mitglied der Gattung *Thalpomena*, sind perfekt an vegetationsarme Lebensräume angepasst. Fotos: (A) Delise und Matthew Priebe, (B) Martin Husemann.

1.4 KONVERGENTE EVOLUTION BEI ÖDLANDSCHRECKEN

Lara-Sophie Dey, Martin Husemann

Ödlandschrecken sind in warmen und trockenen Regionen nahezu weltweit verbreitet. Ihre mehr als 700 Arten ähneln einander auf den ersten Blick sehr, denn ihre Vielfalt ist versteckt: Die Hinterflügel, in Ruhe von den Vorderflügeln verdeckt, sind nur im Flug oder beim Balzverhalten mancher Arten sichtbar und können eine Vielzahl verschiedener arttypischer Farben und Muster zeigen. Sie liefern auch Hinweise auf die interessante Evolutionsgeschichte dieser Tiere.

Nahe verwandte Arten der meisten Tiergruppen leben in der Regel auch in geografischer Nähe zueinander. Bei Ödlandschrecken hingegen kommen Arten mit sehr ähnlich gefärbten Hinterflügeln in ganz unterschiedlichen Erdteilen vor. *Trachyrhachis kiowa* aus Nordamerika und *Mioscirtus wagneri* aus Südasien beispielsweise tragen beide leuchtend gelbe Hinterflügel mit einem breiten schwarzen Band. Überdies ähneln sie sich auch sehr in ihrer Körperform. Wenn wir also aufgrund dieser Ähnlichkeit eine nahe Verwandtschaft zwischen *T. kiowa* und *M. wagneri* annehmen, wie kann es dann sein, dass ihre Verbreitungsgebiete so weit voneinander entfernt liegen? Eine Theorie wäre, dass

Abb. 1 Morphologische Ähnlichkeit zwischen Arten von Ödlandschrecken aus Amerika und Afro-Eurasien. Abbildung: Lara-Sophie Dey.

der gemeinsame Vorfahre eine der beiden Arten vor vielen Jahrmillionen den Pazifik entweder von Asien nach Amerika oder in die Gegenrichtung überquerte. Im Laufe der Zeit entwickelten sich die beiden getrennten Populationen dann zu eigenen Arten. Eine so lange Reise eines kleinen Insekts ist unwahrscheinlich anzunehmen, aber nicht ausgeschlossen, da Ödlandschrecken ausdauernde Fliegerinnen sind.

Das Konzept der konvergenten Evolution bietet jedoch eine alternative Erklärungsmöglichkeit. Konvergente Evolution zweier Arten bedeutet, dass diese einander in ihrer Morphologie, ihrem Verhalten oder ihrer Ökologie ähneln, aber nicht nahe miteinander verwandt sind. Die Eigenschaften, die für menschliche Augen ihre Ähnlichkeit ausmachen, sind bei beiden Arten unabhängig voneinander entstanden. Dies kommt bei Arten, die ähnliche ökologische Nischen besetzen und vergleichbaren Selektionsdrücken ausgesetzt sind, nicht selten vor. Ein bekanntes Beispiel sind Fledermäuse und Vögel: Die Vordergliedmaßen beider Gruppen dienen als Flügel dem aktiven Flug, doch sind die Gruppen nicht nahe miteinander verwandt, und beide haben sich unabhängig aus unterschiedlichen flügellosen Vorfahren entwickelt. Wenn auf diese Weise auch die Flügelmuster auf unterschiedlichen Erdteilen entstanden wären, würde dies die Hypothese langer Ozeanüberquerungen überflüssig machen.

Die Antwort auf diese Frage liegt in den Genen. Die Gene eines jeden Organismus können uns Informationen zu seiner Evolutionsgeschichte und seiner phylogenetischen Position, also seinem Platz im Stammbaum des Lebens, liefern. Wenn Arten mit ähnlichen Flügelmustern nahe verwandt sind, dann würden wir sie in einem phylogenetischen Stammbaum in unmittelbarer Nähe zueinander finden. Wenn die Arten im Stammbaum hingegen nach geografischer Nähe und nicht nach Ähnlichkeit im Flügelmuster gruppiert werden, dann ist dies ein Hinweis auf konvergente Evolution dieser Muster. Unser phylogenetischer Stammbaum in Abbildung 2 liefert eine klare Antwort: Er zeigt zwei große geografisch getrennte Gruppen, eine aus Afro-Eurasien und eine aus Amerika. Artenpaare mit ähnlichem Hinterflügelmuster waren nicht nahe miteinander verwandt, sondern auf beide Gruppen verteilt.

Um die Ursachen dieser konvergenten Evolution zu ergründen, untersuchten wir die Ökologie der jeweiligen Arten mittels mathematischer Modelle. Es zeigte sich, dass Arten mit ähnlich gefärbten Flügelmustern in vielen Fällen auch sehr ähnliche Klimabedingungen bevorzugten. Warum bestimmte Farbmuster der Hinterflügel unter verschiedenen Klimabedingungen vorteilhaft sein könnten, bleibt unbekannt. Bekannt ist immerhin, dass die Hinterflügel eine Rolle sowohl bei der Flucht vor Räubern als auch bei der innerartlichen Kommunikation spielen. Bestimmte Muster könnten unter den spezifischen visuellen Bedingungen bestimmter Lebensraumtypen in unterschiedlichen Klimazonen besonders günstig dafür sein, doch dies ist bisher reine Spekulation.

Somit bleiben viele Rätsel um die Ödlandschrecken ungelöst. Ihre evolutionäre Komplexität beschränkt sich keineswegs auf morphologische Konvergenz. Sie besitzen auch die größten Genome aller Insekten, ihre Biogeografie ist hochkomplex, und sie haben eine Vielzahl bemerkenswerter Mechanismen zur reproduktiven Isolation entwickelt. Daher können wir von ihnen mit Sicherheit noch viele Erkenntnisse zum Ablauf der Artbildung gewinnen.

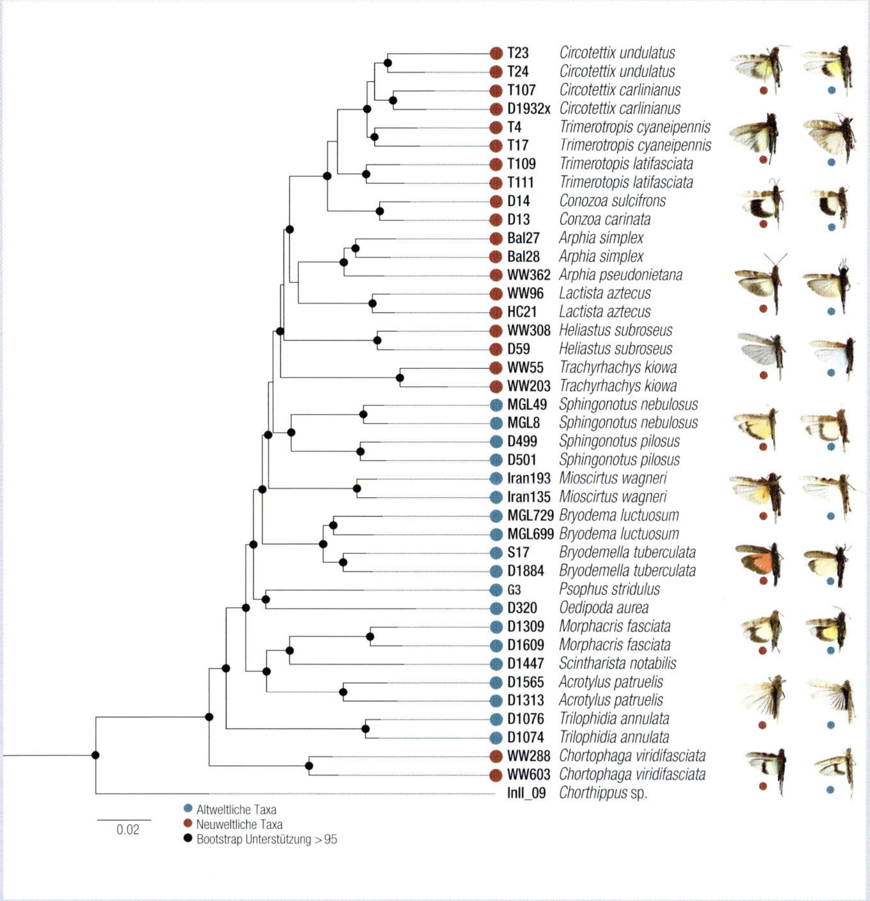

Abb. 2 Ein phylogenetischer Stammbaum der Ödlandschrecken. Arten aus den gleichen Erdteilen sind auch miteinander verwandt, Arten mit ähnlichen Farbmustern der Hinterflügel hingegen nicht unbedingt. Abbildung: Lara-Sophie Dey.

1.5 RASANTE RADIATION BEI HAWAIIANISCHEN GRILLEN

Kerry L. Shaw

Die hawaiianischen «Schwertschwanz-Grillen» (engl.: «swordtail crickets»; Unterfamilie Trigonidiinae) sind die artenreichsten Grillen auf Hawaii, mit über 170 derzeit beschriebenen Arten. Sie werden nach aktuellem Kenntnisstand in drei Gattungen unterteilt: *Trigonidium*, *Prolaupala* und *Laupala*. Diese enorme Vielfalt wurde erst durch Daniel Ottes außergewöhnliche taxonomische Arbeit auf Hawaii im Jahr 1994 bekannt. Unter den hawaiianischen Trigonidiinae gibt es zahlreiche Beispiele für kryptische Arten (Abb. 1), also Paare oder Cluster von Arten innerhalb nahe verwandter Gruppen, die sich sehr ähnlich sehen. Die bekanntesten Beispiele kryptischer Arten sind Mitglieder der Gattung *Laupala* (Abb. 1), aus der derzeit 38 Arten anerkannt sind. *Laupala*-Arten sind klein (etwa 1 cm lang), variieren in der Farbe von fast schwarz bis golden, haben ein «Lächeln» im Gesicht (Abb. 1) und ein unverwechselbares Streifenmuster an den hinteren Femora (Abb. 2). Ihre geringe Größe und unscheinbare Färbung tragen im Laub am Boden zur Tarntracht bei. Vor Ottes Arbeit wurden diese Grillen als eine einzige Art angesehen. Otte erkannte die extrem hohe akustische Diversität innerhalb der Grillengemeinschaften, was auf das Vorhandensein vieler Arten hindeutete, obwohl sie sich äußerlich fast nicht unterscheiden lassen. Naturbegeisterte können diese akustische Diversität bereits durch den Besuch von Regenwäldern in mittlerer Höhenlage auf Hawaii hören.

Obwohl ein Großteil der Vielfalt der hawaiianischen Trigonidiinae noch unerforscht ist, haben Studien an *Laupala* gezeigt, dass die Artbildung in dieser Gruppe vergleichsweise schnell verlief. Durch DNA-Analysen von unterschiedlich benannten Arten innerhalb der Gattung wurde ein Stammbaum rekonstruiert, der drei wichtige Erkenntnisse lieferte. Erstens wurde festgestellt, dass die unterschiedlich benannten Arten genetisch distinkt sind. Dies bedeutet, dass trotz der generellen optischen Ähnlichkeit Arten mit unterschiedlichen Gesängen tatsächlich unterschiedliche Organismengruppen sind, die sich normalerweise nicht untereinander kreuzen. Zweitens sind diese akustisch und genetisch unterschiedlichen Arten auf einzelne Inseln des Archipels beschränkt. Drittens sind Arten innerhalb einer Insel am engsten mit anderen Arten verwandt, die ebenfalls nur auf dieser Insel vorkommen. Das bedeutet, dass sich aus einem Vorfahren, der in der Erdgeschichte eine bestimmte Insel erreichte, viele Arten auf derselben Insel entwickelten. Mithilfe der gut untersuchten geologischen Geschichte von Hawaii können wir ein maximales Zeitalter festlegen, in dem sich die Arten entwickeln konnten. Es hat sich gezeigt, dass die Artbildungsrate von *Laupala* die höchste unter allen Wirbellosen ist. Zum Beispiel sind auf der größten Insel von Hawaii in den letzten 400 000 Jahren sechs Arten aus einem gemeinsamen Vorfahren entstanden, was eine etwa viermal höhere Artbildungsrate darstellt als der Durchschnittswert in anderen Insektengruppen.

Es stellt sich die Frage, ob die Evolution des akustischen Verhaltens der *Laupala*-Grillen ihre Artbildungsrate beeinflusst hat. Wie bei den meisten Grillen produzieren die Männchen Gesänge mit den Vorderflügeln, indem sie eine spezielle Ader benutzen, die beim Streichen zu einer Resonanz des restlichen Flügels führt (siehe auch Kapitel 4.1). Auf Hawaii erzeugen *Laupala*-Grillen diese Geräusche in regelmäßigen, langsamen Rhythmen. Die Struktur des Gesangs ist ein einfaches «tink...tink...tink...tink... ». In einigen Habitaten hört man die Männchen zu Tausenden, und ein pulsierendes, schellenähnliches «Zirpen» ist fast den ganzen Tag vernehmbar. Die Rate des «Zirpens» variiert kaum innerhalb einer Art, aber es gibt deutliche Unterschiede zwischen den Arten (z. B. zwei Impulse pro Sekunde im Vergleich zu vier Impulsen pro Sekunde). Normalerweise hört man nur zwei Arten von *Laupala* am gleichen Standort; jedoch singen an einigen Orten auf Big Island von Hawaii und im Koolau Range auf Oahu drei

Abb. 1 Ein Vergleich der beiden Arten *Laupala kona* (oben) und *L. cerasina* (unten) auf Big Island, die beispielhaft die außergewöhnliche morphologische Ähnlichkeit zwischen verschiedenen Arten zeigt. Beide Fotos zeigen die langen, fadenartigen Antennen der Arten. Bei *L. cerasina* ist das rote Streifenmuster im Gesicht zu sehen. Fotos: Kerry Shaw.

oder sogar vier Arten im selben Wald. Männchen produzieren diese Geräusche, um ihre Präsenz und Paarungsbereitschaft zu signalisieren. Weibchen singen nicht, aber sie spüren aktiv die Gesangsquelle auf und nähern sich ihr an. Das Ergebnis des Kontakts ist das Zusammentreffen potenzieller Partner und die darauffolgende Balz und Paarung. Die Gesänge verschiedener *Laupala*-Arten, die zusammenleben, haben immer unterschiedliche Pulsraten, und Tests zur akustischen Präferenz zeigen, dass die Weibchen die Gesänge der eigenen Art bevorzugen. Diese Gesänge und Präferenzen sind für die kleinen Grillen nötig, um sich im dichten Wald zu finden und sich erfolgreich fortzupflanzen. Verschiedene Arten, die zusammenleben, können akustische Nischen besetzen und dadurch akustische Interferenzen mit anderen verringern. So sorgt dieses akustische System dafür, dass sich Individuen treffen, die reproduktiv zueinander passen.

Akustisches Verhalten und seine Evolution allein können jedoch nicht alles erklären. Das oben beschriebene Szenario wirft die folgende Frage auf: Wenn zwei Arten mit ähnlichem Gesang divergieren, um akustische Interferenzen zu reduzieren, was hat sie ursprünglich überhaupt zu unterschiedlichen Arten gemacht? Es zeigt sich, dass andere Aspekte des Fortpflanzungsverhaltens der hawaiianischen Grillen zur Evolution unterschiedlicher Linien geführt haben könnten, bevor neue Arten zusammenkamen. Verschiedene Arten von *Laupala* haben charakteristische Unterschiede in der chemischen Zusammensetzung ihrer Körperoberflächen (sogenannte kutikuläre Kohlenwasserstoffe), die vermutlich an der chemischen Kommunikation beteiligt sind und durch ihre langen, fadenartigen Antennen erspürt werden (Abb. 1). Zudem besteht eine starke reproduktive Konkurrenz unter den Männchen, die Eier der Weibchen zu befruchten, da sich Weibchen während ihrer Fortpflanzungszeit bekanntlich mit vielen unterschiedlichen Männchen paaren. Während der sPaarungszeit verbringen *Laupala*-Grillen den ganzen Tag mit ihrer Partnerwerbung. Die Männchen präsentieren den Weibchen wiederholt kleine, spermafreie Brautgeschenke, bevor sie eine Spermatophore übertragen, was die Chance auf Vaterschaft erhöht (s. Kapitel 2.4). Diese reproduktiven Merkmale könnten einem hohen Selektionsdruck unterliegen, sich je nach optimalem Fortpflanzungserfolg zu verändern. Wenn dieses Konkurrenzverhalten in verschiedenen Populationen unterschiedliche Ergebnisse hat, könnte dies die Grundlage für Veränderungen der Population sein.

Ein weiterer zu berücksichtigender Faktor ist die Landschaft, in der diese Evolution stattfindet. Wie alle hawaiianischen Grillen sind *Laupala*-Arten flügellos und haben keine weite Verbreitung. *Laupala* findet man sowohl in sehr jungen Habitaten (Wälder, die weniger als 1.000 Jahre alt sind) als auch in sehr alten Teilen von Hawaii (Millionen von Jahren alt). In dieser vielfältigen Landschaft sind junge Lebensräume oft durch Lavaflüsse fragmentiert und alte Lebensräume durch Erosion und Talbildung geteilt. Die flugunfähige Lebensweise, kombiniert mit der fragmentierten Landschaft, kann die tiefen genetischen Unterschiede erklären, die sowohl innerhalb als auch zwischen den Arten auftreten. Daher gibt es viele unabhängige geografische Nischen, in denen die oben erwähnte reproduktive Konkurrenz eine Rolle spielen könnte und in denen neue erfolgreiche Strategien entstehen. Wenn zuvor getrennte Populationen wiederholt im selben geografischen Raum aufeinandertreffen, könnten neue Interaktionen zwischen ihnen auftreten, die zu Unterschieden im akustischen System führen. Weitere Studien sind notwendig, um diese Ideen zu testen.

Die Forschung an diesen kleinen Lebewesen lehrt uns viel über die Hintergründe der Vielfalt auf der Erde. Die Untersuchung der evolutionären Hintergründe von Verhaltensweisen bei Tieren hat tiefe Einblicke in Artbildungsprozesse gewährt. Viele Fragen bleiben noch offen, und viele Arten wurden noch nie im Detail untersucht, was noch zahlreiche neue Erkenntnisse verspricht.

Abb. 2 Ein Grillenmännchen (oben) und ein Weibchen (unten) der Art *L. pruna*. Das Streifenmuster des Hinterbeins ist charakteristisch für alle *Laupala* Arten. Fotos: Kerry Shaw.

1.6 ARTBILDUNG IM DUNKELN: HÖHLENSCHRECKEN

Mary Morgan-Richards, Danilo Hegg, Cheten Dorji, Steven A. Trewick

Weltweit gibt es 863 beschriebene Arten von Höhlenschrecken (Rhaphidophoridae), die auf neun Unterfamilien verteilt sind und die im englischen Sprachgebrauch auch «Camel crickets» (zu Deutsch «Kamelgrillen») genannt werden. Viele – aber nicht alle – dieser Höhlenschrecken sind, wie der Name schon sagt, auf das Leben in Höhlen spezialisiert. Alle haben lange Beine, lange Antennen und lange, schlanke Tarsen ohne Haftballen (Aroli). Sie sind flügellos und besitzen keine Hörorgane. Adulte Weibchen legen mithilfe eines säbelförmigen Legestachels Eier in den Boden oder weiches Holz. Tagsüber schließen sie sich häufig in Gruppen zusammen, oft an kühlen Stellen, wie sie in unterirdischen Höhlen bestehen. Diese Heuschrecken suchen nach organischem Material, das in die Höhlen gelangt, oder kommen nachts heraus, um an Pilzen, Pflanzen und toten Tieren zu knabbern.

Arten der Unterfamilien Dolichopodainae und Troglophilinae kommen hauptsächlich im Mittelmeerraum vor, während Mitglieder der Rhaphidophorinae in Südostasien leben. Die Mitglieder der Ceuthophilinae, Gammarotettiginae und Tropidischiinae sind dagegen auf Nordamerika beschränkt (Abbildung 2).

Alle 52 Arten der europäischen Dolichopodinae werden ausschließlich in Höhlen gefunden, während andere Mitglieder dieser Familie weniger stark spezialisiert sind. Eine Art der Aemodogryllinae wurde aus Asien in europäische Gewächshäuser eingeführt und hat sich inzwischen auch im Osten Nordamerikas verbreitet (die Gewächshausschrecke *Tachycines asynamorus*). Diese invasive Art ist omnivor und frisst lebendes wie auch totes Pflanzenmaterial sowie tote Insekten. Andere Höhlenschrecken sind bekannt dafür, in kühlen, feuchten Schuppen, Kellern und Außentoiletten zu leben – Japan, Australien und Neuseeland haben alle eigene endemische Rhaphidophoridae in ihren Toiletten. In Australien wurde die Art *Parvotettix domesticus* ursprünglich nur in Häusern dokumentiert, und in Neuseeland ist *Pleioplectron simplex* häufig in Kellern und Gebäuden zu finden.

Die Unterfamilie Macropathinae lebt nur in der südlichen Hemisphäre: in Südafrika, Südamerika, Australien, Aotearoa/Neuseeland und auf vielen Inseln Ozeaniens. Insgesamt gibt es 108 Arten in dieser Region. Beispielsweise lebt *Heteromallus spina* in Chile, *Parudenus falklandicus* auf den Falkland-Inseln im Südatlantik und *Notoplectron campbellense* auf Campbell Island in der Subantarktis. Auf subantarktischen Inseln sind diese Heuschrecken Aasfresser, die (auch bewohnte) Baue von Seevögeln oder leere Erdlöcher von Brückenechsen als Unterschlupf nutzen. Mindestens sieben geologisch junge ozeanische Inseln, die nie direkten Kontakt mit anderen Landmassen hatten, beheimaten eine oder mehrere endemische Höhlenschreckenarten («cave wētā»). Dieses Verbreitungsmuster auf abgelegenen Inseln weist darauf hin, dass sich die Macropathinae gut über Meeresströme verbreiten können, obwohl sie flügellos sind. Wahrscheinlich gelangt Treibgut aus dem Wald ins Meer, und in solches Material gelegte Eier können wochenlang überleben. Viele der kleineren Macropathinae-Arten verstecken sich tagsüber in hohlen Ästen

Abb. 1 Der Großteil der nördlichen Rhaphidophoridae-Arten ist auf Höhlen spezialisiert, wie diese Gruppe von *Miotopus richardsae* auf einer Höhlenwand in Neuseeland zeigt (A). Weibchen legen ihre Eier mithilfe eines säbelförmigen Legestachels in Erde oder weiches Holz, wie bei *Talitropsis sedelotti* (B) und *Neonetus variegatus* (C). Höhlenschrecken ernähren sich von organischem Material, das in Höhlen eingetragen wird, sowie verschiedenartiger Nahrung, die sie nachts im Wald finden. Hier frisst *Pleioplectron simplex* gerade eine Schnecke (D), *Pleioplecton hudsoni* beim Fressen von Flechten (E), *Neonetus* sp. beim Fressen einer Schnake (F) und *Isoplectron parallum* beim Fressen an einem Blatt (g). Fotos: Danilo Hegg (a, b, d,); Steven A. Trewick (C, E, F, G).

A
B
C
D
E
F
G

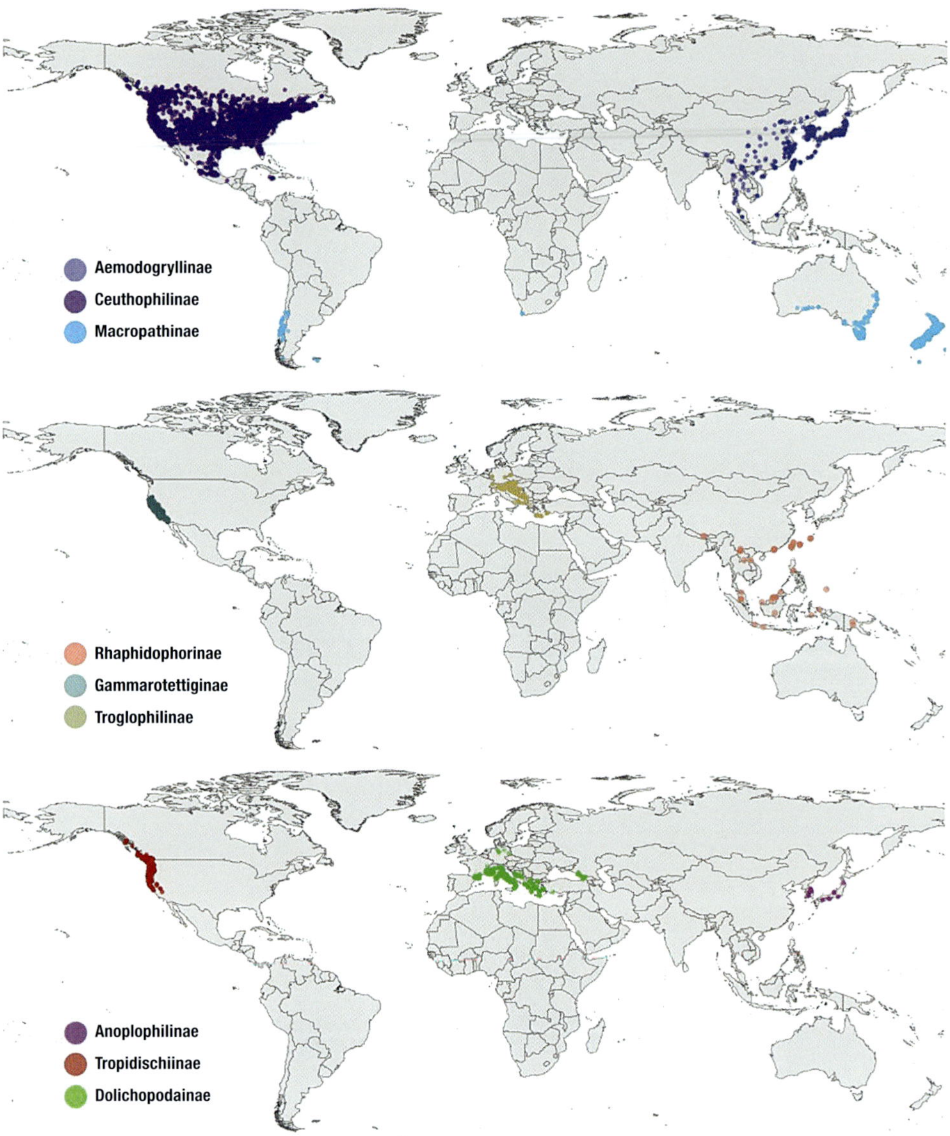

Abb. 2 Globale Verbreitung der Unterfamilien der Rhaphidophoridae, basierend auf Beobachtungen auf iNaturalist, GBIF und BOLD. Zu beachten ist, dass die Tropidischiinae nur eine einzige Art umfassen *(Tropidischia xanthostoma)*, deren Zugehörigkeit ungewiss ist. Die invasive Verbreitung der Gewächshausschrecke *Tachycines asynamorus* ist hier nicht dargestellt.

> **Abb. 3** Arten der Macropathinae bewohnen unterschiedliche Lebensräume. Tagsüber verstecken sich große Individuen von *Pachyrhamma longipes* in Baumstammlöchern (A), eine Gruppe von *Pachyrhamma edwardsii* in einer Höhle (B), *Heteromallus spina* getarnt im Laub (C) und *Maotoweta virescens* im Moos der gemäßigten Regenwälder (D). *Pharmacus cochleatus* ist Teil einer alpinen Radiation (E). Häufige Arten der Auwälder der Nordinsel Neuseelands sind *Neonetus variegatus* (F), *Neonetus* sp. (bei der Paarung, G) und eine weitere Art von *Neonetus* (bei der Paarung, H). Fotos: Steven A. Trewick (A, B, C, G, H); Danilo Hegg (D, E, F).

A
B
C
D
E
F
G
H

und verrottetem Holz, das leicht flussabwärts und ins Meer gespült werden kann.

In Neuseeland hat sich eine Radiation von mindestens 63 Arten der Macropathinae über das ganze Land ausgebreitet, von Gebirgen bis zu steinigen Ufern. Die Artenvielfalt innerhalb dieser einen Unterfamilie ist enorm und verteilt sich auf 18 Gattungen. Sie alle sind flugunfähig und nachtaktiv, variieren aber in der Größe von 1 bis 19 cm. Bei keiner dieser Arten ist die Fähigkeit zur Lauterzeugung nachgewiesen, und Tympanalorgane sind nicht vorhanden. Einige Arten bewohnen Höhlen, wo sie Gruppen an Decken und Wänden von Höhlen und Tunneln bilden, teilweise auch aus mehreren Arten (zum Beispiel *Pachyrhamma*). Viele andere Arten sind jedoch Waldspezialisten und nutzen Moose und Flechten an Bäumen, (*Maotoweta virescens*), Baumhöhlen (*Talitropsis sedelloti*) oder abstehende Baumrinde (*Isoplectron armatum*) als Verstecke. Andere Arten sind dagegen häufig in feuchten Schuppen oder kühlen Kellern (*Pleioplectron simplex*) zu finden. Eine weitere Radiation, die Gattung *Pharmacus*, hat acht hochalpine Arten von Höhlenschrecken hervorgebracht. Alle davon leben oberhalb der Baumgrenze, wo der Boden über die Hälfte des Jahres schneebedeckt ist. Der höchste dokumentierte Fundort liegt auf 3400 m ü M. Aufgrund der kurzen alpinen Sommer mit kalten Nächten sind *Pharmacus*-Arten, anders als andere Höhlenschrecken, oft tagaktiv. Sie ernähren sich von Flechten und können sogar bei Lufttemperaturen unter 0° C aktiv sein. Die bekannteste Art ist der fast vollständig schwarze «Mount Cook Flea» (*Pharmacus montanus*), der in der Felskletterszene berüchtigt ist: So mancher Kletterer hat sicher schon einen gehörigen Schrecken erlitten, wenn aus einem vermeintlich sicheren Handgriff plötzlich ein Schwarm schwarzer Heuschrecken hervorgesprungen ist. Im Gegensatz zu diesen Hochgebirgsspezialisten stehen schließlich einige Arten küstenbewohnender neuseeländischer Höhlenschrecken. Tagsüber verstecken sie sich in Höhlen und Spalten der Felsküsten, und nachts ernähren sie sich von Nahrungsabfällen, die die Flut zurücklässt. Die Mehrheit der neuseeländischen Rhaphidophoridae sind jedoch kleine, geheimnisvolle Waldlebewesen.

Abb. 1 Ein Ausschnitt der morphologischen Diversität von Dornschrecken, Tetrigidae. Es werden Mitglieder aus 21 Gattungen weltweit gezeigt. Individuen sind nicht maßstabsgetreu. Bilderquellen: Orthoptera Species File, MNCN, Josip Skejo & Josef Tumbrinck.

1.7 DORNSCHRECKEN: TAXONOMIE IM WANDEL

Josip Skejo, Niko Kasalo

Dornschrecken sind eine morphologisch und ökologisch einzigartige Gruppe winziger Grashüpfer, die die große Familie der Tetrigidae bilden. Mit 2000 beschriebenen Arten, die zu fast 300 Gattungen gehören, sind sie die zweitgrößte Familie der Kurzfühlerschrecken nach den Acrididae. Obwohl es kontinuierlich neue Beschreibungen auf allen taxonomischen Ebenen gibt, herrscht in dieser Gruppe nach wie vor wenig Ordnung. Trotz vieler offener Fragen haben sich über Jahrhunderte der Forschung hinweg faszinierende Erkenntnisse offenbart. In diesem Kapitel geben wir eine kurze Zusammenfassung über die allgemeine Diversität, Verbreitung und Evolution dieser Grashüpfer.

Dornschrecken sind zwar winzig, doch zeigen sie eine beeindruckende morphologische Vielfalt. Ihre Körperlänge reicht von den 6 mm der kaum mit dem bloßen

Unterfamilie oder Tribus

Batrachideinae **n, r**
Cladonotinae **a, i, j, k, t**
Fijitettigini **u**
Metrodorinae **b, f, o, p, s, v**
Scelimeninae **h**
Tetriginae **e, l**
Tripetalocerina **e-q**
Xerophyllini **c, d, g, m**

a *Hymenotes*
b *Rhynchotettix*
c *Potua*
d *Royitettix*
e *Paratettix*
f *Systolederus*
g *Trypophyllum*
h *Discotettix*
i *Cladonofus*
j *Nesotettix*
k *Diotarus*
l *Dinotettix*
m *Cladoramus*
n *Paraselina*
o *Cota*
p *Xistrella*
q *Tripetalocera*
r *Scara*
s *Truncotettix*
t *Deltonotus*
u *Fijitettix*
v *Amorphopus*

Auge zu erkennenden kaledonischen *Nesotettix cheesmanae* bis hin zu den vergleichsweise riesigen 25 mm der jamaikanischen *Phylotettix rhombeus*. Das auffälligste Merkmal jeder Tetrigiden-Art ist das verlängerte Pronotum oder Halsschild, das sich wie ein steifer Umhang oder gar Panzer über den Rücken des Insekts zieht. Es endet typischerweise spitz und ähnelt einem Dorn, was den deutschen Namen «Dornschrecken» begründet. Der Halsschild kann mit Dellen, Rillen, Höckern oder Stacheln bedeckt sein, aber das auffälligste Merkmal ist der mediane Kiel, der sich über die gesamte Länge der Struktur erstreckt und eindrucksvolle Auswüchse wie lange Stacheln, wellenartige Formen oder kuppel-, flossen- und blattartige Erhebungen bilden kann.

Der Kopf wird in Beschreibungen oft nicht berücksichtigt, birgt jedoch wichtige Informationen zur Gattung- und Artabgrenzung innerhalb der Familie. Der Vertex – der Scheitel – ist von großem Interesse, da er manchmal bemerkenswerte Hörner oder Stirnstacheln (Rostra) bildet. Die Beine hingegen vermitteln meist mehr Informationen zur Ökologie (Kapitel 5.2.6) statt zur Phylogenie und können lang und schlank, kräftig und unförmig oder wie Ruder geformt sein.

Andere Heuschreckenfamilien besitzen lange Vorderflügel, sogenannte Tegmina, die länger als die Hinterflügel sind und diese schützen. Bei den Dornschrecken übernimmt das verlängerte Pronotum diese Funktion, während die Tegmina zu zwei kleinen schuppigen Strukturen reduziert sind. Arten mit voll ausgebildeten Hinterflügeln sind oft aktive und wendige Flieger, obwohl das Pronotum unbeweglich ist. Ein gutes Beispiel ist die ozeanische *Paratettix nigrescens* der Inseln Neukaledonien, Vanuatu und Palau. Ihre nächsten Verwandten sind von Fidschi und Australien bekannt. Dies deutet darauf hin, dass der Vorfahr dieser kleinen Schrecke Hunderte von Kilometern über offenes Meer zurückgelegt hat, um die abgelegenen Inseln zu besiedeln. Am anderen Ende des Spektrums finden sich viele endemische Arten auf den zuvor genannten Inseln, die komplett flügellos sind.

Dornschrecken sind auf allen Kontinenten außer der Antarktis zu finden, kurioserweise jedoch bisher nie in Neuseeland nachgewiesen worden. In den Tropen ist ihre Diversität deutlich höher als in gemäßigten Regionen. Viele Gattungen der Tetrigidae sind auf relativ kleine Gebiete beschränkt, nur zwei weisen nahezu globale Verbreitung auf: *Tetrix* und *Paratettix*. Es ist jedoch klar, dass die weite Verbreitung einiger Taxa größtenteils auf taxonomische Fehler zurückzuführen ist. Das bedeutet nicht, dass es keine weit verbreiteten Gattungen oder Arten gibt, sondern dass viele Dinge im Unklaren bleiben, solange taxonomische Revisionen noch ausstehen.

Molekulare Phylogenien platzieren den Ursprung der Tetrigidae an das Ende des Paläozoikums (Perm) oder den Anfang des Mesozoikums (Trias) vor etwa 250 Millionen Jahren, aber es bedarf noch viel weiterer Forschung, um diese Schätzung zu präzisieren. Es wurden nur wenige fossile Individuen gefunden (Kapitel 1.2), meist in känozoischem Bernstein. Die meisten der fossilen Vertreter gehören zu den Batrachideinae, der ältesten Unterfamilie der Tetrigidae, aber einige Fossilien aus der Kreidezeit entziehen sich jeder Einordnung – sie könnten eine neue Familie darstellen, die mit den Tetrigidae verwandt ist.

Abgesehen von wenigen molekularen Studien basiert die derzeitige Systematik der Dornschrecken hauptsächlich auf der Morphologie und stellt eine direkte Fortsetzung der im 19. Jahrhundert etablierten Beziehungen dar. Diese Systematik ist durchsetzt von Gruppen, die sich oberflächlich morphologisch ähneln, aber keine wahren evolutionären Abstammungslinien bilden. Der moderne taxonomische Ansatz legt großen Wert auf die Untersuchung von Typusexemplaren, die Erforschung des biogeografischen Kontexts und die Identifikation klarer, evolutionär signifikanter Merkmale. Auch wenn zukünftige molekulare Phylogenien weitere Einblicke gewähren, sind wir jetzt endlich an einem Punkt, an dem wir einige übergreifende Hypothesen über die Evolution der Unterfamilien der Tetrigidae aufstellen können.

Die Unterfamilie Batrachideinae wird durch molekulare Phylogenien gut unterstützt und als Schwestergruppe zu allen anderen Tetrigiden positioniert. Die Mitglieder dieser Unterfamilie weisen einige gemeinsame morphologische Merkmale auf, besonders erkennbar am Stachel an der Vorderkante des Pronotums und den mehr als 20 Antennensegmenten. Diese weltweit verbreitete und ursprüngliche Gruppe könnte

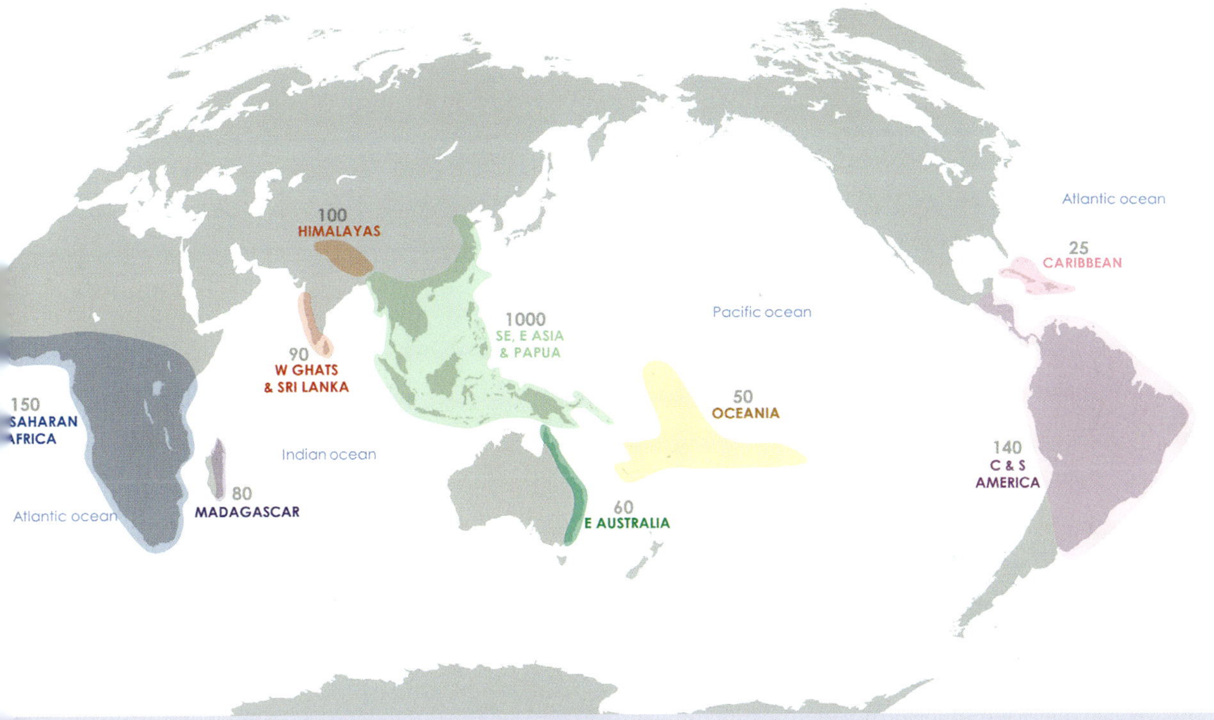

sogar eine eigene Familie darstellen. Die Verbreitung der Batrachideinae spielt eine wichtige Rolle bei der Erforschung biogeografischer Muster auf dem Urkontinent Gondwana, da die derzeitige Verbreitung ihrer Mitglieder in Südamerika, Afrika, Südostasien und Australien auf einen Ursprung auf diesem Urkontinent hinweist. Die Unterfamilie Cladonotinae ähnelt den Batrachideinae in ihrer Verbreitung und ihrer allgemeinen Morphologie. Leider stellt diese Gruppe aufgrund unsorgfältiger taxonomischer Arbeit über Jahrhunderte hinweg ein einziges Chaos dar. Die vorherrschende Hypothese besagt, dass Cladonotinae und Batrachideinae beide ursprünglich und auf die eine oder andere Art und Weise miteinander verwandt sind.

Abb. 2 Weltweite Biodiversitätshotspots der Dornschrecken mit geschätzter Artenzahl, die in der Region leben. Insgesamt leben 80 % der bekannten Tetrigiden in den markierten Regionen.

Es wird angenommen, dass die Unterfamilien Metrodorinae, Scelimeninae und Tetriginae jünger sind als Batrachideinae und Cladonotinae und einen laurasischen Ursprung haben. Die meisten Scelimeninae sind durch ihre Vorsprünge am Pronotum klar erkennbar und stammen vermutlich von einem gemeinsamen Vorfahren ab. Die Tetriginae und besonders die Metrodorinae dagegen werden aufgrund ihrer hohen morphologischen Diversität als die am schwierigsten zu bearbeitenden Gruppen betrachtet. Die Arbeit an diesen Gruppen ist im Gange; es könnten sich viele kleinere Unterfamilien darin verstecken.

Die Lophotettiginae (Südamerika) und Tripetalocerinae (Südostasien) sind Beispiele für kleine Unterfamilien, die jeweils nur zwei Gattungen umfassen, aber trotzdem problematisch sind. Sie ähneln sich auf den ersten Blick durch ihre blatt- oder flossenartigen Kämme und die verlängerten Antennensegmente, sind jedoch nicht nah miteinander verwandt. Während die

Lophotettiginae den Metrodorinae ähneln und wahrscheinlich eine evolutionäre Einheit mit ihnen bilden, gibt es keinen klaren Kandidaten für die Schwestergruppe der Tripetalocerinae.

Die Geschichte der Tetrigidenforschung ist lang, doch wurde sie von nur wenigen Menschen geschrieben. Die meisten dieser Forscher hatten keinen Zugang zu Sammlungsmaterial und Publikationen, und immer mehr neue Exemplare kommen aus aller Welt hinzu. Die moderne Epoche der Tetrigidenforschung ist größtenteils damit beschäftigt, Altlasten aufzuarbeiten und einen praktischen Rahmen für zukünftige Forschung zu setzen. An allen Fronten bleibt enorm viel zu tun: Von der Zugänglichkeit der Typusexemplare über die Etablierung lokaler Forschungsteams bis hin zur Diversifizierung der Forschungsthemen, damit mehr molekulare und ökologische Daten integriert werden. Selbst Südostasien, wo fast die Hälfte aller beschriebenen Arten lebt und das den Ursprung der Tetrigidae darstellen könnte, ist weitestgehend unerforscht. Auch dort warten noch viele neue Arten auf ihre Entdeckung.

Es hat noch nie eine bessere Zeit für die Erforschung der Tetrigidae gegeben. Die Vielzahl an Fragestellungen empfängt junge und neugierige Forscherinnen und Forscher mit offenen Armen, und jede mögliche Antwort verspricht uns ein besseres Verständnis nicht nur über diese außergewöhnliche Familie, sondern auch über die Ökosysteme, in denen diese Lebewesen seit Hunderten Millionen Jahren leben.

Abb. 3 Manche Dornschrecken wie diese *Ophiotettix rohwedderi* aus Papua New Guinea zeichnen sich durch bizarre Körperformen aus. Foto: Philipp Hoenle, CC0 1.0 Universal.

Abbildung > Wie bei allen Insekten ist die Häutung ein bedeutender Teil des Lebenszyklus der Heuschrecken. Diese Seidengrille (Gryllacrididae) beendet grade ihre finale Häutung zum erwachsenen Stadium. Foto: Chien C. Lee.

2 BIOLOGIE UND ÖKOLOGIE

DIE STERNFORMATION: EINE BESONDERE FORM DER BALZ BEI HEUSCHRECKEN

Paolo Fontana, Roberto Scherini

Orthopteren sind für ihr stark ausgeprägtes und variables Sozialverhalten bekannt. Vor mehr als einem Jahrhundert berichtete der australische Entomologe Walter Wilson Froggatt (1858–1937) von einem ungewöhnlichen Verhalten beim Schädling *Chortoicetes terminifera* (nicht *C. australis*, wie von Chopard angegeben). Er beobachtete viele Männchen dieser in Australien vorkommenden Art (zwischen 30 und 50), die sich bei einem artgleichen Weibchen während dessen Eiablage aufhielten. Zwei bestimmte Männchen blieben dabei in ständigem Antennenkontakt mit dem eierlegenden Weibchen. Ein ähnliches Verhalten wurde in Italien bei der Schlanken Ödlandschrecke (*Acrotylus patruelis*, Oedipodinae) beobachtet, einer solitären Art, die bisher nie als schädlich eingeschätzt wurde. Dieses Phänomen haben wir erstmals 2002 in der Toskana (Zentralitalien) gesichtet. Viele Männchen stellten sich in einer sternförmigen Anordnung um ein eierlegendes Weibchen. Alle Männchen standen miteinander und mit dem Weibchen in Antennenkontakt und bewegten ihre hinteren Femora synchron für eine Dauer von 1–2 Sekunden. Das Weibchen bewegte seine hinteren Beine gelegentlich auf dieselbe Weise und synchron mit den Männchen. Diese Bewegungen schienen lautlos zu sein: Ein hochempfindliches Mikrofon wurde in unmittelbarer Nähe zu den beteiligten Individuen platziert. Das Phänomen wurde über einen Zeitraum von mehr als 40 Minuten beobachtet, währenddessen einige Männchen die Anordnung verließen und andere hinzukamen, sodass die Zahl der Männchen stets zwischen sechs und acht blieb. Das endgültige Ergebnis dieses Verhaltens, wir nannten es «Sternenparade», konnten wir nicht beobachten.

Vor Kurzem haben wir die Sternenparade von *A. patruelis* auch in der Lombardei (Norditalien) beobachten können. An einem warmen Tag (20 °C) Ende Oktober 2022 wurden vier Sternenparaden einige Meter voneinander entfernt auf Wiesen am Stadtrand beobachtet. In jeder dieser Gruppen war ein Weibchen von acht bis zehn Männchen umgeben. Die Männchen bewegten rhythmisch ihre Hinterbeine und Palpen. Abwechselnd versuchten einige Männchen, die die Anordnung verließen, sich mit dem Weibchen zu paaren. An derselben Stelle wurde dieses Verhalten bis Anfang November und erneut Ende Oktober 2023 beobachtet. Ein ähnliches Verhalten, obwohl mit einer geringeren Anzahl von Männchen (zwei bis vier), wurde bei *Oedipoda caerulescens* von Filippo Buzzetti beobachtet.

Weitere pseudogregäre Verhaltensweisen sind aus der Literatur bekannt, alle im Zusammenhang mit der Eiablage von Caelifera. Yuri Alexandrovich Popov beobachtete Gruppen von Weibchen der Art *Acrotylus longipes*, einer eigentlich solitär lebenden Art, die zusammen Eier legten und von einigen Männchen unterstützt wurden. Ein ähnliches Verhalten wurde von D. P. Clark für die australische Art *Austroicetes pusilla* berichtet. Dieses Verhalten tritt häufig bei schwarmbil-

denden Arten auf, wie z. B. *Locusta migratoria* oder Arten der Gattung *Schistocerca*, wie von Boris Uvarov berichtet. In anderen Acrididen, z. B. *Dociostaurus maroccanus*, wie von Bruno Massa in Libyen beobachtet, paaren sich die Männchen oft mit Weibchen, die gerade die Eiablage abgeschlossen haben. Dies könnte das Zusammentreffen der Männchen um das Weibchen erklären. Obwohl die Fallstudien zu diesem Verhalten uns keine verlässlichen Rückschlüsse erlauben, könnte die Sternenparade ein Phänomen sein, das zu sexueller Konkurrenz zwischen den Männchen führt. Dies könnte insbesondere in Situationen mit einem unausgeglichenen Geschlechterverhältnis auftreten, etwa aufgrund eines höheren Prädationsdrucks auf die größeren und weniger mobilen Weibchen, besonders während der Eiablage.

Abb. 1 Männchen von *Acrotylus patruelis*, die ein Weibchen umringen, wodurch eine Sternform entsteht. Foto: Paolo Fontana.

2.1 FRESSEN UND GEFRESSEN WERDEN: DIE ROLLE VON HEUSCHRECKEN IN NAHRUNGSNETZEN

Sebastian König, Jens Schirmel

ERNÄHRUNG VON HEUSCHRECKEN

Kein einziges grünes Blatt bleibt übrig, wenn gefräßige Wanderheuschreckenschwärme ganze Landstriche von sämtlicher Vegetation befreien – einschließlich landwirtschaftlicher Feldfrüchte (siehe Kapitel 3.1). Wenn man an die Ernährung von Heuschrecken denkt, weckt dieses Phänomen bei Betroffenen schlimme Erinnerungen. Die meisten Menschen jedoch werden die Heuschrecken auf den Wiesen als harmlose, polyphage Pflanzenfresser kennen, die sich hauptsächlich von einer Reihe von Gräsern und Kräutern ernähren. Obwohl beide Extreme zutreffen können, sind die Ernährungsweisen der Heuschrecken weitaus vielfältiger (Abb. 1). Trotzdem ist vieles noch unerforscht. Da die Beobachtung von Fraßinteraktionen in der Natur herausfordernd sein kann, ist das Sammeln von Darminhalts- oder Kotproben ein alternativer Ansatz, um die Geheimnisse ihrer Ressourcennutzung und Ernährungspräferenzen mittels morphologischer Bestimmung oder mithilfe molekulargenetischer Methoden zu entschlüsseln.

Hinsichtlich der Ernährungsgewohnheiten bestehen deutliche Unterschiede zwischen Ensifera (Langfühlerschrecken) und Caelifera (Kurzfühlerschrecken). Die meisten Kurzfühlerschrecken sind tatsächlich Vegetarier und ernähren sich hauptsächlich von Gräsern, Kräutern und anderem Pflanzenmaterial mit einer gewissen Selektivität (Abb. 2). Verglichen mit der großen Zahl hochspezialisierter, phytophager Insekten aus anderen Gruppen ist die durchschnittliche Nahrungsnische eines Grashüpfers jedoch recht breit gefächert. Einige Arten können ein erstaunliches Spektrum unterschiedlicher Wirtspflanzen nutzen, andere bevorzugen ein begrenztes Repertoire eng verwandter Nahrungspflanzen, wie die Grashüpfer (Gomphocerinae), die sich von Gräsern und Seggen (Ordnung Poales) ernähren, die kakteenfressenden Arten in Nordamerika (z. B. *Chloroplus cactocaetes*) oder die Wolfsmilchgewächs-Spezialisten (z. B. *Acrostira euphorbiae*) auf den Kanarischen Inseln. Ein Sonderfall sind die Dornschrecken (Tetrigidae), die Detritus, Moose, Flechten und Algen fressen, und das mitunter sogar unter Wasser (Kapitel 5.2.6).

Das Ernährungsverhalten von Langfühlerschrecken ist vielfältiger. Die Nahrung vieler Laubheuschrecken besteht teilweise aus Pflanzenmaterial. Welcher Teil der Pflanze dabei verzehrt wird, ist für bestimmte Ernährungsgruppen spezifisch; einige ernähren sich von Blüten und Samen, andere bevorzugen die Laubblätter. So können einige Heuschrecken sogar wichtige Samenverbreiter und Bestäuber sein. Dies wurde bei Orchideenblüten-besuchenden Gryllacrididen (z. B. der Gattung *Glomeremus*) nachgewiesen (Kapitel 2.5), während einige australische Arten sogar auf die Aufnahme von Pollen und Nektar spezialisiert sind (z. B. *Anthophiloptera dryas*). Grillen sind häufig Detritivoren, und viele Langfühlerschrecken ergänzen ihre Nahrung mit anderen Arthropoden, insbesondere mit weichhäutigen Insekten wie Raupen. Hier ist sogar Kannibalismus kein seltenes Phänomen. Dies geht so weit, dass einige Gruppen wie die Eichenschrecken (z. B. die Gattung *Meconema*) oder die Sägeschrecken (Saginae) strikte Fleischfresser sind und sich ausschließlich von anderen Gliederfüßern einschließlich Heuschrecken ernähren. Der Anteil von Pflanzen oder Arthropoden an der Nahrung kann im Laufe der Entwicklung variieren. In einigen extremen Umgebungen, wie in rauen Wüsten, ernähren sich manche Arten lediglich von Detritus, der vom Wind verweht wird. Unter den Arten, die eher verborgen leben, können die Maulwurfsgrillen (Gryllotalpidae) unter Umständen Schädlinge in Gärten sein, da sie sich außer von bodenbewohnenden Arthropoden, die sie in ihren

Abb. 1 Schematischer Überblick über die Nahrungsnetzinteraktionen im mitteleuropäischen Grünland. Die Interaktionen wurden mithilfe direkter Fraßbeobachtungen und Metabarcoding von Pflanzen-DNA aus Kotpellets rekonstruiert. Modifizierte Abbildung aus König et al. (2022).

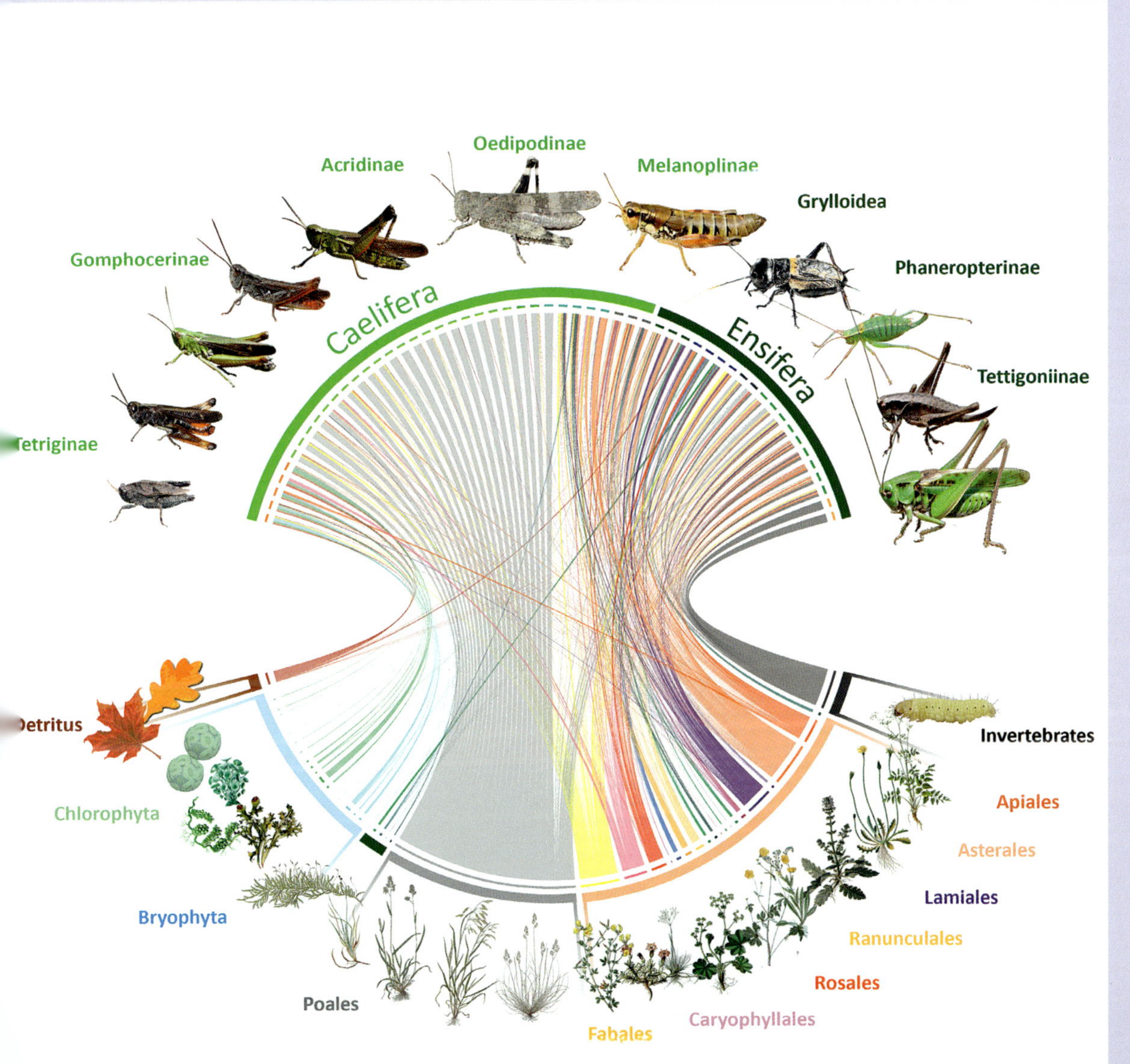

unterirdischen Tunneln finden, auch von Wurzeln ernähren. Die Grabschrecken (Tridactylidae) fressen in ähnlichen Gängen hauptsächlich Detritus. Höhlengrillen (Rhaphidophoridae) vertilgen tote Gliederfüßer, fressen aber auch Pilze, Pflanzen oder lebende Insekten, die sie in den Höhlen finden.

Da die meisten Nahrungsbeziehungen zwischen Heuschrecken und Pflanzen eher locker sind, ist davon auszugehen, dass sie auf Veränderungen der mikro- und makroklimatischen Bedingungen in ihren Lebensräumen direkt mit Arealverschiebungen reagieren können.

NATÜRLICHE FEINDE VON HEUSCHRECKEN

Die meisten Heuschrecken sind relativ groß und haben einen weichen Körper, was sie zu einer wichtigen Proteinquelle für eine Vielzahl von Räubern, einschließlich des Menschen, macht (weitere Einzelheiten siehe

Abb. 2 Die meisten Kurzfühlerschrecken sind Herbivoren, viele Langfühlerschrecken jedoch Omnivoren oder Karnivoren. (Linke Seite oben) Eine männliche Sibirische Keulenschrecke *(Gomphocerus sibiricus)* frisst an Moos. (Linke Seite unten) Schwarze Farbmorphe der Alpinen Gebirgsschrecke *(Miramella alpina)* frisst an krautigen Pflanzen. (Rechte Seite oben) Ein Zwitscherheupferd *Tettigonia cantans* bei Fraß an Blüten. (Rechte Seite unten) Eine Sägeschrecke *Saga pedo* beim Verzehr einer *T. cantans*. Fotos: (linke Seite beide) Sebastian König, (rechte Seite oben) Martin Husemann, (rechte Seite unten) Christian Roesti.

Kapitel 8.4, 8.5). Insektenfressende Vögel, Reptilien und Amphibien gehören zu den bedeutendsten Fressfeinden von Heuschrecken. Der Weißstorch (*Ciconia ciconia*) ist vielleicht das bekannteste Beispiel dafür. In Europa zeigt dieser Vogel ein selektives Fressverhalten und ernährt sich hauptsächlich von größeren Heuschrecken. Es wurden Störche beobachtet, die innerhalb von Minuten mehrere Hundert Tiere verzehrten. Schwarmbildende Heuschrecken bilden häufig eine Hauptnahrungsquelle für Weißstörche auf dem jährlichen Zug nach Afrika. In Nordamerika wiederum ist der Heuschrecken-Sperling (*Ammodramus savannarum*) ein spezialisierter Heuschreckenräuber. Andere Vögel, die sich häufig von Heuschrecken ernähren, sind Würger (Laniidae), Bienenfresser (Meropidae) und verschiedene Greifvögel, wie der Turmfalke (*Falco tinnunculus*). Auch Säugetiere fressen Heuschrecken: Neuweltaffen wie Kapuziner- und Totenkopfäffchen, die zur Familie der Cebidae gehören, sind dafür bekannt. Manche haben gelernt, giftige Heuschrecken zu meiden, wie z. B. die Pferdekopfschrecken (Proscopiidae), die eine besondere Form der chemischen Verteidigung als Strategie zur Vermeidung von Raubtieren anwenden (siehe Kapitel 5.5.5). Neben insektenfressenden Wirbeltieren sind Heuschrecken Beute für eine Vielzahl von Wirbellosen, insbesondere Webspinnen und andere Spinnentiere. Die Wespenspinne (*Argiope bruennichi*) ist mit ihren Netzen, die strategisch in der optimalen Höhe für springende Heuschrecken platziert sind, sehr effektiv darin. Gottesanbeterinnen, Wespen, Ameisen und sogar andere Heuschrecken können sich ebenfalls von Heuschrecken ernähren. Unter letzteren sind besonders die räuberischen Sägeschrecken hervorzuheben (siehe oben).

Aber nicht nur krabbelnde, springende und fliegende Heuschrecken werden gefressen, sondern auch deren unbewegliche Eier. Zu bekannten Eiräubern zählen die Larven von Fliegen, wie z. B. Wollschweber (Bombyliidae), und von Käfern, insbesondere die von Ölkäfern (Meloidae, Gattungen *Mylabris* und *Epicauta*). Darüber hinaus sind einige generalistische, räuberische Insekten wie Laufkäfer (Carabidae) und Kurzflügelkäfer (Staphyliniidae) in der Lage, die Eier von Heuschrecken zu erbeuten.

Abb. 3 (Links) Eine weibliche Wegwespe der Art *Isodontia mexicana* trägt eine paralysierte Südliche Eichenschrecke *(Meconema meridionale)* in ihr Nest ein. Die Brutkammern sind voller gelähmter Heuschrecken als Larvenfutter (rechts). In der Mitte ist auch eine Larve von *I. mexicana* zu sehen (Pfeil), die bereits alle Heuschrecken in der Kammer verzehrt hat. Die Puppenhüllen nach der Verpuppung der Larven sind unten zu sehen. In den meisten Fällen wurden sechs bis acht Heuschrecken (hier meist Nymphen von *Meconema* sp.), manchmal aber auch bis zu 16, in einer Brutkammer abgelegt. Abbildungen: (links) PJT56/Wikimedia Commons/CC BY-SA 4.0; (rechts) modifizierte nach Schirmel et al. (2020).

Parasiten, Parasitoide und Krankheitserreger sind weitere natürliche Feinde von Heuschrecken und können alle Lebensstadien befallen. Zu den Ektoparasiten adulter Heuschrecken und deren Nymphen gehören die Larven einiger Wespen (z.B. Rhopalosomatidae) und Samtmilben (Trombidiidae). Typische Endoparasiten sind einige Dipteren wie die Raupenfliegen (Tachinidae) und die Fleischfliegen (Sarcophagidae). Fliegen legen ihre Eier oder Larven auf Heuschrecken ab, die dann in den Körper eindringen und sich dort entwickeln. Einige dieser Fliegen (z.B. *Ormia ochracea*) zeigen Phonotaxis, d.h. eine Anlockung durch Heuschreckengesänge. Manche Schlupfwespen (Sphecidae) sind spezialisierte Räuber von Heuschrecken. Der Stahlblaue Grillenjäger (*Isodontia mexicana*) z.B. ernährt sich von Langfühlerschrecken, indem er die gelähmten, aber noch lebenden Individuen in sein Nest in hohlen Ästen transportiert, wo seine Larven diese fressen. Der Grillenjäger ist ursprünglich in Mittel- und Nordamerika beheimatet, hat sich aber in weiten Teilen Europas etabliert. Hier ernährt er sich häufig von Blütengrillen (*Oecanthinae*) und Eichenschrecken (Gattung *Meconema*, Abb. 3).

Abb. 4 (Links) Diese Alpen-Strauchschrecke *(Pholidoptera aptera)* ist von parasitischen Milben befallen, sichtbar als rote Ausstülpungen am Halsschildansatz. (Rechts) Die Große Buntschrecke *(Poecilimon ornatus)* ist normalerweise grün gefärbt. Der Hinterleib dieses bedauernswerten, noch lebendigen Individuums ist vollständig vom Pilz *Entomophaga grylli* befallen. Foto: Roberto Battiston.

Darüber hinaus werden Heuschrecken von verschiedenen entomopathogenen Pilzen befallen. Der weltweit verbreitete Artkomplex *Entomophaga grylli* hat ein breites Wirtsspektrum an (meist) Kurzfühlerschrecken (Acrididae). Der Befall mit diesem Pilz verändert das Verhalten der Heuschrecken, sodass sie höher in die Vegetation klettern. Dort brechen die Fruchtkörper des Pilzes aus dem Körper der Heuschrecke und setzen Sporen frei. Von der exponierten Stelle können sie gut verbreitet werden. Schließlich sind einige Saitenwürmer (Nematomorpha) als spezialisierte Endoparasiten von Heuschrecken bekannt. Diese veranlassen die infizierten Heuschrecken, sich in Gewässer zu bewegen. Dort verlassen sie ihren Wirt und können so das Nahrungsnetz und den Energiefluss entlang von Gewässersystemen beeinflussen.

BESONDERE BEDEUTUNG VON HEUSCHRECKEN IN (GRÜNLAND-) NAHRUNGSNETZEN

Obwohl Heuschrecken nicht zu den artenreichsten Gruppen von herbivoren Insekten gehören, spielen sie eine wichtige Rolle in den Nahrungsnetzen zahlreicher Ökosysteme weltweit. Besonders im Grünland erreichen Heuschrecken oft hohe Dichten und können

mehr als 50 % der gesamten Arthropoden-Biomasse ausmachen; damit sind sie dort die dominierende Gruppe der herbivoren Insekten. Studien haben gezeigt, dass Heuschrecken pro Tag etwa ein Drittel ihrer Körpermasse an Nahrung aufnehmen und so z. B. in mitteleuropäischen Alpenwiesen bis zu 20 % der Nettoprimärproduktion und bis zu 30 % der stehenden Samenpflanzenbiomasse verzehren können. Natürlich sind solche Werte sehr variabel und hängen von der Heuschreckendichte ab. Diese kann je nach Witterungsbedingungen von Jahr zu Jahr schwanken und reicht von weniger als einer bis zu mehr als zehn Tieren pro Quadratmeter. Unter bestimmten Bedingungen jedoch können Heuschrecken weit mehr verzehren und zu verheerenden Schädlingen werden (siehe Kapitel 3.1).

Durch ihre Fraßtätigkeit verändern Heuschrecken die Vegetationsstruktur und die Pflanzenzusammensetzung im Grünland. Obwohl die meisten Heuschrecken generalistische Pflanzenfresser sind, wählen sie oft bestimmte Pflanzenarten (siehe oben). Wenn sie sich bevorzugt von schnell zersetzenden Pflanzen wie Klee ernähren, können sie die jährliche Pflanzenproduktion schwächen. Ernähren sie sich hingegen von langsam zersetzenden Pflanzen wie Gräsern, erhöht sich die Stickstoffverfügbarkeit und -produktivität der Wiese. In beiden Fällen werden der Nährstoffkreislauf und damit Ökosystemprozesse und -funktionen beeinflusst. Durch eine experimentelle Erhöhung der Heuschreckendichte in einem Hochgebirgssystem, wie sie durch den Klimawandel zu erwarten ist, konnten Forscher zeigen, dass die erhöhte Herbivorendichte sogar zu einer Förderung der Koexistenz von Pflanzen führen kann, indem die dominierenden hochwüchsigen Gräser reduziert werden. Einerseits beeinflussen Heuschrecken die Zusammensetzung der Pflanzengemeinschaft, andererseits kann diese wiederum die Heuschrecken-Gemeinschaft über Nährwert- und Strukturmerkmale verändern.

Sowohl durch den direkten Verzehr von Pflanzen als auch durch das Herunterfallen von nicht gefressenem Pflanzenmaterial (Heuschrecken fressen nicht immer sehr sauber) sowie ihren Kot spielen Heuschrecken eine wichtige Rolle im Energiehaushalt von Grünland. Zusammen mit der hohen Biomasse von Heuschrecken, die eine wichtige Proteinquelle für viele Raubtiere darstellt, sind Heuschrecken weltweit Schlüsselorganismen in den Nahrungsnetzen im Grünland.

Abb. 5 Heuschrecken dienen zahlreichen anderen Tieren als Nahrung. Der Neuntöter *(Lanius collurio)* hortet sie sogar, indem er seine Beute, wie dieses Grüne Heupferd *(Tettigonia viridissima)*, an Dornen in der Vegetation aufspießt. Foto: Wolfgang Brandmeier.

2.2 TARNEN UND TÄUSCHEN: HEUSCHRECKEN IM VERBORGENEN

Chien Lee, Oliver Hawlitschek

Stabschrecken und Wandelnde Blätter der Insektenordnung Phasmatodea gelten weithin als Paradebeispiele für Tarnung im Tierreich: Sie imitieren die Zweige und Blätter der Pflanzen, auf denen sie leben, nahezu perfekt. Heuschrecken traut man dies weniger zu, doch die Tarnung einiger, vor allem tropischer Arten, erreicht das Niveau der Stabschrecken – oder übertrifft es vielleicht sogar.

Alle Heuschrecken, ob Pflanzenfresser oder Räuber, sind zahlreichen Fressfeinden ausgesetzt. Die meisten Arten verlassen sich auf ihr Sprung- oder Flugvermögen, um diesen Feinden zu entgehen. Manche Arten haben jedoch andere Verteidigungsstrategien entwickelt, darunter Dornen oder chemische Abwehrstoffe (vgl. Kapitel 5.4.4). Wieder andere verlassen sich auf ihre Tarnung, um nicht entdeckt zu werden. Das Tarnverhalten wird in der Biologie auch als Krypsis bezeichnet.

Die häufigste Form der Tarnung wird als Somatolyse bezeichnet, wörtlich das «Auflösen des Körpers». Dabei ähnelt das Tier in Farbe und Musterung seiner Umgebung und ist dadurch schwer zu sehen. Oft funktioniert dies auf denkbar einfache Weise: Ein grünes Heupferd ist inmitten der Blätter eines Buschs nicht leicht zu erkennen, ebenso eine graue Ödlandschrecke auf einem Kiesbett (Kapitel 1.3, Abb. 2B). Diese Form der Tarnung ist bei Heuschrecken sehr weit verbreitet, doch einige Arten haben sich noch viel stärker an ihre Umgebung angepasst. Heuschrecken, die auf Baumrinde oder Flechten leben, sind oft nicht nur farblich perfekt darauf abgestimmt, sondern haben auch Strukturen entwickelt, die zur Tarnung beitragen. Oft sind dies Stacheln oder Dornen, die zudem eine Verteidigungsfunktion besitzen. Nicht selten unterstützen Verhaltensanpassungen den Tarneffekt, wie zum Beispiel das Abflachen des Körpers oder das Verstecken der Beine unter den Flügeldecken. Manche Arten sehen nicht nur vollständig wie ein lebendes oder totes Blatt aus, sondern verhalten sich auch so: sie halten still oder bewegen sich mit dem Wind. Diese Art der Tarnung, bei der ein Tier eine spezifische Struktur wie ein Blatt, einen Zweig oder einen Kieselstein (Kapitel 5.4.6) aus seiner Umgebung nachahmt, wird Mimese genannt.

Schließlich gibt es auch noch Heuschrecken, die sich tarnen, indem sie andere Tiere nachahmen – in der Biologie auch Mimikry genannt. Die Vorbilder, also die Arten, die von anderen nachgeahmt werden, sind üblicherweise unattraktiv für Fressfeinde, da sie über irgendeine Form von Verteidigung verfügen. Wespen oder Ameisen mit Giftstacheln oder Käfer mit besonders harten Außenskeletten sind häufige Vorbilder für Mimikry betreibende Insekten. Wie im Fall der Mimese wird auch das Mimikry meist durch Verhalten unterstützt: Der Nachahmer sieht nicht nur aus wie das Vorbild, sondern bewegt sich auch so.

Diese spektakulären Formen der Tarnung sind zwar nicht auf tropische Arten, zumeist Laubheuschrecken, beschränkt, sind dort aber am häufigsten zu beobachten. Möglicherweise hängt dies mit den geringeren Populationsdichten einzelner Arten im Vergleich zu denen der gemäßigten Zonen und dem erhöhten Prädationsdruck zusammen. Tropische Arten aus verschiedenen Erdteilen weisen mitunter verblüffend ähnliche Tarnmuster auf, auch wenn sie nicht nahe miteinander verwandt sind. Diese hochspezialisierten Formen sind daher Paradebeispiele der konvergenten Evolution (Kapitel 1.4) als Reaktion auf die enormen Selektionsdrücke, die die Evolution der Heuschrecken bestimmen.

< **Abb. 1** Der Regenwald des Amazonasgebiets ist die Heimat von *Pterochroza ocellata*. Wie viele andere Arten von Laubheuschrecken ahmen sie Blätter nach, doch sie haben noch einen weiteren Trick auf Lager. Während die Vorderflügel zur Tarnung dienen, weisen die Hinterflügel Flecken auf, die den Eindruck des Augenpaars eines größeren Tieres erwecken und so Fressfeinde abschrecken sollen. Fotos: Chien C. Lee.

Abb. 2 Zentralamerikanische *Championica*, wie diese *C. montana* aus dem Nebelwald Costa Ricas (links), sind vor dem Hintergrund des Mooses auf Baumrinden kaum auszumachen. Ihre Tarnung beruht nicht nur auf Farbe, sondern auch auf der Struktur der Stacheln auf Körper und Beinen, die der des Mikrohabitats ähnelt. Die südostasiatische *Sathrophylliopsis longepilosa* (rechts) und ihre Verwandten haben konvergent sehr ähnliche Anpassungen entwickelt. Fotos: Chien C. Lee.

Abb. 4 Einige Langfühlerschrecken ahmen durch Mimikry andere Tiere nach, darunter diese *Aganacris velutina* aus Ecuador (links), die einer Wespe der Gattung *Pepsis* (rechts) täuschend ähnlich sieht. Potenzielle Fressfeinde, die vor einer Wespe zurückschrecken, werden auch eine wespenähnliche Heuschrecke meiden. Fotos: Chien C. Lee.

Abb. 5 Manche Heuschrecken verfolgen im Laufe ihres Lebens unterschiedliche Strategien. Diese Nymphe aus der Gruppe Amblycoryphini (links) ahmt durch Mimikry eine Ameise (rechts) nach. Als erwachsenes Tier wird sie einem Blatt ähneln. Fotos: Chien C. Lee.

< **Abb. 3** Der Name «*Mimetica*» spricht für sich. Die Arten dieser Gattung aus dem tropischen Zentral- und Südamerika, so wie diese *M. incisa* (oben), ahmen Blätter jeder Größe, Farbe, jedes Zerfalls- und Fraßstadiums nach. In Südost-Asien verfolgen Mitglieder der Gattung *Systella* dieselbe Strategie der Tarnung (unten). Während *Mimetica* zu den Langfühlerschrecken zählt, sind *Systella* Kurzfühlerschrecken. Fotos: Chien C. Lee.

2.3 AMEISENGRILLEN – MEISTER DER CHEMISCHEN TARNUNG

Thomas Stalling

Ameisengrillen (Myrmecophilidae, Myrmecophilinae) entgehen wegen ihrer winzigen Größe und aufgrund ihrer heimlichen, spezialisierten Lebensweise oft dem Auge des Heuschreckenexperten. Mit einer Größe von 1,5 bis 8 mm handelt es sich um die kleinsten bekannten Heuschreckenarten. Die erste Ameisengrillenart wurde bereits vor über 200 Jahren in Deutschland entdeckt, damals aber noch für eine Schabe gehalten und 1799 als solche beschrieben. Das ist nicht verwunderlich, da die unscheinbaren, braunen, flügellosen Grillen mit ihrer ovalen Körperform, ihren auffälligen Hinterleibsanhängen und ihren flinken Bewegungen den Nymphen der Schaben stark ähneln.

Ameisengrillen kommen in Nord- und Mittelamerika, im nordwestlichen Teil Südamerikas, in Mittel- und Südeuropa, in Nordafrika, Mittel-, Süd- und Südostasien, Australien und auf verschiedenen tropischen und subtropischen Inseln vor, während sie in Afrika südlich der Sahara, im größten Teil Südamerikas und in den nördlichen Regionen der Holarktis fehlen. Weltweit sind derzeit 67 Ameisengrillen-Arten aus drei Gattungen beschrieben, wir können aber davon ausgehen, dass es noch viele weitere, bisher unbeschriebene Arten gibt. Nach einer ersten Revision der europäischen Arten der Unterfamilie Myrmecophilinae in den 1960er-Jahren wurde diese Gruppe in letzter Zeit intensiver untersucht, und es wurden zahlreiche neue Arten aus Europa und Asien beschrieben. Alle elf europäischen Arten gehören zur Gattung *Myrmecophilus*, einschließlich *M. quadrispinus*, die ursprünglich aus tropischen und subtropischen Gebieten stammt und vermutlich zusammen mit invasiven Ameisen nach Malta eingeschleppt wurde. Die verschiedenen Ameisengrillen-Arten lassen sich anhand ihrer Färbung, der Art der Behaarung und der Form der Legeröhre identifizieren, wofür aufgrund ihrer geringen Größe in der Regel ein Binokular erforderlich ist.

Ameisengrillen kommen in verschiedenen Lebensräumen vor, von feuchten Auwäldern über halboffene Landschaften mit immergrünem Buschwerk und Wäldern bis hin zu Halbwüsten. Sie können aber selbst in den Zentren von Großstädten wie Berlin, Kopenhagen oder Lima gefunden werden, wo sie auf Brachflächen an Bahngleisen oder in Gärten leben. Alle Arten leben als Kleptoparasiten in Ameisennestern, die sie nur selten verlassen, da sie von den stabilen mikroklimatischen Bedingungen und dem guten Nahrungsangebot in den Nestern profitieren. Diese Strategie teilen sie mit anderen myrmecophilen, d. h. ameisenparasitierenden Arten, wie zum Beispiel Silberfischen, Käfern und Larven von Schwebfliegen und Schmetterlingen. Ameisengrillen entziehen sich den Angriffen ihrer Wirte durch ihre hohe Beweglichkeit und durch chemische Tarnung. Die Grillen nehmen hierfür den Nestgeruch der Ameisen in Form von nestspezifischen kutikularen Kohlenwasserstoffen auf, welche sie in ihre eigene Körperoberfläche einlagern. Sie werden dadurch von den Ameisen nicht mehr als Eindringlinge erkannt und wie Nestgenossinnen behandelt. Ameisengrillen ernähren sich von Abfällen im Ameisennest sowie von Eiern und Larven der Ameisen und lassen sich auch von den Ameisen direkt füttern, indem sie diese durch Fühlerträllern anbetteln.

Untersuchungen japanischer Wissenschaftler haben gezeigt, dass es Ameisengrillen-Arten gibt, die sich auf eine oder wenige Wirtsarten spezialisiert haben, und andere, die ein breites Spektrum von Wirtsameisen nutzen. Das vielleicht extremste Beispiel für eine Spezialisierung auf eine Wirtsameisen-Art ist die Ameisengrille *Myrmecophilus albicinctus*. Diese Art kommt in Südostasien und Japan ausschließlich bei der Ameisenart *Anoplolepis gracilipes* vor. Aufgrund ihrer spezialisierten Mundwerkzeuge kann sie sich nicht selbst ernähren, sondern lässt sich ausschließlich von den Ameisen füttern. Andere Arten, wie zum Beispiel die Gemeine Ameisengrille *Myrmecophilus acervorum*, sind in Bezug auf die Wirtsameisen Generalisten und leben in den Nestern vieler verschiedener Ameisenarten aus unterschiedlichen Gattungen und Unterfamilien.

Ameisengrillen reproduzieren sich in der Regel durch sexuelle Fortpflanzung. Die Gemeine Ameisengrille, die in ganz Europa und weiten Teilen Asiens vorkommt, pflanzt sich jedoch durch Jungfernzeugung (Parthenogenese) fort. Es gibt von dieser Art normalerweise also keine Männchen, sondern nur Weibchen, wie dies auch von anderen Heuschrecken-Arten wie der Großen Sägeschrecke *Saga pedo* bekannt ist. Kürzlich wurden in einem kleinen Teil des Verbreitungsgebiets nun aber erstmals auch Männchen der Gemeinen Ameisengrille gefunden. Dieses Vorkommen von Männchen in Südosteuropa ist ein typischer Fall von geografischer Parthenogenese, also dem Phänomen, dass ungeschlechtliche Individuen ein sehr viel größeres Verbreitungsgebiet besitzen als ihre sexuellen Verwandten.

Viele Fragen zur Systematik, Ökologie und Biologie dieser interessanten Heuschreckengruppe sind nach wie vor unbeantwortet und bieten ein breites Forschungsfeld für die kommenden Jahre.

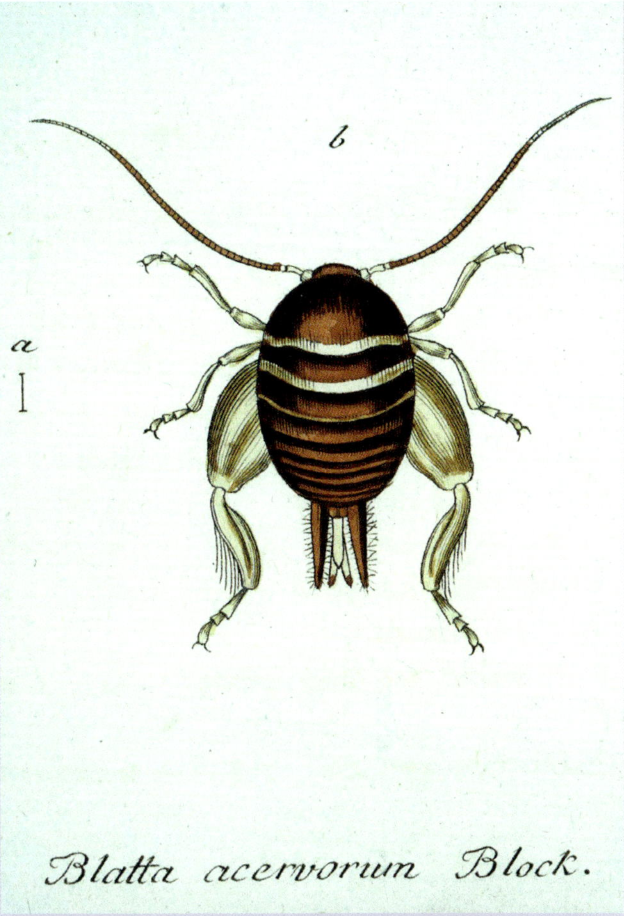

Abb. 1 Erste Abbildung einer Ameisengrille von Panzer ([1799]), damals noch als Schabe *(Blatta acervorum)* beschrieben. © Public Domain.

Abb. 2 Adultes Weibchen von *Myrmecophilus acervorum*. November 2019, La Roque-sur-Pernes, Frankreich. Foto: Thomas Stalling.

Abb. 3 Nymphe (links) und adultes Weibchen (rechts) von *Myrmecophilus acervorum* in einem Nest von *Lasius* sp. November 2019, La Roque-sur-Pernes, Frankreich. Foto: Thomas Stalling.

2.4 GEHEIMNISSE DES PAARUNGSVERHALTENS VON LAUBHEUSCHRECKEN

Gerlind U.C. Lehmann, Arne W. Lehmann

Wenn es um die Fortpflanzung geht, zeigen Orthoptera einige faszinierende Verhaltensweisen. Vor allem Laubheuschrecken (Ensifera: Tettigoniidae) sind berühmt für die enormen physiologischen Investitionen, die Männchen für die Paarung aufwenden. Der französische Forscher und Schriftsteller Jean-Henry Fabre, der die Paarung des Warzenbeißers *Decticus albifrons* beschrieb, beobachtete das Auftreten einer riesigen weißen klebrigen Masse, die vom Männchen auf das Weibchen übertragen wird und die er Spermatophore (griechisch für «Spermienträger») nannte. Eine genauere Untersuchung der Spermatophore ergab, dass sie aus zwei Teilen besteht: der kleineren Ampulle (Abbildung 1), die die Spermien enthält, und einer großen weißen Masse, die die Ampulle umgibt (Abbildung 2). Letztere wird als Spermatophylax (griechisch für «Spermienwächter») bezeichnet und von speziellen Drüsen im Körper des Männchens produziert.

DAS MÄNNLICHE HOCHZEITSGESCHENK

Der Spermatophylax wird als «Hochzeitsgeschenk» gedeutet. Solche Geschenke übergeben Männchen aus einer Vielzahl von Insektenordnungen vor oder während der Paarung. Zu diesen Geschenken gehört Beute, die vom Männchen gefangen wurde, speziell angepasste Körperteile des Männchens oder, bei sexuell kannibalistischen Arten wie den Gottesanbeterinnen, das Männchen selbst. Bei Laubheuschrecken stellt der männliche Spermatophylax eine erhebliche Investition dar: Die Männchen übergeben bis zu einem Drittel ihrer Körpermasse. Er enthält neben 80 Prozent Wasser, das eine wertvolle Ressource für die Eiproduktion sein kann, Hunderte von unterschiedlichen Proteinen. Dieser massive Aufwand kann nur durch sexuelle Selektion verstanden werden, weshalb diese Hochzeitsgeschenke von Biologen intensiv untersucht wurden. Diese Studien haben ergeben, dass sowohl der männliche Befruchtungserfolg als auch die väterliche Investition in die eigenen Nachkommen wichtig sind.

ERFOLG BEI DER BEFRUCHTUNG

Es wird angenommen, dass sich der Spermatophylax zur Unterstützung des männlichen Befruchtungserfolgs entwickelt hat, und als Spermienschutz wirkt. Nach der Paarung beginnen die Weibchen sofort, an der Spermatophore zu fressen. Die Position und Masse des Spermatophylaxes hindert die Weibchen daran, die Spermien in den Ampullen zu fressen, zumindest so lange, bis eine wesentliche Anzahl in den Körper des Weibchens gelangt und in einem Speicher-Organ, der Spermatheka, aufgenommen sind. Die Weibchen der meisten Laubheuschreckenarten paaren sich nacheinander mit mehreren Männchen und die Spermatheka speichert die Spermien all dieser potenziellen Väter. Wie bei den meisten Insekten werden die Eier nicht während der Paarung, sondern erst kurz vor der oft Tage später stattfindenden Eiablage befruchtet, sodass Spermien verschiedener Männchen in der Spermatheka um die Befruchtung konkurrieren können. Je größer der Spermatophylax ist, desto länger frisst das Weibchen daran, wobei eine verlängerte Fraßdauer die

Abb. 1 Laubheuschrecken-Paar, das sich gerade trennt. Das Weibchen, oben auf dem Männchen, hat das «Hochzeitsgeschenk» erhalten. *Poecilimon gracilis,* in Slowenien gesammelt und im Institutsgarten der Humboldt-Universität zu Berlin gepaart. Foto: Gerlind U. C. Lehmann und Arne W. Lehmann.

Abb. 2 Frisch verpaartes Weibchen mit der Spermatophore, bestehend aus den gelblichen Ampullen und dem weißen Spermatophylax. *Poecilimon gerlindae* beobachtet in Domokos, Griechenland. Foto: Gerlind U. C. Lehmann und Arne W. Lehmann.

Anzahl der übertragenen Spermien erhöht. Dieses wiederum verbessert die Chancen, dass ein bestimmtes Männchen in Konkurrenz mit den anderen Männchen mehr Eier befruchtet. Zusätzlich überträgt das Männchen Substanzen, die das Weibchen vorübergehend unempfänglich für andere Männchen machen. Die Länge dieser Refraktärzeit nach der Paarung ist variabel, erstreckt sich aber typischerweise über mehrere Tage. Innerhalb einer Art ist ihre Dauer positiv mit der Anheftungszeit der Spermatophore und damit mit der Menge der übertragenen Spermien korreliert. Während der Refraktärzeit legen die Weibchen Eier, die nur von den bereits in ihrer Spermathek gespeicherten Spermien befruchtet werden. Daher steht die Größe der Spermatophore unter positiver Selektion, um die Chance auf eine Befruchtung von Eizellen durch ein bestimmtes Männchen zu erhöhen.

ELTERLICHE INVESTITION

Zusätzlich sind die Brautgeschenke für Weibchen von Vorteil, da sie eine leicht verdauliche und nahrhafte Mahlzeit darstellen (Abbildung 3). Inhaltsstoffe werden von Weibchen in ihren Körper eingebaut und stehen für den Stoffwechsel sehr schnell zur Verfügung. Infolge-

Abb. 3 Verpaartes Weibchen, das nach der Trennung vom Männchen am Spermatophylax frisst. *Poecilimon gracilis* aus Slowenien. Foto: Gerlind U. C. Lehmann und Arne W. Lehmann.

dessen erhöht der Verzehr des Spermatophylax die Überlebenswahrscheinlichkeit eines Weibchens und seine Fortpflanzungsleistung, sowohl in Bezug auf die Anzahl als auch auf die Größe der Eier. Größere Eier sind widerstandsfähiger gegen Austrocknung und erhöhen die Überlebenswahrscheinlichkeit der Nachkommen. Die Größe des Spermatophylaces korreliert dabei positiv mit der Größe und Masse der Männchen. Deswegen bevorzugen Weibchen, wenn sie die Wahl haben, schwerere Männchen gegenüber leichteren. Das männliche Potenzial, größere Spermatophylaces zu erzeugen, scheint durch ihren Balzgesang signalisiert zu werden. Wenn Männchen künstlich stumm gemacht wurden, paarten sich die Weibchen nicht mehr ausschließlich mit dem Schwersten, sondern zufällig mit einem der vorhandenen Männchen.

INVESTITION DER MÄNNCHEN IN DIE VERPAARUNG

Durch diese Weibchenwahl werden männliche Laubheuschrecken auf eine erhöhte Körpergröße selektiert. Diese Größe wird jedoch durch die Menge und Qualität der verfügbaren Nahrung und durch den Energiebedarf für Balzgesänge begrenzt. Die enorme Investition in die Spermatophore geht auch auf Kosten des lebenslangen Fortpflanzungserfolgs des Männchens. Da die Herstellung eines so großen Brautgeschenkes eine geraume Zeit dauert, vergehen bei männlichen Laubheuschrecken Tage bis zur nächsten Paarung. Daher gibt es eine Refraktärphase, ähnlich wie bei den Weibchen. Aufgrund der hohen Reproduktionskosten sind Männchen mit geringem Gewicht in ihrer Investitionskapazität eingeschränkt. Ein gutes Beispiel dafür sind Laubheuschrecken, die von einer parasitoiden Fliege befallen sind. Solche parasitierten Männchen produzieren kleinere Brautgeschenke und Gesänge von geringerer Qualität. Die Weibchen selektieren gegen die Gesänge dieser parasitierten Männchen. Nach der Paarung mit einem parasitierten Männchen vergeht weniger Zeit, bis sich die Weibchen mit dem nächsten Männchen paaren. Folglich sind parasitierte Männchen bei der Fortpflanzung benachteiligt.

INVESTITION DER WEIBCHEN IN DIE VERPAARUNG

Bei Insekten und anderen Tiergruppen kann es oft zu einem deutlichen Unterschied bei der Körpergröße von Männchen und Weibchen kommen, der als sexueller Größendimorphismus bezeichnet wird. Da Insekteneier im Verhältnis zum Körper der Weibchen sehr groß sind, sind Weibchen meistens größer als die artgleichen Männchen. Aufgrund der Selektion für große Spermatophoren können Laubheuschreckenmännchen jedoch ähnlich oder sogar schwerer als Weibchen sein, was bei Insekten sonst sehr selten ist. Beim Vergleich einer hohen Anzahl von Arten unterscheiden sich Männchen und Weibchen weniger stark in ihrer Körpermasse, je größer die vom Männchen stammende Spermatophore ist.

WEIBLICHE LAUBHEUSCHRECKEN BRAUCHEN IN DER REGEL LÄNGER, UM DAS ERWACHSENENSTADIUM ZU ERREICHEN

Da die Körpergröße bei Insekten im Erwachsenenalter festgelegt ist, manifestieren sich Größenunterschiede zwischen Männchen und Weibchen während der Nymphenentwicklung: Weibliche Laubheuschrecken benötigen für diese Entwicklung länger als ihre artgleichen, kleineren Männchen. Man nennt es Protandrie, wenn Männchen früher erwachsen sind als die Weibchen der gleichen Art. Im Freiland dominieren erwachsene Männchen zu Beginn der Saison, während am Saisonende mehr Weibchen zu finden sind. Der Entwicklungsunterschied und damit das Ausmaß der Protandrie variiert stark zwischen den Arten und reicht von wenigen Tagen bis zu vier Wochen.

ZUSAMMENFASSUNG

Körpergröße, Entwicklungsmuster und Investitionen in die Spermatophoren liefern ein komplexes Bild davon, wie die Selektion die Lebensgeschichte von Tieren geprägt hat. Laubheuschrecken wurden zu Lehrbuchbeispielen für die Evolutionsbiologie, da ihre Fortpflanzung ausgiebig untersucht wurde und vergleichsweise gut verstanden ist. Obwohl sich das Paarungsverhalten und die Strategien von Laubheuschrecken von anderen Tiergruppen unterscheiden können, stellen sie eine wichtige Artengruppe dar, um die Kräfte zu verstehen, die die Fortpflanzung generell beeinflussen.

2.5 SEIDENGRILLEN ALS BESTÄUBER VON ORCHIDEEN AUF DEN MASKARENEN

Sylvain Hugel

Charles Darwin, einer der Begründer der Evolutionstheorie, war bekannt für seine Faszination für Orchideen der Gattung *Angraecum*. Besonders ausgeprägt war diese für eine madagassische Art, *Angraecum sesquipedale*, deren Blüten Sporne von etwa 25 cm Länge aufweisen. Da nur die Spitze des Sporns Nektar enthält, stellte Darwin die These auf, dass es auf Madagaskar eine – damals noch unbekannte – Bestäuberart mit einem ebenso langen Rüssel geben müsse. Alfred Russel Wallace, der zweite Gründervater der Evolutionstheorie, stellte später die Hypothese auf, dass dieser Bestäuber ein Schwärmer (Sphingidae) sein könnte. Die unbekannte Art wurde schließlich 1903 entdeckt und zu Ehren dieser Vorhersage *Xanthopan morgani praedicta* genannt. Diese madagassische Unterart wurde kürzlich auf Artebene gehoben: *Xanthopan praedicta*.

Die Maskarenen, ein aus Vulkaninseln bestehendes Archipel östlich von Madagaskar, umfassen La Réunion, Mauritius und Rodrigues und beheimaten viele Orchideenarten der Gattung *Angraecum*. Auf La Réunion gibt es drei *Angraecum*-Arten mit einem kurzen und breiten Sporn, der nicht für die Bestäubung durch Schwärmer geeignet ist (siehe Abbildung 1). Die Bestäuber dieser drei Orchideenarten blieben lange ein Geheimnis. Aber was hat das mit Heuschrecken zu tun?

DIE ENTDECKUNG DER BESTÄUBER VON KURZSPORNIGEN *ANGRAECUM*-ORCHIDEEN

Von diesen kurzspornigen Orchideen überrascht, entschlossen sich Claire Micheneau, Jacques Fournel und Thierry Pailler von der Universität und dem Universitätsherbarium von La Réunion, die dazu passenden Bestäuber zu finden. Mithilfe von Kameras zeigten sie, dass zwei dieser Arten regelmäßig von auf der Insel endemischen Vögeln besucht wurden. Diese Vögel trugen die Pollenpakete an ihren Schnäbeln und übertrugen sie auf andere Blüten. Die dritte Orchidee, *Angraecum cadetii*, wurde tagsüber jedoch nicht bestäubt. Nach Ausschluss der Möglichkeit der Selbstbestäubung stellten die Forscher Infrarotkameras auf, um die Orchideen bei Nacht zu beobachten. Zu ihrer Überraschung wurden die Blüten regelmäßig von kleinen Heuschrecken besucht, die fast jede Nacht kamen, um systematisch die offenen Blüten zu besuchen und Nektar zu konsumieren. Zu dieser Zeit schrieb ich gerade einen Artikel über neue kurzflügelige Seidengrillen (Familie Gryllacrididae), die ich kürzlich auf La Réunion und Mauritius entdeckt hatte. Eine dieser Arten stimmte mit dem unbekannten Bestäuber überein. Deshalb nannten wir sie *Glomeremus orchidophilus* (siehe Abbildungen 2 und 3).

EINE ORCHIDEE PASST SICH IHREM BESTÄUBER AN

Wie es oft bei Orchideen der Fall ist, die mit einem einzelnen Bestäuber assoziiert sind, passten die Dimensionen der Blütenöffnung genau zur Breite des Kopfes von *G. orchidophilus*. Zudem sind die Blüten hart und können nicht leicht von Insekten dieser Größe beschädigt werden. Interessanterweise erfordert der Konsum einer viskosen Flüssigkeit wie Nektar, dass diese durch eine spezielle Stelle in den Mundwerkzeugen von *G. orchidophilus* geleitet wird. Diese Struktur spielt auch eine andere Rolle: Durch sie scheiden die Tiere Seide

Abb. 1 *Angraecum cadetii* blühend im Wald von Sainte Rose, im Süden der Insel La Réunion. Man beachte die sehr kurzen Sporne (gelber Pfeil) und die kurzen Kronblätter. Foto: Sylvain Hugel.

aus, die sie verwenden, um Blätter zusammenzukleben und sich tagsüber einen Unterschlupf zu bauen. Die doppelte Nutzung dieser anatomischen Struktur könnte ein Beispiel für Exaptation oder Präadaption sein, bei der eine bestehende Anpassung eine neue Funktion erhält.

ZWILLINGSARTEN AUF MAURITIUS?

Eine andere Art, die *G. orchidophilus* sehr ähnlich ist, lebt auf Mauritius, einer Nachbarinsel von La Réunion. Aufgrund der morphologischen Ähnlichkeit nannten wir sie *G. paraorchidophilus* und beschrieben beide Arten in derselben Arbeit. Diese mauritische Art weist sehr unterschiedliche Genitalien im Vergleich zu ihren Verwandten auf La Réunion auf und ist deutlich kleiner. Interessanterweise wurde kürzlich eine Orchideenart auf Mauritius entdeckt, die *Angraecum cadetii* sehr ähnlich ist: *A. jeannineanum*. Diese Orchidee hat eine etwas kleinere Blütenöffnung und könnte möglicherweise von *G. paraorchidophilus* bestäubt werden, deren Kopfgröße zur Blütenapertur passt.

WIE EIN SPEKULATIVES SZENARIO ZUM VERLUST DER SPEZIALISIERUNG VON *ANGRAECUM* AUF DIE BESTÄUBUNG DURCH SCHWÄRMER FÜHRTE

Molekulare phylogenetische Daten von *Angraecum* und ihren aktuellen Bestäubern deuten darauf hin, dass die Bestäubung durch Schwärmer evolutionär ursprünglich war und dass die Arten der Maskarenen von madagassischen Vorfahren abstammen. Der Vorfahr der kurzspornigen *Angraecum* auf La Réunion könnte das Archipel daher noch mit einem langen und engen Sporn besiedelt haben. Zudem weisen Daten zur *Angraecum*-Phylogenie und ihren aktuellen Bestäubern darauf hin, dass die Bestäubung kurzsporniger Orchideen durch Gryllacridididen ursprünglich war und später durch Vögel erweitert wurde. Möglicherweise selektierte die Beziehung zwischen Orchideen und Gryllacrididae auf Blüten mit breiter Öffnung und kurzer Corolla, wodurch die Despezialisierung in Bezug auf Schwärmer kleinere spezialisierte Bestäuber zuließ. Ein solches Szenario wäre mit Beobachtungen im Feld kompatibel. Tatsächlich werden Seidengrillen auf Madagaskar oft dabei beobachtet, wie sie nachts Blütenteile wie Stamina und Pollen fressen. Die derzeitige Assoziation zwischen Orchideen und Seidengrillen könnte somit mit einer initialen Phase von Florivorie (Blüten fressen) begonnen haben.

Abb. 2 Ein adultes Weibchen der Art *Glomeremus orchidophilus* erklimmt eine Blüte von *Angraecum cadetii* im Wald von Plaine des Palmistes, La Réunion. Man beachte, dass die Orchidee Früchte trägt und sie somit zuvor bestäubt wurde. Foto: Sylvain Hugel.

Abb. 3 Ein adultes Männchen der Art *Glomeremus orchidophilus*, welches zuvor eine Blüte von *Angraecum cadetii* besucht hat. Es befinden sich noch zwei Pollinarien am Kopf. Foto: Sylvain Hugel.

Abbildung > Ein fliegender Schwarm von Wanderheuschrecken *(Locusta migratoria)* auf dem Horombe Plateau, Madagascar. Die Dichte der Tiere ist so groß, dass man die Landschaft kaum erkennen kann. Die Bauern im Vordergrund scheinen eingeschüchtert von der großen Anzahl der Insekten. Foto: Michel Lecoq.

3 HEUSCHRECKENPLAGEN

3.1 WANDERHEUSCHRECKEN ALS SCHÄDLINGE: EINE REISE DURCH DIE ZEIT

Arianne Cease, Michel Lecoq, Mira Word Ries, Clara Therville

Wanderheuschrecken werden seit Jahrtausenden aufgrund ihrer besonderen Lebensweise mit den Menschen in Zusammenhang gebracht (siehe Box S. 78/79). Wanderheuschrecken sind Kurzfühlerschrecken, die unter bestimmten Umweltbedingungen von einem solitären und für Menschen meist unauffälligen Phänotyp zu einem gregären (also schwarmbildenden) Phänotyp wechseln (Abb. 1). Dieser wird vor allem durch eine hohe Populationsdichte ausgelöst und kann zu riesigen Schwärmen führen, die Hunderte von Kilometern weit fliegen und landwirtschaftliche Flächen verwüsten (Abb. 2, 3). Diese Plagen können die Sicherung der Nahrungsmittelversorgung der dort lebenden menschlichen Bevölkerung ernsthaft gefährden (siehe Box S. 80/81). Allerdings beeinflussen auch menschliche Aktivitäten die Heuschrecken erheblich. Veränderungen in Klima und Landnutzung können die Wahrscheinlichkeit von Ausbrüchen sowie die Migrationsmuster beeinflussen. Langfristige Überwachung und Managementpläne sind erforderlich, um präventive Maßnahmen zur Vermeidung von Plagen ergreifen zu können. Die nachhaltige Steuerung dieser Systeme ist jedoch nicht einfach, da Ausbrüche in einer einzelnen Region generell selten, aber wenn sie einmal auftreten, massiv sind.

AUSWIRKUNGEN AUF DIE LEBENSGRUNDLAGE

Heuschreckenplagen können schwerwiegende Folgen für die Lebensgrundlagen menschlicher Gesellschaften haben, besonders für die kleinbäuerliche Landwirtschaft in Regionen, in denen diese auch durch andere Faktoren wie Dürren beeinträchtigt wird. Wanderheuschrecken können auf ihrem Migrationsweg die vollständige Vegetation auslöschen, dabei Ernten vernichten und Weideland unbrauchbar machen. Die direkte Folge ist Lebens- und Futtermittelknappheit, gefolgt von starken Schwankungen der Marktpreise, die Landwirtinnen und Landwirte zwingt, ihre Nutztiere zur Deckung des kurzfristigen Eigenbedarfs zu einem sehr niedrigen Preis zu verkaufen. Konflikte um verbliebenes nutzbares Land können zu Spannungen zwischen Land- und Viehwirten bis hin zu Vertreibung und Flucht führen. Zu diesen unmittelbaren Auswirkungen der Lebensmittelknappheit kommen langfristige Effekte hinzu. Berichte über die Ernteerträge, die durch Schutzprogramme gerettet werden, stellen oft eine vereinfachte Darstellung des Erfolgs dar und lassen andere Auswirkungen außer Acht. Zum Beispiel genießen Kinder, die in von Plagen betroffenen Regionen geboren werden, seltener eine schulische Ausbildung und erreichen seltener einen akademischen Abschluss. Der vermehrte Einsatz chemischer Pestizide zur Bekämpfung von Heuschreckenplagen kann ernste Folgen für die Umwelt und die menschliche Gesundheit haben und andere Wirtschaftssektoren beeinträchtigen (Abb. 4, 5). Weitere Auswirkungen betreffen Kultur, Traditionen und die körperliche und mentale Gesundheit. Letztendlich sind die meisten externen Folgen von Ausbrüchen und deren Gegenmaßnahmen schwer zu verfolgen und zu quantifizieren, weshalb ihr wahres Ausmaß weitgehend unbekannt bleibt.

SCHÄDLINGSBEKÄMPFUNG

Angesichts dieser drastischen Schäden haben Menschen schon immer versucht, Wanderheuschrecken zu kontrollieren, doch war es lange unmöglich, die Invasionen einzudämmen oder den Schaden zu begrenzen. Erst als Boris Uvarov im Jahr 1921 den Phasenpolyphä-

Abb. 1 Solitäre (rechts) und gregäre (links) Nymphe der Wüstenheuschrecke. Tiere aus einer Laborzucht der Texas A&M University. Foto: Brandon Woo, 2022.

nismus bei Wanderheuschrecken entdeckte, wurde verstanden, wie Plagen entstehen, und effektive Gegenmaßnahmen konnten nach und nach entwickelt werden. Uvarov und sein Forschungsteam fanden heraus, dass solitäre und gregäre Formen zu derselben Art gehören und dass bestimmte Umweltbedingungen den Wechsel von der solitären zur gregären Form – die sogenannte Gregarisierung – begünstigen. Danach galt es, diejenigen Zonen, in denen die Gregarisierung stattfand, zu identifizieren, um Ausbrüche frühzeitig zu erkennen. Dies wiederum ebnete den Weg für präventive Maßnahmen einschließlich regelmäßiger Überwachung dieser Gebiete und Bekämpfung kleinerer Ausbrüche, bevor große Schwärme entstehen konnten und die Landwirtschaft beeinträchtigen. Im letzten Jahrhundert wurden weltweit erhebliche Mengen an Ressourcen investiert, um die Überwachung und Kontrollmaßnahmen zu verbessern und Heuschreckenplagen effektiver zu bekämpfen. Da solche Plagen weite Teile ganzer Kontinente betreffen, wurden Strategien oft in internationaler Zusammenarbeit etabliert. Im 20. Jahrhundert wurden bevorzugt starke synthetische Pestizide eingesetzt, die in Kombination mit Präventionsmaßnahmen die Schwere, Dauer und Häufigkeit von Plagen erheblich reduzieren konnten (siehe Box S. 80/81). In den letzten Jahrzehnten hat jedoch das Bewusstsein für die Umweltauswirkungen des Pestizideinsatzes zugenommen. Das auf einem Pilz basierende Biopestizid *Metarhizium acridum*, das speziell auf Heuschrecken und Grashüpfer wirkt und ihre natürlichen Feinde verschont, könnte eine realistische Alternative zur Bekämpfung sein. Obwohl die Anwendung nicht einfach ist, wird die Effektivität von Biopestiziden in der Schädlingsregulierung bei Wanderheuschrecken zunehmend anerkannt.

REGULIERUNG UND HERAUSFORDERUNGEN

Organisierte Bemühungen zur Regulierung von Heuschreckenplagen haben unter anderem die historische Entwicklung nationaler und internationaler Schutzorganisationen angeregt. Zu den ursprünglichen Aufgaben des Landwirtschaftsministeriums der Vereinigten Staaten (USDA) gehörte die Bekämpfung von Schadinsekten, allen voran der heute ausgestorbenen Rocky-Mountain-Heuschrecke (*Melanoplus spretus*; Kapitel 7.5). Kampagnen zur Heuschreckenbekämpfung in Südamerika in den frühen 1800er-Jahren führten zur ersten Behörde für Pflanzenschutz, die schließlich in den heutigen Servicio Nacional de Sanidad y Calidad Agroalimentaria (SENASA) Argentiniens integriert wurde. Die Wüstenheuschrecke (*Schistocerca gregaria*) war und ist eine der zerstörerischsten Arten mit einem bis zu 60 Ländern in Nordafrika und Südwestasien umfassenden

Verbreitungsgebiet. Ein kooperativer internationaler Rahmen zum Management dieser Arten wurde durch die Gründung der Ernährungs- und Landwirtschaftsorganisation der Vereinten Nationen (FAO) im Jahr 1945 geschaffen. Seit 1955 ist die FAO durch ihre Mitgliedsstaaten verpflichtet, die Koordination der Überwachung der Wüstenheuschrecke sicherzustellen und Maßnahmen zur Schädlingsbekämpfung durchzuführen. Außerdem bietet die FAO Schulungen an, veröffentlicht Fachliteratur zu vielen Aspekten der Wanderheuschrecken, führt weltweit Felduntersuchungen durch und koordiniert Studien und Kontrollaktivitäten sowie Unterstützungsmaßnahmen während der Plagen.

Eine übergreifende Leitung von Maßnahmen, wie sie von der FAO für die Bekämpfung der Wüstenheuschrecke übernommen wird, ist entscheidend für ihren Erfolg, steht aber aufgrund des enormen Umfangs und des relativ seltenen Auftretens großer Plagen auch erheblichen Herausforderungen gegenüber. Die hohe Mobilität der Heuschrecken erfordert eine internationale Koordination der Maßnahmen zwischen zahlreichen Interessensgruppen. Diese werden erschwert durch politische Spannungen bis hin zu bewaffneten Konflikten zwischen Nachbarländern. Kulturelle Unterschiede, Sprachbarrieren und unterschiedliche Kapazitäten zur Investition in Präventivmaßnahmen verkomplizieren die Koordination weiter. Größere Heuschreckenplagen treten in einer Region nur einmal alle paar Jahrzehnte auf, besonders, wenn präventive Systeme effektiv sind (siehe Box S. 80/81). Dadurch besteht nur selten eine kollektive Erinnerung der Bevölkerung an vergangene Katastrophen, und die Motivation zur Finanzierung von Maßnahmen ist gering. Die relative Seltenheit der Plagen erschwert auch die Integration schrittweiser Veränderungen, wie die Anpassung der Landnutzung, erhöhtes Umweltbewusstsein und der Wunsch nach dezentralisiertem, integrativem Heuschreckenmanagement. In Krisenzeiten werden diese Veränderungen oft sichtbar, was zu Spannungen führt, aber auch Möglichkeiten zu wertvollen Erfahrungen bietet. Um diese Herausforderungen zu bewältigen, haben Verantwortliche im Krisenmanagement adaptive und integrative Steuerungsstrukturen entwickelt. In Zeiten geringeren Risikos liegt die Verantwortung bei der lokalen Verwaltung und den Behörden. In Krisenzeiten übernehmen nationale und internationale Organisationen die Verantwortung. Die FAO mobilisiert weltweit Expertise und finanzielle Ressourcen; nationale Regierungen können ihre militärischen und zivilen Kräfte zur Verfügung stellen. Um Probleme im Zusammenhang mit der geringen Häufigkeit von Ausbruchereignissen zu begrenzen, haben im Management tätige Personen permanente Kommunikationskanäle eingerichtet, Rücklagen gebildet, jährliche internationale Treffen der Einsatzkräfte und Simulationsprogramme organisiert und sich an Forschungsprojekten beteiligt. Diese Strategien tragen dazu bei, kontinuierliches Bewusstsein und Bereitschaft sicherzustellen.

GLOBALER WANDEL

Im Zuge der vorherrschenden globalen Erwärmung wird die Vorhersage des Wetters zunehmend schwieriger, was auch die Regulierung von Heuschreckenplagen erschweren wird. Da Heuschrecken meist wärmere Temperaturen bevorzugen, ist zu erwarten, dass der Klimawandel zur Ausweitung des Verbreitungsgebiets der meisten Heuschreckenarten in höhere Breitengrade und Höhenlagen führt, wenngleich einige Arten oder Populationen auch zurückgehen könnten (s. Kapitel 7.2). Die meisten Heuschreckenarten sind an aride Umgebungen angepasst, wo sie in geringer Populationsdichte durch Nutzung der vorhandenen Vegetation sowie durch Überwinterung als Eier oder adulte Tiere überleben. Eine höhere Luftfeuchtigkeit stellt für Heuschrecken eine größere Bedrohung durch Pathogene dar, und mittelfeuchte Gebiete beherbergen mehr Räuber und Fressfeinde. In ariden Systemen erfordern Ausbrüche jedoch zeitlich genau passende Regenereignisse, die genügend grüne Vegetation liefern. Nur dann

Abb. 2 Schwarm der europäischen Wanderheuschrecke, *Locusta migratoria*, im Flug auf dem Horombe Plateau im äußersten Süden von Madagaskar, nahe der Stadt Ranohira und dem Isalo-Massiv. Foto: Michel Lecoq, 1999.

Abb. 3 «Marching Band» der Wüstenheuschrecken im nördlichen Tschad (Region Mao). Die meisten Tiere halten sich am Boden auf, doch auch die Büsche sind völlig von den Insekten bedeckt. Auch fliegende Adulte sind zu sehen. Foto: Michel Lecoq, 1988.

können sich die Jungtiere vollständig zu adulten Heuschrecken entwickeln und über lange Distanzen wandern. Diese Starkregenereignisse, wie sie durch Zyklone in den Heimatgebieten der Wüstenheuschrecken ausgelöst werden, sind zunehmend schwer vorherzusagen.

Neben dem Klimawandel haben lokale menschliche Aktivitäten, vor allem durch Änderungen in der Landnutzung, direkten Einfluss auf Heuschreckenpopulationen. Die meisten Heuschrecken meiden Wälder und bevorzugen offene Graslandschaften oder Wüsten. Waldrodung hat daher ihr Habitat vergrößert und wahrscheinlich Ausbrüche der europäischen Wanderheuschrecke (*Locusta migratoria*) in Australien und Indonesien sowie der Mittelamerikanischen Wanderheuschrecke (*Schistocerca piceifrons*) in Mexiko begünstigt. Wanderheuschrecken in der gregären Phase sind sehr aktiv und bilden bereits im Jugendstadium sogenannte «marching bands», bevor sie sich dann als geflügelte Adulte in Schwärmen versammeln, die letztendlich Kontinente überqueren können. Wanderheuschrecken ernähren sich von Pflanzen mit geringerem Protein- und höherem Energiegehalt (Kohlenhydrate und Lipide), was es ihnen ermöglicht, größere Mengen zu fressen, um ihren Energie- und Proteinbedarf gleichermaßen zu decken. Landnutzungspraktiken, die zu Bodendegradation und geringerem Bodenstickstoffgehalt führen, produzieren generell Pflanzen mit geringerem Proteingehalt (da der meiste Stickstoff in Pflanzen in Form von Proteinen und Aminosäuren vorliegt) und höheren Kohlenhydratkonzentrationen. Diese Umstände begünstigen Ausbrüche. Der positive Effekt stickstoffarmer Lebensräume auf Heuschreckenpopulationen wurde in einer Reihe von Studien in China, Westafrika, Australien und Südamerika (Abb. 6) bestätigt. Das Verständnis dieser Zusammenhänge eröffnet weitere nachhaltige Managementoptionen, einschließlich Weidemanagement und Bodenverbesserung, um die Entstehung gregärer Populationen in Getreidefeldern zu verhindern, sowie die Einbeziehung von Daten zu Bodennährstoffen zur Verbesserung von Verbreitungs- und Prognosemodellen.

INTERDISZIPLINÄRE ZUSAMMENARBEIT

Trotz erheblicher Verbesserungen im Management von Wanderheuschrecken treten immer noch Ausbrüche auf, auch wenn diese deutlich milder verlaufen als in der Vergangenheit. Das Problem ist nicht mehr nur eine Frage der Verbesserung des biologischen und technischen Wissens, sondern auch des besseren Verständnisses zahlreicher vergessener Komponenten: Menschen, menschliches Verhalten, Entscheidungsprozesse und die potenziellen Konsequenzen jeder menschlichen Aktivität spielen eine entscheidende Rolle. Eine bessere Integration von Sozialwissenschaften und Geisteswissenschaften in den Prozess der Entwicklung nachhaltiger Lösungen wird immer relevanter. Interdisziplinäre Ansätze und das Beibehalten von Strukturen zwischen Ausbrüchen sind daher essenziell für eine nachhaltige Schädlingsregulierung.
Unser Dank gilt den zahlreichen Forschenden, dem Management, den Landwirtschaft Betreibenden und allen anderen, die durch ihre Arbeit zum Verständnis und zur nachhaltigen Regulierung der Wanderheuschrecken beigetragen haben.

< **Abb. 4** Bodenbehandlung mit einem Mycopestizid gegen die Wanderheuschrecke *Rhammatocerus schistocercoides* in den Gebieten des Cerrado in der Region Chapada dos Parecis, Mato Grosso, Brasilien. Foto: Michel Lecoq, 2002.

< **Abb. 5** Kampagne zur Kontrolle einer Invasion der europäischen Wanderheuschrecke auf Madagaskar. Der Hubschrauber, der die Chemikalien verteilt, wird gerade mit Insektizid befüllt. Foto: Michel Lecoq, 1999.

Abb. 6 Südamerikanische Wanderheuschrecken im späten Nymphenstadium, die eine Straße in Nordargentinien überqueren. Nach 60 Jahren ohne größere Ausbrüche bildeten sich 2015 Schwärme der südamerikanischen Wanderheuschrecke, die zu einer Plage in den Jahren 2016–2020 in Argentinien, Bolivien und Paraguay führten. Seit 2024 sind erneut Schwärme aufgetreten; die Behörden bleiben wachsam. Foto: Rick Overson und Laura Steger, 2020.

HEUSCHRECKEN UND DIE MENSCHHEIT IM LAUF DER JAHRTAUSENDE

Arianne Cease, Michel Lecoq, Mira W. Ries, Clara Therville

Heuschrecken werden in vielen kulturellen und religiösen Überlieferungen dargestellt, darunter bei indigenen Völkern, in der Bibel, im Koran, im Sanskrit-Epos «Mahabharata» und im «Vendidad», einem altiranischen zoroastrischen Werk. In einigen Kulturen galten Heuschrecken als Delikatesse der sozialen Elite (Kapitel 8.4, 8.5). Ein Kunstwerk aus einem neuassyrischen Palast aus dem 8. Jahrhundert vor Christus zeigt aufgespießte Heuschrecken, die bei einem Festmahl des Adels präsentiert werden. Einige indigene Völker Brasiliens schreiben den Heuschrecken die Erschaffung der Welt und die Herrschaft über das Feuer zu. Diese Beispiele verdeutlichen die Bedeutung der Heuschrecken für die Menschheit seit der Antike: sowohl als ernsthafte Bedrohung für die Ernten als auch als reichlich vorhandene Nahrungsquelle.

Abb. 2 Moses, der die achte Plage über Ägypten bringt (Holzstich, der das Buch Exodus aus der Nürnberger Bibel von 1483 darstellt). Die in diesem Holzstich abgebildeten Heuschrecken sollen wahrscheinlich Wüstenheuschrecken darstellen. Die Menschen in Ägypten, die dieser Plage erliegen, werden in lokal üblicher Tracht aus der Zeit des Graveurs gezeigt. Bild: Public Domain.

< **Abb. 1** Von links nach rechts: Diener tragen Heuschrecken zu einem Festmahl (Ninive, Irak, ca. 705–681 v. Chr.). Malerische Darstellung einer Heuschrecke, wahrscheinlich eine Wüstenheuschrecke (Grab von Haremhab, West-Theben, Ägypten, ca. 1323–1295 v. Chr.). Basrelief einer Heuschrecke (Saqqara, Ägypten, ca. 2350–2500 v. Chr.). Bild: Public Domain.

HEUSCHRECKENPLAGEN: DIE WICHTIGSTEN ARTEN

Arianne Cease, Michel Lecoq, Mira W. Ries, Clara Therville

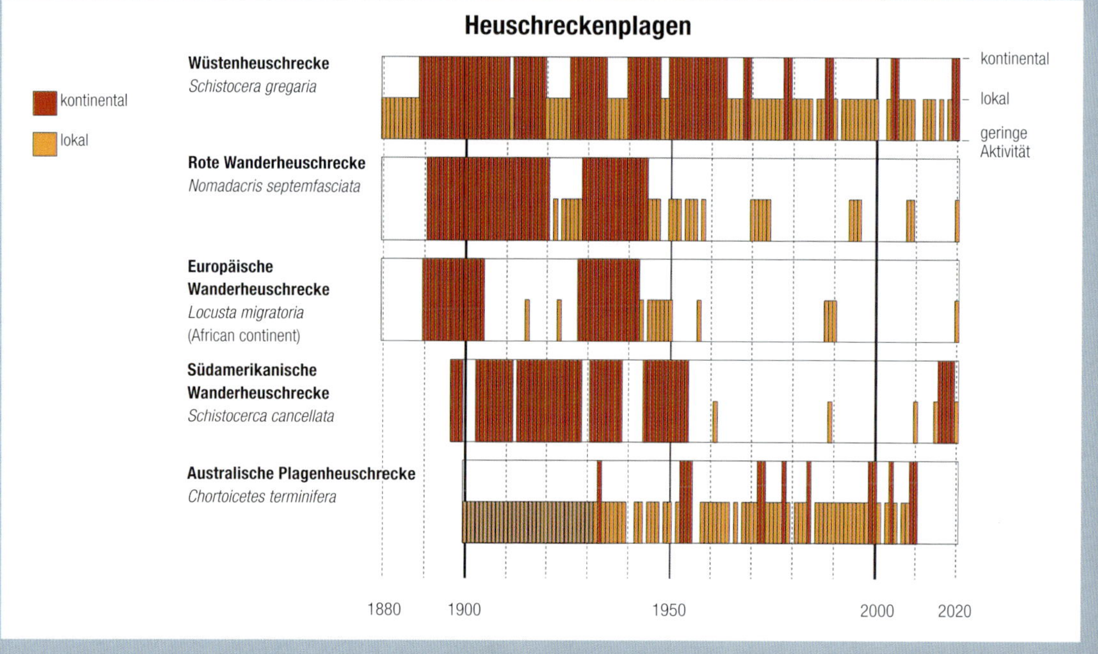

Als die bedeutendste Art der Wanderheuschrecken gilt die Wüstenheuschrecke *(Schistocerca gregaria)*, da sie große Distanzen zurücklegen und sich schnell vermehren kann. Neben ihr gibt es jedoch noch viele weitere wichtige Wanderheuschreckenarten weltweit. Diese umfassen in alphabetischer Reihenfolge: die Australische Plagenheuschrecke, *Chortoicetes terminifera*, Australien; die Marokkanische Wanderheuschrecke, *Dociostaurus maroccanus*, Nordwestafrika und Südeuropa bis Asien; die Europäische Wanderheuschrecke, *Locusta migratoria*, weltweit verbreitet außer auf den amerikanischen Kontinenten; die Braune Wanderheuschrecke, *Locustana pardalina*, südliches Afrika; die Rote Wanderheuschrecke, *Nomadacris septemfasciata*, Ostafrika; die Südamerikanische Wanderheuschrecke, *Schistocerca cancellata*, Südamerika und die Mittelamerikanische Wanderheuschrecke, *Schistocerca piceifrons*, Zentral- und Südamerika.

Die folgenden Heuschreckenarten sind wirtschaftlich weniger bedeutsam: die Sahel-Baumheuschrecke, *Anacridium melanorhodon*, Afrika und Mittlerer Osten; die Italienische Schönschrecke, *Calliptamus italicus*, von Westeuropa bis Zentralasien; die Bombay-Wanderheuschrecke, *Patanga succincta*, von Südwest- bis Südostasien; die Mato-Grosso-Heuschrecke, *Rhammatocerus schistocercoides*, Südamerika (Brasilien, Kolumbien, Peru, Venezuela) und die Peruanische Wanderheuschrecke, *Schistocerca interrita*, Ecuador, Peru, Chile.

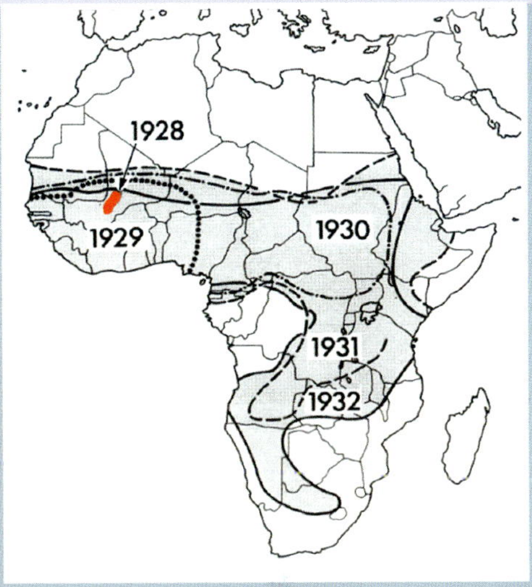

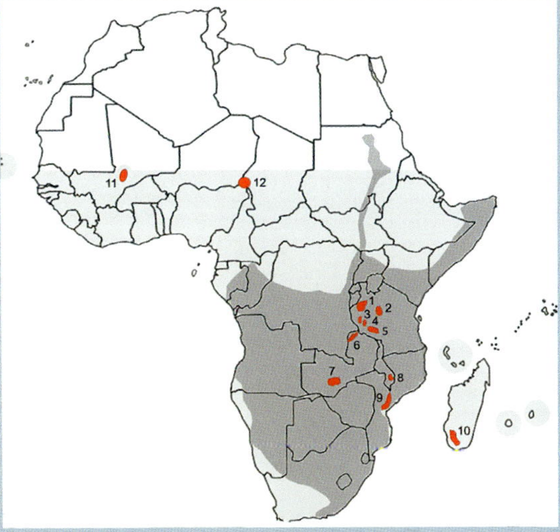

Abb. 2 Diese beiden geografischen Karten der letzten großen Invasionen der Europäischen Wanderheuschrecke (links) und der Roten Wanderheuschrecke (rechts) zeigen die kontinentale Ausbreitung der Invasionen, die jeweils von sehr kleinen Ausbruchsregionen ausgingen. Die Europäische Wanderheuschrecken-Plage hatte 1928 ein kleines ursprüngliches Ausbruchsgebiet in der zentralen Deltaregion des Niger-Flusses in Mali, wie durch den roten Bereich und den Pfeil gekennzeichnet. Seit 1932 breitete sich die Plage auf Ost- und Südafrika aus und endete erst 1941. Auf der Karte der Roten Wanderheuschrecke weisen hellgraue Bereiche auf das maximale Verbreitungsgebiet hin (die nördliche Grenze ist geschätzt). Dunkelgraue Bereiche zeigen das größte Gebiet an, das während der Plage von 1929–1944 von Schwärmen der Roten Wanderheuschrecke befallen wurde. Rote Bereiche zeigen die Hauptausbruchsgebiete, aus denen die Schwärme hervorgingen (Centre for Overseas Pest Research 1982, Duranton et al. 1982, Steedman 1990)

< **Abb. 1** Die Grafik zeigt die zeitliche Variabilität von Ausbrüchen und Plagen für einige Heuschreckenarten. Der generelle Rückgang der Häufigkeit und Dauer von Plagen seit den 1960er-Jahren kann größtenteils auf die Durchführung effizienterer Eindämmungsmaßnahmen zurückgeführt werden. Es ist schwierig, präzise Definitionen für Plagen und Ausbrüche für unterschiedliche Arten anzuwenden, aber eine Plage betrifft generell mehrere Regionen und hat einen erheblichen Einfluss auf die Landwirtschaft, während ein Ausbruch kleinere Gebiete betrifft, wobei die Wanderheuschrecken, wenn überhaupt, nur wenige politische Grenzen überschreiten. Wenn möglich, verwenden wir Definitionen für Plage- und Ausbruchsjahre, die auch von Fachleuten für die jeweilige Art verwendet wurden und in früheren Veröffentlichungen zu Heuschrecken angegeben sind. Daten für die Europäische Wanderheuschrecke betreffen nur das Festland von Afrika und beinhalten keine Aktivitäten auf Madagaskar. Daten für die Australische Plagenheuschrecke sind vor 1933 ungenau, aber anekdotische Aufzeichnungen deuten darauf hin, dass es zwischen 1900 und 1932 stetig Ausbrüche gegeben hat. Ebenso sind die Daten für die Wüstenheuschrecke, die Rote Wanderheuschrecke und die Europäische Wanderheuschrecke vor 1900 weniger zuverlässig. Datenquellen: Wüstenheuschrecke (Waloff 1976, Magor et al. 2008, Sword et al. 2010; monthly Desert Locust Bulletins des FAO's Desert Locust Information Service), Rote Wanderheuschrecke (Steedman 1990, Lecoq und Bazelet 2019), Europäische Wanderheuschrecke (Waloff 1960, Lecoq 2023), Südamerikanische Wanderheuschrecke (Gastón 1969, Hunter und Cosenzo 1990, Barrientos Lozano 2011, Medina et al. 2017, Trumper et al. 2022) und Australische Plagenheuschrecke (Wright 1987, Deveson 2011, Adriaansen et al. 2016; Bulletins der Australian Plague Locust Commission; M. Khan pers. Komm.).

ERST SELTEN, DANN PLÖTZLICH EINE PLAGE: DER BEMERKENSWERTE FALL VON *BARBITISTES VICETINUS*

Paolo Fontana

Innerhalb der Gattung *Barbitistes* (Fam. Tettigoniidae) sind einige Arten dafür bekannt, zeitlich begrenzt große Populationen auszubilden, die zu schweren Schäden an Gehölzen oder Kulturpflanzen führen können. Insbesondere *Barbitistes constrictus*, *B. ocskayi* und *B. serricauda* wurden als mögliche Schädlinge erkannt.

Barbitistes vicetinus ist eine endemische, flügellose Laubheuschrecke aus Nordostitalien, die erst 1993 beschrieben wurde. Die Art wurde basierend auf einem einzigen Männchen beschrieben, das morphologisch klar von jedem anderen in Sammlungen vorliegenden Exemplaren unterscheidbar ist. *Barbitistes vicetinus* sollte für die nächsten 15 Jahre sehr selten und auf einen kleinen Bereich von Hügelland beschränkt bleiben. Durch die Identifikation ihres Gesangs wurde *B. vicetinus* leichter zu monitoren, daher intensiver erforscht und auch in einem sehr kleinen Bereich Venetiens in Höhenlagen zwischen etwa 200 und 600 m ü. M. gefunden. Im Jahr 2004 wurde die Art zum ersten Mal außerhalb von Venetien entdeckt, in der Region Trentino entlang des Etschtals. Während der ersten Jahre der Forschung zeigte die Art eine Bindung an verschiedene Baumarten, vor allem an die Europäische Hopfenbuche *(Ostrya carpinifolia)*, zahlreiche Ulmenarten *(Ulmus)* und die Manna-Esche *(Fraxinus ornus)*. Zu Beginn des dritten Jahrtausends war *B. vicetinus*

Abb. 1 Männchen von *Barbitistes vicetinus* in der grünen solitären Morphe (links) und der schwarzen Morphe (rechts), die Schäden verursacht. Fotos: Paolo Fontana.

plötzlich nicht mehr selten und verborgen; im Gegenteil: ihre Populationen explodierten. Der erste Ausbruch wurde 2006 auf den Colli Berici in der Provinz Vicenza verzeichnet. Bei diesem ersten Fund wurde überwiegend die grün gefärbte Variante in der Population nachgewiesen, was allen bisher bekannten Exemplaren entsprach, bis auf ein einzelnes Individuum aus Zucht in Gefangenschaft. Seit 2008 gab es mehrere Ausbrüche von *B. vicetinus*, sowohl auf den Colli Berici als auch auf den Euganeischen Hügeln in der Provinz Padua, wobei die Individuen größtenteils schwarz waren und sich zunehmend generalistisch verhielten. Dies führte nicht nur zu heftigen Fraßschäden in Laubwäldern, sondern auch zu schweren Schäden an Kulturpflanzen, speziell in Weinbergen, Olivenhainen und Streuobstwiesen. Nach einigen Jahren reduzierten sich die Ausbrüche auf die Euganeischen Hügel, mit begrenzten Ausbreitungen in Weinbergen im Trentino. Neben den Schäden an Kulturpflanzen stellen die Ausbrüche auch eine Störung der dort lebenden Bevölkerung dar, da die Art sich in Siedlungsgebieten ausbreitet.

Die Fraßschäden durch *B. vicetinus* treten immer noch auf. Die Ursache für diese plötzlichen Massenvermehrungen dieser Art hängt wahrscheinlich mit der globalen Erwärmung zusammen – es wird vermutet, dass die Ausbrüche zumindest teilweise durch die erhöhten Sommer- und Wintertemperaturen verursacht werden. Hohe Sommertemperaturen scheinen die Entwicklungsruhe der Eier zu verkürzen, die in *B. vicetinus* bis zu drei Jahre dauern kann, und milde Temperaturen im Winter scheinen ihre Sterblichkeit zu reduzieren. Daraus lässt sich einerseits folgern, dass auch seltene und lokale Arten das Potenzial für unerwartete Ausbrüche haben. Andererseits können selbst Arten, die wir als Schädlinge ansehen, zu sehr kleinen und isolierten Populationen dezimiert werden, die leicht unentdeckt bleiben können (Kapitel 7.5). Der Fall von *B. vicetinus* zeigt weiterhin, dass einige Tierarten viel empfindlicher auf Umweltveränderungen wie die globale Erwärmung reagieren als die Menschen, welche diese Veränderungen größtenteils verursacht haben (Kapitel 7.2).

Abbildung > Eine männliche Grille, wahrscheinlich aus der Gattung *Itara* (Gryllidae), hat ihre Flügel aufgerichtet und ist bereit ihren Gesang über das Hochland Borneos erklingen zu lassen. Foto: Oliver Hawlitschek.

4 BIOAKUSTIK – GESANG UND HÖREN

4.1 DIE MUSIKER DES INSEKTENREICHES: DER GESANG DER HEUSCHRECKEN

Laure Desutter-Grandcolas

Heuschrecken kommunizieren vor allem auf akustischem Weg, also über Schall. Bei Schallwellen handelt es sich um mechanische Vibrationen, die sich durch die Luft oder über feste Oberflächen bewegen. Grundsätzlich kommen bei Heuschrecken drei Elemente vor, die alle komplex sind, aber sich in Art und Intensität unterscheiden: 1. Druckvariation der Luft (Fernfeld-Schall), die sich über lange Distanzen bewegt und durch eine Tympanalmembran empfangen werden kann (siehe Kapitel 4.2); 2. die lokale Bewegung von Luftmolekülen (Nahfeld-Bewegung des Mediums) in unmittelbarer Nähe des Senders, die durch haarähnliche Strukturen (Setae) wahrgenommen werden kann; und 3. die Vibration des Untergrunds, die durch spezielle Vibrationssensoren wie den Subgenualorganen der Tibien wahrgenommen werden kann, und zwar von einem Empfänger, der sich in der Nähe des Senders und auf dem gleichen Untergrund befindet. Diese physischen Komponenten werden in akustischen Signalen auf vielfältige Weise kombiniert und tragen zur Komplexität der Kommunikation bei. Eine singende («stridulierende») Grille beispielsweise produziert alle drei Typen von Signalen, und alle drei können von potenziellen Fortpflanzungspartnern (und potenziellen Fressfeinden) wahrgenommen und verarbeitet werden. Menschen empfangen normalerweise nur die Fernfeld-Komponente des Signals, welche wir in diesem Kapitel ausschließlich als «akustisches Signal» behandeln werden.

Der Ursprung der akustischen Kommunikation von Heuschrecken geht sehr weit in die Vergangenheit zurück: Die frühesten fossilen Belege werden auf das mittlere Perm datiert, also vor ca. 260 Millionen Jahren. Sie ist heute weit verbreitet und umfasst eine große Vielfalt an lauterzeugenden Organen, zahlreichen Typen von Hörorganen, ein großes Repertoire an Signalen und vielfältige verhaltensbezogene Hintergründe. Akustische Kommunikation war vermutlich einer der wichtigsten Einflussfaktoren der Diversifikation und Evolution der Heuschrecken, ähnlich wie das Sozialverhalten der Hautflügler (Ameisen, Bienen, Wespen und ihre Verwandten); alle diese Komponenten unterlagen und unterliegen immer noch starker natürlicher und sexueller Selektion.

WARUM PRODUZIEREN ORTHOPTEREN LAUTE? VERHALTENSBEDINGTE HINTERGRÜNDE

Die meisten Orthopteren singen aus Gründen der Partnersuche und zur Fortpflanzung, wobei ein Geschlecht einen Spontangesang erzeugt, um das andere Geschlecht aus der Entfernung anzulocken (intraspezifische Kommunikation). Innerhalb von Arten sind die Geschlechterrollen normalerweise konstant, obwohl Rollentausch bei einigen Laubheuschrecken wie der Mormonen-Heuschrecke *Anabrus simplex* dokumentiert wurde. Diese Rollen erlauben eine Aufteilung des Risikos zwischen Männchen und Weibchen. Bei Grillen (Ensifera, Grylloidea) erzeugt das Männchen einen Spontangesang, wobei es das Risiko eingeht, von akustisch orientierten Fressfeinden wie Fledermäusen oder parasitischen Fliegen entdeckt zu werden. Das Weibchen bewegt sich auf das Männchen zu, welches sie durch seinen Gesang wahrgenommen hat (ein Verhalten, das als Phonotaxis bezeichnet wird), und geht dabei das Risiko ein, die Aufmerksamkeit eines visuell orientierten oder vibrationsempfindlichen Fressfeinds auf sich zu ziehen.

In der Folge haben Heuschrecken zahlreiche Strategien zur Minimierung des Risikos entwickelt. Bei einigen Grillen der Tribus Lebinthini (Gryllidae, Eneopterinae) reagieren Weibchen auf die Spontangesänge der Männchen mit Tremulation (d.h. schnelles Zittern des Körpers ohne Fortbewegung), sodass die Männchen zu

den Weibchen durch die Vibration des Untergrunds geleitet werden und damit das größte Risiko in Verbindung mit der Kommunikation allein tragen. Bei den gomphocerinen Grashüpfern (Caelifera, Acrididae) erzeugen die Männchen einen Spontangesang, die Weibchen nähern sich den Männchen, und beide nehmen an komplexen Balztänzen teil, bei denen der Werbegesang mit speziellen Bewegungen ihrer Körperteile verbunden ist (siehe Kapitel 4.4, 4.5). Spontan- und Werbegesang können durch «Überwachungsgesänge» ergänzt werden, mit denen Männchen die Flucht eines Weibchens zu verhindern suchen, besonders bei Arten, die sich mehrfach paaren, was oft bei Grillen beobachtet wird.

Heuschrecken können auch Laute erzeugen, um Fressfeinden zu entgehen (interspezifische Kommunikation). Dies kann bei vielen Laubheuschrecken und Grashüpfern beobachtet werden, aber auch bei einigen Grillen wie der großen afrikanischen Gattung *Brachytrupes* (Gryllidae, Gryllinae). Das Insekt erzeugt einen Protestruf, um einen Räuber abzuwehren, der es ergriffen hat. Schlussendlich können akustische Signale auch im Zuge des Territorialverhaltens, bei aggressiven Interaktionen zwischen Männchen, in subsozialen Beziehungen und sogar zum Anlocken von Beute erzeugt werden (Kapitel 5.1.1).

Abb. 1 Links: Singendes Männchen der guyanischen Grille *Lerneca fuscipennis* auf einem Laubblatt (Foto: Jérémy Anso). Rechts: Weibchen von Zubowskis Grashüpfer *(Stenobothrus eurasius)*, das dem Werbegesang des Männchens neben ihm zuhört. Foto: Oliver Hawlitschek.

WIE PRODUZIEREN HEUSCHRECKEN GERÄUSCHE? DIE LAUTERZEUGENDEN ORGANE

Die verbreitetste Methode zur Lauterzeugung ist Stridulation, d. h. das Reiben einer Schrillleiste auf einem Körperteil an eine Schrillkante auf einem anderen Körperteil. Die verwendeten Strukturen sind vielfältig: Einige Arten stridulieren durch die Reibung ihrer Palpen (die Taster der Mundwerkzeuge), andere durch das Streichen ihres Halsschilds über den Rücken oder durch das Reiben ihrer Genitalstrukturen. Zwei Mechanismen sind jedoch am weitesten verbreitet: Grashüpfer und manche Laubheuschrecken stridulieren mit den Hinterbeinen gegen eine längsverlaufende Ader des Vorderflügels oder die abdominalen Tergite, Grillen und die Mehrzahl der Laubheuschrecken hingegen heben die Vorderflügel über den Körper und reiben sie in seitlicher Hin-und-Her-Bewegung gegeneinander. In beiden Fällen unterscheiden sich die genauen Strukturen zwischen Arten und Artengruppen, was darauf hinweist, dass diese Typen der Stridulation mehrfach in der Evolutionsgeschichte unabhängig voneinander entstanden sind (Kapitel 4.3). Bei Grillen und Laubheuschrecken besteht das lauterzeugende System aus zwei Strukturen auf gegenüberliegenden Vorderflügeln – der Schrillleiste und dem Plectrum. Bei vielen Arten beinhaltet die Stridulation auch ein System zur Lautverstärkung, meist die vergrößerte Oberfläche der Vorderflügel (Kapitel 5.4.5). Bei Maulwurfsgrillen (Gryllotalpidae) dient zusätzlich der komplexe und artspezifisch gestaltete Erdbau als Klangkörper.

Neben der Stridulation erzeugen manche Grashüpfer auch noch Geräusche durch Krepitation, indem

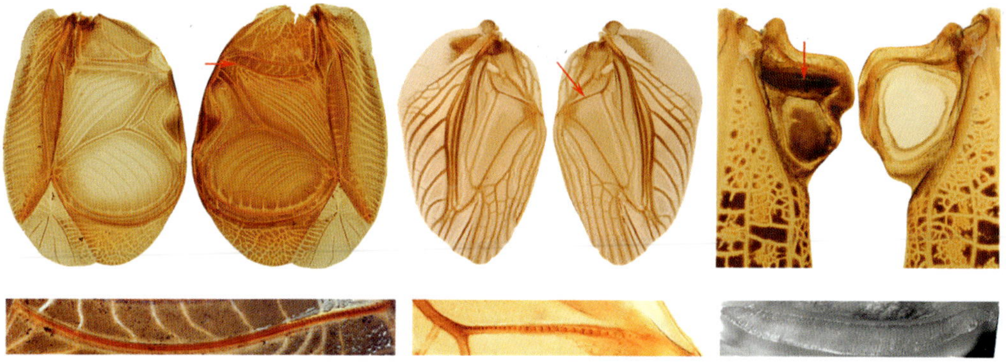

sie schnell und plötzlich Luft zwischen bestimmten Adern einer dünnen Flügelmembran hindurchpressen und die Membran so zum Vibrieren bringen. Sogenannte «Schnarrschrecken» und verwandte Arten erzeugen Laute, indem sie im Sitzen oder im Flug ein oder zwei Flügelpaare aneinanderstoßen (z. B. bei *Stenobothrus rubicundulus*). Die afrikanischen Pneumoridae, auch «Blasengrashüpfer» genannt, generieren Schall durch das Reiben ihrer Hinterschenkel über eine Reihe von Rippen auf der Seite des Abdomens und verwenden ihre ganze Körperhöhle als Klangkörper, sodass ihr lauter und tiefer Gesang bis zu 2 km weit hörbar ist.

DIE SIGNALE

Die Art und die akustischen Eigenschaften der Signale werden durch die Funktionsweise des Stridulationsapparats bestimmt. So kann ein mit den Hinterbeinen stridulierender Grashüpfer einen kontinuierlichen Laut erzeugen, indem sich beide Beine entweder gleichzeitig oder abwechselnd bewegen (siehe Kapitel 4.4). Bei den Ensifera streicht das Plektrum entweder nur während des Schließens der Flügel über die Schrillleiste (bei den meisten Grillen und Maulwurfsgrillen), oder sowohl beim Schließen als auch beim Öffnen (Laubheuschrecken und einige Grillen).

Unter den Heuschrecken werden Grillen oft als «perfekte Musikantinnen» bezeichnet: Ihre Gesänge besitzen eine musikalische Qualität für das menschliche Gehör, die bei den Caelifera gar nicht und bei Laubheuschrecken nur selten vorkommt. Dies liegt an der Funktionsweise des Stridulationsapparats der Grillen, der gut gestimmt ist und bei dem die Schlaggeschwindigkeit der Schrillleiste der resonanzverstärkenden Vibration des Hauptresonators der Vorderflügel entspricht. Daher werden Grillen von nicht wenigen, die sich mit ihnen beschäftigen, gerne als «Krönung» der akustischen Evolution der Heuschrecken betrachtet. Aber Ausnahmen bestätigen die Regel! Einige Grillen erzeugen nichtmusikalische Gesänge, während einige Laubheuschrecken sehr schön klingende musikalische Laute erzeugen (siehe Kapitel 4.3).

DAS HÖREN

Um der intraspezifischen Kommunikation nützlich zu sein, müssen Laute durch ein Sinnesorgan wahrgenommen werden, bevor sie im Gehirn erkannt und verarbeitet werden. Dies geschieht durch die sogenannten Tympana (Kapitel 4.2). Genauso wie die Arten der Lauterzeugung variieren auch die Hörorgane bei Heuschrecken. Die Tympana der Caelifera bestehen aus einer großen Membran, die einen sklerotisierten Rahmen auf dem ersten Abdominalsegment überspannt. Die Tympana der Ensifera sind als ovale oder schlitzförmige Öffnungen an den inneren und/oder äußeren Seiten jedes Vorderbeins ausgebildet, deren innere Struktur, besonders die Anordnung der Sinneszellen, stark variiert. Sie sind nur bei Grillen, Laubheuschrecken und Anostostomatidae (und einigen Hagloidea des Mesozoikums) vorhanden.

Die meisten Insekten besitzen sogenannte Chordotonalorgane an ihren Beinen, die zur Wahrnehmung von Vibrationen dienen. Diese Organe bestehen aus mit einer Trachee und somit dem Atmungssystem der Insekten verbundenen Sinneszelle. Das Tympanum der Ensifera kann als Chordotonalorgan betrachtet werden, das mit einer Membran überzogen ist, welche unter Schalldruck vibrieren kann (Kapitel 4.2). Daher können viele stumme Ensiferen die Vibrationen wahr-

< Abb. 2 Dorsale Ansichten des linken und rechten Vorderflügels von links *Paragryllus* sp. (Grylloidea, Phalangopsidae); Mitte *Gryllotalpa* sp. (Grylloidea, Gryllotalpidae); rechts *Nesonotus vulneratus* (Tettigoniidea), die die Vielfalt der lauterzeugenden Strukturen (Stridulum) bei Ensifera zeigen. Darunter die entsprechenden Schrillleisten, die sich auf der ventralen Seite der Vorderflügel befinden (rote Pfeile). Fotos: Sylvain Hugel.

nehmen, die durch die Stridulation anderer Arten erzeugt werden, während viele Ensifera ohne Tympanum immer noch zur interspezifischen Kommunikation stridulieren können. Tympana sind allerdings notwendig für eine effiziente intraspezifische Kommunikation.

Die Tympana der Ensifera allein reichen nicht aus, um eine Geräuschquelle zu lokalisieren, da die Wellenlänge der Laute viel größer als der Abstand zwischen den Tympana ist. Daher werden sie durch ein Paar von Öffnungen am zweiten Thoraxsegment ergänzt, die ersten Spirakel (Atemöffnungen), die mit den Tympana über die Trachee verbunden sind und durch ein zentrales Septum getrennt sein können. Die gesamte Struktur, bestehend aus zwei Tympana und zwei Spirakeln, ermöglicht Richtungshören zur Lokalisierung der Geräuschquelle.

GESÄNGE ALS MERKMALE ZUR ARTBESTIMMUNG VON ORTHOPTEREN

Das Repertoire einer Art umfasst alle Laute, die sie in verschiedenen Situationen erzeugen kann. Unter diesen ist der Werbegesang meist der artspezifischste, da er die Erkennung des singenden Individuums als Mitglied der eigenen Art durch potenzielle Fortpflanzungspartner ermöglicht. Dies ist auch der Gesang, den Menschen verwenden, um singende Heuschrecken zu bestimmen. Daher werden Gesänge heutzutage bei nicht-invasiven Studien der akustischen Ökologie und Biodiversitätserfassung verwendet. Es kann so ermittelt werden, welche singenden Arten zu welcher Zeit anwesend sind und wie sich die Artenzusammensetzung eines Lebensraums durch Einwanderung oder Aussterben verändert.

Abb. 3 Auditive Tympana der Ensifera befinden sich an den Tibien des ersten Beinpaares, wie hier am Beispiel eines Männchens der Art *Homoeogryllus reticulatus* (Grylloidea, Phalangopsidae) gezeigt wird (Foto: Philippe Grandcolas). A–C, Tympana einer Grille (A, *Pentacentrus* sp., Grylloidea, Gryllidae) und von zwei Laubheuschrecken (B, *Holochlora biloba*; C, *Nesonotus vulneratus*, Tettigoniidea, Phaneropteridae). Fotos: Sylvain Hugel.

4.2 EIN ANSPRUCHSVOLLES PUBLIKUM: WIE GRILLEN HÖREN

Fernando Montealegre-Zapata

Fünf Familien der Langfühlerschrecken besitzen die Fähigkeit, Luftschall wahrzunehmen: Laubheuschrecken (Tettigoniidae), Grigs (Prophalangopsidae), Wētās (Anostostomatidae), Echte Grillen (Gryllidae) und Maulwurfsgrillen (Gryllotalpidae). Die meisten Arten dieser Gruppen besitzen Tympana (Hörorgane) im oberen Teil der Schienen der Vorderbeine. Die Physiologie und Biomechanik des Hörens wurde und wird zwar intensiv an Modellorganismen erforscht, aber viele Fragen zur Evolution des Hörsinns der Orthoptera sind nach wie vor offen.

Ensifera produzieren Schall innerhalb eines großen Frequenzbereichs (1–150 kHz, Abb. 1). Ihr Hörsinn kann als ähnlich hoch entwickelt betrachtet werden wie der der Wirbeltiere, da die wichtigen Komponenten des Außen-, Mittel- und Innenohrs vorhanden sind. Die so produzierten akustischen Signale dienen hauptsächlich der intraspezifischen Kommunikation, insbesondere, um potenzielle Fortpflanzungspartner anzulocken bzw. zu finden (Kapitel 4.1, 4.3). Gleichzeitig birgt diese Lauterzeugung ein hohes Risiko, den Standort des Senders potenziellen Beutegreifern – oft nachtaktive Säugetiere mit einem scharfen Gehör – zu verraten. Daher unterlagen und unterliegen vermutlich sowohl Lauterzeugung als auch das Gehör der Ensifera starkem Anpassungsdruck, solche Geräusche zu produzieren, die für Prädatoren schwer zu lokalisieren sind, aber trotzdem noch von Mitgliedern der eigenen Art wahrgenommen werden können. Dadurch hat die Evolution akustische Systeme hervorgebracht, die zu den ausgefeiltesten im ganzen Tierreich gehören.

AKUSTISCHE SYSTEME DER ENSIFERA

Einige Ensiferen sind nach unserem Wissensstand weitgehend unfähig, Laute wahrzunehmen, beispielsweise die Seidengrillen (Gryllacrididae). Die meisten verfügen jedoch über ein hochentwickeltes Gehörsystem, das, wie oben beschrieben, ein Außen-, Mittel- und Innenohr umfasst. Das Außenohr besteht aus einer sogenannten akustischen Trachee (AT, Abb. 2), deren Funktion sich aus der ursprünglichen Funktion der Trachee, dem Gasaustausch, ableitet. Bei «Relikt-hörenden» Ensifera, wie z. B. den Prophalangopsidae, haben die Tracheen des Prothorax ihre ursprüngliche Funktion und Struktur beibehalten: Sie gabeln sich an den Schenkeln und haben die feinen trachealen Verästelungen, die das Bein mit Sauerstoff versorgen, behalten. Prophalangopsiden-Ohren sind daher einfache Schalldruckempfänger, die Laute nur an der äußeren tympanalen Oberfläche wahrnehmen.

In den meisten Tettigoniidae und Gryllidae empfängt die AT zusammen mit zwei aktiven Tympana Schall von außen und innen, funktioniert also als System, das auf Druckdifferenz reagiert. Eine tympanale Platte auf dem Trommelfell dient als Mittelohr, das Luftschall in Vibrationen der Flüssigkeit übersetzt. Viele Mitglieder der Tettigoniidae besitzen sogenannte akustische Bullae («Gehörblasen») oder Exponentialhörner an den proximalen Enden ihrer AT, die die Schallwellen um 10–30 dB verstärken. Viele Arten besitzen zudem ein Innenohr mit einer *Crista Acustica* (CA). Diese ist in einem mit Flüssigkeit gefüllten Hohlraum eingeschlossen, dem Ohrbläschen, das Wanderwellen für die Verbesserung der Frequenzselektivität verstärkt. Arten mit CA verfügen meist auch noch über sogenannte Pinnae, Fledermausdetektoren, die nur die Ultraschallrufe der Echolotortung von Fledermäusen wahrnehmen, und keine Rufe von Mitgliedern der eigenen Art werden durch die AT empfangen.

Das Innenohr der Gryllidae wird oft als das komplexeste aller Ensiferen gesehen. Bei vielen Grillen sind die linke und die rechte AT durch ein Medianseptum verbunden, was die Weiterleitung von Schallwellen zwischen den Tympana erlaubt. Somit empfängt jedes «Ohr» Schall auf drei Wegen: von außen, von innen aus der Trachee

Abb. 1 (Oben) *Supersonus aequoreus,* (Mitte) *Cyphoderris monstrosa,* (unten) *Typophyllum spurioculis*. Einige Langfühlerschrecken benutzen Reinton-Rufe für die intraspezifische Kommunikation. Reinton-Rufe sind schwer wahrnehmbar für Räuber. Die Reinheit oder Schärfe eines Tons wird mithilfe des Qualitätsfaktors *Q* gemessen, welcher als Verhältnis zwischen mittlerer Frequenz und Bandbreite definiert ist. Wie im Diagramm gezeigt, ist die Bandbreite aller dargestellten Rufe schmal. Geräusche mit hohen *Q*-Werten klingen für menschliche Ohren «rein» und musikalisch: die *Q*-Werte von Musikinstrumenten liegen oft bei >100. Die Rufe der Ensiferen, die Reintöne verwenden, haben normalerweise *Q*-Werte von >15. *Q*-Werte >10 sind für Säugetiere schwieriger zu lokalisieren als weniger reine Töne. Abbildung: Fernando Montealegre-Zapata.

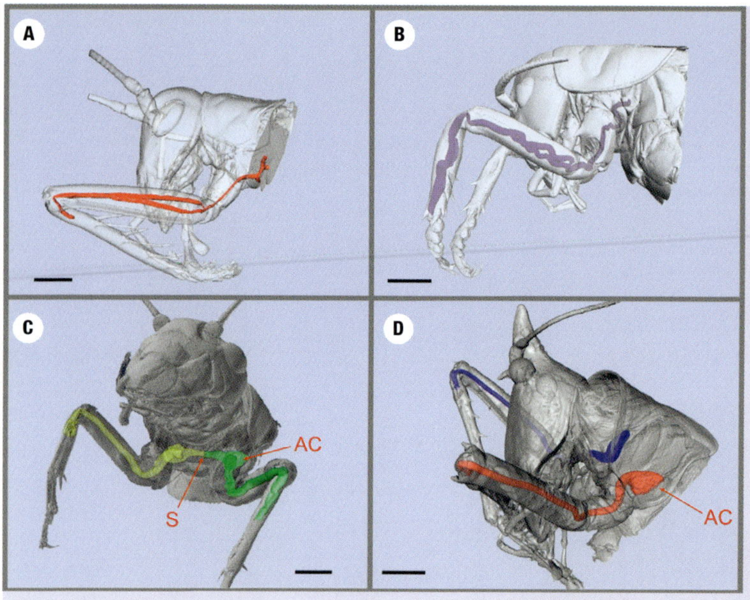

Abb. 2 Hörsysteme bei Ensifera. AC = Akustisches Spirakel, S = Mediansseptum. (A) Die gegabelte akustische Trachee von Ensifera ohne Tympanum («taub») (Gryllacrididae). (B) Gegabelte und nicht-funktionale Trachee bei *Cyphoderris monstrosa* (Tettigoniidae); Schall wird ausschließlich an der externen Oberfläche empfangen. (C) Die akustische Trachee der Feldgrillen ermöglicht *cross-talk* durch ein medianes Septum (*Gryllus bimaculatus*, Gryllidae), was die Fähigkeit zum Richtungshören deutlich verbessert. (D) Die übliche Form der akustischen Trachee bei Laubheuschrecken, das exponentiale Horn (in diesem Fall *Copiphora gorgonensis*, Tettigoniidae). Diese «Ohren» arbeiten auch als Druck-Unterschied-Empfänger, die Geräusche extern und intern durch die akustischen Tracheenöffnungen (S) und Trachee empfangen. Maßstab: 2 mm. Abbildung: Fernando Montealegre-Zapata.

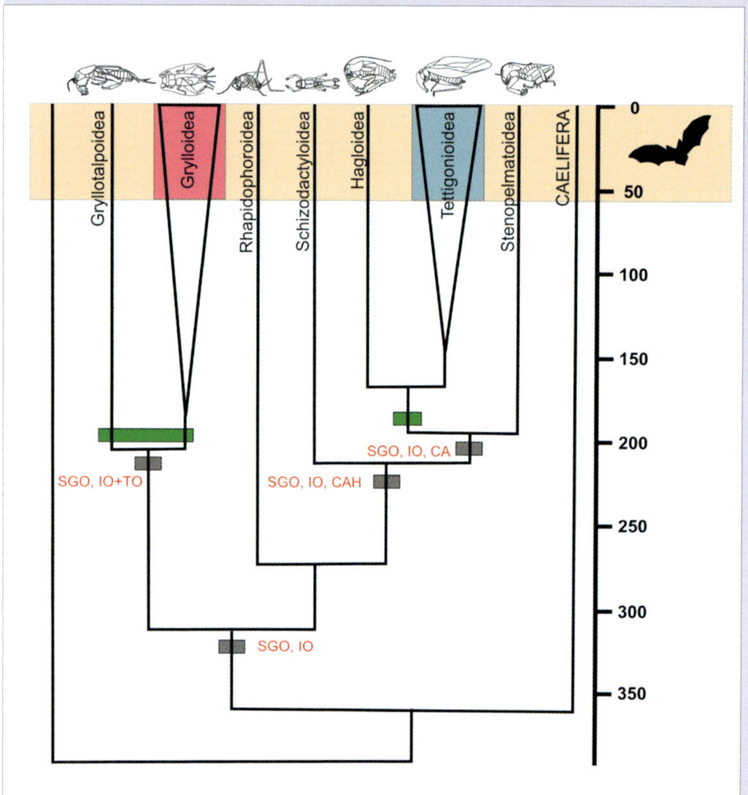

Abb. 3 Die Evolution des Hörens bei Ensifera. Phylogenetischer Stammbaum verändert nach Woodrow et al. (2022). Die Enden des Stammbaums repräsentieren die Ensifera-Überfamilien. Eine Zeitskala ist rechts angegeben. Graue Boxen auf den Zweigen stellen die Evolution größerer Hörsysteme dar, wie durch Homologien ermittelt (anatomische Strukturen in Rot, siehe Text für Abkürzungen). Grüne Boxen heben das Auftreten von Reintönen mit niedrigen Frequenzen hervor. Die obere rosafarbene und die blaue Box hebt die Evaolution der «Insekten-Hörschnecke» bei Ensifera hervor. Beide fallen mit der Entstehung von Fledermäusen zusammen (brauner Hintergrund). Abbildung: Fernando Montealegre-Zapata mit Daten von Gorochov, 1995 und Gu et al., 2010.

der gleichen Seite und von innen, vom anderen «Ohr». Dieses System ermöglicht sehr präzises Richtungshören.

Arten ohne funktionale AT haben mitunter auf andere Weise ein scharfes Gehör entwickelt. Die CA der Prophalangopsidae (z. B. *Cyphoderris*) ist im Vergleich zu der der Tettigoniidae sehr einfach gebaut. Kürzlich wurde jedoch festgestellt, dass *C. monstrosa* Frequenzselektivität durch Wanderwellen am Trommelfell erreicht. Die Mechanorezeptoren eines Vorläufers der CA in lebenden Prophalangopsidae sind weder vollständig vom Tympanum isoliert noch wie bei den Tettigoniidae in einem flüssigkeitsgefüllten Ohrbläschen eingeschlossen.

DER URSPRUNG DES INSEKTENGEHÖRS

Insekten-«Ohren» haben sich aus Sinnesorganen entwickelt, die Vibrationen wahrnehmen. Vibro-Rezeptoren können anatomisch sehr unterschiedlich aufgebaut sein und kommen in zahlreichen Körperteilen vor, bei Insekten hauptsächlich in den Beinen, genauer gesagt im Femur (Schenkel) oder der Tibia (Schiene). Organe in den Tibien haben die Form eines Subgenualorgans (SGO) und des komplexen Tibialorgans (CTO). Ein Tympanum könnte durch die Verdünnung der Haut in der Nähe des Vorläufers des Hörrezeptors entstanden sein; es benötigt eine respiratorische Trachee, die der vibrierenden Oberfläche Halt gibt. Frühe Vorläufer moderner Hörorgane konnten nur Laute hoher Intensität wahrnehmen. Einige moderne Sinnesorgane von Insekten wie das SGO der Schaben und die Chordotonalorgane in den Hinterbeinen von Heuschrecken können Laute mit hoher Amplitude auch ohne Tympanum wahrnehmen. Dies ist auch bei den Sinnesorganen der Mittel- und Hinterbeine ohne Tympanum der Tettigoniidae der Fall, sodass die Vorderbeine im Laufe der Zeit an auditiver Empfindlichkeit gewonnen haben. Analoge Formen von Geräuschwahrnehmung ohne Tympanum konnten sogar bei Spinnen gezeigt werden. Forschungen haben ergeben, dass die sensorischen Strukturen des Tibialorgans bei tauben Ensiferenarten (Stenopelmatidae, Gryllacrididae und Schizodactylidae) homolog zu den auditiven Rezeptoren der Tettigonioidea sind. Diese Taxa haben ein dreiteiliges sensorisches Organ, das homolog zum CTO der Tettigoniidae ist: das proximale SGO, das Zwischenorgan (IO), und einen zusätzlichen dritten Teil mit einem linearen Bereich von sensorischen Zellen, welcher der CA der Tettigoniidae ähnelt und als *Crista Acustica*-Homolog (CAH) bezeichnet wird.

Das CAH bei Taxa ohne Tympanum wird als Vorläuferorgan der CA bei Tettigonioidea gesehen. Da angenommen wird, dass das gesamte Organ bei Tettigonioidea ohne Tympanum als Vibrationssensor fungiert, entwickelte sich das CAH zu den auditiven Rezeptoren, die als CA bei den hörenden Tettigoniidae, Anostostomatidae und Prophalangopsidae bekannt sind. Im Gegensatz dazu sind die Hörsensoren der Grillen (Grylloidea) nur zweiteilig und bestehen aus dem SGO und dem Tympanalorgan, das die auditiven Rezeptoren enthält. Bei den Gryllidae scheint das Tympanalorgan aus dem IO und nicht aus einem CAH entstanden zu sein, was darauf hinweist, dass die Hörorgane bei den Gryllidae und Tettigonioidea unabhängig voneinander entstanden sind und ihre Sensillen unterschiedlich zusammengesetzt sind (Abb. 3).

In Abbildung 4 sind tympanale Organe und andere Sinnesorgane auf einen Stammbaum der Ensifera aufgetragen und werden mit evolutionären Ereignissen wie der Entstehung der «Insekten-Cochlea» und der Evolution von Fledermäusen als Räuber fliegender Insekten in Bezug gesetzt. Die Tympana rezenter Prophalangopsidae ähneln denen der Vorfahren aus dem Jura, was darauf hinweist, dass Druckempfänger die ursprünglichen Hörorgane bei Ensifera sind. Der bekannteste Typ von AT bei rezenten Laubheuschrecken ist das Exponentialhorn, das erstmals im Eozän (vor 44 Mio. Jahren) auftrat. Numerische Modelle auf Grundlage von präzisen 3D-Geometrien legen nahe, dass diese ursprüngliche AT im Bereich von ca. 10 kHz bis 89 kHz empfindlich ist, was eine Bandbreite von Spontangesängen (31 kHz) und den Echolotrufen früher Fledermäuse umfasst. Eine ähnliche Analyse zeigt den frühesten Nachweis von Ohrmuscheln im gleichen Zeitraum, legt aber auch nahe, dass diese zunächst als schützende Strukturen um das Tympanum erschienen und erst später auch die Resonanzverstärkung der Frequenzen der Fledermaus-Echolotortung ermöglichten.

Im Gegensatz zu Tetrapoden entwickelten Insekten Tympanalorgane mindestens 19-mal unabhängig voneinander, mit «Ohren», die mindestens zehn unterschiedlichen Körperteilen zugeordnet werden können. Diese «Insektenohren» entstanden aus Propriorezeptoren, die am gesamten Körper verstreut sind; Trommelfelle entwickelten sich durch Verdünnung ihres Exoskeletts in relevanten Körperregionen, die durch solche Vibro-Rezeptoren unterstützt sind. Bei Langfühlerschrecken entstanden sie an den Vorderbeinen und nicht am Kopf, wahrscheinlich, um die Trennung der Ohren für die Schärfung des Richtungshörens zu maximieren. Ob die molekularen Mechanismen des Hörvorgangs (Mechanorezeption, Mechanotransduktion und Verstärkung) bei Laubheuschrecken und Tetrapoden unter Berücksichtigung der gleichen grundlegenden Prozesse homolog oder konvergent evolviert sind, bleibt zu untersuchen.

4.3 GESANGSEVOLUTION BEI GRILLEN, LAUBHEUSCHRECKEN, MAULWURFSGRILLEN UND GRIGS

Laure Desutter-Grandcolas

Heuschrecken, insbesondere die Laubheuschrecken (Unterordnung Ensifera), zeigen eine hohe Diversität in allen Facetten der Bioakustik. Die Erforschung der Evolution dieser akustischen Vielfalt wird seit mehr als einem Jahrhundert betrieben und konzentriert sich größtenteils auf die Flügelstrukturen, mit denen die Tiere akustische Signale erzeugen. Singende Laubheuschrecken gehören – abgesehen von den vielfältigen fossilen Formen (Kapitel 1.2) – zu den Gruppen der Grillen *(Grylloidea)*, Maulwurfsgrillen (*Gryllotalpoidea*, normalerweise nicht von den echten Grillen getrennt betrachtet, wenn es um Bioakustik geht), Laubheuschrecken *(Tettigonioidea)* sowie den rezenten Arten der Grigs *(Hagloidea, Prophalangopsidae)*. Im Folgenden wird diese Zusammenstellung als «die akustischen Vier» bezeichnet.

Zwei Haupthypothesen zum Ursprung und zur Evolution der akustischen Kommunikation der «akustischen Vier» stehen einander gegenüber: 1) Akustische Kommunikation ist nur einmal in der Unterordnung Ensifera entstanden und ist homolog zwischen allen akustisch kommunizierenden Ensiferen (Vererbungshypothese) 2) Akustische Kommunikation hat sich mehrfach bei den Ensifera entwickelt, und die involvierten Strukturen sind nicht homolog (Konvergenzhypothese).

Auf dem Weg zur Lösung dieses biologischen Rätsels liegen jedoch viele Hindernisse: i) Die bei Grillen, Maulwurfsgrillen, Laubheuschrecken und Grigs an der Lautproduktion beteiligten Strukturen sind tatsächlich ziemlich ähnlich. Alle diese Gruppen stridulieren, indem sie ihre Vorderflügel über den Körper heben und eine Schrillleiste (auf einem Vorderflügel) an eine Schrillkante (auf dem anderen Vorderflügel) reiben. Unterschiede in den Details könnten trotzdem entscheidend sein. ii) Meist wurde die Kommunikation mittels der Vorderflügel untersucht, doch ist die akustische Kommunikation der Ensifera sehr viel vielfältiger. Um ein umfassendes Bild zu gewinnen, müssten alle Arten der Lauterzeugung und Wahrnehmung berücksichtigt werden. iii) Keine evolutionäre Hypothese kann wissenschaftlich getestet werden ohne eine Stammbaumanalyse und ohne eine geeignete Analyse der Homologien der verglichenen Merkmale (Kapitel 1.3). In diesem Kapitel wollen wir diese drei Punkte und ihre Bedeutung in Bezug auf die akustische Evolution der Ensifera diskutieren.

ZU ÄHNLICH, UM NICHT ZU SAGEN, GLEICH? TATSÄCHLICH GAR NICHT SO ÄHNLICH!

Die «akustischen Vier» stridulieren alle mit ihren erhobenen Vorderflügeln, aber diese scheinbare Ähnlichkeit verdeckt eine Vielzahl von strukturellen und funktionalen Unterschieden (Abb. 1):

— Die Vorderflügel sind bei Grillen, Maulwurfsgrillen und Grigs fast symmetrisch gebaut, bei Laubheuschrecken aber stark asymmetrisch. Bei den ersten drei Gruppen weisen beide Flügel eine Schrillleiste und Resonatoren auf, hingegen trägt bei Laubheuschrecken nur der rechte Flügel eine Schrillleiste und nur der linke Flügel den Resonator (Kapitel 4.1, Abb. 1).

— Bei singenden Grillen liegt der rechte Vorderflügel über dem linken (und trägt daher die funktionale Schrillleiste), bei Laubheuschrecken ist es genau umgekehrt. Sowohl Maulwurfsgrillen als auch Grigs können die Position der Vorderflügel während des Gesangs wechseln.

— Welche Flügelader trägt die Schrillleiste bei den Ensifera? Im Lauf des letzten Jahrhunderts wurden dazu zahlreiche Hypothesen aufgestellt. Moderne Röntgen-Mikrotomografie ermöglicht es, Flügeladern genau von ihrem Ursprung aus zu verfolgen und zeigt, dass sich die Schrillleiste bei Grillen und Laubheuschrecken an der anterioren Cubitalader (Cubitus anterior = CuA), bei Maulwurfsgrillen und Grigs an einer Abzweigung der Postcubitalader (Cubitus posterior = CuP) (*Prophalangopsidae*, Gattung *Cyphoderris*) befindet. Daher sind die Resonanzflächen der Vorderflügel in diesen Gruppen nicht homolog.

— Bei den meisten Grillen vibrieren beide Vorderflügel bei der Lauterzeugung und das Stridulationssystem ist gut gestimmt, was ein musikalisch klingendes Geräusch größtenteils im für Menschen hörbaren Frequenzbereich (ca. 2–8 kHz) erzeugt. Im Gegensatz dazu besitzen Laubheuschrecken asymmetrische Vorderflügel, die nicht in Phase vibrieren; das Signal ist weniger strukturiert, erscheint nicht so musikalisch wie das der Grillen und enthält einen hohen Anteil an Ultraschall (>20 kHz). Die Gattung *Cyphoderris* ähnelt Grillen aufgrund der symmetrischen Vorderflügel, von denen beide vibrieren, und der relativ niedrigen Frequenz ihres Gesangs (12–15 kHz). Maulwurfsgrillen singen aus Erdbauten heraus, die sie nach einem bestimmten Muster graben, um die Lautstärke ihres Gesangs zu erhöhen.

ENSIFERA, EINE AKUSTISCH SEHR DIVERSE GRUPPE

Allen Ensiferen-Gruppen gehören stridulierende Mitglieder an, aber nicht alle verwenden die gleichen Mechanismen. Die «akustischen Vier» stridulieren größtenteils, wie oben beschrieben, indem sie ihre Vorderflügel gegeneinander reiben (die sogenannte elytro-elytrale Stridulation). Viele andere Laubheuschrecken hingegen, darunter die Seidengrillen (Gryllacrididae), Höhlenschrecken (Rhaphidophoridae, Kapitel 1.6), Dünengrillen (Schizodactylidae, Kapitel 5.2.3) und Wetas (Anostostomatidae, Kapitel 5.1.5), stridulieren nicht mit ihren Flügeln. Anostostomatidae, Gryllacrididae und Schizodactylidae erzeugen Laute, indem sie ihre Hinterschenkel gegen Zähnchen reiben, die in vielfältiger Weise in Reihen oder Feldern am Abdomen angeordnet sind (die sogenannte femoro-abdominale Stridulation). Rhaphidophoridae kommunizieren durch Vibrationen ihres Abdomens (Tremulation).

Anostostomatidae singen zwar nicht mit ihren Flügeln, aber sie stridulieren und besitzen Tympana an ihren Vorderbeinen. Zudem nehmen alle Ensiferen, ob akustisch oder stumm, Vibrationen mit ihren Beinen wahr. Der verhaltensbedingte Kontext der Stridulation kann ebenfalls unterschiedlich sein. Intraspezifische Kommunikation erfordert ein Hörorgan, das Tympanum (Kapitel 4.2), aber interspezifische Kommunikation benötigt dies nicht unbedingt. Sobald sich ein Modus der Signalwahrnehmung evolutionär entwickelt, können andere Organe und Verhaltensweisen als Reaktion darauf folgen. Etwas Ähnliches wird beispielsweise bei Schmetterlingen angenommen, von denen man vermutet, dass ihre Ultraschallkommunikation als Reaktion auf die Ultraschall-Echolotortung von Fledermäusen entstanden ist.

Die «akustischen Vier» unterscheiden sich in ihrem Anteil an stridulationsfähigen Arten. So kommunizieren nahezu alle Arten der Laubheuschrecken akustisch, während viele Grillen stumm sind; sie sind entweder flügellos, kurzflügelig oder besitzen zwar lange Flügel, aber keinen Stridulationsapparat. Die Evolution der Grillen der Familie Oecanthidae (Weinhähnchen, die «fünfte» Familie der Grylloidea) zeigt klar, wie akustische Kommunikation viele Male in einer einzigen Grillen-Gruppe verloren gegangen ist. Dabei hat keine Gruppe die Kommunikation wieder entwickelt, und die Diversifikation der stummen Arten blieb begrenzt (Abb. 2).

EIN PHYLOGENETISCHER WEGWEISER ZUM TEST EVOLUTIONÄRER HYPOTHESEN

Zur Prüfung einer evolutionären Hypothese benötigt man einen aus einer robusten Datenmatrix rekonstruierten phylogenetischen Stammbaum. In dieser Matrix müssen die finalen Zustände aller auf die Phylogenie optimierten Merkmale dokumentiert sein, und es müssen geeignete Hypothesen der primären Homologien vorliegen. Wenn Strukturen sehr ähnlich sind, aber zu unterschiedlich, um die Hypothese der primären Homologien zu unterstützen, muss eine Hypothese der Konvergenz aufgestellt werden. Dies trifft zum Beispiel bei den Flügeln von Vögeln und Fledermäusen zu, die aus unterschiedlichen Teilen eines Wirbeltierarms aufgebaut sind, oder bei einer Schrillleiste, die nicht an der gleichen Ader lokalisiert ist wie bei Grillen (CuA) und Maulwurfsgrillen (CuP). Wenn jedoch eine Struktur die Hypothese der primären Homologie unterstützen kann, wie bei der Schrillleiste, die bei Grillen und Laubheuschrecken auf der CuA-Ader lokalisiert ist, dann unterstützt das Muster der Phylogenie sowohl eine Hypothese der Vererbung (Schwestergruppen) als auch eine Hypothese der parallelen Evolution (keine Schwestergruppen).

Die phylogenetischen Beziehungen innerhalb der Ensifera sind in Abb. 2 dargestellt. Wenn die Schrillleiste homolog in allen Ensiferen wäre, was sie nicht ist, wäre es einfacher, von paralleler Evolution der Schrillleiste in den Grylloidea einerseits und in den Tettigonioidea (inklusive Grigs) andererseits auszugehen, da viele basale Mitglieder der Ensifera keine Flügel zum Stridulieren besitzen. Da sich die Schrillleiste als nicht homolog entwickelt hat, impliziert das Parsimonie-Prinzip (Sparsamkeitsprinzip) für die Evolution der Schrillleiste der Ensifera mindestens vier unabhängige Schritte: 1) Das Auftreten der Schrillleiste an der CuA bei Grillen; 2) das Auftreten der Schrillleiste an einer Abzweigung der CuP bei Maulwurfsgrillen; 3) das Auftreten der Schrillleiste an der CuA bei Laubheuschrecken sowie 4) das Auftreten der Schrillleiste an einer Abzweigung der CuP bei *Cyphoderris* (jeweils ein Schritt).

Die Kartierung der Stridulationsapparate in der Phylogenie der Ensifera unterstützt daher sowohl multiple konvergente als auch paralleles Auftreten von Flügelstridulation in dieser Linie. Die funktionalen Zwänge, die aus der Form der Vorderflügel und den zum Gesang mit erhobenen Tegmina erforderlichen Bewegungen resultieren, könnten erklären, warum die unterschiedlichen Schrillleisten und Plectren nahe an der Basis der Vorderflügel an einer begrenzten Anzahl an möglichen Flügeladern auftreten. Eine ähnliche Schlussfolgerung kann möglicherweise gezogen werden, sobald auch die femoro-abdominale Stridulation bei den Ensifera besser untersucht ist.

Abb. 1 Flügeladern und Homologien der Schrillleiste (roter Pfeil) der Ensifera, basierend auf mikrotomografischer Rekonstruktion. Die Abbildung zeigt Vorderflügel, die Rekonstruktion der Äderung und ein Foto der jeweiligen Arten von: A, *Cyphoderris* sp. (Tettigoniidea, Prophalangopsidae) (Foto: Delise und Matthew Priebe); B, *Quiva* sp. (Tettigoniidea, Tettigonioidea) (Foto: Artour Anker); C, *Brachytrupes membranaceus* (Gryllidea, Gryllidae) (Foto: Bernard Dupont, Wikimedia Commons); D, *Gryllotalpa* sp. (Gryllotalpoidea, Gryllotalpidae) (Foto: Martin Husemann). Nomenklatur der Flügeladern nach Schubnel et al. (2019): Costa, dunkelblau; posteriore Subcosta, rot; Radialader, pink; Medialader, hellblau; Fusion der Medialader und Cubitus anterior (Apomorphie der Orthopteren), grün; Cubitalader, gelb (vordere Cubitalader, hellgelb); Postcubitus, grau; Analadern, schwarz.

Abb. 2 Phylogenetischer Stammbaum der Ensifera und die Evolution des Gesangs. Die «akustischen Vier» sind gelb unterlegt: Tettigoniidae, Prophalangopsidae, Gruppe der Gryllidea und Gryllotalpidae. Die Fotos zeigen Repräsentanten von Familien innerhalb der Gryllidea; andere verzeichnete Familien sind in Abb. 1 illustriert. Blaue Quadrate stellen die Position der Schrillleiste auf dem Vorderflügel dar: dunkelblau = anteriore Cubitalader (Cubitus anterior = CuA), hellblau = Abzweigung der Postcubitalader (Cubitus posterior = CuP). Somit sind Gruppen mit ähnlichen Stridulationsorganen nicht nahe miteinander verwandt, was darauf hinweist, dass das Gesangsvermögen bei ihnen allen unabhängig voneinander entstanden ist. Abbildung: Oliver Hawlitschek. Phylogenetische Rekonstruktion nach Shin et al. (2014) (vgl. Kapitel 1.3). Fotos: Sylvain Hugel.

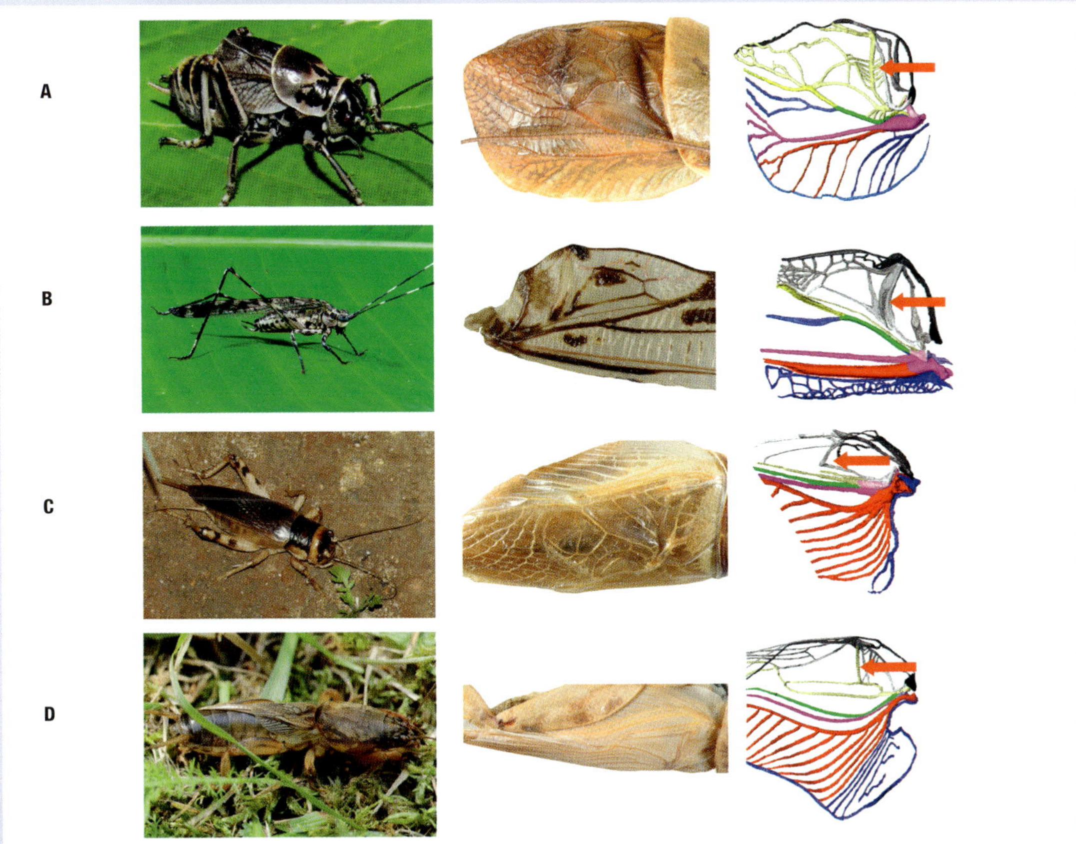
A
B
C
D

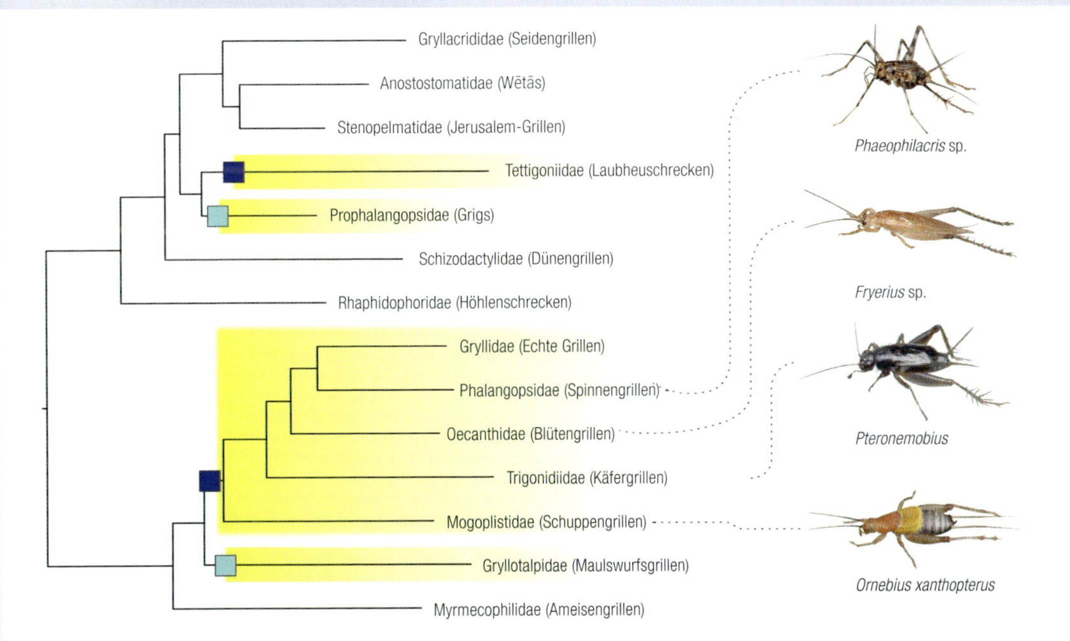
Gryllacrididae (Seidengrillen)
Anostostomatidae (Wētās)
Stenopelmatidae (Jerusalem-Grillen)
Tettigoniidae (Laubheuschrecken)
Prophalangopsidae (Grigs)
Schizodactylidae (Dünengrillen)
Rhaphidophoridae (Höhlenschrecken)
Gryllidae (Echte Grillen)
Phalangopsidae (Spinnengrillen)
Oecanthidae (Blütengrillen)
Trigonidiidae (Käfergrillen)
Mogoplistidae (Schuppengrillen)
Gryllotalpidae (Maulswurfsgrillen)
Myrmecophilidae (Ameisengrillen)
Phaeophilacris sp.
Fryerius sp.
Pteronemobius
Ornebius xanthopterus

4.4 GRASHÜPFER, EINIGE DER TALENTIERTESTEN SÄNGER ALLER HEUSCHRECKEN

Varvara Vedenina

Die Gomphocerinae (Grashüpfer) stellen die vermutlich artenreichste Unterfamilie der Acrididae (Feldheuschrecken) dar und sind auf allen Kontinenten, mit Ausnahme von Australien und Ozeanien und der Antarktis, vertreten. Im Gegensatz zu anderen Unterfamilien der Feldheuschrecken verfügen die Grashüpfer über eine Schrillleiste mit Zähnchen auf der Innenseite ihrer Hinterschenkel zur Lauterzeugung. Innerhalb der Acrididae ist die akustische Kommunikation bei den Gomphocerinae am weitesten entwickelt, sowohl hinsichtlich der Komplexität der Stridulationsbewegungen der Hinterbeine als auch der Anzahl der Geräuschkomponenten und der Fortpflanzungsstrategien.

Da die akustische Kommunikation vor allem bei den paläarktischen Arten dieser Unterfamilie untersucht wurde, konzentriert sich dieses Kapitel auf Vertreter dieser geografischen Region. Der Gesang der Grashüpfer wird durch das Reiben der Schrillleiste des linken oder rechten Hinterschenkels über eine erhabene Flügelader derselben Körperseite erzeugt. Bei den meisten Arten erstrecken sich die Laute über ein breites Frequenzspektrum, sodass die Spezifizität des Spontangesangs meist nicht im Frequenzbereich, sondern in der zeitlichen Abfolge der Töne liegt. Dennoch können die dominierenden Frequenzen verschiedener Komponenten des Werbegesangs entweder im für Menschen hörbaren Bereich (10–15 kHz) oder im Ultraschallbereich (30–40 kHz) liegen.

Grashüpfer haben aufgrund der Nutzung beider Hinterbeine zwei separate Lauterzeugungsapparate, im Gegensatz zu den Ensifera, die ihre Laute mit einem einzigen Stridulationsapparat erzeugen (Kapitel 4.3). Die Stridulationsbewegungen der beiden Beine können sich in Amplitude und Form unterscheiden, und die Rollen der Beine bei der Lauterzeugung können wechseln. Zur Untersuchung dieser Stridulationsbewegungen entwickelten die deutschen Wissenschaftler Otto von Helversen und Norbert Elsner im Jahr 1977 ein einzigartiges optoelektronisches System. Dabei wurden reflektierende Folien an den Enden der Hinterschenkel eines Grashüpfermännchens angebracht und jedes Bein von einer optoelektronischen Kamera beleuchtet. Das reflektierte Licht wurde durch die Kameralinse auf einen positionssensitiven Fotodetektor fokussiert, der die Auf- und Abbewegungen der Hinterbeine in Spannungsänderungen umwandelte. Diese Signale wurden zusammen mit Tonaufnahmen in digitale Signale umgewandelt. Später wurde dieses System in verschiedenen Laboren in Deutschland und anderen Ländern weiterentwickelt.

Das optoelektronische System erstellt eine grafische Darstellung der Beinbewegungen, die in Kombination mit einem Oszillogramm – der grafischen Darstellung der Audioaufzeichnung des Gesangs – analysiert werden kann. Jede Aufnahme zeigt im Oszillogramm drei Zeilen: Die beiden oberen Zeilen repräsentieren die Beinbewegungen, die untere Zeile die zeitliche Abfolge der Laute (Abb. 1).

Zur Beschreibung des Gesangs werden drei Komponenten unterschieden: Impuls, Silbe und Strophe. Ein Impuls ist die kleinste strukturelle Einheit, die durch ein einzelnes Streichen des Hinterbeins über den Vorderflügel entsteht (Abb. 1). Eine Silbe besteht aus einer oder mehreren Auf- und Abbewegungen der Beine, die mit dem Verlassen der Grundposition beginnen und mit der Rückkehr in diese enden. Eine Strophe ist die größte strukturelle Einheit und setzt sich aus mehreren Silben zusammen, die durch Pausen getrennt sind.

Die Komplexität des Gesangs variiert je nach Art. Ein einfach strukturiertes Gesangsmuster besteht aus Lauten, die durch ruckartige Aufwärtsbewegungen und allmähliche Abwärtsbewegungen der Hinterbeine

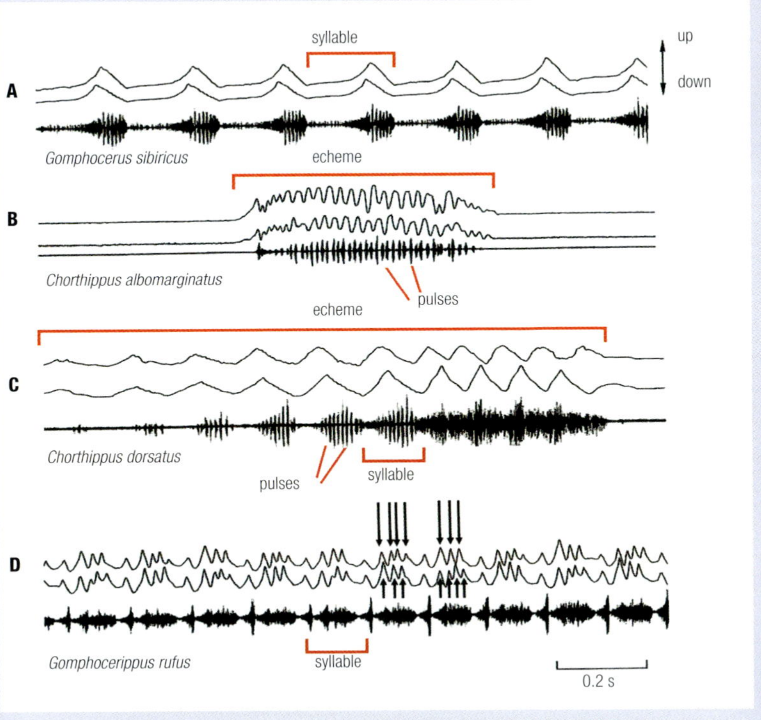

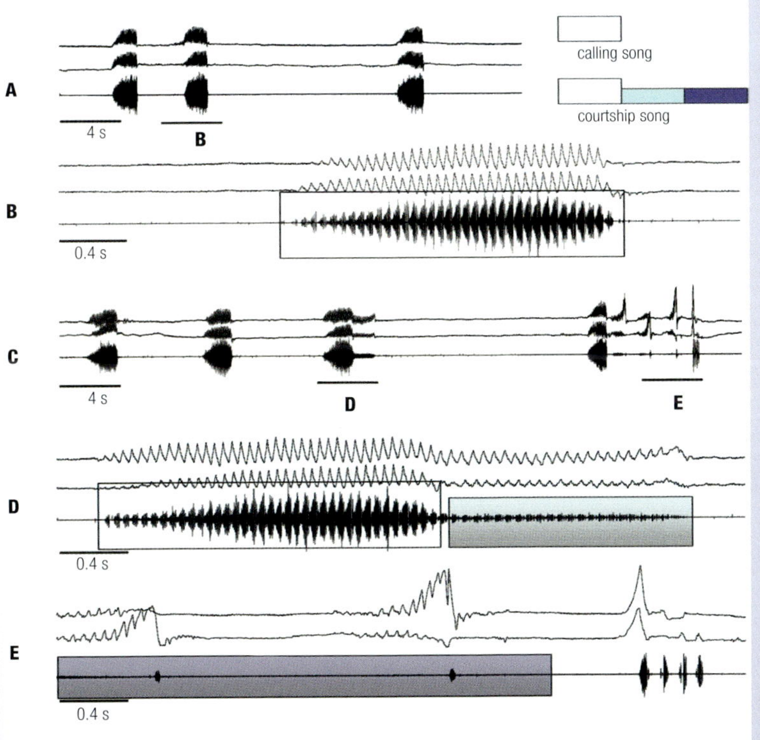

Abb. 1 Oszillogramm der Spontangesänge der paläarktischen Gomphocerinae und Terminologie, welche in akustischen Analysen gebräuchlich ist. Die beiden oberen Zeilen sind Aufnahmen der Hinterbeinbewegungen und die untere Zeile ist eine Aufnahme der Laute. In *G. rufus* (D) markieren Pfeile den Rollentausch der Beine nach jeder Silbe, sodass jedes Bein entweder drei oder vier Auf- und Abschläge erzeugt. Bilder: Varvara Vedenina.

Abb. 2 Oszillogramme der Spontangesänge (A–B) und Werbegesänge (C–E) von *Omocestus minutus* mit zwei verschiedenen Maßstäben. In allen Abbildungen sind die zwei oberen Zeilen Aufnahmen von Bewegungen der Hinterbeine und die untere Zeile ist die Lautaufnahme. Die Rechtecke stellen unterschiedliche Gesangskomponenten dar, welche zeigen, dass der Werbegesang eine Komponente des Spontangesangs und zwei einzigartige für den Werbegesang typische Komponenten hat. Bilder: Varvara Vedenina.

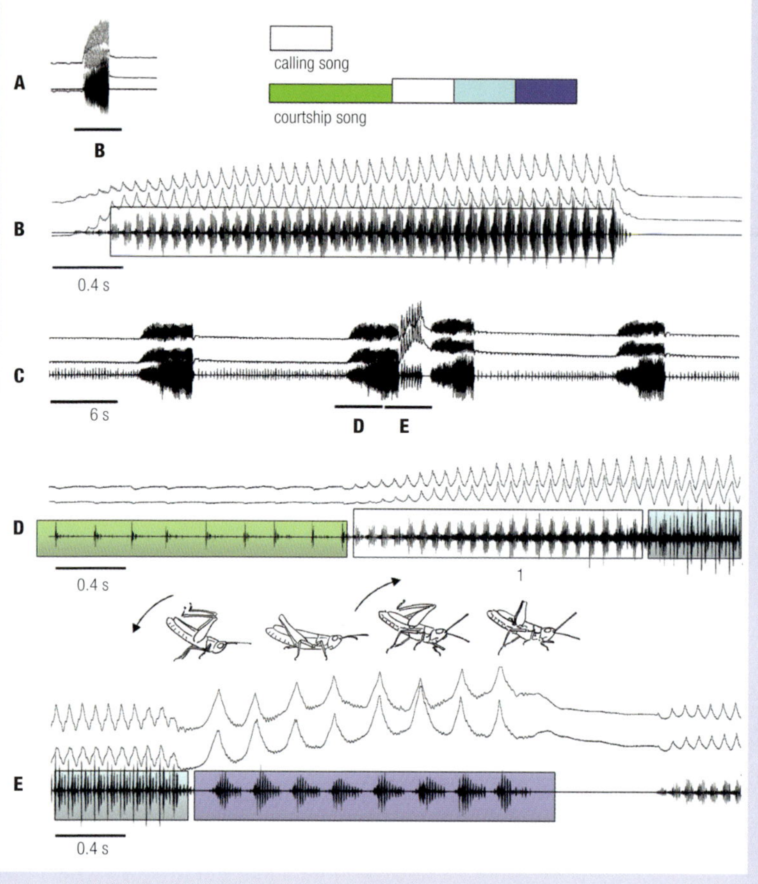

Abb. 3 Oszillogramme des Spontangesangs (A–B) und des Werbegesangs (C–E) von *Stenobothrus fischeri* mit zwei verschiedenen Maßstäben. In allen Abbildungen sind die zwei oberen Zeilen Aufnahmen von Bewegungen der Hinterbeine und die untere Zeile ist die Lautaufnahme. Gleiche Beinbewegungen erzeugen zwei unterschiedliche Lautmuster, dargestellt als 1 und 2 (D). Zeichnungen (erstellt durch die Autorin) zeigen die Schläge mit den Tibien der Hinterbeine und Seitwärtsbewegungen des ganzen Körpers bei zugehörigen Zeitpunkten des Gesangs (E). Rechtecke stellen unterschiedliche Gesangskomponenten dar, welche zeigen, dass der Werbegesang eine Komponente des Spontangesangs und drei einzigartige, für den Webegesang typische Komponenten hat. Bilder: Varvara Vedenina.

Abb. 4 (A) Männliche *Chorthippus oschei* treten im arttypischen Balzverhalten mit ihren Hinterbeinen weit nach hinten und oben aus. (B) Hybriden zwischen *C. oschei* und *C. albomarginatus* treten ebenfalls aus, allerdings weitaus weniger energisch. Dies genügt meist nicht, um ein Weibchen zu beeindrucken. Fotos: Ján Svetlík.

erzeugt werden, wie bei der Sibirischen Keulenschrecke *Gomphocerus sibiricus* (Abb. 1A). Die sukzessiven Abwärtsbewegungen erzeugen eine Serie von Impulsen, die durch Pausen unterbrochen sind, wobei die Beine nahezu synchron bewegt werden. Die Komplexität kann sich durch Phasenwechsel der Beine erhöhen. Zum Beispiel beginnt der Gesang des Weißrandigen Grashüpfers *Chorthippus albomarginatus* mit synchronen Beinbewegungen, doch der Hauptteil des Gesangs wird durch Bewegungen in Gegenphase erzeugt (Abb. 1B). Beim Wiesengrashüpfer *C. dorsatus* werden die ersten vier bis sechs Komponenten durch synchrone Bewegungen mit sukzessiven Abwärtsbewegungen erzeugt, die deutliche Impulse hinterlassen. Im zweiten Teil des Gesangs führen ruckartige Abwärtsbewegungen der Beine in Gegenphase zu Schwirrphasen ohne deutliche Impulse (Abb. 1C). Bei der Roten Keulenschrecke *Gomphocerippus rufus* wechseln die Beine bei jeder Silbe ihre Rollen, sodass jedes Bein drei oder vier Auf- und Abbewegungen vollzieht (Abb. 1D).

Der Gesang der Grashüpfer variiert auch je nach Situation. Männchen erzeugen Spontangesänge, um Weibchen aus größerer Entfernung anzulocken. Ein paarungsbereites Weibchen nähert sich dem Männchen und/oder antwortet mit einem eigenen Gesang. Diese Antwort kann ein Duett auslösen, bei dem das Weibchen an Ort und Stelle bleibt, während das Männchen sich nähert. Haben sich Männchen und Weibchen gefunden, beginnen viele Männchen mit einem charakteristischen Werbegesang, der nur über kurze Distanzen hörbar ist, jedoch eine hohe Komplexität erreichen kann. Dieser wird oft von auffälligen Bewegungen verschiedener Körperteile wie Hinterleib, Kopf, Antennen oder Palpen begleitet. In Gebieten mit hoher Populationsdichte, was für viele Grashüpferarten typisch ist, trifft ein Männchen gelegentlich zufällig auf ein Weibchen. In diesen Fällen erfolgt der Werbegesang oft ohne vorangegangenen Spontangesang.

Werbegesänge dienen sowohl zur Bestimmung der Art als auch zur Bewertung der Partnerqualität und Attraktivität. Bei den meisten Arten ist eine Komponente des Werbegesangs mit dem Spontangesang identisch. Bei *Omocestus minutus* entspricht beispielsweise der erste Teil des Werbegesangs dem Spontangesang, während der zweite Teil eine Komponente mit deutlich geringerer Intensität enthält (Abb. 2). Dieser Abschnitt umfasst eine schrittweise Aufwärtsbewegung eines Beins, das anschließend mehrere Auf- und Abbewegungen vollführt. Der dabei entstehende Impuls ist leise, was darauf hinweist, dass diese Beinbewegungen primär als visuelles Signal dienen könnten.

Beim Südlichen Heidegrashüpfer *Stenobothrus fischeri* beginnt der Werbegesang mit leisen Impulsen durch Bewegungen bei niedriger Amplitude (Abb. 3, 4). Anschließend folgt ein Muster, das dem Spontangesang ähnelt. In der zweiten Hälfte des Gesangs wird jedoch ein anderes Muster erzeugt. Es wird vermutet, dass die Beine mit unterschiedlicher Kraft gegen die Flügel gedrückt werden, was sich im Oszillogramm nicht widerspiegelt (Abb. 3D). Danach folgen Bewegungen bei hoher Amplitude, die eine vierte Geräuschkomponente erzeugen. Diese Schläge führen dazu, dass die Tibien in einem Winkel von etwa 20° vom Körper weggestreckt werden. Diese Phase des Werbegesangs wird von seitlichen Körperbewegungen begleitet.

Die Evolution der Gesänge bei Männchen und die Präferenzen der Weibchen könnten bei Grashüpfern aufgrund ihrer spezifischen Paarungsstrategie schneller ablaufen als bei anderen Vertretern der Orthoptera. Während der Balz singen oft viele konkurrierende Männchen in der Nähe eines einzelnen Weibchens und wiederholen ihren Werbegesang über längere Zeiträume. Wenn ein Weibchen den ersten Paarungsversuch ablehnt, sich aber nicht zurückzieht, kann ein Männchen stundenlang weitersingen. Weibchen haben so die Möglichkeit, für viele Stunden verschiedene Männchen zu hören und miteinander zu vergleichen, was die Partnerwahl der Weibchen und den Wettbewerb zwischen den Männchen verstärken könnte – ähnlich einer Lek-Paarung, also einem Balzplatz, an dem mehrere Männchen gemeinsam um ein Weibchen balzen (Kapitel 2, Box S. 46/47).

4.5 WIE BEEINFLUSST KOMPLEXES PAARUNGSVERHALTEN DIE HYBRIDISIERUNG ZWISCHEN NAH VERWANDTEN ARTEN?

Varvara Vedenina

Hybridzonen, also geografische Gebiete, in denen genetisch unterschiedliche Gruppen von Lebewesen – typischerweise Arten – interagieren und Nachkommen mit gemischter Abstammung erzeugen, kommen in allen größeren Gruppen komplexerer Lebewesen vor. Forschende betrachten Hybridzonen als natürliche Labore zur Untersuchung der Prozesse, die bei evolutionärer Divergenz und Artbildung eine Rolle spielen. Verhaltensisolation ist ein entscheidender Aspekt der Artbildung, da Elternarten oft unterschiedliche Paarungsrituale entwickelt haben und beibehalten. Verhalten kann nicht nur zur prägamer Isolation (vor der Paarung) führen, sondern auch zu postzygotischer Isolation (nach der Bildung der Keimzelle) beitragen, da der Paarungserfolg der männlichen Hybridnachkommen häufig reduziert ist. Da Verhalten und Gesang bei Orthopteren nahezu ausschließlich genetisch determiniert sind, weisen männliche Hybride reduzierte Fitness auf, weil ihre Paarungssignale intermediär zwischen den Signalen der Elternarten liegen und daher für die Weibchen beider Arten unattraktiv sind. Diese geringere Fitness der Hybride wird als «verhaltensbezogene Hybrid-Dysfunktion» (behavioural hybrid dysfunction, BHD) bezeichnet.

Bei Grashüpfern sind viele Beispiele für BHD bekannt. Besonders gut untersucht ist dies in der Unterfamilie Gomphocerinae, speziell in der artenreichen Gattung *Chorthippus*, die in Asien und Europa weit verbreitet ist (Kapitel 5.2.1). Weibchen der nah verwandten Grashüpferarten *Chorthippus brunneus* und *C. jacobsi* sowie ihre weiblichen Hybride zeigen reduzierte Reaktionen auf die Gesänge von männlichen F1-Hybriden (Tiere der ersten Hybridgeneration). Starke postzygotische Barrieren wie eine reduzierte Paarungsbereitschaft der weiblichen F1-Hybride und Verhaltensisolation der männlichen und weiblichen F1-Hybride wurden auch zwischen *C. biguttulus* und *C. mollis* gefunden. Weibliche Hybride der Arten *C. biguttulus* und *C. brunneus* bevorzugten die Gesänge von nur einer Elternart, *C. biguttulus*, und diskriminierten gegen männliche Hybride. Die Spontan- und Werbegesänge aller genannten Arten sind jedoch verhältnismäßig einfach und vor allem durch ein unterschiedliches Maß an Komplexität im zeitlichen Muster charakterisiert (Kapitel 4.4). Bei *C. brunneus* und *C. jacobsi* sind die zeitlichen Muster des Verses besonders vereinfacht, wohingegen sie bei *C. biguttulus* und *C. mollis* komplexer sind. Gleichzeitig ist die Zahl der Gesangselemente bei all diesen Arten gering: Spontangesänge bestehen aus einem einzigen, sich wiederholenden Element in drei Arten und aus zwei Elementen bei *C. mollis*. Das Balzverhalten ist ähnlich einfach beschrieben: Die Werbegesänge sind mit den Spontangesängen bei allen Arten identisch, außer bei *C. biguttulus*, dessen Werbegesang ein weiteres Element enthält.

Bei anderen Grashüpferarten erreichen Werbegesänge ein hohes Maß an Komplexität und werden von auffälligen visuellen Balzelementen begleitet. Wir würden erwarten, dass Hybride besonders stark unter reduzierter Fitness in solchen Systemen leiden, da komplexes Balzverhalten sehr wichtig für die Partnerwahl ist. Aber stimmt das? Wir untersuchten dies bei *Stenobothrus clavatus* und *S. rubicundus*, die in einer schmalen Kontaktzone auf dem Berg Tomaros im Norden Griechenlands aufeinandertreffen (Abb. 1A). Diese Arten unterscheiden sich im Spontan- und Werbegesang sowie in einigen leicht erkennbaren morphologischen Merkmalen: *S. clavatus* hat auffällige, spatelförmige und dunkel gefärbte Enden der Antennen, während *S. rubicundus* dunkel gefärbte Hinterflügel mit stark sklerotisierten Rändern hat (Abb. 1B). Bemerkenswerterweise werden sowohl Antennen als auch Flügel zur Erzeugung visueller Signale während der Balz verwendet. In Experimenten mit Tonaufnahmen zeigten Weibchen von Standorten, an denen der Phänotyp mit *S. clavatus*-Gesang typisch ist, eine Präferenz für *S. clavatus*-Männchen (Abb. 1C). Weibchen von Standorten, an denen der Phänotyp mit *rubicundus*-Gesang typisch ist, bevorzugten ebenfalls die Gesänge der eigenen Art. Die Unterschiede zwischen den Reaktionen auf *S. rubicundus*-Gesang, *S. clavatus*-Gesang und natürliche Hybriden waren jedoch nicht signifikant. Letztendlich zeigten im Labor gezüchtete F1-Hybride keine signifikanten Präferenzen für einen der vier Gesangstypen (natürliche Hybride und im Labor gezüchtete F1-Hybride wurden als unterschiedliche Gruppen behandelt). Daher haben Hybridweibchen keine reduzierte Fitness; sie könnten sogar einen Vorteil gegenüber den Weibchen der Elterngeneration haben, da sie nicht zwischen den Elternarten unterscheiden. Hybridmännchen zeigen ebenfalls keine reduzierte Fitness an *S. rubicundus*-Standorten. Dieses Ergebnis war unerwartet. Was könnten die Gründe dafür sein?

Wir haben ein zweites System untersucht, um mehr über diese Frage herauszufinden. *Chorthippus albomarginatus* und *C. oschei* hybridisieren in einer etwa 200 km breiten Kontaktzone in der Ukraine und Moldawien (Abb. 2). Im Unterschied zu *S. rubicundus* und *S. clavatus* sowie den oben beschriebenen *Chorthippus*-Arten haben diese beiden Arten ähnliche Morphologie und Spontangesänge, aber sehr unterschiedliche Werbegesänge, die bei *C. oschei* durch auffällige Tritte mit den Hinterbeinen begleitet werden (Abb. 3). Beim Werbegesang von *C. albomarginatus* wiederholen sich drei Elemente in einer bestimmten Reihenfolge, während im komplexeren Gesang von *C. oschei* fünf Elemente unterscheidbar sind. Natürliche Hybride zeigen erstens ein hohes Maß an inter- und intraindividueller Variabilität im Gesang im Vergleich zur geringeren Variabilität in den allopatrischen Populationen und produzieren zweitens neue Gesangselemente und -kombinationen. Es ist bemerkenswert, dass eine ähnliche Innovation im Gesang bei Hybriden zwischen *C. albomarginatus* und *C. karelini* gefunden wurde, einer anderen nah verwandten Art, sowie bei Hybriden zwischen *S. rubicundus* und *S. clavatus*. In Experimenten zur Partnerwahl bei *C. albomarginatus* und *C. oschei* zeigten Weibchen aus allopatrischen Populationen ein stark wählerisches Paarungsverhalten (Abb. 4A, B). Weibchen aus Kontaktzonen mit *C. albomarginatus*-Phänotyp unterschieden jedoch nicht zwischen Männchen der eigenen Art und Hybriden (Abb. 4C), während Weibchen von *C. oschei*-Standorten der Kontaktzone ihre Artgenossen bevorzugten (Abb. 4D). F1-Hybridweibchen wählten genauso oft Männchen von *C. albomarginatus* und Hybride, und seltener Männchen von *C. oschei* (Abb. 4E), während F2-Hybridweibchen keine Präferenz zwischen den drei Gruppen von Männchen zeigten (Abb. 4F). Somit könnten Hybridweibchen zwischen *C. albomarginatus* und *C. oschei*, genauso wie Hybridweibchen zwischen *S. rubicundus* und *S. clavatus*, einen Vorteil gegenüber den Weibchen der Elterngeneration in gemischten Populationen haben, da sie sehr wenig selektiv sind. Hybridmännchen zeigen auch keine reduzierte Fitness an den Standorten von *C. albomarginatus*.

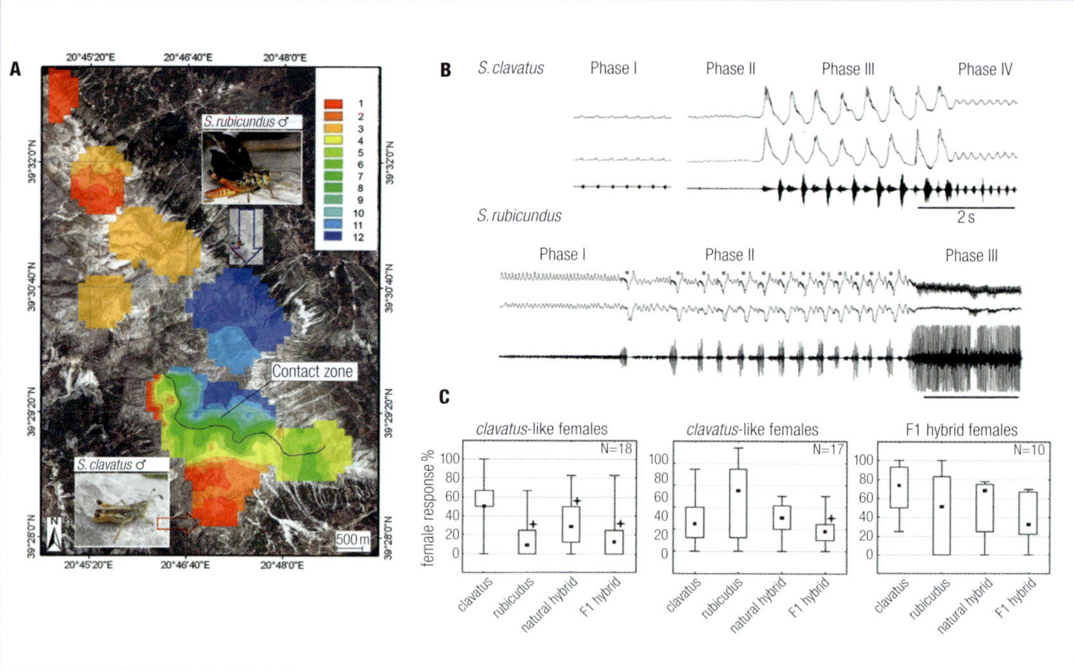
A
20°45'20"E
20°46'40"E
20°48'0"E
39°32'0"N
39°30'40"N
39°29'20"N
39°28'0"N
S. rubicundus ♂
S. clavatus ♂
Contact zone
500 m
1
2
3
4
5
6
7
8
9
10
11
12
B
S. clavatus
Phase I
Phase II
Phase III
Phase IV
2 s
S. rubicundus
Phase I
Phase II
Phase III
C
clavatus-like females
N=18
clavatus-like females
N=17
F1 hybrid females
N=10
female response %
100
80
60
40
20
0
clavatus
rubicudus
natural hybrid
F1 hybrid

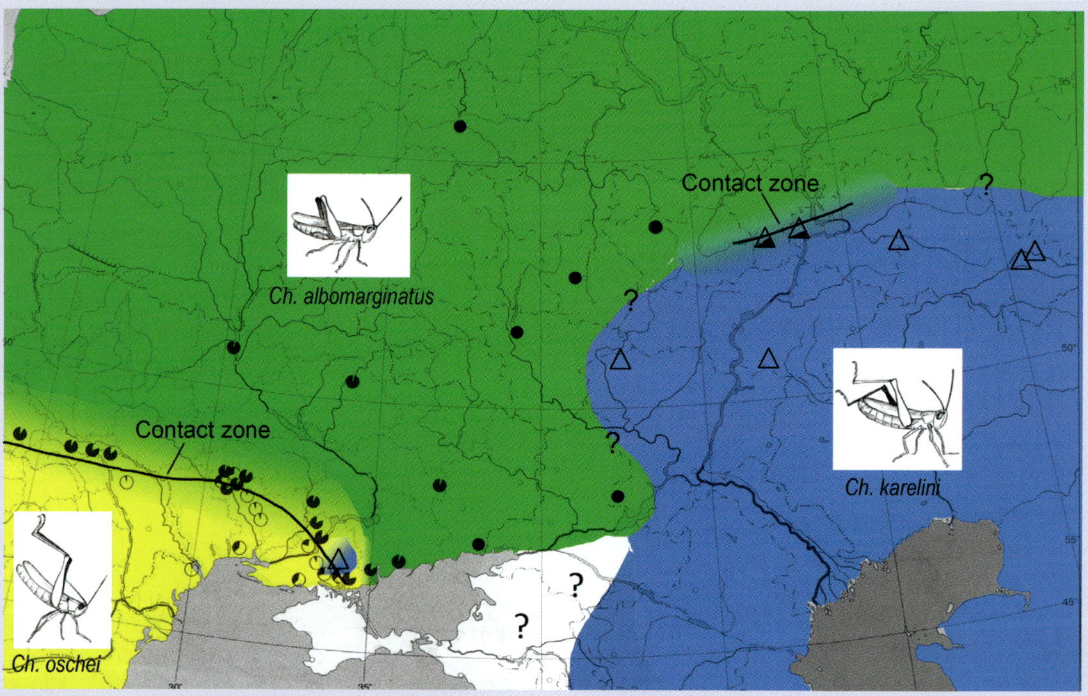
Contact zone
Ch. albomarginatus
Ch. karelini
Contact zone
Ch. oschei
?

< **Abb. 1** (A) Hybridzone zwischen *Stenobothrus clavatus* und *S. rubicundus* auf dem Berg Tomaros (Griechenland), basierend auf der Analyse des Werbegesangs. Werbegesang-Phänotypen von 1 (reiner *S. clavatus*) bis 12 (reiner *S. rubicundus*) mit intermediären Phänotypen von 2 bis 11, gekennzeichnet durch verschiedene Farben in der Legende oben rechts. Das Zentrum der Kontaktzone wird durch die schwarze Linie markiert. (B) Oszillogramme der Werbegesänge (die beiden oberen Zeilen sind Aufnahmen von Hinterbeinbewegungen und die untere Zeile ist die Tonaufnahme) in *S. clavatus* und *S. rubicundus*. Bei *S. rubicundus* wird Phase II durch zwei verschiedene Mechanismen produziert, Beinstridulation und Flügelschläge (durch Asterisken gekennzeichnet); Phase III wird durch Flügelschläge produziert. (C) Antworten der Weibchen (Mediane, Quartile und Minimum/Maximum) auf die Wiedergabe der Werbegesänge von *S. clavatus*, *S. rubicundus*, natürlicher Hybride (vom Berg Tomaros) und F1 Hybridmännchen. Foto: Varvara Vedenina.

< **Abb. 2** Karte der Verteilung von drei Arten der *Chorthippus albomarginatus*-Gruppe in Russland und angrenzenden Ländern. Beprobungsstandorte mit den Aufnahmen des Werbegesangs wurden durch schwarze Kreise *(C. albomarginatus)*, weiße Kreise *(C. oschei)* und Dreiecke *(C. karelini)* gekennzeichnet. Die Zentren der Kontaktzonen sind durch schwarze Linien gezeigt. Die Zeichnungen (durch die Autorin erstellt) zeigen die höchste Position der Hinterbeine, wenn sie das C-Element des Werbegesangs produzieren; zusätzlich schlagen *C. karelini* und *C. oschei* die Tibien. Die Fragezeichen kennzeichnen potenzielle Kontaktzonen, wo *C. albomarginatus* und *C. karelini* hybridisieren können. Foto: Varvara Vedenina.

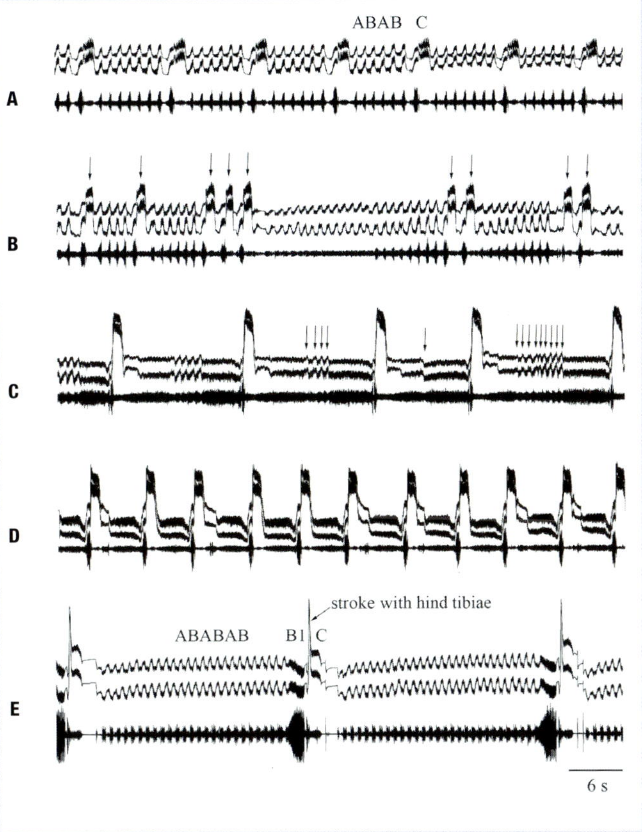

Abb. 3 Oszillogramme der Werbegesänge (die zwei oberen Zeilen sind Aufnahmen der Hinterbeinbewegungen und die untere Zeile ist die Tonaufnahme) in *Chorthippus albomarginatus* (A), *C. oschei* (E) und natürliche Hybride (B–D). Bei *C. albomarginatus* wiederholen sich 3–7 Paare der A/B-Elemente im C-Element; bei *C. oschei* folgt ein Komplex aus B1-A1-C Elementen nach 15–30 Paaren von A/B-Elementen; am Anfang eines C-Elements bewegt ein Männchen die Beine in eine extrahohe Position und schlägt dann mit den Tibien. In Hybriden könnte das C-Element zwei- oder dreimal wiederholt werden (B, angedeutet mit Pfeilen); Die Anzahl der A und B-Elemente zwischen C-Elementen kann stark variieren (C, angedeutet durch Pfeile); die Wiederholung zahlreicher A/B-Paare zwischen C-Elementen kann auch komplett abwesend sein (D).

Eine genetische Analyse der Unterschiede im Werbegesang zwischen *C. albomarginatus* und *C. oschei* zeigte einen ungewöhnlichen Vererbungstyp für die meisten untersuchten Gesangsmerkmale, wobei duplizierte Gen Loci-Paare und komplizierte Interaktionen zwischen nicht-allelischen Loci involviert waren. Die homologen Elemente in den Gesängen von *C. albomarginatus* und *C. oschei* könnten durch die unterschiedlichen Kopien der duplizierten Loci kontrolliert werden. In den Hybriden könnten beide elterlichen Kopien exprimiert werden, was zu einem hochvariablen Muster führen könnte. Im Gegensatz dazu wurden die meisten Gesangselemente von *S. clavatus* und *S. rubicundus* als nicht homolog erkannt. Dennoch vermuten wir ähnliche Prozesse: Durch die Entstehung von musterbildenden neuronalen Netzwerken im Nervensystem

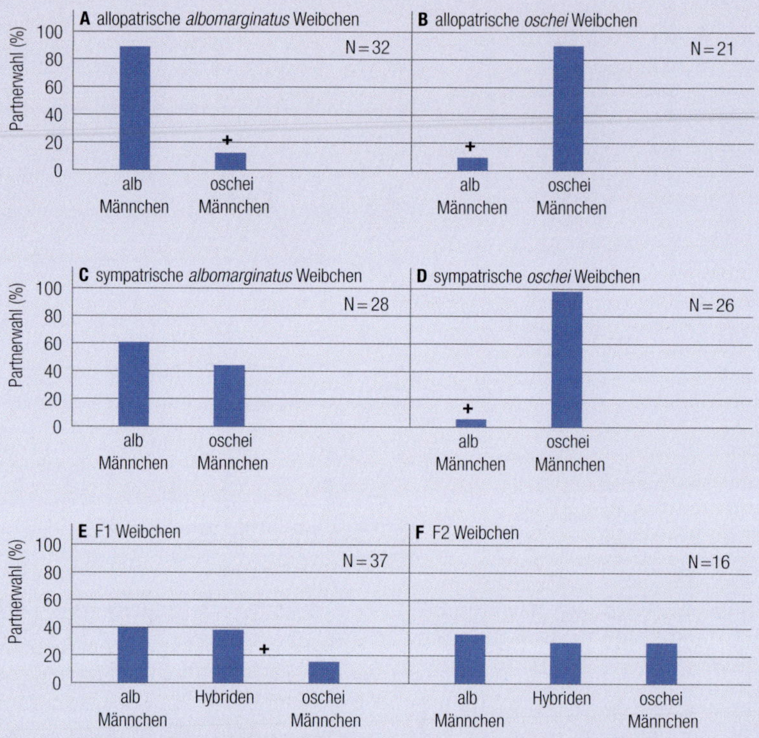

der Hybriden könnte es zu einer Überlagerung unabhängiger elterlicher Gesangselemente kommen. Dieser Gedanke wurde ursprünglich in der Studie über Hybride zwischen *C. biguttulus* und *C. mollis* entwickelt, deren Gesänge nicht-homologe Elemente enthalten. Ebenso könnte die Abwesenheit von BHD in Hybridweibchen durch die Expression beider elterlichen neuronalen Filter für die Gesangswahrnehmung erklärt werden. Die Aktivierung eines oder beider neuronalen Filter könnte ausreichen, um eine positive Reaktion bei Hybridweibchen hervorzurufen. Studien an Paradiesvögeln deuten darauf hin, dass eine erhöhte Komplexität durch viele verschiedene Ornamente bei Männchen eine komplexere Reaktion des Wahrnehmungssystems der Weibchen erfordert und daher die Wahrscheinlichkeit von Fehlern erhöht. Diese Theorie könnte auch das Fehlen von Selektivität der Hybridweibchen in den Hybridzonen von *S. rubicundus / S. clavatus* und *C. albomarginatus / C. oschei* erklären. Wir nehmen daher an, dass komplexe Balzrituale die Hybridisierung zwischen nah verwandten Grashüpferarten begünstigen können.

Abb. 4 Paarungspräferenzen von *Chorthippus albomarginatus* und *C. oschei* Weibchen von allopatrischen Populationen (A, B), aus der Hybridzone (C, D) und von F1- und F2 Hybridweibchen (E, F). N zeigt die Anzahl der untersuchten Weibchen, Kreuze zeigen statistisch signifikante Unterschiede (Binomialtest, $p<0{,}05$).

Abbildung > Diese Südamerikanische Flechten-Laubheuschrecke *Markia espinachi* (Tettigoniidae) ist nur ein Beispiel für die große Vielfalt der Heuschrecken weltweit. Foto: Thomas M. Cassar

5 DIE VIELFALT DER HEUSCHRECKEN DER WELT

5.1 AUSTRALIEN UND DER PAZIFIK

5.1.1 *DIE BEMERKENSWERTE VIELFALT AUSTRALISCHER HEUSCHRECKEN*

Matthew Connors

Isoliert in Zeit und Raum sind die Heuschrecken Australiens ganz besondere Vertreter ihrer Gruppe und gehören zu den spektakulärsten der Welt. Orthopteren kommen in jedem terrestrischen Lebensraum des Kontinents vor – eine große Anzahl seltsamer und bemerkenswerter Grillen bevölkern die Wälder Australiens, riesige Mengen an Grashüpfern bewohnen die Wüsten und Wälder und einige wenige, besonders robuste Arten kommen sogar auf den Gipfeln der höchsten, schneebedeckten Berge vor. Die große Vielfalt an Spezialisierungen auf verschiedene Lebensraumbedingungen spiegelt sich in der enormen Diversität an Formen, Größen und Farben wider – von dem passend benannten Zwerggrashüpfer *(Minyacris nana)*, einem der kleinsten echten Grashüpfer der Welt bis hin zu der Riesenblattschrecke *(Siliquofera grandis)*, einer der größten bekannten Orthopteren (Kapitel 8.2).

Die meisten Heuschrecken Australiens sind endemisch, und viele davon haben außergewöhnliche Anpassungen. Die Langbeinige Sandschrecke *(Urnisiella rubropunctata)*, ein Wüstenspezialist, benutzt ihre langen Beine, um sich im Sand einzugraben, wenn Gefahr droht – eine der wenigen Beispiele für dieses Verhalten (siehe auch Kapitel 5.4.1). Die Regenwald-bewohnende Bulldoggenschrecke *(Chauliogryllacris acaropenates)* hat eine ebenso ungewöhnliche Anpassung: Mit einer Bisskraft von über 12 Newton hat sie die stärksten Kiefer aller bekannten Insekten – sie nutzt diese, um Höhlen ins Holz zu beißen.

Die Heuschreckenfauna Australiens ist seit so langer Zeit isoliert, dass einige Linien ausschließlich auf diesem Kontinent vorkommen. Die häufigsten und am weitesten verbreiteten sind die «Streichholz»-Heuschrecken der Unterfamilie Morabinae. Diese Gruppe länglicher, flügelloser Heuschrecken umfasst 250 Arten, darunter die einzigen bekannten obligat parthenogenetischen Arten – *Warramaba virgo* und *W. ngadju*.

Australiens Langfühlerschrecken gehören zu den speziellsten in der Welt – von den 19 momentan anerkannten Unterfamilien der Tettigoniidae kommen fünf nur in Australien vor. Die spektakulärsten sind dabei die Blüten-fressenden Arten der Unterfamilie Zaprochilinae und Phasmodinae. Diese Laubheuschrecken haben einen stark nach vorn ausgerichteten Kopf. Während sich die Zaprochilinen nur von Nektar und Pollen ernähren, frisst *Phasmodes* gleich die ganzen Blüten. Beide Unterfamilien sind ähnlich einzigartig in ihrem Aussehen: Die Zaprochilinen halten ihre schmalen Flügel locker über dem Körper, während *Phasmodes* mit seinem sehr langen Körper eher einer Stabheuschrecke als einer Laubheuschrecke ähnelt (vergleiche auch Kapitel 5.5.5).

Tief in den Regenwäldern Nordost-Australiens suchen Tausende von Räubern im Unterwuchs und im Kronendach nach Beute. Hier lohnt es sich ungesehen zu bleiben: Während viele Arten Unterschlupf in Löchern und Bauten suchen, sind einige der größten Heuschrecken ebenfalls kaum zu sehen, obwohl sie keine Verstecke aufsuchen. Mit einem dichten Panzer aus

Abb. 1 Ein männlicher Streichholzgrashüpfer (*Moritala* sp.), Mitglied der endemischen Unterfamilie Morabinae, ist bestens angepasst, um sich zwischen dünnen Grashalmen zu tarnen. Foto: Matthew Connors.

Abb. 2 Diese Feldheuschrecke der Art *Ecphantus quadrilobus* wird in Australien «Crested tooth-grinder», also «Kamm-Zähneknirscher» genannt. Sie ähnelt den blassgrünen, flaumbesetzten Blättern ihrer Nahrungspflanzen. Foto: Matthew Connors.

Abb. 3 Cooloola Monster (Gattung *Cooloola*) gehören zweifellos zu den ungewöhnlichsten Heuschrecken Australiens. Foto: David Rentz.

Abb. 4 Männliche Gondwanische Wespenschrecken *(Veria colorata)* rufen zur heißesten Tageszeit von Baumkronen aus. Fotos: Matthew Connors.

>**Abb. 5** Ein Männchen der räuberischen *Chlorobalius leucoviridis* auf nächtlichem Beutezug. Foto: Matthew Connors.

Stacheln und starken Beinen zum Treten, kann sich die Dornige Regenwald-Laubheuschrecke (*Phricta spinosa*) zudem vorzüglich verteidigen – allerdings nehmen die wenigsten Räuber sie überhaupt wahr. Auch wenn sie nachts aktiv ist und dadurch leicht mit einer Taschenlampe gefunden werden kann, kann sich die Schrecke am Tag durch ihre Tarnung bestens auf moosigen Steinen und Baumstämmen vor den Augen hungriger Beutegreifer verstecken.

Nur 100 km weiter im Westen verändert sich der Lebensraum dramatisch – hier herrschen trockene, offene Savannen mit verstreuten Eukalyptus-Bäumen vor. Auch hier vertrauen viele Heuschrecken auf ihre Tarnung. Die seltsame Feldheuschrecke *(Ecphantus quadrilobus)* mit ihrem großen, gezähnten Kiel auf dem Halsschild frisst an haarigen, grau-grünen Büschen, die im zentralen Australien häufig vorkommen. Der vierlappige Kiel und der haarige Körper erlauben es ihr, in Form und Farbe mit den Sträuchern praktisch zu verschmelzen. Weiter im Landesinneren verändert sich die Heuschrecken-Fauna weiter. Die Gummiblatt-Heuschrecken der Gattung *Goniaea* sind in der trockenen Vegetation schwer zu erkennen, und die Halgania-Grashüpfer (*Histrioacrida roseipennis*) sind zwischen

grünen und weißen Pflanzen kaum zu sehen. Am beeindruckensten ist aber der Lebende Stein *(Raniliella testudo)*, eine flugunfähige Art, die einem Kieselstein zum Verwechseln ähnelt. Die Kombination aus diesem Aussehen und dem Vermögen, bewegungslos zu verharren, solange keine unmittelbare Gefahr besteht, macht sie in der steinigen Wüste, die sie ihr Heim nennt, quasi unsichtbar.

Manchmal ist Tarnung aber nicht ausreichend, um Räuber fernzuhalten, und viele Heuschrecken Australiens versuchen, selbst gefährlich auszusehen, um Feinde einzuschüchtern und fernzuhalten (Kapitel 2.2). Viele Arten von Grashüpfern und Laubheuschrecken tragen leuchtende Flecken auf den Beinen oder den Flügeln, die sie Angreifern zeigen. Einige Nymphen von Arten der Gattung *Agnapha* ahmen die aggressiven grünen Baum-Ameisen (*Oecophylla smaragdina*) nach. Eine der besten Nachahmerinnen in Australien ist aber die Wespen-Laubheuschrecke (*Veria colorata*), eine der wenigen Arten der Tettigoniidae, die am Tag singt. Männchen rufen von den obersten Ästen aus den Baumgipfeln während der heißesten Phase des Tages, wo sie für fliegende Räuber leicht zu sehen sind. Ihre Erscheinung schreckt die meisten Feinde aber ab – ihre kontrastreiche schwarz-weiße Färbung gleicht der einer Wespe mit schmerzhaftem Stich. Es ist aber nicht nur die Färbung,

< **Abb. 6** *Acripeza reticulata* ist mit geschlossenen Vorderflügeln gut getarnt (links), zeigt bei Bedrohung jedoch die auffällige Schreckfärbung ihres Hinterleibs (rechts). Fotos: Matthew Connors.

Abb. 7 *Petasida ephippigera* (Pyrgomorphidae) auf *Pityrodia jamesii*, einer ihrer Hauptnahrungspflanzen. Die auffällige Färbung dieser charismatischen Insektenart des nordaustralischen Kakadu-Nationalparks soll potenzielle Fressfeinde davor warnen, dass die Art giftig ist. Die indigenen Bininj, die dieselbe Region bewohnen, nennen *P. ephippigera* «Alyurr»; gemäß ihrer Mythologie stellen diese Heuschrecken Kinder eines Schöpfergeistes dar, deren Rufe er mit Blitz und Donner beantwortet.

sondern vor allem das Verhalten, das die Tarnung perfekt macht. Wie eine Wespe bewegt sich die Laubheuschrecke ruckartig und zuckt fortwährend mit den Antennen, was die meisten Räuber täuscht.

Die gefleckte Raub-Laubheuschrecke *(Chlorobalius leucoviridis)* ist vielleicht die Heuschrecke Australiens mit dem überraschendsten Mimikry. Sie erzeugt Klickgeräusche mit ihren Hinterflügeln und zuckt mit dem ganzen Körper, und ahmt so die Antwortgesänge weiblicher Zikaden auf männliche Balzrufe nach. Männliche Zikaden werden auf der Suche nach einem paarungswilligen Weibchen dadurch direkt in die Fänge einer hungrigen Laubheuschrecke gelockt. Eine Art der Gattung kann hierbei sogar die Gesänge von Zikadenarten nachahmen, die sie niemals in ihrem Leben gehört hat.

Andere Heuschrecken benötigen weder Camouflage noch Mimikry, sondern zeigen sich in leuchtenden Warnfarben. Die vielleicht bekannteste ist die ikonische *Petasida ephippigera* – Leichhardts Heuschrecke – eine seltene Art der Sandsteinhänge Nordaustraliens. Diese farbenfrohen Tiere nutzen wahrscheinlich bittere Terpenglykoside, die sie aus ihren Futterpflanzen gewinnen, um Räuber abzuhalten. Die Berg-Laubheuschrecke *Acripeza reticulata* zeigt ähnliche Farben. Wenn sie sich bedroht fühlt, hebt sie ihre Flügel, um leuchtend rote und blaue Streifen auf ihrem Hinterleib zu offenbaren. Das Farbenspiel wird durch die Absonderung einer übel-riechenden Flüssigkeit aus dem Abdomen begleitet – mehr als genug, um die meisten Feinde fernzuhalten.

Die tauchende Heuschrecke *Bermiella acuta* aus Nordaustralien ist eine der Arten, die am besten an eine semi-aquatische Lebensweise angepasst ist. Beide Geschlechter können in der dichten Behaarung an ihrem Hinterleib und unter ihren Flügeldecken Luftblasen transportieren, und ihre Hinterschienen sind zum Schwimmen ausgebildet. Weibliche *Bermiella* haben zusätzlich eine stark erweiterte Flügeldeckenbasis, die eine Art Kuppel bildet und die ersten abdominalen Tracheenöffnungen überdeckt. Die Struktur bildet eine Luftkammer, die es den Tieren ermöglicht, mehrere Minuten zu tauchen.

Eine Art stellt jedoch alle anderen australischen Heuschrecken in den Schatten: das Cooloola Monster (*Cooloola* spp.). Ursprünglich als eigene Familie klassifiziert, ist heute bekannt, dass diese robusten, unterirdischen Räuber eigentlich zu den Anostostomatidae gehören. Während Männchen bereits überirdisch beobachtet wurden, verbringen die Weibchen und auch die Nymphen ihr gesamtes Leben eingegraben im Sand, und häuten sich sogar unter der Erde. Angepasst an ihre Lebensweise nutzen die Tiere verlängerte Palpen anstatt Antennen, um ihren Weg unter der Erde zu erkunden. Sie graben mit einer Kombination aus beiden Beinen und stark abgewandelten Kiefern.

Es gibt noch viel zu entdecken bei den Heuschrecken Australiens, nicht nur bei den *Cooloola* Monstern. Die Mehrheit der Arten ist immer noch unbeschrieben, und viele Mysterien über ihre Biologie und ihr Verhalten bleiben bestehen. Selbst einige offenkundige Fragen sind noch nicht beantwortet. Zum Beispiel weiß man nicht, was der riesige hohle Kiel der gekielten Laubheuschrecke *Alectoria superba* für eine Funktion hat. Diese und andere Fragen müssen die zukünftigen Generationen von Heuschreckenforscherinnen und -forschern beantworten.

> **Abb. 1** Paarung der flügellosen Heuschrecke *Phaulacridium vittatum*. Das Männchen repräsentiert die weiß gestreifte, flügellose Morphe. Foto: Sonu Yadav

5.1.2 ZWEI SEHR UNTERSCHIEDLICHE HEUSCHRECKENGATTUNGEN DER AUSTRALISCHEN GEBIRGE

Rachael Y. Dudaniec, Sonu Yadav

Aus Australien sind etwa 3000 Arten der Ordnung Orthoptera bekannt, davon mindestens 500 Grashüpfer. In Australien kommen Heuschrecken in fast allen terrestrischen Lebensräumen vor, und ihre relativ starke globale Isolation hat zu einem hohen Endemismus geführt. Viele Arten sind unbeschrieben oder können in keine Gruppe eingeordnet werden, wobei der Wissensstand über ihre Ökologie und ihren Lebenszyklus variiert. Dennoch geben Studien, die eine landschaftsweite Beprobung von Populationen, morphologische Untersuchungen und genetische Informationen miteinbeziehen, mehr und mehr Aufschluss darüber, wie sich die Heuschrecken evolutionsbiologisch entwickelt haben und an diverse Umweltbedingungen in Australien angepasst sind. Mit den zunehmend schwerwiegenden Folgen des Klimawandels in diesem sonnenverbrannten, feuergefährdeten Land spielen Heuschrecken eine wichtige Rolle bei der Erforschung der Mobilität von Tieren und der Anpassungsfähigkeit an sich ständig ändernde Umweltbedingungen. Hier betrachten wir den Wissensstand über die Anpassung von zwei gegensätzlichen endemischen Gattungen: die generalistischen *Phaulacridium* (Unterfamilie Cantatopinae) und die fünf auf alpine Lebensräume beschränkten Arten von *Kosciuscola* (Unterfamilie Oxynae). Diese Gattungen zeigen weitestgehend unterschiedliche Verbreitungen, die eine große Bedeutung für das Fortbestehen und die Anpassungsfähigkeit unter wechselnden Umweltbedingungen haben.

DIE WEITVERBREITETE *PHAULACRIDIUM VITTATUM*

Die flügellose Feldheuschrecke *Phaulacridium vittatum* ist ein bekannter landwirtschaftlicher Schädling, der regelmäßig schwere Schäden an Viehfutter in ländlichen Regionen Australiens hervorruft. Seine Larven entwickeln sich im australischen Frühling; die adulten Tiere sterben nach der Eiablage im Winter. Flügellose Heuschrecken haben eine weite geografische Verbreitung quer durch die südlichen gemäßigten und subtropischen Regionen von Australien und zeigen morphologische Variation in Bezug auf Streifenmusterung, Melanismus (d.h. Ausmaß an Dunkelfärbung) und Körpergröße (Abb. 1), wodurch sie in der Lage sind, mit verschiedenen Umweltbedingungen zurechtzukommen. Experimente und genetische Untersuchungen haben bestätigt, dass die bevorzugte Temperatur von *P. vittatus* flexibel ist und durch den Einfluss des Melanismus und des Streifenmusters auf die Körpertemperatur variiert. Zumindest in australischen alpinen Regionen von New South Wales sind Streifenmuster und Körpergröße mit Sonneneinstrahlung assoziiert: Dunklere *P. vittatus* Individuen wärmen sich beim Sonnen schneller auf.

Durch die Verwendung von Umwelt- und genetischen Daten konnten wir feststellen, dass die Ausbreitung von Individuen und somit genetische Konnektivität zwischen Populationen von *P. vittatus* hoch ist und mit Temperaturerhöhung ansteigt, während andere Umweltfaktoren, wie Wald- und Siedlungsanteil, wenig Einfluss auf ihre Verbreitung haben. Gene, die bei höheren Temperaturen Überlebensvorteile mit sich bringen (d.h., die lokal angepasst sind), wurden auch gefunden. Diese Gene haben Funktionen, die mit Körpergröße und Streifenmusterung zusammenhängen, aber auch mit dem Geruchssinn, mit chemischer Kommunikation, Schutz vor UV-Strahlung sowie Pigmentierung. Insgesamt deuten die Ergebnisse darauf hin, dass das Klima einen starken Einfluss auf die Anpassungsfähigkeit von *P. vittatum* hat sowie auf seine Abundanz und die Häufigkeit von morphologischen Merkmalen. Daher ist es wahrscheinlich, dass eine Kombination aus Klimaerwärmung und Rodung im Verbreitungsgebiet der Art eine Ausbreitung von *P. vittatum* begünstigt, was potenziell zu häufigerem und schwererem Befall durch diesen Schädling führen kann. Dies steht im Kontrast zu vielen anderen Orthopteren, die in Australien nicht gut mit der globalen Erwärmung zurechtkommen, einschließlich der an Kälte angepassten Arten, wie z.B. Arten der alpinen Gattung *Kosciuscola*, der wir uns nun widmen.

DER ALPINE SPEZIALIST *KOSCIUSCOLA*

Wer sich auf einer Wanderung im Sommer an den einzigartigen warmen, grauen und braunen Tönen der australischen Alpen erfreut, kann mit etwas Glück einen Schimmer von Türkis oder leuchtendem Grün inmitten der steilen, steinigen Landschaft bemerken (Abb. 2). Höchstwahrscheinlich handelt es sich dabei um eine Heuschrecke der Gattung *Kosciuscola*, die auf die Höhenlagen von 700–2200 m der australischen Alpen von New South Wales und Victoria beschränkt ist und nur in Tasmanien in tiefer gelegenen Regionen vorkommt. Bis dato kennt die Wissenschaft fünf Arten und eine zusätzliche Unterart, aber neuere phylogenetische Analysen deuten auf bis zu 14 verschiedene evolutionäre Linien hin, die geografische und morphologische Unterschiede zeigen. Diese Linien könnten daher eine

Abb. 2 Pärchen von *Kosciuscola tristis* (oben: Weibchen, unten: Männchen), bekannt als «Chamäleon-Heuschrecke», die ihre Farbe wechselt. Foto: Sonu Yadav.

weitaus größere Artengruppe innerhalb der Gattung bilden. Interessanterweise zeigen Mitglieder von *Kosciuscola* eine Unterteilung in unterschiedliche Höhenlagen innerhalb ihrer Verbreitungsgebiete, welche mit entsprechenden artenspezifischen Wärmetoleranzen in Verbindung gebracht wurde.

Arten von *Kosciuscola*, so wie viele andere alpine Taxa, sind durch die steigenden Temperaturen und die Abnahme von geeignetem Habitat sowie dem Populationsrückgang und Verlust von genetischer Vielfalt gefährdet (Kapitel 7.2). Verschlimmert wird dies dadurch, dass diese Heuschrecken sehr schlecht darin sind, Genfluss auch nur über kurze Distanzen aufrechtzuerhalten; Populationen von *K. usitatus* und *K. tristis,* welche nur 20–30 km voneinander entfernt in Gebirgsregionen koexistieren, leben praktisch in genetischer Isolation zueinander. Bei der Untersuchung von adaptiver genetischer Variation stellte sich heraus, dass *K. tristis*, die auf einen Höhenbereich von ~1600–2000 m begrenzt ist, eine stärker ausgeprägte genetische Struktur aufweist und mehr Hinweise auf lokale Anpassung liefert als *K. usitatus*, welche einen breiteren Bereich von ~1400–2200 m einnimmt. Genetische Selektionsmuster variierten bei beiden Arten auch räumlich entlang des Höhengradienten, die Variation ist aber bei *K. tristis* ausgeprägter. Gene, die durch klimatische Faktoren unter potenzieller Selektion stehen, sind am Fettstoffwechsel beteiligt, welcher mit der Kälteakklimatisierung zusammenhängt. Andere selektierte Gene beeinflussen die Fortpflanzungsfähigkeit. Beide Arten zeigen bemerkenswerte Unterschiede in ihrer (genetisch festgelegten) Empfindlichkeit gegenüber Höhe und Temperatur. *Kosciuscola tristis* wird wahrscheinlich empfindlicher auf die Temperaturerwärmung reagieren, da sie eine engere Nische und geringere Anpassungsfähigkeit hat.

Die mikrogeografische evolutionäre Reaktion von *Kosciuscola* auf geringfügige Änderungen in Höhe und Temperatur und die hohe genetische Diversität machen diese Gattung zu einem potenziellen Bioindikator, um die Auswirkungen des Klimawandels zu verstehen – eine Art tragischer Berühmtheit für eine kleine Heuschrecke.

FAZIT

Ungeachtet dieser kurzen Vorstellung von zwei gegensätzlichen Gattungen bietet ein Großteil der Diversität der Heuschrecken in Australien großes Potenzial, Anpassungen von Arten zu untersuchen, vor allem im Zusammenhang mit Klima- und Landnutzungswandel. Von endemischen, weitverbreiteten Schädlingen in der Landwirtschaft, wie *Phaulacridium*, bis hin zu wärmeempfindlichen Gattungen mit beschränktem Lebensraum, wie *Kosciuscola*, können wir durch Orthopteren wertvolle Schlussfolgerungen in Bezug auf die Zerstörung der Biodiversität durch menschlichen Einfluss auf Landschaftsebene ziehen.

5.1.3 DIE «SANDTAPPER» – EINE EINZIGARTIGE GRUPPE UNTERIRDISCH LEBENDER HEUSCHRECKEN

Terry Francis Houston

Die Cylindrachetidae, in Australien auch als «Sand Gropers» (zu Deutsch «Sandtapper») bekannt, sind eine äußerst ungewöhnliche Familie innerhalb der Ordnung Orthoptera. Ihr eigenartiges Erscheinungsbild ist das Ergebnis ihrer vollständig unterirdischen Lebensweise: Sie sind optimal an das Graben von Gängen in sandigen Böden angepasst. Der Name «Cylindrachetidae» weist bereits auf ihre walzenförmige Körperform hin. Der Kopf und der Prothorax sind stark sklerotisiert, ähnlich wie bei Käfern, während der Hinterleib vergleichsweise weich und wurmartig ist (Abb. 1A). Je nach Art erreichen ausgewachsene Exemplare eine Länge von 35 bis 88 mm. Sie sind flügellos, und alle abdominalen Anhänge sind reduziert, was ihnen eine stromlinienförmige Körperform verleiht und mühelose Bewegung durch den Boden ermöglicht. Die Vorderbeine sind kurz, breit und extrem an das Graben angepasst, sodass sie nicht zur Fortbewegung genutzt werden. Stattdessen schaufeln die Tiere damit Erde zur Seite, angetrieben von kräftigen Muskeln im vergrößerten Prothorax. Die kleinen Mittel- und Hinterbeine ermöglichen es den Cylindrachetidae, sich in ihren Tunneln fortzubewegen. Ihre Facettenaugen sind durch Einzelaugen ersetzt, und ihre Antennen sind relativ kurz und einfach gebaut.

Ähnliche Anpassungen für das unterirdische Leben finden sich auch bei Maulwurfsgrillen (Gryllotalpidae) und Cooloola Monstern (Cooloolidae); jedoch sind diese Anpassungen bei den Cylindrachetidae weitaus extremer. Diese Gruppen sind nur entfernt miteinander verwandt, da Maulwurfsgrillen und Cooloola Monster zur Unterordnung Ensifera (Langfühlerschrecken) gehören, während die Cylindrachetidae zu den Caelifera (Kurzfühlerschrecken) zählen. Ihre nächsten heute lebenden Verwandten sind die winzigen Grabschrecken und «Schlammgrillen» (Familien Tridactylidae und Ripipterygidae; Überfamilie Tridactyloidea), die entgegen ihrem Namen nichts mit echten Grillen oder Maulwurfsgrillen zu tun haben.

Die Verbreitung der Cylindrachetidae ist erstaunlich: sie kommen nur in Australien, Südamerika und möglicherweise Neuguinea vor. Da sie flugunfähig sind, müssen sie sich bereits auf dem Urkontinent Gondwana entwickelt haben, bevor dieser im Eozän endgültig zerbrach.

Die letzte umfassende Überarbeitung der Familie Cylindrachetidae stammt von Günther (1992). Diese Arbeit zeigt, dass die Familie in Australien am artenreichsten ist. Der Autor stellte die Gattung *Cylindraustralia* auf, die 13 Arten umfasst, die auf dem australischen Festland leben (mit Ausnahme des Südostens) sowie eine Art, die in Papua-Neuguinea vorkommt. Die Gattung *Cylindracheta* hingegen beschränkt sich auf eine Art, die im «Top End» des Northern Territory in Australien vorkommt. Cylindrachetiden bewohnen sehr unterschiedliche Lebensräume. Die argentinische Art *Cylindroryctes spegazzini* wurde in Regionen mit hohen Niederschlägen, an sandigen Ufern von Süßwasserseen und Flüssen in Bergregionen sowie in den angrenzenden Böden von Regenwäldern gefunden. In Australien kommen die Sandtapper in sandigen Böden von häufig überfluteten Küstendünen und Sandebenen bis hin zu den Dünensystemen des trockenen Landesinneren vor. Selbst in Wüsten ist Wasser entscheidend für ihr Überleben. Sie erscheinen an der Erdoberfläche nur, wenn diese durch starke Regenfälle durchfeuchtet wurde. Sie wurden bereits aus Tiefen von bis zu 1,9 m ausgegraben, was zeigt, dass sie in der Lage sind, sich während Trockenperioden in den kühlen, feuchten Boden zurückzuziehen.

Eine umfassende ökologische Untersuchung wurde bisher von nur einer Cylindrachetiden-Art, *Cylindraustralia kochii*, gemacht, wobei es vergleichende Beobachtungen für die verwandte Art *C. tindalei* gibt. Beide Arten bewohnen den Südwesten Australiens

Abb. 1 Adultes Weibchen des Sandtappers *Cylindraustralia kochii*. Foto: T. Houston.

Abb. 2 Spuren von Sandtappern (zieht sich durch die Mitte des Bildes). Foto: T. Houston.

Abb. 3 Eier des Sandtappers *C. kochii* mit Haftpolstern und Eistiel. Foto: T. Houston.

und kommen sowohl in natürlichen als auch in veränderten Lebensräumen, einschließlich landwirtschaftlich geprägten Habitaten, vor. Die Anwesenheit dieser Insekten wird nach Regenfällen in den kühleren Winter- und Frühlingsmonaten deutlich, wenn sie an der Erdoberfläche lange, erhöhte Dämme hinterlassen, während sie darunter ihre Tunnel graben (Abb. 1B). Unter jedem Damm befindet sich ein offener Tunnel, in den der Sandtapper bei Gefahr zurückweichen kann. Zudem können sie bei einem unüberwindbaren Hindernis die Richtung wechseln oder tiefer graben.

Untersuchungen des Darminhalts vieler Individuen haben ergeben, dass sowohl *C. kochii* als auch *C. tindalei* Allesfresser sind: Sie ernähren sich von einer Vielzahl an Pflanzen-, Pilz- und tierischen Materialien. Zu den pflanzlichen Bestandteilen gehören Wurzeln, Blätter, Blüten und Samen. Während sie den größten Teil ihrer Nahrung im Erdreich zu sich nehmen, wurde gezeigt, dass sie auch Nahrung von der Erdoberfläche sammeln. Zu den tierischen Bestandteilen gehören hauptsächlich im Boden lebende Insekten, einschließlich der Erdraupen, die als landwirtschaftliche Schädlinge bekannt sind, sowie Spinnentiere. In Populationen mit hoher Dichte kam es auch zu Kannibalismus.

Während der feuchten Wintermonate legen die Weibchen von *C. kochii* relativ große Eier (ca. 7,5 mm lang). Jedes Ei wird einzeln in einer separaten Kammer abgelegt und durch ein haftendes Polster und einen dünnen flexiblen Eistiel von der Decke der Kammer getrennt (Abb. 1C). Die Larven schlüpfen massenhaft im Sommer, und die Nymphen benötigen mindestens 12 Monate bis zur ersten Häutung. Adulte Tiere und alle Nymphenstadien können das ganze Jahr über gefunden werden, was ein Hinweis auf ihre lange Lebensdauer ist.

Abb. 1 Neuseeländische Grashüpfer variieren stark in Größe und Ökologie. (A) Ein adultes Männchen von *Sigaus minutus* auf einem adulten Weibchen von *Sigaus villosus* verdeutlicht die Größenunterschiede innerhalb der Radiation. (B) Die größte Art *S. villosus* lebt in felsigen Aufschlüssen der höchsten Lagen der Südalpen. (C) Die kleinste Art *S. minutus* bewohnt niedrigere Höhenlagen in semi-ariden Habitaten im Zentrum der Südinsel. Maßstab: 10 mm. Fotos: Fabio Leonardo Meza-Joya.

5.1.4 DIE ALPINEN KNARRSCHRECKEN NEUSEELÄNDISCHER GEBIRGE

Fabio Leonardo Meza-Joya, Mary Morgan-Richards, Steven A. Trewick

Die Gebirgszüge von Neuseeland sind der Lebensraum einer endemischen Radiation von Kurzfühlerschrecken der Gattung *Sigaus*. Anhand von Fossilienfunden kalibrierte, phylogenetische Analysen legen nahe, dass diese monophyletische Gruppe vor etwa 12 Millionen Jahren entstanden ist, also noch vor der Entstehung der heutigen dominanten Gebirgsregion Neuseelands (~5 Mio. Jahre). Dies deutet darauf hin, dass sich die Gattung *Sigaus*, die heute 13 Arten umfasst, bereits vor der Herausbildung der montanen und alpinen Lebensräume diversifiziert hat. *Sigaus* gehört zur Tribus Catantopini und zur Subtribus Russalpiina, die ausschließlich in gemäßigten Gebieten Neuseelands und auf der australischen Insel Tasmanien vorkommt. Diese tagaktiven Grashüpfer bevorzugen offene Lebensräume und sind zur Thermoregulation auf Sonnenwärme angewiesen. Vor der Ankunft des Menschen vor etwa 800 Jahren war der größte Teil Neuseelands von Feuchtwäldern bedeckt, sodass offene Lebensräume fast nur oberhalb der Baumgrenze in den Südalpen (Kā Tiritiri-o-te-Moana) zu finden waren. Auch heute leben die meisten Arten dort, häufig sogar mehrere Arten sympatrisch. Zehn Arten sind auf alpine Lebensräume spezialisiert, einige haben sich jedoch auch in niedrigere Höhenlagen ausgebreitet, während drei Arten ausschließlich in Tieflandhabitaten vorkommen.

Alle diese Grashüpfer-Arten sind auch im Adultstadium kurzflügelig. Dadurch sind sie flugunfähig; sie erzeugen auch keine Gesänge. Die Größenunterschiede zwischen den Arten und Geschlechtern sind dabei beachtlich: Die kleinsten Individuen sind die Männchen von *S. minutus* (~10 mm), während die größten die Weibchen von *S. villosus* (~50 mm) sind (Abb. 1). *Sigaus villosus* bewohnt felsige Aufschlüsse in den höchsten Bereichen

der Südalpen, während *S. minutus* in den tieferen, semiariden Zonen im Landesinneren der Südinsel zu finden ist. *Sigaus australis* und *S. nitidus* sind die am weitesten verbreiteten Arten, während die seltenen und gefährdeten lokal vorkommenden *S. childi* und *S. robustus* nur sehr kleine Verbreitungsgebiete haben. Die große, urtümlich aussehende *S. robustus* lebt in natürlichen oder naturnah strukturierten Flussbetten im Flachland, wo sie aufgrund von Störungen und Prädation durch eingeführte Vögel und Säugetiere bedroht ist.

Diese Grashüpfer sind generalistische Pflanzenfresser, ihre Verbreitung hängt nicht von bestimmten Pflanzenarten ab. In ihren gemeinsamen Verbreitungsgebieten besetzen die am weitesten verbreiteten Arten (*S. australis*, *S. nitidus* und *S. nivalis*) unterschiedliche Mikrohabitate in einem Mosaik aus Schutt, Sträuchern und Wiesen. Die geringe Mobilität und fehlende akustische Kommunikation lassen vermuten, dass mechanische oder chemische Signale eine Schlüsselrolle bei der

Abb. 2 Die Paarung und Eiablage erfolgt bei der Gattung *Sigaus* hauptsächlich während der Periode höchster Aktivität im Sommer (Dezember bis März). Paare von *S. nitidus* (a, Foto: Christopher Stephens) und *S. nivalis*. Eiablage von *S. australis* (c, Foto: Cheryl Dawson) und *S. piliferus* (d, Foto: León Perrie).

> **Abb. 3** Modellierte Veränderungen des geeigneten Lebensraums und die berechnete innerartliche Diversität von drei neuseeländischen alpinen Grashüpfern unter dem Szenario der stärksten Erderwärmung (RCP8.5). Verblasste Linien in den Bäumen zeigen Populationen, die voraussichtlich im Zuge der globalen Erwärmung aussterben (Bild: Meza-Joya et al., 2023). Vielen anderen Populationen, die nicht in den Analysen enthalten sind, droht wahrscheinlich das gleiche Schicksal.

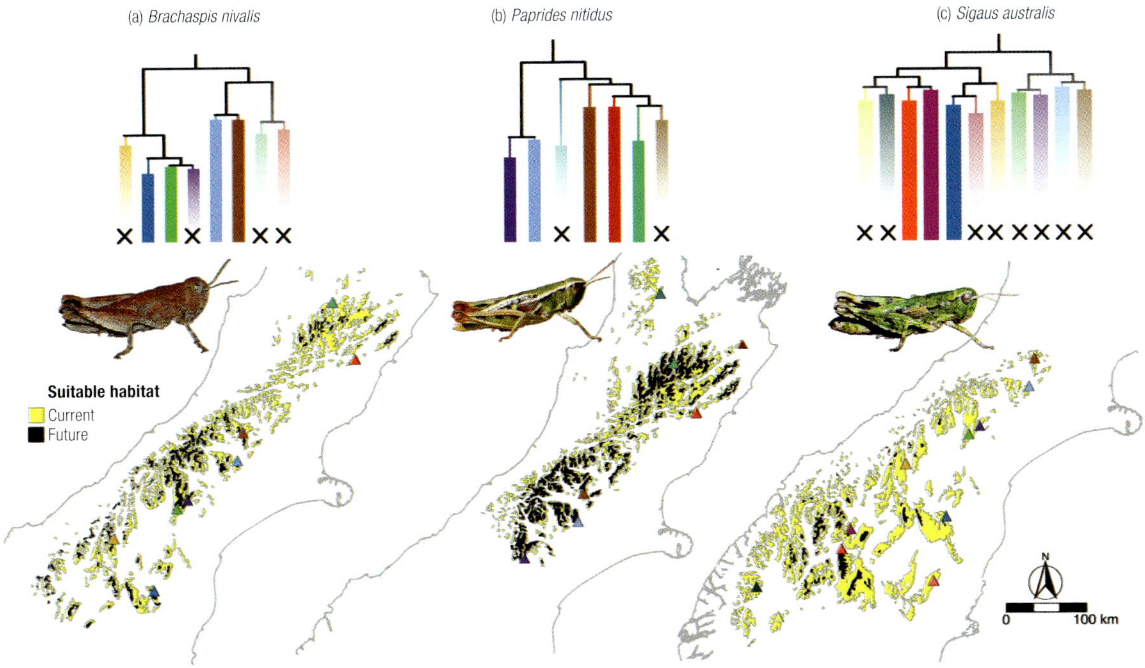

Nahrungssuche und der Partnerwahl spielen. Visuelle Signale könnten ebenfalls von Bedeutung sein. Die Tiere fressen eine Vielzahl von einheimischen Sträuchern und Kräutern sowie einige invasive Gräser, meiden jedoch die in alpinen Habitaten häufigen einheimischen, horstbildenden Gräser der Gattung *Chionochloa*.

Bei einigen Arten wie *S. australis*, *S. campestris* und *S. nitidus* sind die Farbmuster selbst am gleichen Standort extrem variabel, was in Gebieten mit dichter Vegetation am stärksten auffällt. Andere Arten wie *S. nivalis* und *S. villosus*, die vor allem in felsigen Habitaten leben, sind weniger kontrastreich gemustert und erscheinen typischerweise eintönig grau oder braun mit einer runzligen Oberfläche. Manche Arten zeigen eine hohe innerartliche Variabilität; zum Beispiel sind zwei verschiedene Ökotypen von *S. piliferus* nachgewiesen worden, welche in unterschiedlichen Habitaten vorkommen: der alpine Ökotyp und der Buschland-Ökotyp.

Das gemäßigte Klima Neuseelands ist besonders wechselhaft im Gebirge, wo zu jeder Jahreszeit, selbst im Sommer, Schnee und Frost auftreten können. Die Grashüpfer der Gattung *Sigaus* haben sich daran angepasst, indem sie in jedem Lebensstadium in Kältestarre verfallen und bei Erwärmung wieder daraus erwachen können. Die Fortpflanzung findet meist im Sommer statt, wobei bei anhaltend warmen Jahren mehrere Gelege möglich sind (Abb. 2). Diese Fähigkeit, in jedem Lebensstadium zu überwintern, ermöglicht es mehreren Generationen gleichzeitig zu existieren und ist wahrscheinlich der Grund für die relativ lange Lebensdauer dieser Tiere (3–4 Jahre).

BEDROHUNGEN DURCH KLIMAWANDEL

Die Zukunft für alpine Lebensräume ist ungewiss. Populationsgenetische Analysen und klimatische Nischenmodelle deuten darauf hin, dass sich das Verbreitungsgebiet der Grashüpfer nach dem letzten Glazialzyklus im Pleistozän verkleinert hat, mit einem Vermächtnis von räumlich getrennten, eigenen, innerartlichen Abstammungslinien. *Sigaus* Arten zeigen unterschiedliche ökologische Merkmale, doch Nischenmodelle sagen voraus, dass alle unter der Reduktion und der Zerstörung ihres Lebensraums leiden werden, da die globale Erwärmung durch den Menschen ihr Habitat auf höhere Lagen beschränkt (Abb. 3, Kapitel 7.2).

5.1.5 WĒTĀ AOTEAROA – ENTDECKUNGSREISE ZU DEN ENDEMISCHEN ANOSTOSTOMATIDAE NEUSEELANDS

Steven A. Trewick, Mary Morgan-Richards

Die Anostostomatidae sind eine Familie der Langfühlerschrecken, die in der südlichen Hemisphäre und in Teilen Asiens vorkommt. Weil sie nur nachts aktiv sind und sich tagsüber verstecken, sind sie zumeist nur schwer zu beobachten. In Neuseeland werden sie «Wētā» genannt, ein Begriff aus der Sprache der Māori, der auch ins Deutsche übernommen wurde. Im Englischen sind sie weiterhin als «King Crickets» bekannt. Der Ausdruck «Wētā» wird manchmal auch für andere Familien der Ensifera, wie die Rhaphidophoridae verwendet, die oft als «Cave Wētā» oder «Höhlengrillen» bezeichnet werden. In jüngster Zeit wurde «Tokoriro» als neuer Begriff in der Māori-Sprache anerkannt, der speziell die neuseeländischen Rhaphidophoridae-Arten sowie Höhlengrillen weltweit umfasst.

Die neuseeländischen Anostostomatidae umfassen mindestens 43 endemische Arten und machen damit ein Viertel aller bekannten Heuschreckenarten des Landes aus. Sie lassen sich allgemein in informelle Gruppen einteilen, die auf ökologischen oder morphologischen Schlüsselmerkmalen beruhen. Diese umfassen sieben Arten der sogenannten Baum-Wētā, elf Riesen-Wētā, über 22 Arten Boden-Wētā und drei Arten der Stoßzahn-Wētā. Diese verschiedenen Gruppen unterscheiden sich durch ihre namensgebenden Eigenschaften: Einige Arten leben in Baumhöhlen, andere in Bodennähe; manche sind besonders groß und kräftig gebaut, bei anderen tragen die Männchen hervorstehende Mandibeln. Alle Arten sind jedoch flügellos und nachtaktiv.

Insgesamt bilden diese endemischen Wētā eine ökologisch vielfältige Insektengruppe, die verschiedene Lebensräume und Regionen besiedelt, in denen oft mehrere Arten sympatrisch zusammenleben. Dies

Abb. 1 Adulte Baum-Wētā *(Hemideina crassidens)* bilden Harems, in denen ein Männchen mit mehreren Weibchen in Baumhöhlen lebt, wie hier in einem künstlich angelegten Bau. Foto: Steve Trewick.

wird durch deutliche Unterschiede in Körpergröße, Ernährung und Fortpflanzungsstrategien ermöglicht. Die meisten Arten leben in Wäldern, jedoch bewohnen einige auch höhere Bergregionen, wie die alpine Boden-Wētā (*Hemiandrus focalis*), die alpine «Scree-Wētā» (*Deinacrida connectens*) und die Stein-Wētā (*Hemideina maori*), die alle unabhängig voneinander Frosttoleranz entwickelt haben.

BAUM-WĒTĀ

Die meisten Mitglieder der Gattung *Hemideina* verstecken sich tagsüber in Baumhöhlen; doch *H. maori* lebt oberhalb der Baumgrenze in den Südalpen und sucht Schutz unter Felsen. Nachts erwachen sie und ernähren sich hauptsächlich von Blättern sowie gelegentlich von Früchten und Aas. In Baumhöhlen verstecken sie sich vor tagaktiven Räubern, und adulte Tiere finden hier ihre Fortpflanzungspartner (Abb. 1). In diesem Lebensraum wetteifern die Männchen mit ihren großen Köpfen und verlängerten Mandibeln um die Weibchen, die in Harems leben (Polygynie). Die Weibchen paaren sich jedoch oft auch mit mehreren Männchen (polygynandrisch).

Die Auckland-Baum-Wētā (*H. thoracica*) kommt von der warmen Nordspitze der Nordinsel bis zum südlicheren Lebensraum der kälteresistenteren Wellington-Baum-Wētā (*H. crassidens*) vor. Die räumlichen und höhenbezogenen Verbreitungen dieser Arten lassen sich durch populationsgenetische Analysen und Modelle ihrer klimatischen Nischen erklären. Klimatische Schwankungen im Pleistozän führten zu wiederholten Veränderungen in der Verbreitung beider Arten, und während der Kaltzeiten sorgten niedrige Meeresspiegel für eine Verbindung zwischen den neuseeländischen Hauptinseln, was zur heutigen Verbreitung führte.

Abb. 2 Die größte der Riesen-Wētā-Arten ist (A) *Deinacrida heteracantha*, die auf einer einzigen Offshore-Insel überlebte, bis sie auf weiteren Inseln eingeführt wurde (Foto: K. Bolstad). (B) Eine Population der nahe verwandten *D. mahoenui* wurde auf dem Festland entdeckt, in einem von Ziegen beweideten Feld mit Stechginster – beide wurden nach Neuseeland eingeführt (Foto: John Barkla).

RIESEN-WĒTĀ

Deinacrida-Arten zeichnen sich durch ihre enorme Körpergröße aus, zeigen jedoch keinen sexuellen Dimorphismus in der Kopfgröße. Weibchen von *D. heteracantha* erreichen Körperlängen von bis zu etwa 7 cm. Die erwachsenen Männchen sind kleiner, haben aber vergleichsweise lange Beine, die ihnen im Wettbewerb um Weibchen helfen (Abb. 2). Während *Hemideina*-Arten Veränderungen des Lebensraums gut überstehen und selbst in urbanen Regionen erfolgreich sind, haben *Deinacrida*-Arten seit der Ankunft der Menschen, vor allem durch die eingeführten Raubtiere, drastische Rückgänge erlitten.

Heute sind die Festlandpopulationen der Riesen-Wētā fast ausschließlich in den Südalpen zu finden; andere Populationen überleben nur noch in kleinen Refugien auf der Küste vorgelagerten Inseln. Die häufigste Art, *D. connectens*, lebt im alpinen Geröll oberhalb der Baumgrenze und übersteht den Winter, indem sie bei Temperaturen unter dem Gefrierpunkt verharrt und im Frühling «wieder erwacht» (Abb. 3).

Die drei größten *Deinacrida*-Arten sind eng verwandt. Die ursprünglich im Norden Neuseelands vorkommenden Arten sind heute auf kleinere Inseln oder, wie im Fall einer Art, auf einen übrig gebliebenen Flecken Habitat beschränkt, welcher durch Stechginster (*Ulex europaeus*) vor Raubtieren geschützt ist. Diese waldlebenden *Deinacrida* verstecken sich tagsüber eher unter Laub als in Höhlen und sind daher durch eingeschleppte Prädatoren wie den Fuchskusu (*Trichosurus vulpecula*) und Ratten (*Rattus* spp.) bedroht.

STOSSZAHN-WĒTĀ

Drei verwandte Arten dieser Gruppe sind leicht von anderen Wētā durch ihre markanten «Stoßzähne» zu unterscheiden, die von den Mandibeln der Männchen gebildet werden. Die größte Art ist zugleich die seltenste und nur auf der kleinen, trockenen Insel Atiu zu finden. Diese und andere Inseln der Mercury Islands bildeten einst eine Küstenebene, die durch den niedrigeren Meeresspiegel während der Eiszeiten des Pleistozäns verbunden war; daher besetzte *Motuweta isolata* wahrscheinlich ursprünglich ein größeres Gebiet. Nur wenige Individuen wurden je gefunden, doch ein aufwendiges Zuchtprogramm ermöglichte es, einige Hundert Tiere auf nahegelegene Inseln umzusiedeln, wo ihre Fortpflanzung bereits dokumentiert wurde.

Diese und viele weitere große Wētā Arten haben erheblich unter der Einführung von Raubtieren auf das Festland Neuseelands gelitten. Zwei andere Stoßzahn-Wētā-Arten konnten jedoch auf der Nordinsel überleben. Eine davon, *Motuweta riparia*, lebt in abgelegenen Wäldern des Nordostens, in der Nähe kleinerer Flüsse, wo sie tagsüber in Hohlräumen unter Steinen Schutz sucht. Die andere Art (*Anisoura nicobarica*) versteckt sich in Baumhöhlen in den nördlichen Wäldern; ihre Männchen besitzen die proportional längsten Mandibularzähne aller Stoßzahn-Wētā (Abb. 4). Der ungewöhnliche Artname, der auf die Nicobar-Inseln verweist, resultiert aus einem historischen Fehler durch die falsche Kennzeichnung des Typusexemplars, als es nach Europa gebracht wurde.

< **Abb. 3** Die alpine «Scree Wētā» *Deinacrida connectens* ist an kalte Temperaturen angepasst und lebt im Blockschutt von Gebirgen. (A) Adulte Weibchen sind deutlich größer als Männchen. (B) Männchen besitzen nicht den vergrößerten Kopf und die Mandibeln, die für männliche Baum-Wētā typisch sind, haben jedoch relativ lange Beine (Fotos: Euan Brook).

Abb. 4 Die kleinste Art der Stoßzahn-Wētā *(Anisoura nicobarica)* besitzt die proportional längsten Stoßzähne. Diese Art versteckt sich tagsüber in Hohlräumen von Bäumen und Sträuchern und verschließt den Eingang mit einer Mischung aus Holzstaub (Foto: Tom Musson).

BODEN-WĒTĀ

Boden-Wētās bilden die artenreichste Gruppe der neuseeländischen Anostostomatidae und umfassen die Gattungen *Hemiandrus* und *Anderus* mit insgesamt 22 erfassten und mindestens sieben weiteren bisher noch nicht beschriebenen Arten. Es werden fortlaufend neue Arten entdeckt, wie etwa die große und leuchtend gefärbte *H. jacinda*, die 2021 nach der damaligen Premierministerin Jacinda Ardern benannt wurde. Die meisten Gebiete des Landes bieten den Lebensraum für mindestens zwei Boden-Wētā-Arten, die sich in ihrem Aussehen und ihren Lebensgewohnheiten unterscheiden.

Adulte Weibchen vieler Boden-Wētā, wie *H. jacinda*, *A. brucei* und *A. maculifrons*, verlassen ihre Eier nach der Ablage und betreiben keine Brutpflege, was typisch für die Anostostomatidae und viele andere Heuschrecken ist. Andere Arten wie *H. pallitarsus* besitzen jedoch einen stark reduzierten Legestachel und ein

besonderes, verlängertes Sternit an der Bauchseite. Diese Struktur dient dazu, während der Paarung ein nahrhaftes «Brautgeschenk» des Männchens aufzunehmen (Kapitel 2.4). In einigen *Hemiandrus*-Arten ist diese Bereitstellung des Brautgeschenks mit kurzen Legestacheln und einer mütterlichen Brutpflege assoziiert (Abb. 5).

Abb. 5 Ein Männchen der großen und auffälligen Jacindas Weta (Hemiandrus jacinda) (Foto: Steve Trewick).

Abb. 6 Boden-Wētā-Arten mit kurzem Legestachel. Ein adultes Paar von *H. bilobatus* bleibt während der Paarung verbunden, wobei das Weibchen beginnt, das nahrhafte «Brautgeschenk» (Spermatophylax) des Männchens zu verzehren (Fotos: Steve Trewick).

5.2 ASIEN

5.2.1 *HEUSCHRECKEN IN DER WEITE DER STEPPEN ZENTRALASIENS*

Nikita Sevastianov

Zentralasien zeichnet sich einerseits durch eine komplexe Topografie aus, andererseits auch durch weitläufige Gebiete verhältnismäßig gleichförmiger Lebensräume. Sie sind die Heimat zahlreicher Arten, die zu den weltweit am weitesten verbreiteten zählen. Zu den weitläufigsten Biomen zählt die Steppe. Die zentralasiatischen Steppen stellen die größten und ältesten Eurasiens dar und sind mit hoher Wahrscheinlichkeit auch der Ursprungsort vieler typischer Pflanzengattungen, darunter die Federgräser (*Stipa*) und Schwingel (*Festuca*). Diese Gräser entstanden in der Periode des Oligozäns vor etwa 33 bis 20 Jahrmillionen und breiteten sich fast weltweit aus. Phylogenetische Untersuchungen weisen darauf hin, dass die Gomphocerinae, eine Unterfamilie der Acrididae und die häufigste Gruppe der eigentlichen Grashüpfer in eurasischen Grasland-Lebensräumen, möglicherweise zur selben Zeit ebenfalls in Zentralasien entstand.

Ähnlich wie in Europa unterlagen auch die Biome und Habitate Zentralasiens tiefgreifenden Veränderungen im Zuge der Klimaveränderungen und Vergletscherungen der Eiszeiten (Kapitel 5.3). Im Wechsel der Kalt- und Warmzeiten verschoben sich die Grenzen dieser Lebensräume entlang von Breiten- und Höhengradienten, wobei es aber stets Zonen gegeben haben dürfte, die für Feldheuschrecken geeignet waren. Klimamodelle erlauben uns heute, die Verteilung der Lebensräume in der Vergangenheit, vor allem in der letzten großen Kaltzeit (Last Glacial Maximum, LGM, vor etwa 21000 Jahren), zu rekonstruieren. Sie zeigen, dass auch während des LGM weitläufige Regionen mit humidem, kontinentalem, mediterranem und semi-aridem Klima vorhanden waren. Die Lebensräume solcher Klimazonen zeichnen sich in heutiger Zeit durch einen hohen Artenreichtum an Heuschrecken aus, und in der Vergangenheit dürfte das nicht anders gewesen sein. Die größten Teile Sibiriens und Europas waren jedoch von kalten Tundra-Steppen bedeckt, in denen auch heute noch Feldheuschrecken leben, wenngleich in weit geringerer Artenzahl als in wärmeren Lebensräumen.

Nach dem Ende des LGM breiteten sich Wälder in den Tieflagen aus. Wärmeliebende Heuschrecken konnten ihre Verbreitungsgebiete ausdehnen, während die Arten der Tundra-Steppen, die meisten davon Feldheuschrecken der Familie Acrididae, einen Rückgang erlebten. Heute hat sich diese alte Steppenfauna in die Bergregionen Eurasiens, zum Beispiel in die Alpen und den Tien Shan, zurückgezogen (Kapitel 5.3.2). Das Ukok-Plateau im Nordosten des Tien Shan Systems (im Sayan-Altai) gilt als Paradebeispiel für eiszeitliche Reliktlebensräume. Typische Reliktarten der Gomphocerinae wie *Aeropedellus variegatus* und *Gomphocerus sibiricus* besiedeln nach wie vor extrem ausgedehnte Verbreitungsgebiete über fast ganz Eurasien, kommen jedoch stets nur isoliert in den verschiedenen Gebirgszügen vor.

Die Rolle Zentralasiens als eiszeitliches Refugium für Amphibien, Säugetiere und Weichtiere wurde bereits gut untersucht. In Hinsicht auf die Rolle dieser Region bei der Entwicklung der heutigen Heuschreckenfauna Eurasiens besteht noch umfangreicher Forschungsbedarf. Dabei sind insbesondere folgende Punkte zu nennen:

— Eine eingehende Betrachtung der artenreichen Gruppen innerhalb der Acrididae (also Gomphocerinae und Oedipodinae) zeigt die Bedeutung Zentralasiens als Schwerpunkt der Artenvielfalt dieser Unterfamilien. Die Gattung *Chorthippus* ist das vielleicht beste Beispiel: 46 von 221 anerkannten Arten wurden dort entdeckt. Darunter

befinden sich zahlreiche kurzflügelige Formen, die Endemiten einzelner Gebirgsregionen sind (Abb. 1). Viele davon wurden seit ihrer Entdeckung und Beschreibung nie wieder gesichtet.

— Neben der Gattung *Chorthippus* enthält der artenreiche Tribus Gomphocerini einige der am weitesten verbreiteten Gattungen der Gomphocerinae. Laut neueren phylogenetischen Erkenntnissen stellen die Gattungen *Aeropedellus* und *Mesasippus* evolutionär ursprüngliche Linien innerhalb der Gomphocerini dar. Alle darin enthaltenen Arten mit Ausnahme der amerikanischen *A. clavicornis* (aber einschließlich der sehr weit verbreiteten *A. variegatus*) finden sich in Kasachstan und angrenzenden Gebieten, was für die Theorie dieser Region als Ursprungsgebiet der Tribus spricht.

— Nicht nur die Acrididae beinhalten einzigartige Komponenten der zentralasiatischen Fauna. Auch die Familien der Steinschrecken (Pamphagidae), der Gomphomastacidae und der Dericorythidae umfassen viele flugunfähige Gattungen, die meist artenreich und gleichzeitig wenig bekannt sind. Dies zeigt sich am komplexen Beispiel von *Conophyma* (Dericorythidae), die zusammen mit nahe verwandten Gattungen der Unterfamilie Conophyminae endemisch in Zentralasien vorkommt. Von dieser kurzflügeligen, häufig im Hochgebirge vorkommenden Gattung wurden über 100 Arten beschrieben, die jedoch aufgrund morphologischer Ähnlichkeit und Mangel an Gesängen und anderen komplexen Verhaltensweisen kaum voneinander zu unterscheiden sind. Ein ähnlicher Fall sind die Nocarodeini innerhalb der Steinschrecken.

— Andere Gattungen sind zwar weniger artenreich, teilen sich aber auf ein weites Spektrum an Lebensräumen auf. Arten der Gattung *Mesasippus* (Acrididae) bewohnen Tieflandlebensräume

Abb. 1 Das erste Foto von *Chorthippus oreophilus* Bey-Bienko, 1948, eines Endemiten des Dsungarischen Alatau, aufgenommen an der Typuslokalität (Kasachstan, Tekeli). Foto: Nikita Sevastianov.

Abb. 2 Ein unbestimmter Vertreter der artenreichen und komplexen Gattung *Conophyma* (Kasachstan). Foto: O. Hawlitschek.

Abb. 3 *Mesasippus kozhevnikovi iliensis* Mistshenko, 1951 (Kasachstan, Flusstal des Ili). Foto: Oliver Hawlitschek.

von Flussniederungen (*M. kozhevnikovi iliensis*, Abb. 3) bis hin zu Wüsten (*M. ammophilus*).

— Zentralasien ist zwar Teil der paläarktischen biogeografischen Region, steht aber aufgrund seiner immensen Ausdehnung in Kontakt mit verschiedenen Teilen der paläotropischen Region. Die nördlichsten Außenposten der Verbreitung einiger subtropischer und tropischer Gruppen liegen in Zentralasien, darunter die Eumastacoidea (Kapitel 5.5.6). Diese Überfamilie ist für ihre Diversität in den Subtropen und Tropen fast aller Kontinente und ihre Vielzahl an auffällig bunt gefärbten Vertretern bekannt, kommt bemerkenswerterweise aber auch im Süden Kasachstans (Trans-Ili-Alatau) und Kirgistan auf Feuchtwiesen (Gattung *Gomphomastax*) und in Halbwüsten (*Phytomastax*, Abb. 4) vor. Ein weiteres Beispiel sind die Chrotogonini innerhalb der Kegelkopfschrecken (Pyrgomorphidae), die schwerpunktmäßig in den Savannen Afrikas und Südasiens verbreitet sind und außerhalb der Tropen nur in Zentralasien vorkommen.

Schließlich finden sich auch viele Elemente der paneurasischen Fauna häufig in Zentralasien. Die weit verbreitete Italienische Schönschrecke (*Calliptamus italicus*), die marokkanische Wanderheuschrecke (*Dociostaurus maroccanus*), die Europäische Wanderheuschrecke (*Locusta migratoria*) sowie viele Arten der Gruppen *Chorthippus*, *Bryodemini* und *Sphingonotini* kommen gleichzeitig in Mitteleuropa, dem Mittelmeergebiet und den Wolgasteppen vor. Keine Arbeit an diesen Gruppen wird ohne einen Besuch in Zentralasien vollständig sein!

Abb. 4 *Phytomastax* cf. *artemisiana*, einer der nördlichsten Vertreter der Flugzeugschrecken (Eumastacoidea) (Kasachstan, Bartogay-See). Foto: Nikita Sevastianov.

5.2.2 GESANGSVERHALTEN UND KOMMUNIKATION BEI EINER INDISCHEN WĒTĀ-ART

Swati Diwakar

Die Gattung *Gryllacropsis* wurde 1888 für eine einzige Art beschrieben: *G. magniceps*, die Indische Weta, ein interessantes Mitglied der Familie Anostostomatidae (Kapitel 5.1.5). Indische Wetas sind große Langfühlerschrecken mit langen Flügeln und fadenförmigen Antennen. Die Weibchen sind generell größer als die Männchen, da sie aber keinen externen Legebohrer haben, sind die Geschlechter im Feld oft schwierig zu bestimmen. Indische Wetas sind nachtaktiv und können vor allem singend hoch an den Stämmen immergrüner Bäume beobachtet werden. Sie sind dunkelbraun und in ihrem natürlichen Lebensraum gut getarnt.

Während bei vielen Heuschrecken nur die Männchen singen, stridulieren bei *G. magniceps* auch die Weibchen. Anders als viele andere Ensiferen (Kapitel 4.3) produziert die Art tiefe Gesänge mit breitem Frequenzspektrum, indem sie Zähne auf der Unterseite des Femurs über andere Zähnchen an der Seite des Hinterleibs reibt. Die Stridulationsapparate der Indischen Weta sind deutlicher strukturiert als die ihrer neuseeländischen Verwandten. Die Innenseite des Hinterschenkels besitzt fünf bis sieben Stridulationsleisten und darüber zwei parallele Reihen von Zähnchen. Das zweite Tergit des Hinterleibs weist auf jeder Seite 20–28 Leisten auf. Jede Leiste besteht aus einer Reihe abgerundeter, perlenartiger Zähnchen.

Die Männchen erzeugen viersilbige, zirpende Gesänge mit gleichmäßigen Intervallen, wohingegen die Gesänge der Weibchen normalerweise zweisilbige Zirplaute sind, die entweder allein oder in Gruppen produziert werden. Die Männchen singen in regelmäßigen Abständen und mit gleichbleibender Dauer, wohingegen die der Weibchen variabler sind und Zirplaute eher in zufälliger Reihenfolge emittiert werden. Die dominanten Frequenzen der männlichen Gesänge liegen bei 1,71 + 0,05 kHz, die der Weibchen bei 1,68 + 0,1 kHz. Die mittlere Bandbreite des Frequenzspektrums ist bei 2,0 + 0,3 kHz bei Männchen und bei 2,19 + 0,15 kHz für Weibchen. Duette, die sonst vor allem von den Tettigoniidae bekannt sind und auch bei manchen Weta-Arten vorkommen, wurden bei der Indischen Weta bisher nicht dokumentiert. Feldstudien haben gezeigt, dass die Männchen nach Sonnenuntergang mit dem Gesang beginnen, wonach die Weibchen ebenfalls zu singen beginnen. Während beide Geschlechter häufig parallel singen, sind zur Hauptaktivitätszeit vor allem die Männchen aktiv.

Die Gesangsaktivität von *G. magniceps* hat ihren Höhepunkt in der Zeit nach dem Monsun, zwischen Oktober und Dezember. Die Tiere singen gerne an Stämmen von Bäumen der Gattung *Terminalia*, der häufigsten Baumgattung in der Region, aber zeigen ansonsten keine besonderen Präferenzen für bestimmte Pflanzenarten.

Ein weiteres wichtiges Element des Paarungsverhaltens ist das Betasten mit den Antennen. In dieser Phase sind häufig weitere Tiere in der Nähe. Danach positioniert sich das Männchen hinter dem stillhaltenden Weibchen und vibriert kontinuierlich mit seinem Hinterleib (Paarungstrommeln). Diesem Verhalten folgt die eigentliche Paarung, bei der das Weibchen das Männchen besteigt, wie es bei vielen Ensiferen der Fall ist. Das Männchen hebt dabei seine Flügel und überträgt die Spermatophore auf das Weibchen, das sofort damit beginnt, diese Paarungsgabe zu fressen (Kapitel 2.4). Nach der Paarung bleibt das Männchen beim Weibchen und putzt dieses. Die verschiedenen Stadien der Paarung werden aber weiterhin erforscht und sind noch nicht abschließend verstanden. Sie sind ein gutes Beispiel und Modellsystem für die Untersuchung der evolutionären Kosten und Nutzen von bi-direktionalen und bi-modalen akustischen Kommunikationsstrategien.

Unser Wissen über die Indische Weta ist bisher begrenzt, da diese baumlebende, gut getarnte Art sehr

Abb. 1 Weibliche Weta mit Spermatophore. Das Männchen bleibt nach der Übertragung der Spermatophore beim Weibchen. Foto: Manisha Tomar

Abb. 2 Unbestimmte Weta-Art, die zur Gattung *Diaphanogryllacris* gehört. Foto: Manisha Tomar.

empfindlich auf künstliches Licht reagiert und auf immergrüne tropische Wälder beschränkt ist. Neben *G. magniceps* kommt eine Vielzahl nicht akustisch kommunizierender Weta-Arten in den westlichen Ghats und im nordöstlichen Himalaya Indiens vor. Arten der Gattungen *Eugryllacris, Diaphanogryllacris* und *Gryllacris* wurden dokumentiert, aber bisher noch nicht genauer bestimmt. Es scheint wahrscheinlich, dass weitere neue Arten ihrer Entdeckung harren.

5.2.3 *KLEINE MONSTER – DIE DÜNENGRILLEN PAKISTANS*

Riffat Sultana, Santosh Kumar

Pakistan, ein Land im Süden Asiens, umfasst eine große Vielzahl verschiedener Lebensräume über einen großen Höhengradienten. Mit einer Größe von 882 000 km^2 ist Pakistan etwa so groß wie Chile oder wie alle mitteleuropäischen Länder zusammen. Die lokale Heuschreckenfauna ist vielfältig, mit momentan 208 bekannten Arten. Als besonders bemerkenswert ist hierbei die Superfamilie Schizodactyloidea, die Dünengrillen, zu nennen. Obwohl sie sich schon vor 200 Millionen Jahren von den Grillen (Grylloidea) getrennt haben (Kapitel 1.3), sind nur 21 rezente Arten von ihnen bekannt; diese teilen sich in zwei Gattungen auf: *Comicus* Brunner von Wattenwyl, 1888, in Südwestafrika, und *Schizodactylus* Brullé, 1838, in West- und Südasien. In Pakistan kommen vier Arten der Gattung *Schizodactylus* vor: *Schizodactylus monstrosus* Drury 1773, *S. minor* Ander 1938, *S. hesperus* Bei-Bienko 1967 und *S. sindhenesis* Channa & Wagan 2022.

Die Dünengrillen besitzen einige besondere Eigenschaften, die sie von allen anderen Heuschrecken unterscheiden. Besonders ihre sehr langen Hinterflügel, die in der Ruheposition über dem Körper zusammengerollt liegen, sind hier zu nennen. Weiterhin sind die Tarsensegmente, also die Füße, sehr deutlich ausgeprägt und stark verbreitert. Sie können lappig oder fingerartig sein, wobei letzteres vor allem für die flugunfähigen Arten charakteristisch ist.

Schizodactylus monstrosus ist eine große Art, die viele lokale Namen hat: In Bihar (Indien) wird sie Bherwa genannt, in manchen Regionen Pakistans Pani Tharo. Ihre großen Mandibeln lassen sie furchterregend aussehen. Generell haben *Schizodactylus* Individuen eine imposante Erscheinung, die sie eindeutig als Räuber identifizieren. Die beeindruckendsten Anpassungen sind die vorderen Fangbeine sowie die schon erwähnten Mandibeln. Auch ihr sub-soziales Verhalten und Kannibalismus, der schon bei einigen Arten beobachtet wurde, macht sie nicht weniger angsteinflößend.

Die Dünengrillen sind generell nachtaktiv und bewegen sich dann an der Oberfläche sandiger und trockener Lebensräume. Ihre besonderen Tarsen erlauben ihnen, sich im trockenen Sand mit Leichtigkeit fortzubewegen. Während des Tages verstecken sie sich in ihrem Bau, der meist an feuchteren Stellen und an Hängen in tieferen Schichten feinen Sands gegraben wird. Sowohl Nymphen als auch erwachsene Tiere graben Bauten und haben dafür spezielle Anpassungen. Sie lockern so den Sand mit ihren Mandibeln und Vorderbeinen, um ihn dann mit ihrem Hinterleib und den Hinterbeinen aus dem Bau herauszuschieben. Hierbei variiert die Breite der Bauten von Nymphen zu adulten Tieren zwischen 35 und 55 mm; die Tiefe beträgt zwischen 9 und 30 cm.

Die Tiere lassen den Bau nie offen, und wenn sie einen Bau verlassen haben, kehren sie niemals zurück. Nach dem Betreten des Baus schleudern sie Sand nach hinten, um den Eingang zu verschließen. Im Sommer bleibt der Eingang auch geschlossen, während er in den anderen Jahreszeiten häufig auch während des Tages geöffnet bleibt. Wenn sie innerhalb des Baus bedroht werden, graben sie einen neuen Ausgang. Daher kann das Grabverhalten auch als Verteidigungsstrategie gesehen werden.

Die Dünengrillen können fliegen und schwimmen. Sie benutzen beim Schwimmen niemals ihre Flügel, sondern bewegen die Vorder- und Hinterbeine. Um sich schneller fortzubewegen, öffnen sie die eingerollten Flügel und unternehmen kurze Flüge von 10 bis 20 Sekunden in 3 bis 5 Metern Höhe. Ihre schlechte Flugfähigkeit macht sie allerdings zu einem leichten Ziel für Fressfeinde. Da sie sich selbst räuberisch ernähren, sind sie wichtige biologische Bekämpfer von landwirtschaftlichen Schädlingen und daher als Nützlinge zu betrachten.

Trotz dieser nützlichen Eigenschaften sind die Dünengrillen bedroht (Kapitel 7.1). Ihre Lebensräume

wurden durch den Menschen stark verändert oder zerstört. Straßenbau, Überweidung, steigende Temperaturen, Trockenheit und die schwere Flut im Jahre 2022 in Pakistan machen ihnen sehr zu schaffen. Daher sollten dringend Schutzmaßnahmen für diese wunderbaren kleinen Monster ergriffen werden.

Abb. 1 Ein präpariertes Individuum von *Schizodactylus monstrosus*. Foto: Riffat Sultana

Abb. 2 Eine Dünengrille in ihrem Bau. Foto: Maleeha Jamil.

5.2.4 HÖHLEN OHNE HÖHLENGRILLEN IN BHUTAN

Cheten Dorji, Steven A. Trewick

Bhutan ist mit einer Fläche von 38 394 km^2 ein kleines Land im Himalaya zwischen den zwei Giganten Indien im Süden und China im Norden. Durch seine Lage an den südlichen Hängen des östlichen Himalayas und der Kontaktzone der Indischen und Asiatischen tektonischen Platten weist Bhutan Elemente der orientalischen und paläarktischen Ökoregionen auf. Das Land wird von Wald dominiert und weist einen Gradienten von mit Schnee bedeckten Bergen im Norden bis zum südlichen Flachland auf. Die Höhe variiert zwischen 150 und 7500 m über eine Distanz von nur 150 km mit vielen Flüssen, die sich kreuz und quer über die Hänge ziehen. Dieser Höhengradient und die damit verbundene klimatische Varianz sind die Grundlage für eine hohe, weitestgehend unerforschte Biodiversität.

Ein typisches Merkmal der gebirgigen Landschaft Bhutans sind natürliche Höhlen mit vielen dunklen Bereichen. Obwohl Kalkstein nur selten vorkommt, haben sich viele kleine Höhlen durch Verwitterung und Brüche infolge tektonischer Bewegungen geformt. Diese Höhlen wurden schon seit Jahrtausenden von Menschen zum Leben und für religiöse Zwecke genutzt; viele stellen auch heute noch wichtige Kultstätten des Buddhismus da. Bisher wurden nur zwei dieser Höhlensysteme ausgiebig erkundet und kartiert, um sie für den Abbau von Kalkstein für Zement zu erschließen: die Dung Phug «Geisterhöhle» in Bumthang und die Khaling Höhle in Trashigang. Wie in vielen Lebensräumen in Bhutan ist auch die Biodiversität in den Höhlensystemen bisher kaum erforscht. Zwar sind über 40 Fledermausarten dokumentiert, über die Wirbellosen weiß man aber fast nichts.

Die Höhlengrillen (Rhaphidophoridae) sind häufige Bewohner von Höhlensystemen (Kapitel 1.6), aber die Fauna dieser interessanten Ensiferen, die in den weitreichenden Höhlen Bhutans vorkommen, ist quasi unbekannt. Nur zwei Arten wurden bisher nachgewiesen: *Rhaphidophora angulata* und *Diestramima tsongkhapa*. Daher haben wir Expeditionen in einige der besser bekannten Höhlen unternommen, um Höhlengrillen zu suchen und zu dokumentieren. Sie waren unerwartet selten. Das hat uns sehr überrascht, da die Höhlen der Nachbarländer durchaus von Raphidophoriden bewohnt werden, zum Beispiel von Arten der Gattung *Tachycines*. Und es gibt keine offensichtlichen, biologischen Gründe, warum diese in Bhutan nicht vorkommen sollten.

Trotzdem konnten wir viel Interessantes in den Eingängen der Höhlen finden, die seit den Studien des Schweizer Naturkundemuseums in Basel im Jahr 1972 nicht mehr untersucht worden sind. Zusätzlich zu den zwei oben genannten, bekannten Arten konnten wir viele bisher unbekannte Raphidophoriden in den feuchten Wäldern unter Steinen, in Spalten und Felslücken am Fuße von Klippen, im Laubstreu und unter Ästen finden. Diese Entdeckungen legen nahe, dass es viele bisher unbekannte Arten dieser Gruppe in Bhutan gibt. Erste morphologische und genetische Analysen legen nahe, dass mindestens 15 neue Arten aus vier Gattungen vorkommen (Kapitel 6.3).

Die beiden Unterfamilien, die in Bhutan vorkommen, scheinen an den jeweiligen westlichen Verbreitungsgrenzen zu liegen. Aemodogryllinae, wie *Tachycines*, sind mehr mit den Höhlensystemen im Süden und Osten Asiens assoziiert; *Diestramima* mit momentan 41 Arten ist aus dem Süden Asiens und aus Südostasien bekannt. Innerhalb der Rhaphidophorinae zeigt die Gattung *Rhaphidophora* mit mehr als 109 Arten und einer Verbreitung von Neu Guinea bis zu den Salomonen die höchste Vielfalt. Unsere Daten aus Bhutan legen nahe, dass Bhutan die westliche Verbreitungsgrenze der Gattungen darstellt, wo die Tiere von den feuchten tropischen Regenwäldern bis in die kälteren Laubwälder von 500 bis 2500 m vorkommen.

Bhutan ist bisher relativ wenig stark von den Menschen beeinflusst und es konnten ca. 70 % des natürlichen Waldes erhalten werden. 52 % der Landesfläche ist geschützt und die Naturschutzgebiete überspannen Lebensräume der alpinen Höhen bis hin zu den Flachland-Wäldern. In diesen Gebieten warten noch viele unbekannte Arten auf ihre Entdeckung, vor allem in Gebieten, die nur schwer zugänglich sind. Andere Höhlensysteme des Landes beherbergen vielleicht doch noch wirkliche Höhlengrillen und ihre Erkundung führt sicherlich zu einem besseren Verständnis sowohl der Biologie dieser Tiere und Ökosysteme als auch der traditionellen Kultur.

Abb. 1 (oben) Das bisher unerforschte System der Rangtse-Höhlen mit Vorkommen von Fledermäusen beim Dorf Chego in Gakiling Geog, Haa (900 m ü.n.N.). (unten) Ein typischer Lebensraum von Höhlenschrecken: der Eingang der Höhle von Minjiwoong (Fotos: Cheten Dorji)

Abb. 2 Beispiele der Gattungen aus zwei Unterfamilien, die in Bhutan gefunden werden (von oben nach unten). (A) Aemodogryllinae: *Diestramima* sp., eine neue Art aus Bhutan. (B) Die Gattung *Tachycines* ist häufig in Höhlen in den Nachbarländern. (C) *Tachycines* sp. aus China und *Tachycines asynamorus* aus Südkorea (Foto: Zhou Yu und Hyun-tae Kim). (E) Rhaphidophorinae: *Rhaphidophora taiwana* aus Ishigaki, Japan und (F) *Rhaphidophora* sp. aus China sind vermutlich Verwandte der Höhlengrillen Bhutans (Fotos: Do-yong Kim und Fan Gao).

5.2.5 SINGAPUR: EIN MIKROKOSMOS HOHER HEUSCHRECKENVIELFALT IN DER GROSSSTADT

Ming Kai Tan

Die Republik Singapur, an der Südspitze der malaiischen Halbinsel gelegen, ist ein tropischer Insel- und Stadtstaat. Aus der Vogelperspektive wirkt die Landschaft wie ein Netzwerk von Straßen, gesäumt von Bäumen und Sträuchern, das in ein Konglomerat aus Hochhäusern und Wolkenkratzern mündet. Dazwischen finden sich verstreut kleine Grünflächen, sowohl natürlicher als auch menschengemachter Art. In den letzten 80 Jahren hat die rasante Urbanisierung Singapur von einer ländlichen Sumpflandschaft in einen kommerziellen und wirtschaftlichen Knotenpunkt verwandelt, was jedoch auch massive Abholzung und das Aussterben zahlreicher Arten zur Folge hatte. Trotzdem beherbergt Singapur aufgrund seiner Lage im Herzen eines Biodiversitätshotspots in Südostasien immer noch eine reiche Vielfalt an Flora und Fauna, darunter viele Heuschreckenarten.

URBANE VIELFALT

Mindestens 120 Arten von Grillen, Laubheuschrecken und verwandten Arten sowie 30 Heuschreckenarten sind aus dem größten Naturreservat Singapurs (Central Catchment und Bukit Timah Nature Reserve) bekannt. Beeindruckenderweise wurden zwischen 2010 und 2016 insgesamt 23 neue Arten und eine neue Gattung entdeckt. Diese Entdeckungsrate entspricht etwa 15 % aller bisher bekannten Arten im Land! Auch die verbleibenden Mangrovenwälder entlang der Küstenlinie der Halbinsel beheimaten zahlreiche neue Arten, darunter *Ornebius tampines*, *Svistella chekjawa*, *Amusurgus caerulus* und *Ornebius lupus*. Diese Arten wurden bislang nur in den Mangrovenwäldern Singapurs gefunden und können daher als endemisch bezeichnet werden. Dank intensiver Biodiversitätsstudien und taxonomischer Forschung an Orthopteren in Singapur haben wir heute ein recht gutes Verständnis ihrer tatsächlichen Diversität. Das ist umso bemerkenswerter, als dass die meisten Wälder in Südostasien nur lückenhaft oder gar nicht erforscht sind. Diese taxonomische Arbeit bildet die Grundlage für weitere Untersuchungen zur Ökologie und zum Verhalten dieser Arten.

Wie wir wissen, gehören die Heuschrecken zu den Insektenordnungen, die zur akustischen Kommunikation fähig sind (Kapitel 4.1). Dennoch sind die Spontangesänge der meisten südostasiatischen Arten weitgehend unbekannt, und es sind trotz höherer Artenzahlen dieser Tiere sehr viel weniger bioakustische Daten verfügbar als zu Vögeln, Fledermäusen oder Fröschen. In einer aktuellen Studie wurden erstmals Ultraschall-

Abb. 1 *Singapuriola separata*, eine kürzlich in Singapur neu entdeckte Gattung und Art von Grillen. Foto: Ming Kai Tan.

Abb. 2 *Svistella chekjawa* ist bisher ausschließlich aus den Mangroven Singapurs bekannt. Foto: Ming Kai Tan.

Abb. 3 *Asiophlugis temasek*, eine aus Singapur beschriebene Kristall-Raubschrecke, erzeugt Gesänge im Ultraschallbereich nahe 60 kHz. Foto: Ming Kai Tan.

Abb. 4 Ein Männchen (links) und Weibchen (rechts) der Art *Lebinthus luae* bei der Balz. Foto: Ming Kai Tan.

Abb. 5 *Phaneroptera brevis* beim Fraß an einer Blüte von Neptunia plena. Die Antennen, Beine und das Gesicht sind bereits mit Pollen bestäubt. Foto: Ming Kai Tan.

Abb. 6 Angesichts seiner geringen Fläche und des gewaltigen Siedlungsdrucks beherbergt Singapur eine beachtliche Vielfalt an Heuschreckenlebensräumen. Foto: Ming Kai Tan.

geräte verwendet, um die bisher unbekannten Spontangesänge von 19 Laubheuschreckenarten aus Singapur aufzuzeichnen. Viele dieser Laubheuschrecken haben Frequenzspitzen im Ultraschallbereich, die für Menschen nicht hörbar sind, so beispielsweise bei *Asiophlugis temasek*, einer Art, die nach dem alten javanischen Namen von Singapur benannt wurde. Dieses Mitglied des Phlugidini-Tribus, im Englischen auch als «crystal predatory katydids», also «Kristall-Raubschrecken» bezeichnet, produziert Gesänge mit einem Frequenzmaximum von 58 kHz – weit außerhalb des für Menschen hörbaren Bereichs von 20 kHz. Ohne eine fundierte taxonomische Grundlage wäre es unmöglich gewesen, diese Laubheuschrecken präzise auf Artebene zu bestimmen.

EINFLUSS DER PANDEMIE AUF DIE HEUSCHRECKEN-KOMMUNIKATION

Während der Einfluss der Covid-19-Pandemie auf den Menschen uns allen bekannt ist, hat diese wahrscheinlich auch die Grillen in Singapur beeinflusst. Bei *Lebinthus luae*, einer eneopterinen Grille, die häufig im Unterholz der Küstenwälder Singapurs vorkommt, wurde festgestellt, dass sie ihren Spontangesang in Abhängigkeit von der (fehlenden) menschlichen Aktivität während des Lockdowns verändert hat. In Parks, die aufgrund der Pandemie weniger stark besucht waren, begannen die Grillen längere Gesänge zu produzieren. In Parks mit stärkerem menschlichem Einfluss dagegen waren die Gesänge kürzer. Die Studie, die das untersucht hat, gehörte zu den ersten, die einen Effekt der globalen Pandemie auf das Verhalten von Tieren dokumentiert hat. Zudem konnte durch Aufzeichnungen im Labor und im Feld nachgewiesen werden, dass diese Grille einem komplexen circadianen Rhythmus in ihrer Gesangsaktivität folgt, wobei ihre Aktivitätsmaxima dreimal am Tag auftreten: im Morgengrauen, am Nachmittag und in der Nacht. Diese Ergebnisse zeigen, dass es zu einfach wäre, Orthopteren als rein tag- oder nachtaktiv zu klassifizieren.

HEUSCHRECKEN ALS BESTÄUBER

Interessanterweise sind Orthopteren allgemein nicht dafür bekannt, Blüten zu besuchen (Kapitel 2.5). Eine Studie in Singapur hat jedoch gezeigt, dass Orthopteren häufiger Blüten aufsuchen als bisher angenommen. Entgegen der verbreiteten Ansicht, nach der Heuschrecken vor allem im Schwarm als Pflanzenschädlinge auftreten (Kapitel 2.1, 3), ernährt sich die Laubheuschrecke *Phaneroptera brevis* in Singapur von Nektar und Blütenblättern, ohne dabei die Fortpflanzungsorgane der Pflanzen stark zu beschädigen. *Phaneroptera brevis* kann daher sogar zur Bestäubung beitragen und wird als Ökosystemdienstleister angesehen. Weitere Verhaltensstudien haben gezeigt, dass Laubheuschrecken (und wahrscheinlich viele andere Orthopteren) individuelle Persönlichkeiten aufweisen und in der Lage sind, innerhalb einer Art unterschiedliche Strategien zur Nahrungssuche anzuwenden. Doch viele von ihnen treffen schlechte Entscheidungen, wenn sie mit einer überwältigenden Anzahl von Möglichkeiten konfrontiert sind – ein Verhalten, das dem Menschen gar nicht so unähnlich ist.

FAZIT

Auch auf einer kleinen, stark urbanisierten Halbinsel wie Singapur können immer noch neue Arten entdeckt sowie wertvolle Erkenntnisse über die Ökologie, das Verhalten und die Biologie von Heuschrecken gewonnen werden. Dies könnte leicht auf den Rest Südostasiens übertragen werden, wenn mehr Ressourcen in die Erforschung dieser Insektengruppe zur Verfügung stünden. Die Erforschung der Heuschrecken-Taxonomie in Singapur hat die Grundlage für tiefere Einblicke in ihre Ökologie und ihr Verhalten geschaffen. Dies unterstreicht die Dringlichkeit, die Taxonomie auch allgemeiner als Fachgebiet stärker zu unterstützen, mehr Taxonomen und Taxonominnen auszubilden und stärker in die Finanzierung taxonomischer Forschung zu investieren. Angesichts der zunehmenden Auswirkungen des menschgemachten Klimawandels und des anhaltenden Verlusts an Biodiversität (Kapitel 7), verschärft durch die sogenannte «taxonomische Krise», sieht die Zukunft für die Orthopteren und die übrige Biodiversität in dieser Region jedoch nicht allzu rosig aus.

5.2.6 WO FINDET MAN SIE NICHT? ÖKOLOGIE DER DORNSCHRECKEN IN SÜDOSTASIEN

Niko Kasalo, Josip Skejo

Alfred Russel Wallace verbrachte viel Zeit damit, in Südostasien alle möglichen Tiere zu sammeln. Nachdem er eine beeindruckende Anzahl von Individuen auf zahlreichen Inseln beobachtet hatte, fiel Wallace die Verbindung zwischen den Verbreitungsmustern der Arten und ihren unterschiedlichen Graden der Ähnlichkeit auf. Diese Beobachtungen mündeten letztendlich in eine der bedeutendsten Theorien der Naturwissenschaften – der Evolutionstheorie. Mehr als 150 Jahre später liefert der Geburtsort der modernen Evolutionsforschung eine unerschöpfliche Quelle von Informationen über biologische Interaktionen.

Mit Hunderten endemischen Arten von Dornschrecken bietet Südostasien den perfekten Mikrokosmos, um den Reichtum seiner ökologischen Vielfalt zu ergründen. Dornschrecken (Familie Tetrigidae) sind eine große Gruppe kleiner Kurzfühlerschrecken; sie sind selten mehr als 1 oder 2 cm lang. Die Erforschung dieser historisch vernachlässigten Gruppe erlebt derzeit eine Renaissance, und erst vor Kurzem wurde klar, wie einzigartig diese kaum wahrnehmbaren Lebewesen sind. Dornschrecken fressen abgestorbenes organisches Material, Moose, Flechten, Algen und Pilze, wodurch sie mehr mit Zersetzern wie Regenwürmern gemeinsam haben als mit ihrer Schwestergruppe, den großen herbivoren Grashüpfern. Sie besetzen kuriose und diverse Kleinstlebensräume, und ihre Interaktionen mit der Umwelt wurden bisher kaum erforscht.

Die wohl faszinierendste Gruppe innerhalb der Dornschrecken sind die Scelimenini, deren Vertreter sogar tauchen können. Auf den ersten Blick erkennt man, dass sie ins Wasser gehören: ihre Körper sind glatt mit ein paar scharfen Hervorhebungen, und ihre Hinterbeine sind wie Ruder geformt. Wenn sie ins Wasser springen, kommen die Ruder zum Einsatz und das Tier kann schnell entkommen. Einige schwimmen auf der Wasseroberfläche, während andere abtauchen und bis zu einer halben Stunde unter Wasser bleiben können – einige fressen sogar während dieser Zeit. Einige Forscher haben beobachtet, dass diese Grashüpfer Luftblasen unter ihrem Pronotum – dem Halsschild, das ihren Körper bedeckt – als eine Art Sauerstofftank nutzen. Interessanterweise wurde die aquatische Lebensweise auch in einer anderen Gruppe, den Tetriginae, entdeckt. Bei Gefahr springen manche Individuen in einen nahegelegenen Bach oder eine Pfütze; sie sind jedoch keine so guten Schwimmer, sodass es nicht ungewöhnlich ist, dass sie dabei ertrinken.

Auf der anderen Seite gibt es getarnt lebenden Arten, die zu vielen verschiedenen Gruppen gehören. Discotettigini, nahe Verwandte der schwimmenden Scelimenini, sind normalerweise mit Stacheln bedeckt und leben unter dem Wurzelgeflecht von Bäumen. Mit oberflächlichem Blick kann man sie nicht von der Baumrinde unterscheiden (Kapitel 2.2). Cladonotini verstecken sich nach demselben Prinzip, allerdings in anderen Formen – einige weisen einen einzelnen Vorsprung an ihrem Pronotum auf, was sie wie winzige Zweige aussehen lässt, während andere einen dünnen Kamm auf ihrem Rücken tragen, wodurch sie wie tote Blätter aussehen. Sie verhalten sich außerdem sehr träge; es gibt Berichte, dass das gleiche Individuum über mehrere Tage an der gleichen Stelle gesehen wurde. Eine weitere Kuriosität ist, dass die getarnt lebenden Arten oft mit einem Algenteppich überzogen sind. Diese einzigartige biologische Interaktion wurde nie untersucht, was für die zukünftige Forschung eine interessante Frage aufwirft: Wie weit reicht diese symbiotische Beziehung? Ein anderer Typ von Tarnung kann bei den Batrachideinae gefunden werden, einer ursprünglichen Gruppe von Dornschrecken, die oft an ihrem stacheligen «Helm» zu erkennen sind. Sie scheinen die meiste Zeit unter kräftig gefärbten Pflanzen zu verbringen und werden oft auf Blättern gesehen. Sie

Abb. 1 Die ökologische Vielfalt der Dornschrecken. a) *Camelotettix curvinotus* (Metrodorinae), Foto Philipp Hoenle, iNaturalist, CC0 Lizenz. b) *Discotettix kirscheyi* (Scelimeninae: Discotettigini), Foto Jonghyun Park (iNaturalist clurarit), ausgeschnitten, CC-BY Lizenz. c) *Holoarcus* sp. (Cladonotinae), Philipp Hoenle, iNaturalist, CC0 Lizenz. d) *Paramphibotettix sanguinolentus* (Scelimeninae: Scelimenini), Foto Wildan R. Ardani (iNaturalist), CC-BY Lizenz. e) *Paratettix* sp. (Tetriginae) Philipp Hoenle, iNaturalist, CC0 Lizenz. Regenwaldfoto in der Mitte. Gido CC BY Verfügbar unter https://www.flickr.com/photos/103499652@N04/11888308085/

sind typischerweise hell gefärbt und komplex gemustert. Dies in Kombination mit ihrer vergleichsweise großen Körpergröße macht sie zu ausgesprochen fotogenen Tieren.

Südostasien ist bekannt für seine überwältigende Anzahl an Inseln. Inselbiogeografie ist sowohl ein Segen als auch ein Fluch, beides aus dem gleichen Grund – es gibt unglaublich viele Endemiten. Fast jede Insel beherbergt einzigartige Arten. Manchmal ist es einfach, Endemiten in einen größeren biogeografischen Kontext zu setzen, aber einige kuriose Arten verblüffen uns immer wieder. Tetrigidae in ihrer ursprünglichen Form können relativ gut fliegen, was ihnen ermöglicht, neue Habitate zu besiedeln. Wenn sie es jedoch schaffen, sich in einer neuen und isolierten Umgebung zu etablieren, zeigen ihre Nachkommen die Tendenz, die Flugfähigkeit zu verlieren. Ohne Flügel, die im Weg sind, kann sich das Pronotum dramatisch verändern, was Rückschlüsse auf ihre Vorfahren erschwert. Wie sich Dornschrecken verbreiteten und die südostasiatischen Inseln besiedelten, ist eine Frage, die weiterhin nur teilweise beantwortet werden kann. Eine faszinierende mögliche Antwort auf die Frage nach den Verbreitungsmustern von Dornschrecken könnten Vögel liefern. Japanische Kraniche zum Beispiel fressen *Tetrix japonica*. Von den Eiern von Gespenstschrecken wiederum ist bekannt, dass sie die Passage durch den Verdauungstrakt eines Vogels überleben und nach dem Ausscheiden schlüpfen können, und sogar einige adulte Käfer sollen diese Art von Transport überleben. Wenn dies auch für Tetrigidae zutrifft, könnte Migration durch Vögel die unglaubliche Zahl an unabhängigen Besiedelungen auf einigen Inseln erklären. Es könnte auch einen Hinweis darauf liefern, warum die nächsten Verwandten einiger flügelloser Arten Hunderte oder Tausende Kilometer voneinander entfernt leben. Leider ist der Lebenszyklus der großen Mehrheit der Dornschrecken-Arten komplett unbekannt, mit Ausnahme einiger europäischer Arten, welche die meisten Daten liefern.

Die Sinnesorgane sind genauso wenig erforscht. Kürzlich wurden neue Erkenntnisse über die Sensillen (haarähnliche Sinnesorgane) einiger Arten gewonnen, die eine große Vielfalt in Form und Verteilung dieser Strukturen aufzeigen. Tetrigidae sind bekannt dafür, über Vibrationen zu kommunizieren, die sie durch Klopfen mit ihren Beinen auf den Untergrund erzeugen. Aber wir wissen nicht einmal, wo sich ihre Hörorgane befinden oder ob sie überhaupt welche besitzen (Kapitel 4.2). Wie Dornschrecken die Umwelt wahrnehmen und wie sie von der Umwelt wahrgenommen werden, ist ein Mysterium, das wir gerade erst zu entschlüsseln begonnen haben. Die Forschung an diesen faszinierenden Tieren nimmt langsam Fahrt auf, aber wir haben noch einen langen Weg vor uns.

5.3 EUROPA

GEOLOGISCHE ENTWICKLUNG DES MITTELMEERRAUMS

Oliver Hawlitschek, Paolo Fontana, Bruno Massa, Dragan Chobanov

Die von trockenwarmen Sommern und feuchtkalten Wintern geprägten Landregionen um das Mittelmeer werden als Mittelmeergebiet bezeichnet. Es zeichnet sich durch eine komplexe und bewegte geologische Entstehungsgeschichte aus. Heute ist eine Vielzahl von Inseln zwischen den tiefen Becken des Mittelmeers verstreut, und um seine Küsten herum ragen hohe Gebirgszüge auf. Diese höchst vielfältige Geologie hat die Entstehung einer ebenso großen Artenvielfalt mit vielen lokalen und regionalen Endemiten begünstigt, die das Mittelmeergebiet zu einem globalen Hotspot der Artenvielfalt machen. Die biologische Erforschung dieses Gebiets hat eine lange Tradition, ist aber keineswegs abgeschlossen: auch heute noch werden – wie auch in diesem Buch beschrieben – regelmäßig neue Arten entdeckt.

Der geologische Werdegang des Mittelmeers ist eng mit der sogenannten Alpidischen Orogenese verknüpft, dem Prozess, der im späten Erdmittelalter vor über 65 Millionen Jahren begann und zur Entstehung vieler heutiger Gebirge Europas, Nordafrikas und Westasiens bis hin zum Himalaya führte. Im Zuge dieser Gebirgsbildung näherten sich die tektonischen Platten Afrikas und Eurasiens immer weiter an und kollidierten schließlich, was zum Verschwinden des Tethysmeers führte, das zuvor über die meiste Zeit des Erdmittelalters die damaligen Superkontinente Gondwana und Laurasia voneinander trennte. Zu den von der Alpidischen Orogenese erzeugten Gebirgen gehören die Pyrenäen, der Atlas, die Alpen und die Apenninen im westlichen, sowie die Dinariden, die Helleniden, die Rhodopen und das Hochland Anatoliens im östlichen Mittelmeerraum. Der Prozess der Gebirgsbildung ist noch nicht abgeschlossen: Die tektonische Aktivität führt zu Vulkanismus, und die Gebirge wachsen weiter. Das Ergebnis ist eine hoch komplexe Topografie aus Berggipfeln, Hochebenen und Tälern, alle mit den ihnen eigenen Umweltbedingungen, die dem Mosaik aus einigen größeren und zahllosen kleineren Inseln im Mittelmeer in nichts nachsteht.

Ein weiterer Faktor von herausragender Bedeutung für die Biogeografie waren und sind globale Klimaveränderungen. So führte die sogenannte Messinische Krise vor ca. 5,8 bis 5,6 Millionen Jahren fast zur kompletten Austrocknung des Mittelmeers. Dadurch wurden zuvor vom Meer isolierte Inseln und Kontinentalregionen plötzlich durch Landbrücken verbunden. Nach dem Ende der Krise füllte das Meer sich wieder; viele Inseln, darunter die Balearen und Kreta, blieben jedoch bis heute isoliert. Andere wurden durch die Meeresspiegelschwankungen im Wechsel der Kalt- und Warmzeiten seit Beginn des pleistozänen Eiszeitalters vor etwa 2,6 Millionen Jahren erneut verbunden. Eine weitere Auswirkung dieser Warm- und Kaltzyklen waren einschneidende Vegetationsveränderungen entlang von sowohl Breiten- als auch Höhengradienten. Berggipfel wurden als Lebensräume ungeeignet, Täler voneinander abgeschnitten und Wälder verschwanden, um sich in jeder Warmzeit von Neuem auszubreiten. Arten des gemäßigten Klimas zogen sich in Refugien im Mittelmeergebiet zurück. Gletscher frästen Täler aus, schoben Moränen auf und

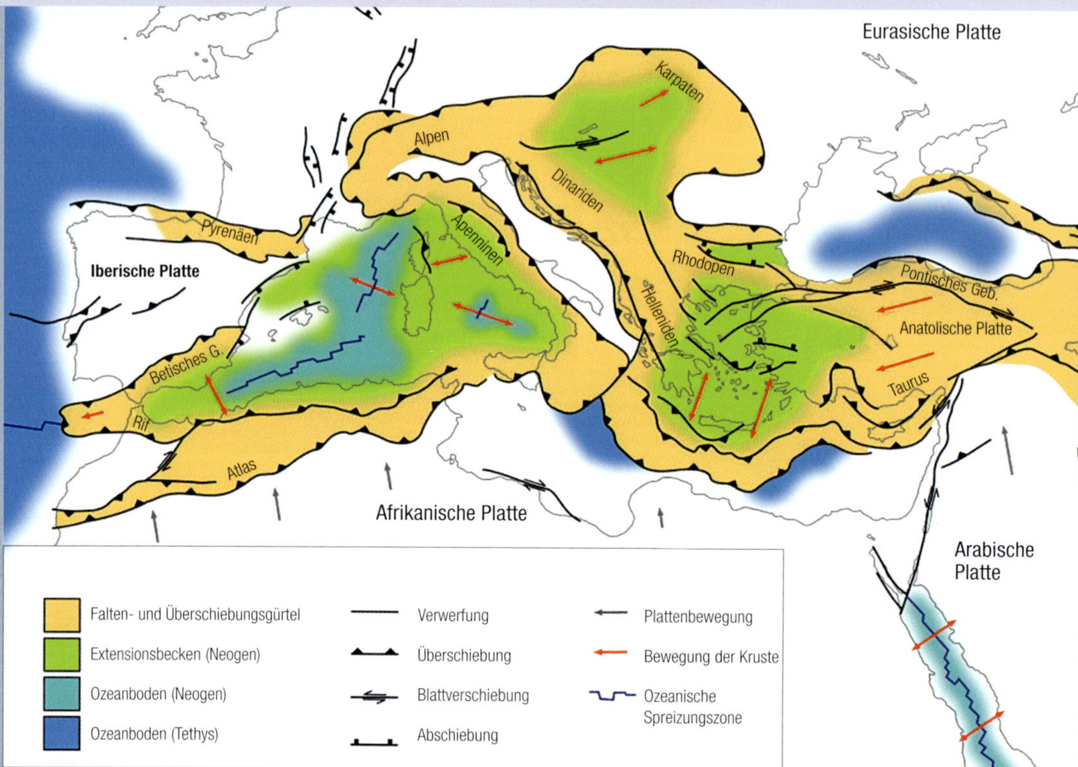

Abb. 1 Geologische Karte des Mittelmeergebiets. Pfeile stellen die Bewegung der tektonischen Platten in der Erdgeschichte dar, die zur Entstehung der Gebirgszüge geführt haben. Creative Commons Licence (verändert).

überformten so die Topografie der bestehenden Gebirgslandschaften. Das Gewicht der Eisdecken drückte die Erdkruste in die Tiefe; nach Abschmelzen des Eises stieg sie wieder nach oben. Die Änderungen in der Topografie und dem Feuchtigkeitsregime sowie die Entstehung neuer Lebensräume bestimmten die Verbreitung und Evolution vieler alpiner Arten. Schließlich führte die Bildung von Karst, also die chemische Verwitterung von Kalkstein, zur Entstehung von Höhlensystemen, in denen sich eine einzigartige und hochspezialisierte Höhlenfauna herausbildete.

Menschen traten erst in der allerjüngsten Phase der Erdgeschichte auf. Dennoch entspricht diese relativ kurze Zeitspanne Jahrtausenden der Zivilisationsgeschichte, in denen Menschen tief in das mediterrane Ökosystem eingegriffen haben. Insbesondere die Tieflagen des Mittelmeerraums waren schon in prähistorischer Zeit die Heimat komplexer menschlicher Gesellschaften, die durch Siedlung, Ackerbau und Viehzucht die Landschaft und Artenzusammensetzung verändert haben. Über das letzte Jahrhundert, besonders aber im Verlauf der vergangenen Jahrzehnte, hat die Intensivierung der Landwirtschaft, die Verstädterung, der Tourismus und der anthropogene Klimawandel den Druck auf die sensiblen Lebensräume des Mittelmeerraums noch deutlich erhöht.

5.3.1 DER MITTELMEERRAUM ALS HOTSPOT I: DIE ÖSTLICHE BALKANO-ANATOLISCHE REGION

Dragan Chobanov, Slobodan Ivković, Luc Willemse

Im Südosten Europas, umschlossen von den Gewässern der Donau, des Schwarzen Meers, des Mittelmeers und der Adria, liegt die Balkanhalbinsel. Ihr Name leitet sich von einem türkischen Wort für «bewaldetes Gebirge» ab. Im Osten sind es nur die wenigen Hundert Meter der Bosporus-Meerenge, die den Balkan von Anatolien, auch als Kleinasien bekannt, trennen. In der Erdgeschichte waren die beiden Regionen lange verbunden, jüngst vor gerade einmal 7000 Jahren, und bilden daher eine geologische und biogeografische Einheit.

Im Oberjura vor etwa 150 Millionen Jahren trennten sich die damals existierenden Landmassen Gondwana und Laurasia, und das Mittelmeer öffnete sich. Das Land, das später die Balkanhalbinsel bilden sollte, verteilte sich damals auf eine Reihe von Inseln im Tethysmeer. Erst 120 Millionen Jahre später, im Oligozän, verschmolzen diese Inseln nach und nach mit Anatolien – der ägäische Subkontinent entstand. Etwa 23 bis 18 Millionen Jahre vor unserer Zeit war die Ägäis vorübergehend in drei Fragmente aufgeteilt: die Helleniden im Westen, die Rhodopen und Dinariden im Nordwesten und Anatolien im Südosten. Vor acht Millionen Jahren wiederum brach das Mittelmeer zur verbliebenen Paratethys durch und trennte so den Balkan durch die sogenannte Ägäische Barriere erneut von Anatolien ab. Kreta war seit der Zeit der Messinischen Krise isoliert, die Kykladen hingegen behielten ihre Verbindung zum Balkan bis zum unteren Pliozän bei. Durch diesen permanenten Wechsel von Isolation und erneuter Verbindung mit verschiedenen Landmassen sowie die Funktion als eiszeitliches Refugium entstand auf dem Balkan eine sehr diverse Fauna mit Ursprüngen in zahlreichen anderen Regionen, darunter in Asien (über den sogenannten Lut-Block) und bereits bestehenden europäischen Inseln.

Heute weist die Balkanhalbinsel mit 555 Arten, was 45 % der europäischen Gesamtartenzahl entspricht, den größten Reichtum an Heuschrecken des Kontinents auf. In Anatolien bzw. der Türkei liegt die Artenzahl mit über 700 noch höher. Beide Regionen zeichnen sich auch durch hohe Endemitenzahlen aus. Jüngere Studien zu den evolutionären Ursprüngen und den phylogeografischen Mustern mancher Heuschrecken des östlichen Mittelmeerraums fanden viele faunistische Gemeinsamkeiten zwischen dem Balkan und Anatolien, weswegen heute auch von einem gemeinsamen «balkano-anatolischen» Hotspot gesprochen wird. Phylogenetische Untersuchungen dienen dazu, den Ursprung der Faunenelemente dieses Hotspots in der Erdgeschichte zu finden. Manche Gruppen teilten sich bereits sehr kurz nach ihrer Ankunft in der Region in zahlreiche Gattungen und Arten auf, was zum heutigen Artenreichtum beigetragen hat. Dabei ist zwischen phylogenetisch «alten» (Paläoendemiten) und «jungen» (Neoendemiten) Gruppen zu unterscheiden. Zwar liegt die genaue Grenze im Auge des Betrachtenden, doch lassen sich viele Artengruppen klar einer der beiden Kategorien zuordnen. So stellt die Tribus Barbitistini ein Beispiel für einen gemeinsamen laurentischen Ursprung mit Migration über die damals gemeinsame nordamerikanisch-europäische Landmasse vor dem Eozän dar. Später, am Übergang vom Paläogen zum Neogen vor etwa 23 Millionen Jahren, erlaubte der Kontakt der afrikanischen mit der arabischen Landmasse den Austausch zwischen den eurasischen und gondwanischen Faunen. Beispiele hierfür sind die Steinschrecken (Pamphagidae), mit zwei Diversitätszentren in Anatolien und Nordwestafrika, sowie die Sägeschrecken (Saginae) mit je einem Zentrum in Balkano-Anatolien und in Südafrika. Das Miozän vor 17,9 Millionen Jahren wiederum wird als Zeitpunkt der Entstehung des gemeinsamen Vorfahren der Tribus Pholidopterini innerhalb der Laubheuschrecken angegeben. Bereits im oberen Miozän vor 12 bis 5 Millionen Jahren dürften

< **Abb. 1** Die Balkan-Sägeschrecke *(Saga ephippigera)* ist eine der größten Heuschreckenarten Europas und ernährt sich bevorzugt von anderen Heuschrecken. Foto: Nikolay Simov.

< **Abb. 2** Wie andere Mitglieder ihrer Familie ist auch die Bulgarische Steinschrecke *(Nocaracris bulgaricus)* plump und flugunfähig. Stattdessen verlässt sie sich auf ihre nahezu perfekte Tarnung auf steinigem Untergrund. Foto: Dragan Chobanov.

Abb. 3 *Anadolua schwarzi* (links) bewohnt halbwüstenartige Lebensräume mit schütterer Vegetation (rechts). Fotos: Dragan Chobanov.

Abb. 4 *Onconotus servillei* ist eine Steppenspezialistin. Im Balkan ist ihr Lebensraum stark fragmentiert. Foto: Dragan Chobanov.

dann einige endemische sowie westpaläarktische Gattungen (z. B. *Anterastes, Eupholidoptera, Pholidoptera, Psorodonotus, Isophya, Poecilimon*) entstanden sein. Diese Artbildungsereignisse folgten zeitlich auf eine Periode der klimatischen Abkühlung und Austrocknung im Miozän, im Zuge derer die frühere tropische bis subtropische Vegetation durch mediterrane Wälder und Steppen ersetzt wurde. Gleichzeitig entstanden durch die Alpidische Orogenese neue Gebirgslebensräume.

Neben den sehr unterschiedlichen Verwandtschaftsverhältnissen der jeweiligen Stammformen ist vor allem die hohe Lebensraumdiversität der Region ursächlich für die Evolution einer solch hohen Zahl von Gattungen und Arten zu sehen (s. auch Kapitel 8.3). Heute sind viele Lebensräume durch typische distinkte Artengemeinschaften von Heuschrecken charakterisiert. Seit dem miozänen Klimawandel sind weite Gebiete des Balkans und Anatoliens von einer durch krautige Pflanzen und Sträucher dominierten, offenen und halboffenen, mediterranen Trockenvegetation bedeckt. Sie sind der Lebensraum von sehr artenreichen Heuschreckengesellschaften, darunter Artengruppen wie die *Poecilimon jonicus*-Gruppe und die *Isophya straubei*-Gruppe, die vor 6 bis 4 Millionen Jahren bis ins frühe Pleistozän entstanden sind. Als typisch können ebenfalls die räuberischen Sägeschrecken der Gattung *Saga* gelten, deren tiefere evolutionäre Linien sich in einem ähnlichen Zeitraum aufgespalten haben. Die Gattung enthält die größten Insektenarten Europas (*S. natoliae*) und der Holarktis (*S. ephippigera*) (Abb. 1). Beide Gruppen stellen auch typische balkano-anatolische Taxa dar, da die Linien auf beiden Seiten des Bosporus eng miteinander verwandt sind.

Im Zuge der Alpidischen Orogenese entstand ein weitläufiges Mosaik aus Gebirgszügen, in dem sich die typische mediterran-montane Vegetation entwickelte. Auf einer Vielzahl mehr oder weniger isolierter «Sky Islands» (Himmelsinseln, Kapitel 5.5.1) entwickelten sich diverse, für Balkano-Anatolien endemische Gattungen, darunter *Anterastes, Psorodonotus* und *Nocaracris* (Abb. 2). Der Ursprung der ersten beiden wird auf 5 bis 8 Millionen Jahre geschätzt, vergleichbar dem Alter der Endemiten der älteren Trockenlebensräume. Andere Gattungen sind auf eine Seite der Ägäis beschränkt, entweder den Balkan (*Parnassiana, Oropodisma, Peripodisma*) oder Anatolien (*Anadolua, Rammepodisma*) (Abb. 3). Zusammen mit den hyperdiversen *Poecilimon* und *Isophya* zählen diese zu den evolutionsgeschichtlich jüngeren Gattungen, die sich bisher kaum über ihre Diversitätszentren hinaus ausgebreitet haben. Faktoren, die zur Artbildung in diesen Gattungen (z. B. in den *Poecilimon ampliatus*- und *Isophya rectipennis*-Gruppen) beigetragen haben dürften, sind der Übergang zu längeren Kaltzeitzyklen im mittleren Pleistozän (vor 1,25 bis 0,7 Millionen Jahren) und die Ausweitung der Amplituden der Zyklen in der sogenannten «Mid-Brunhes Transition» vor 430 000 Jahren.

Die alpine «Tundra» stellt den typischen Lebensraum der höchsten Gipfel zwischen 2200 und 2500 m Meereshöhe im Norden Balkano-Anatoliens dar. Im heutigen Zeitalter können diese Habitate als warmzeitliche Refugien verstanden werden, die von pleistozänen (neo-)Reliktformen bewohnt werden. Manche dieser Arten, wie *Aeropedellus variegatus* und *Melanoplus frigidus*, sind sehr weit von südlichen Hochgebirgen bis in den hohen Norden Eurasiens verbreitet (s. Kapitel 5.2.1), während andere, wie *Stenobothrus cotticus*, auf isolierte Fragmente beschränkt sind.

Ein weiterer erdgeschichtlich jüngerer Lebensraum, der im Gegensatz zum westlichen Mittelmeerraum den balkano-anatolischen Hotspot prägt, ist die Steppe. Die eigentliche eurasische Steppenzone erstreckt sich vom nordöstlichen China bis in die nordwestliche Balkanhalbinsel (Kapitel 5.2.1). Darüber hinaus befinden sich sogenannte extrazonale Steppenfragmente in Zentralanatolien, in der Donauniederung und verstreut bis nach Westeuropa. Der Ursprung der asiatischen Steppen ist eng mit der Entstehung des Tibet-Plateaus sowie der Gebirgszüge des Pamir und

Abb. 5 *Phonochorion uvarovi* kommt endemisch in der östlichen Schwarzmeerregion Anatoliens vor. Foto: Dragan Chobanov.

Abb. 6 *Pyrgomorphula serbica* ist nur von einem winzigen Areal bekannt und gilt als vom Aussterben bedroht. Foto: Laslo Horvath.

des Tian Shan an der Grenze von Paläogen zu Neogen verknüpft. Nach Balkano-Anatolien breiteten sich Steppen im späteren Miozän aus. Während der Kalt- und Warmzyklen der Eiszeit durchliefen die Steppen mehrere Phasen der Expansion und Kontraktion und wurden so wiederholt mit den asiatischen Steppen verbunden oder von ihnen getrennt. Nach dem letzteiszeitlichen Maximum blieb das trockene Klima im östlichen Balkan bis zum mittleren Holozän bestehen, was die Einwanderung von Faunenelementen der eurasischen Steppen begünstigte. Viele Steppenarten wie *Celes variabilis* und *Arcyptera microptera* zeichnen sich durch enorme Verbreitungsgebiete und gleichzeitig minimale genetische Varianz aus, was auf eine sehr junge, wahrscheinlich holozäne Besiedlung geeigneter Habitate im Balkan schließen lässt. Habitatspezialisten, wie *Onconotus servillei* (Abb. 4) und *Montana medvedvi*, hingegen weisen mitunter eine deutlich höhere genetische Diversität, selbst innerhalb isolierter Populationen, auf. Bei Linien wie *Poecilimon intermedius* und *Saga pedo könnte das trockenere Klima zur Artbildung und zur Ausbreitung über den Balkan hinaus beigetragen haben.*

Auch einige Waldlebensräume sind durch spezifische Heuschreckengemeinschaften gekennzeichnet. Die Laubwälder der Kolchis wachsen an der südlichen Schwarzmeerküste, welche von Niederschlagsreichtum und konstant hoher Luftfeuchtigkeit geprägt sind. Es handelt sich somit um Regenwälder der gemäßigten Zone. Die Tief- und Hügellagen im Westen der Region sind die Heimat vieler Neo-Endemiten der *Poecilimon bosphoricus*-Gruppe sowie der Paläoendemiten *Pholidoptera brevipes* und *Paranocarodes straubei*. Typische Arten der Berge im Osten sind Endemiten aus den Gattungen *Isophya, Poecilimon* und *Psorodonotus* sowie die endemische Gattung *Phonochorion* (Abb. 5).

Zudem gibt es einige weitere spezifische Lebensraumtypen in der Region, die lokale Endemiten beherbergen: Die Bruch- und Auwälder am Unterlauf der Donau und Save mit *Zeuneriana amplipennis*; ein etwa 10 km^2 großes Relikt saisonal überschwemmten Waldes in Südost-Bulgarien mit *Isophya gulae*; seenahe Sümpfe in Albanien und Griechenland mit *Conocephalus ebneri*; und lockere Schwarzföhrenwälder auf Serpentinit im Westen Serbiens und im Osten Bosnien-Herzegowinas mit *Pyrgomorphula serbica*. Während es sich bei den ersten drei Fällen um Neoendemiten handelt, die nahe mit Arten angrenzender Lebensräume verwandt sind, repräsentiert *Pyrgomorphula* (Abb. 6) eine endemische Gattung.

Mit annähernd 1000 Arten entspricht die Heuschreckendiversität auf dem etwa 1 Mio. km^2 umfassenden Areal Balkano-Anatoliens manchen tropischen Regionen. Zusammen mit dem Grad an Endemismus und der Bedrohungslage der Lebensräume, wenngleich letztere weniger gravierend ist als im Rest Europas, sind die Kriterien für einen Hotspot der Biodiversität sicherlich erfüllt. Viele der dortigen Heuschreckenarten sind bereits als direkt gefährdet zu betrachten. All dies unterstreicht die Bedeutung Balkano-Anatoliens für die Erforschung und den Schutz der Heuschrecken. Bisherige phylogeografische Daten haben bereits zu weitreichenden Erkenntnissen über die Evolution der endemischen Linien des Balkans und Anatoliens geführt. Auch heute noch können wir die Einwanderung weiterer Faunenelemente insbesondere über die trockenen Graslandlebensräume im Norden beobachten, die die Bedeutung Balkano-Anatoliens als Diversitätszentrum und Refugium der Heuschreckendiversität weiter steigern.

> **Abb. 1** Karte des westlichen Mittelmeerraums, die die Gebirgszüge zeigt. Karte von Roberto Batiston, basierend auf einer Karte von Nature Earth 2, public domain.

5.3.2 DER MITTELMEERRAUM ALS HOTSPOT II: DIE WESTLICHEN GEBIRGE

Paolo Fontana, Bruno Massa, Roberto Battiston

Die Gebirge des westlichen Mittelmeerraums, insbesondere die Alpen, die Apenninen und die Pyrenäen, haben wesentlich zur Entstehung der Artenvielfalt der Region beigetragen. Durch den Prozess der Orogenese sind sie durch eine Vielzahl unterschiedlicher Landschaftstypen und Klimazonen gekennzeichnet. Höhengradienten der Temperatur, des Niederschlags und des Luftdrucks bilden viele verschiedene Mikroklimata. Diese führten zur Entwicklung charakteristischer Vegetationstypen, darunter die Macchie und die Garrigue, mit zahlreichen spezifisch angepassten Pflanzen- und Tierarten.

In Bezug auf die Biogeografie der Heuschrecken teilen wir den westlichen Mittelmeerraum in drei Zonen auf: 1) die Iberische Halbinsel einschließlich der Pyrenäen (Portugal, Spanien, Andorra und Frankreich), 2) die

Abb. 2 Mitglieder der Gattung *Eugaster* sind besonders kräftig gebaut und sehen sehr ungewöhnlich für Heuschrecken aus. Im Atlas können sie zu bestimmten Gelegenheiten in großer Zahl beobachtet werden. Foto: O. Hawlitschek.

Abb. 3 Alle Alpenschrecken bewohnen alpine Matten und Zwergstrauchheiden in Höhenlagen der Alpen. Die hier gezeigte Mercantours Alpenschrecke *(Anonconotus mercantouri)* kommt ausschließlich in einem kleinen Gebiet an der Westspitze des Alpenbogens vor. Foto: Paolo Fontana.

Abb. 4 Eine endemische Radiation der Gebirgsschrecken der Gattung *Italopodisma* bewohnt die Apenninen Italiens. Foto: Paolo Fontana.

Abb. 5 Die nordische Gebirgsschrecke *Melanoplus frigidus* ist weit über Eurasien verbreitet, aber praktisch überall auf Hochgebirge beschränkt. Foto: Dragan Chobanov.

Italienische Halbinsel mit den Alpen und Apenninen, die eine Brücke zwischen Europa und Nordafrika darstellt, und 3) den Maghreb mit Marokko, Algerien und Tunesien, den das Atlasgebirge von der Sahara trennt. All diese Regionen sind hochdivers und reich an endemischen Gattungen und Arten, besonders in Gebirgslebensräumen.

Die Unterfamilie Bradyporinae der Laubheuschrecken (Tettigoniidae) ist mit zahlreichen Endemiten in den verschiedenen Gebirgszügen vertreten. *Baetica ustulata* ist ein Endemit der Höhenzone zwischen 2200 und 3400 m im Sierra Nevada-Massiv der spanischen Provinzen Granada und Almeria. Die Sattelschrecken der Gattung *Ephippiger* sind hingegen in Italien, sowohl in den Alpen als auch auf der Halbinsel, besonders artenreich und unter anderem mit der endemischen Art *E. camillae* auf Sizilien vertreten. Als weitere Beispiele sind *E. ruffoi* zu nennen, die verbreitet in den höchsten Lagen der mittleren und südlichen Apenninen vorkommt und weiter nördlich von *E. carlottae* abgelöst wird. Die nahe verwandte und erst kürzlich beschriebene Gattung *Dinarippiger* bewohnt sowohl Küsten- als auch Berglandschaften von Nordost-Italien bis auf die Balkanhalbinsel. Typisch für Marokko, insbesondere für die Gebirgsregionen, sind zahlreiche endemische Arten der Gattung *Uromenus*, die sonst auch in Westeuropa und stellenweise im Balkan vorkommt. Nahe Verwandte der Bradyporinae sind die ähnlichen Hetrodinae Afrikas und des Nahen Ostens. In Marokko sind sie durch die Gattung *Eugaster* vertreten.

Weitere endemische Laubheuschrecken der südeuropäischen Gebirge werden unter anderem den Gattungen *Poecilimon* (häufiger im östlichen Mittelmeergebiet), *Leptophyes*, *Decticus*, *Metrioptera*, *Platycleis* und *Tettigonia* zugerechnet. Gerade Heupferde der Gattung *Tettigonia* sind häufig Gebirgsarten, so wie das weit verbreitete Zwitscherheupferd *T. cantans*, aber auch *T. hispanica* aus den Gebirgen der Iberischen Halbinsel, *T. silana* aus Süditalien und *T. longispina*, die die höchsten Gipfel Sardiniens bewohnt. Die zehn Arten der Gattung *Anonconotus*, auch als Alpenschrecken bezeichnet, sind auf die Hochlagen der Zentral- und Westalpen sowie der nördlichen Apenninen beschränkt. *Amedegnatiana* kommt endemisch in Südfrankreich vor, während die einzige Art der Gattung *Sardoplatycleis*, *S. galvagnii*, ein weiterer Endemit der Berge Sardiniens ist.

Bei den Feldheuschrecken sind besonders die Gebirgsschrecken der Tribus Podismini (Acrididae: Melanoplinae) als charakteristische Bewohnerinnen der westmediterranen Gebirge zu nennen. Ein Beispiel für eine Art der höchsten Berge stellt *Cophopodisma pyrenaea* aus den Pyrenäen dar.

In den Alpen und Apenninen sind die Podismini mit mehreren Gattungen, darunter einigen endemischen, vertreten. Manche Arten treten bereits in den Vorgebirgen und im Hügelland auf, so beispielsweise in Nordost-Italien und auf dem Balkan die Östliche Grünschrecke *Odontopodisma schmidtii* und die Flügellose Knarrschrecke *Micropodisma salamandra*. In der gleichen Region findet sich in höheren Lagen Fiebers Gebirgsschrecke *Pseudopodisma fieberi*. Die östlichen Alpen sind die Heimat zweier Gattungen mit jeweils nur einer Art, nämlich *Chorthopodisma cobellii* und *Pseudoprumna baldensis*, während *Epipodisma pedemontana* auf die Westalpen im Grenzbereich Italiens, Frankreichs und der Schweiz beschränkt ist. Ein komplexeres Bild zeigt die Verbreitung der Gattung *Podisma*: Im nördlichen Mitteleuropa kommt nur eine sehr weit verbreitete Art vor, die Gewöhnliche Gebirgsschrecke *Podisma pedestris*; im südlichen Europa dagegen zahlreiche Endemiten. *Podisma cantabricae* Morales- und *P. carpetana* sind auf die Iberische Halbinsel beschränkt, *P. amedegnatoae* auf das Zentralmassiv Südfrankreichs und *P. dechambrei* auf die südwestlichen Alpen Frankreichs und Italiens. Im italienischen Teil der Alpen finden sich auch einige Populationen, die derzeit als Unterarten der Gewöhnlichen Gebirgsschrecke angesehen werden, aber möglicherweise eigene Arten darstellen. In den Apenninen wiederum kommen die endemischen *P. emiliae*, *P. goidanichi*, *P. magdalenae* und *P. ruffoi* vor. Daneben sind sie auch die Heimat der neun Arten und mehrerer Unterarten der Gattung *Italopodisma*, deren Entsprechungen *Cophopodisma* in den Pyrenäen und *Peripodisma* auf dem Balkan darstellen. Weitere Gattungen der Podismini südeuropäischer Gebirge sind *Miramella*,

Kisella und *Nadigella* (von manchen Autoren werden alle der Gattung *Miramella* zugeordnet). Eine besonders weit verbreitete Art der Podismini ist die Nordische Gebirgsschrecke *Melanoplus frigidus* (Abb. 5), deren Areal sich von Alaska bis Kamtschatka über ganz Zentralasien (Kapitel 5.2.1) erstreckt und auch Skandinavien und die Alpen umfasst. Schließlich kommen auch endemische Feldheuschrecken vor, die nicht den Podismini angehören, zum Beispiel die drei Arten der Gattung *Italohippus* in den Apenninen.

Viele Heuschrecken der Gebirge sind kurzflügelig oder flügellos, was zur geografischen Isolation und zur Herausbildung neuer Arten beigetragen haben dürfte. Insgesamt sind beispielsweise 378 bzw. 380 Taxa aus Griechenland und Italien bekannt; ein hoher Anteil (ca. 35 %) ist endemisch. Marokko als westlichste Region Nordafrikas weist eine ähnliche Vielfalt auf. Besonders der Hohe Atlas, aber auch andere Gebirge des Maghreb, zeichnen sich durch eine hohe Anzahl an endemischen Arten und sogar Gattungen aus. Paläarktische Arten mit nördlicheren Verbreitungsgebieten besiedeln hier Außenposten im Hochgebirge, so beispielsweise die südlichsten Vertreter der Grashüpfer-Gattungen *Stenobothrus* und *Chorthippus*. Tiefere Lagen hingegen werden von Arten der südlichen Wüsten und Halbwüsten bewohnt. Die meist flugunfähigen Steinschrecken (Pamphagidae) sind mit 17 Gattungen und mindestens 95 Arten in Nordafrika vertreten. Ihre geringe Mobilität hat durch genetische Isolation zur Ausbildung dieser Vielfalt geführt. In manchen Gebirgen leben viele verschiedene Arten auf engem Raum. In Marokko, Algerien und Tunesien leben die Gattungen *Pseudoamigus*, *Pamphagus*, *Paracinipe*, *Acinipe*, *Euryparyphes*, *Paraeumigus* und *Eunapiodes*. Doch auch in Europa sind einige Arten der Steinschrecken vertreten, besonders auf der Iberischen Halbinsel, aber auch in Italien und auf dem Balkan.

Die genannten Gattungen und Arten stellen nur einige Beispiele für den großen Artenreichtum der westmediterranen Heuschreckenfauna dar. Viele weitere Gruppen zeigen ähnliche Muster der Verbreitung und Vielfalt, und zweifellos besteht noch umfangreicher Forschungsbedarf.

Abb. 6 Steinschrecken der Gattung *Pamphagus*, hier *P. sardeus* aus Sardinien, kommen in Südeuropa und Nordafrika vor. Foto: Paolo Fontana.

5.3.3 DER MITTELMEERRAUM ALS HOTSPOT III: ARCHIPELE UND INSELN

Bruno Massa, Paolo Fontana

Während der Kälteperioden der pleistozänen Glazialzyklen zogen sich viele Arten, die sonst an gemäßigte klimatische Bedingungen angepasst waren, auf mediterrane Halbinseln zurück. Diese Refugien wurden später zu Biodiversitätshotspots und die Heimat vieler seltener und isolierter Taxa. Neben den Gebirgszügen stellen vor allem Inseln wichtige Gebiete dar, in denen sich eine hohe Heuschreckenvielfalt mit vielen endemischen Arten herausgebildet und erhalten hat. Eine wichtige Rolle dabei spielte die Veränderung des Meeresspiegels: Viele Inseln waren bei niedrigen Meeresspiegelniveaus durch Landbrücken mit anderen Inseln oder dem Festland verbunden, bei höheren Wasserständen hingegen isoliert. Sizilien und die maltesischen Inseln bildeten eine einzige Landmasse, das Hybläische Plateau, welches während des letzten glazialen Maximums vor 18 000 Jahren auch mit der italienischen Halbinsel verbunden war. Andere Inseln, z. B. die Balearen, Kreta und Zypern, waren dagegen weitaus länger isoliert.

In diesem Kapitel beleuchten wir die Heuschreckenarten der größten Mittelmeerinseln Sizilien, Sardinien, Korsika, Kreta, der Balearen, Zypern und der maltesischen Inseln. Wir haben die Anzahl der bekannten Arten jeder Insel auf Grundlage historischer und moderner Literatur sowie öffentlich zugänglicher Datenbanken ermittelt und fanden insgesamt 254 Arten, mit dem höchsten Artenreichtum auf Sizilien (die Inseln der Straße von Sizilien ausgeschlossen) mit 117 Arten, gefolgt von Sardinien mit 115 Arten, Korsika und Zypern mit jeweils 77, Kreta mit 73, den Balearen mit 52 und den maltesischen Inseln mit 46 Arten (Abb. 1). Die ermittelten Zahlen können vor dem Hintergrund der Theorie der Inselbiogeografie und der damit verbundenen Arten-Areal-Beziehung interpretiert werden, welche besagt, dass der Artenreichtum mit der Größe der Inseloberfläche zunimmt. Diese Analyse zeigt eine starke Korrelation der Artendiversität mit der Inselgröße: eine 13-fache Erhöhung der Flächen der Inseln ist nötig, um die Anzahl der Arten zu verdoppeln. Sie legt

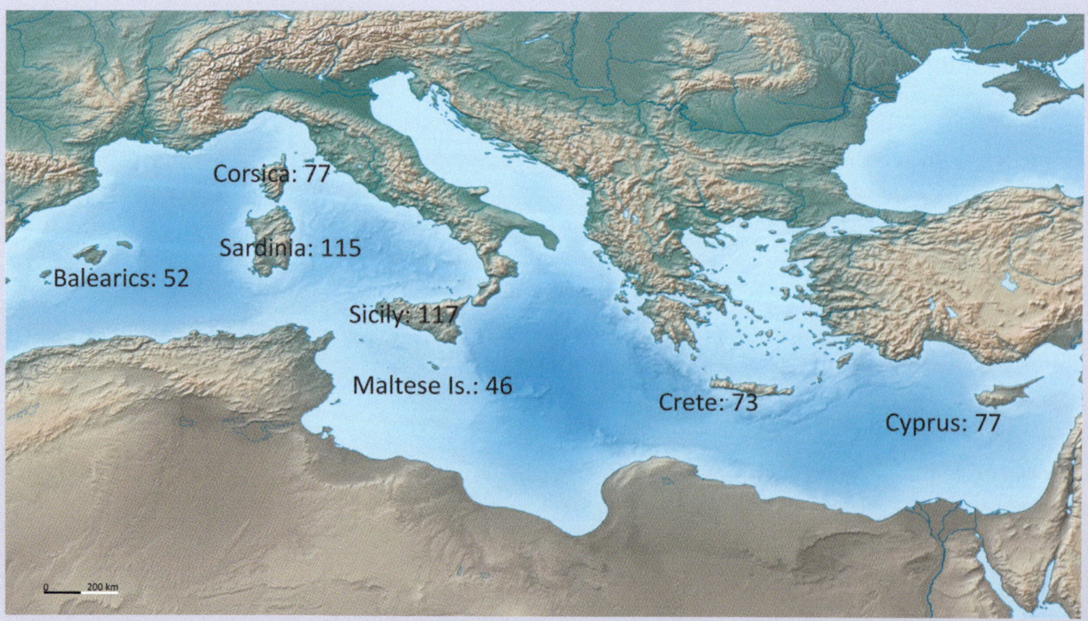

außerdem nahe, dass Zypern im Vergleich zu den anderen Inseln artenärmer ist, möglicherweise als Ergebnis seiner Lage im Osten des Mittelmeerraums und des dort starken Einflusses des asiatischen Steppenklimas.

Interessanterweise kommen viele Taxa endemisch auf einzelnen Inseln vor: Sizilien (abgesehen von den Inseln der Straße von Sizilien) hat 22 Endemiten, was 18,8 % der lokalen Heuschreckenfauna ausmacht; Sardinien: 15 (13,0 %); Korsika: 11 (14,3 %); Kreta: 26 (35,6 %); Zypern: 19 (36,5 %) und die Balearen: 2 (3,8 %). Die maltesischen Inseln weisen keine Endemiten auf. Der höchste Anteil endemischer Taxa ist auf Zypern und Kreta zu finden, bei letzterer vor allem dank der hohen Zahl an *Eupholidoptera*-Arten, die eine lokale Radiation durchliefen. Einige Inseln zeichnen sich sogar durch endemische Gattungen aus.

Viele endemische Arten der mediterranen Inseln sind durch Brachypterie, d. h. Kurzflügeligkeit und Flugunfähigkeit, im Vergleich zu anderen Arten der gleichen Gattung gekennzeichnet (z. B. *Platycleis concii*, *P. ragusai*, *P. monticola*, *P. kibris*, *Sardoplatycleis galvagnii*, *Tessellana lagrecai*, *Dociostaurus minutus*, *Chorthippus corsicus*, *C. pascuorum*, *C. biroi* und *Euchorthippus sardous*). Brachypterie wird mit eingeschränkter Ausbreitungsfähigkeit assoziiert und findet sich oft auf Berggipfeln oder Inseln; sie ist sehr wahrscheinlich das Ergebnis von Isolation, welche nicht nur regional, sondern auch innerhalb spezifischer Habitate erfolgt.

Einige Lebensräume, wie Dünen, sind stark gefährdet und werden verschwinden, wenn sie nicht ernsthaft vor Habitatzerstörung durch anthropogenen Wandel geschützt werden. An Dünenformationen gebundene Arten wie *Brachytrupes megacephalus* auf Sizilien, Malta und Sardinien, *Ochrilidia sicula* und *Dociostaurus minutus* auf Sizilien und *Ochrilidia nuragica* auf Sardinien könnten durch diese Lebensraumzerstörung

< **Abb. 1** Karte der größten Inseln des Mittelmeerraums mit der Anzahl der dort lebenden Heuschreckenarten. Karte: Bruno Massa.

Abb. 2 Die gefleckte Sardische Laubheuschrecke *(Rhacocleis maculipedes)* ist endemisch auf Sardinien, wo sie hauptsächlich die Macchie bewohnt. Foto: Paolo Fontana.

Abb. 3 Die Tyrrhenische Sattelschrecke *(Uromenus brevicollis)* bewohnt Buschländer zahlreicher Mittelmeerinseln und die Küste Nordafrikas. Foto: Paolo Fontana.

ausgerottet werden (Kapitel 7.1). Dünen gehören aus verschiedenen Gründen wahrscheinlich zu den am stärksten degradierten Küstenökosystemen, z. B. durch Gewächshausanbau, touristische Nutzung und neuerdings Freizeitaktivitäten (z. B. Konzerte). Mindestens drei Typen von Dünen in Italien werden als prioritäre Lebensraumtypen durch die Fauna-Flora-Habitat-Richtlinie (FFH) anerkannt; da sie stark gefährdet sind, trägt die Europäische Union eine besondere Verantwortung. Viele von ihnen zählen zu den Gebieten von gemeinschaftlicher Bedeutung (englisch: Site of Community Importance, SCI), die jetzt endgültig als besondere Erhaltungsgebiete (englisch: Special Area of Conservation, SAC) deklariert wurden.

Solche Deklarationen von Lebensraumtypen hat allerdings kaum Nutzen, solange die damit verbunde-

nen Regeln nicht auch umgesetzt werden; dennoch werden viele Dünen jedes Jahr durch Bulldozer dem Erdboden gleichgemacht, beauftragt von einigen Gemeinden, die das Wachstum des lokalen Tourismus fördern wollen. Umweltschutz steht hier leider häufig an letzter Stelle in den Köpfen der lokalen Verwaltung.

< **Abb. 4** *Eupholidoptera francesia* (oben: Männchen, unten: Weibchen) und *Leptophyes axeli*, erst 2022 beschrieben (links: Männchen, rechts: Weibchen), sind beide endemisch für Kreta und, im Fall von *E. francesia*, für die nahegelegene Insel von Antikythira. Foto: Paolo Fontana.

Abb. 5 Der Sardische Streichholzgrashüpfer *(Ochrilidia nuragica)* ist ein Endemit, der nur auf einem kleinen Bereich der Küstendünen auf Sardinien vorkommt. Foto: Roberto Scherini.

DIE ÜBERRASCHENDE ENTDECKUNG EINER NEUEN GRILLENART

Paolo Fontana, Bruno Massa

Im späten April 2022 fielen den Forschern Camillo Cusimano, Tommaso La Mantia und Bruno Massa bei der Auswertung von bioakustischen Aufnahmen von Nistkolonien von Sturmtauchern auf der Insel Pantelleria (Sizilien, Italien) grillenähnliche Geräusche auf. Die Seevogelkolonien lagen in einem für Grillen ungewöhnlichen und extremen Lebensraum aus vulkanischen Klippen. Um daher sicherzugehen, ob die Gesänge wirklich von einer Grille stammten, und um zu verstehen, um welche Art es sich handeln könnte, wurden die Experten Cesare Brizio und Paolo Fontana hinzugezogen. Die ersten Aufnahmen wurden mit Aufnahmegeräten gemacht, die über ein Smartphone gesteuert tagsüber und nachts oder zu festgelegten Zeiten (z. B. jede halbe Stunde zwischen Sonnenuntergang und Sonnenaufgang) aufnahmen. Die Klangqualität dieser Geräte ist nicht sonderlich gut und daher nicht für tiefergehende Analysen geeignet; dennoch reichten die Aufnahmen in diesem Fall aus, um zu bestätigen, dass die Laute von einer Grille erzeugt wurden. Nach weiterführenden Analysen mit verschiedenen bioakustischen Techniken und nach Konsultation diverser Literaturquellen und Klangarchiven wurde deutlich, dass der Gesang keiner bekannten Art Italiens und des gesamten Mittelmeerraums zugeordnet werden konnte. Darauffolgend nahmen die Wissenschaftler einige körperliche Anstrengungen am Fuße der Klippen am Ort der ursprünglichen Aufnahmen und anderen Standorten an der Südküste von Pantellaria auf sich, und es gelang ihnen, erste Fotos der Art zu machen, weitere Gesänge aufzunehmen und die ersten lebenden Tiere zu fangen. Schnell wurde klar, dass die Art der Gattung *Acheta* angehören musste. Weitere bioakustische Aufnahmen und morphologische Vergleiche mit Typen anderer im Gebiet vorkommender Arten der Gattung aus Sammlungen (Kapitel 6.1, 6.2) und der Literatur bestätigten, dass es sich um eine bisher unbekannte Art handelte, die zuvor zahlreichen entomologischen Studien auf der Insel zum Trotz unentdeckt geblieben war. Der charakteristische Gesang der Art war auch bei zahlreichen Projekten der Autoren in den Jahren 2021, 2022 und 2023 nie im Inselinneren gehört worden. Die neu beschriebene *Acheta pantescus* lebt vor allem in den Spalten des Lavagesteins nur wenige Meter über dem Meer sowie in den daran anschließenden steilen Sandhängen, aus denen die Männchen, gut versteckt, nachts singen. Diese Lebensräume sind beschränkt auf die Küstenklippen von Pantelleria und für Menschen nur sehr schwer zugänglich. Dieses sehr kleine Verbreitungsgebiet und der starke Gefährdungsgrad der Lebensraumstrukturen legt nahe, dass *Acheta pantescus* geschützt werden muss, zum Beispiel durch die Aufnahme in die Italienische Rote Liste (Kapitel 7.1).

Ein weiterer interessanter Aspekt der Beschreibung dieser neuen Art liegt in der Wahl des Namens. Die Auswahl geschah durch eine öffentliche Abstimmung, organisiert durch den Nationalpark Pantelleria auf der Website entomologiitaliani.net. Vier Alternativen wurden vorgeschlagen: *pantescus* (bedeutet «aus Pantelleria»; 396 Stimmen, 56,6 %), *phantasma* («Geist»; 146 Stimmen, 20,8 %), *petrosus* («von den Steinen»; 136 Stimmen, 19,4 %), und *marinus* («marin»; 22 Stimmen, 3,1 %). Die Entdeckung von *Acheta pantescus* ist ein wundervolles Beispiel für eine naturwissenschaftliche Entdeckung in einer Disziplin, die durch Forschung in einem anderen Fachgebiet erreicht wurde.

Abb. 1 Männchen von *Acheta pantescus*, eine neue Art, die zufällig während bioakustischer Studien an Seevögeln auf Pantelleria entdeckt wurde. Foto: Paolo Fontana.

Abb. 2 Der besondere Lebensraum von *Acheta pantescus* an der Südküste von Pantelleria. Foto: Paolo Fontana.

5.3.4 DER UNGEWÖHNLICHE LEBENSZYKLUS DER ATLANTISCHEN KÜSTENGRILLE

Karim Vahed

Die Vertreter der Gattung *Pseudomogoplistes* bewohnen einen für Grillen sehr ungewöhnlichen Lebensraum: Sie leben an Stränden, wo sie zwischen Kieselsteinen und unter größeren Steinen nahe der oberen Strandlinie vorkommen. Sie sind klein (ca. 10 mm Körperlänge), grau und flügellos (Abb. 1). Wie andere Vertreter der Familie Mogoplistidae sind sie mit feinen Schuppen bedeckt. Die Atlantische Küstengrille (*Pseudomogoplistes vicentae*) ist an den Küsten des östlichen Atlantiks von Marokko bis Wales in verstreuten Populationen anzutreffen. Sie wird auf der Roten Liste der IUCN als «gefährdet» eingestuft. Als ich erfuhr, dass vieles über ihre Ökologie, insbesondere ihren Lebenszyklus, noch unbekannt war, weckte das sofort mein Interesse. Ich fragte mich, wie eine Grille in einer so unwirtlichen Umgebung überleben kann. Aus diesem Grund begann ich 2011 mit der Erforschung dieser Art.

Zu diesem Zeitpunkt wusste man nicht, wo die Weibchen ihre Eier ablegen – man vermutete lediglich, dass sie dies möglicherweise im Sand tun. Daher sammelte ich adulte Weibchen und hielt sie in einem Terrarium, das verschiedene mögliche Eiablageplätze bot: eine Schicht mit feinem, feuchtem Sand sowie etwas weiches Treibholz. Jede Nacht beobachtete ich sie aufmerksam. Zu meiner Überraschung legten die Weibchen ihre Eier ausschließlich in das Treibholz, das nach einiger Zeit regelrecht damit bedeckt war. Glücklicherweise legten sie auch Eier in feuchte Watte, sodass ich über 200 Eier sammeln konnte, um ihre Entwicklung zu beobachten. Wenn die Eier feucht genug sind, wird die blasse Eierschale so durchsichtig, dass man den Embryo unter einem Stereomikroskop erkennen kann. Durch regelmäßige Beobachtungen stellte ich fest, dass die im Juli und August abgelegten Eier erst im folgenden Mai nach einer Kälteperiode mit der Embryonalentwicklung begannen. Die Eier schlüpften schließlich nach fast einem Jahr, im Juli.

Auch die Anzahl der Nymphenstadien und die Dauer ihrer Entwicklung waren bislang unbekannt. Um dieses Rätsel zu lösen, setzte ich Bodenfallen ein, um zu verschiedenen Jahreszeiten Tiere aus Populationen in England und Wales zu fangen. Zusätzlich zog ich Individuen im Labor vom Ei bis zum adulten Tier heran. Die Ergebnisse zeigten, dass der Großteil der Tiere zwischen Juni und August schlüpft. Die daraus entstehenden Nymphen erreichen das siebte Stadium im Herbst. Ihre Entwicklung setzt sich im folgenden Frühjahr (April) fort, bis sie im Juli und August das adulte Stadium erreichen. Dabei durchlaufen die Männchen 11 und die Weibchen 12 Stadien. Wie bei vielen anderen Arten leben die adulten Weibchen tendenziell länger als die Männchen. In meinen gefangenen Populationen starben die meisten Männchen Ende November, während etwa ein Drittel der adulten Weibchen bis in den März des darauffolgenden Jahres überlebte. Bei einem Besuch auf Guernsey im April gelang es mir zusammen mit Mitgliedern der Société Guernesiaise dennoch, ein adultes Männchen zu fangen, das zusammen mit 13 adulten Weibchen den Winter überlebt hatte. In ihrer Lebenszeit kann die Atlantische Küstengrille bis zu drei Winter überstehen: den ersten als Ei, den zweiten als Nymphe im mittleren Stadium und manchmal sogar einen dritten als Imago.

Doch wie überleben diese Grillen Überflutungen durch Sturmwellen? Die Antwort liegt teilweise in ihrem Verhalten. 2016 stellte ich auf dem Marloes Sands in Wales während einer auflaufenden Flut bei stürmischen Bedingungen Fallen auf. Als der Wind zunahm und die Wellen mit lautem Krachen auf den Strand trafen, beobachtete ich, wie Hunderte von Strandflöhen (Crustacea: Talitridae) vom Strand ins Landesinnere sprangen, weg vom Meer. Kurz darauf sah ich etwa 100 Nymphen der Atlantischen Küstengrille, die dasselbe taten und die steinigen Klippen hinaufkletterten. Eine Nymphe erklomm eine Klippe bis zu einer Höhe von etwa 6 Metern und zog sich dort in einen Felsspalt zurück. Ähnliche Massenwanderungen dieser Grillen, die vor Sturmwellen fliehen, wurden auch auf der Insel Sark beobachtet.

Dass die Weibchen ihre Eier in Treibholz ablegen, könnte ebenfalls eine Rolle dabei spielen, wie die Art die Winterstürme überlebt. Eier im Treibholz sind besser vor Auswaschung geschützt als Eier, die im Sand abgelegt werden. Das Treibholz selbst kann zwar weggespült werden, aber die Eier darin könnten überleben, wenn es auf dem Wasser treibt. Dass die Eier keine Embryonalentwicklung bis nach dem Winter zeigen, stützt diese Theorie: Unentwickelte Eier sind widerstandsfähiger gegenüber dem austrocknenden Effekt von Salzwasser. Die lange Zeit im Eistadium eröffnet auch eine andere Möglichkeit: Eier im Treibholz könnten durch das Meer zu neuen Orten transportiert werden. Diese Hypothese muss noch getestet werden, könnte jedoch erklären, warum Mitglieder dieser Gattung auf den Kanaren, Madeira, den Kanalinseln und zahlreichen anderen kleinen und isolierten Inseln im Mittelmeerraum gefunden wurden. Dank dieses Verbreitungsmechanismus könnte die Atlantische Küstengrille ihr Verbreitungsgebiet kontinuierlich ausweiten. Die beiden Populationen, die ich untersucht habe, wurden beispielsweise erst in den späten 1990er-Jahren entdeckt. Es lohnt sich also, nach diesen Grillen in geeigneten Lebensräumen zu suchen, in denen sie bisher noch nicht gesichtet wurden.

Abb. 1 Eine Nymphe einer Atlantischen Küstengrille in ihrem natürlichen Lebensraum (Chesil Beach, Dorset, Vereinigtes Königreich). Foto: Alex Hyde.

5.3.5 DIE DAHLEMER GEWÄCHSHAUSSCHRECKE – FÜR IMMER VERLOREN?

Oliver Hawlitschek

Wolfdietrich Eichler hatte die Liebe seines Lebens gefunden.

Alles begann in den 1930er-Jahren im Palmenhaus, dem großen und weithin bekannten Gewächshaus des Botanischen Gartens Berlin-Dahlem im heutigen Stadtteil Berlin-Lichterfelde. Kurz vor dem Zweiten Weltkrieg hatte Eichler sich als junger Wissenschaftler auf Parasiten von Menschen und Nutztieren spezialisiert. Sein eigentliches Interesse, sozusagen seine Liebe, galt jedoch einem kleinen und unauffälligen Insekt ohne jegliche Bedeutung für die menschliche Gesundheit oder Ernährung. Er beschrieb es als eine «hübsche und höchst fragil anmutende grillenartige Kreatur»; noch nie wurde sie an einem anderen Ort als dem Dahlemer Palmenhaus gesehen.

Im Lauf der Geschichte sind Organismen verschiedenster Gruppen mit Menschen um die Welt gereist – mit oder ohne deren Absicht. Dies nahm mit dem steigenden Verkehrsaufkommen zu Land, zu Wasser und in der Luft in der ersten Hälfte des 20. Jahrhunderts zu. In dieser Zeit wurden zudem mehr und mehr Lebewesen aus den entferntesten Winkeln der Erde nach Europa und Nordamerika importiert, um sie in Zoologischen und Botanischen Gärten auszustellen. Dabei reiste in vielen Fällen eine Vielzahl von Insekten, anderen Gliederfüßern, Würmern, Pilzen, Flechten und Mikroorganismen mit, von denen einige zusammen mit den eigentlich zur Ausstellung erwünschten Pflanzen oder Tieren im Gewächshaus eine neue Heimat fanden.

Der größte Traum eines jungen Biologen wie Eichler bestand in einer Expedition in den malaiischen Regenwald, die mexikanischen Wüsten oder die afrikanischen Savannen, doch waren zu dieser Zeit nur sehr Wenige privilegiert genug, eine so teure und zeitraubende Reise zu unternehmen. Für viele Andere waren Gewächshäuser, wie das in Dahlem, die einzige Möglichkeit, die Fauna und Flora dieser exotischen Länder kennenzulernen und zu untersuchen. Wolfdietrich Eichler kostete diese Gelegenheit zweifelsohne in vollen Zügen aus. Geduldig und hartnäckig beobachtete er jedes Detail der Biologie dieses Insekts, beschrieb es formell, benannte es *Phlugiola dahlemica* und machte es sogar zum Gegenstand seiner Dissertation. Europa und die ganze Welt versanken im Krieg, viele Männer aus Eichlers Generation verloren ihr Leben oder kehrten schwer traumatisiert zurück, und zeitgleich gelang es ihm und seinen Kollegen, innerhalb nur weniger Jahre, 14 wissenschaftliche Arbeiten über diese eine Art zu publizieren. Nur wenigen ande-

ren Heuschreckenarten ist ein ähnliches Maß an wissenschaftlicher Aufmerksamkeit zu Teil geworden.

Ob Eichlers Obsession mit der Gewächshausschrecke zu Auseinandersetzungen mit seinen Vorgesetzten führte, die ihn ja schließlich zur Schädlingsbekämpfung und somit zur Sicherung kriegswichtiger Ressourcen eingestellt hatten, ist nicht überliefert. Seiner Karriere jedenfalls hat das keinen Abbruch getan, möglicherweise auf Grund des «starken Charakters» und des «Selbstbewusstseins», das seine Zeitgenossen ihm bescheinigten. Er wurde zum ordentlichen Professor für Parasitologie ernannt und setzte seine Forschungstätigkeit auch im Ruhestand bis zu seinem Tod im Alter von 81 Jahren fort.

Der Dahlemer Gewächshausschrecke oder Palmenhausschrecke *Phlugiola dahlemica* war ein weniger günstiges Schicksal beschieden. Zum Kriegsende hin wurde das Palmenhaus bei einem alliierten Luftangriff von einer Bombe getroffen. Zwar konnten einzelne Pflanzen gerettet werden, doch waren die übrigen darin lebenden Pflanzen und Tiere dem kalten Berliner Winter schutzlos ausgeliefert. Die Gewächshausschrecke, das Objekt von Wolfdietrich Eichlers Hingabe, wurde nie wieder gesehen.

Noch heute ist unbekannt, aus welchem Teil der Welt *Phlugiola dahlemica* ursprünglich ins Palmenhaus gelangte. Sie wurde seither weder in Berlin noch irgendwo sonst gesichtet. Eichler hatte die Palmenhausschrecke der Gattung *Phlugiola* zugeordnet, damals von nur einer weiteren Art namens *P. redtenbacheri* bekannt, welche im südamerikanischen Surinam gesammelt und 1907 beschrieben wurde. Diese Zuordnung wurde später von anderen Autoren infrage gestellt, die die Art eher als Mitglied der afrikanischen Gattung *Phlugidia* sahen. Zwischen 2002 und 2018 wurden schließlich sechs weitere Arten der Gattung *Phlugiola* entdeckt und beschrieben. Seither herrscht weithin Einigkeit, dass Wolfdietrich Eichler mit seiner Zuordnung in die südamerikanische Verwandtschaft richtig lag.

Die Dahlemer Gewächshausschrecke ist verschwunden, aber vielleicht nicht für immer. Im schlechtesten Fall ist sie auch in ihrer ursprünglichen Heimat bereits lange ausgestorben, ohne je von der Wissenschaft registriert worden zu sein. Es ist nicht völlig auszuschließen, dass ihre natürlichen Lebensräume bereits durch Abholzung oder Verstädterung vernichtet worden sind, oder dass dies noch geschehen wird, bevor sie faunistisch untersucht werden können. Es ist jedoch ebenso gut möglich, dass die Schrecke irgendwo auf der Welt in einem anderen Gewächshaus auftaucht. Weniger wünschenswert wäre es, wenn sie im tropischen Afrika oder Asien als eingeschleppte oder gar invasive Art registriert wird, wo sie sich vielleicht in Abwesenheit ihrer natürlichen Feinde und (Eichler wäre begeistert!) Parasiten ungebremst auszubreiten vermag. Im besten Fall wird *Phlugiola dahlemica* eines Tages, im Rahmen einer biologischen Expedition, in ihrer ursprünglichen Heimat im Regenwald Südamerikas wiederentdeckt und so der Kreis geschlossen, der Generationen zuvor durch Forschung auf der anderen Seite des Erdballs eröffnet worden ist.

Abb. 1 Weiblicher Holotyp von *Phlugiola dahlemica*, eines der wenigen erhaltenen Exemplare der Art. Foto: B. Jaenicke, MfN Berlin.

Abb. 2 Das historische Palmenhaus, heute Botanischer Garten Berlin-Lichterfelde. Foto: Wissenschaftshistorische Sammlung, Botanischer Garten Berlin, Freie Universität Berlin.

5.3.6 BEI-BIENKOS PLUMPSCHRECKE, EINES DER SELTENSTEN INSEKTEN EUROPAS

Soňa Svetlíková

Bei-Bienkos Plumpschrecke (*Isophya beybienkoi*) ist eine endemische Laubheuschreckenart, die weltweit nur an einem einzigen Ort vorkommt: im Nationalpark Slowakischer Karst, im Süden der Slowakei nahe der Grenze zu Ungarn.

Isophya beybienkoi wurde erst 1951 entdeckt, als der tschechische Entomologe Josef Mařan während seiner Forschungen im slowakischen Karst auf eine bislang unbekannte Heuschreckenart stieß. Mařan, der am Nationalmuseum tätig war, erkannte, dass er eine neue Art gefunden hatte, und führte in den folgenden Jahren intensive Forschungen auf den Zádielska- und Plešivská-Plateaus durch. 1958 beschrieb er die Art offiziell als die erste endemische Feldheuschrecke in der Slowakei. Zu Ehren des renommierten russischen Entomologen Prof. Grigory Yakovlevich Bey-Bienko, der sich der Erforschung von Grashüpfern und Grillen vor allem im europäischen Teil Russland widmete, benannte Mařan die Art «*beybienkoi*».

In den Jahrzehnten nach ihrer Entdeckung sammelten Forschende weitere Erkenntnisse über diese Art. Ihrem Namen entsprechend ist die Bei-Bienko Plumpschrecke für ihre langsame Fortbewegung bekannt. Bei Gefahr lässt sie sich einfach in die Vegetation fallen oder sucht Deckung, anstatt wie andere Heuschrecken zu springen. Sie ist überwiegend in der Dämmerung und während der Nacht aktiv, wobei ihre ungewöhnlichen Paarungsgesänge zu hören sind – sie klingen wie das Aufprallen eines Tischtennisballs und werden gelegentlich von schön klingenden, kurzen, pulsierenden Rufen der Weibchen beantwortet. Die Art lebt ausschließlich in spezifischen Lebensräumen auf den Karst-Plateaus, die für Menschen schwer zugänglich sind. Dort bevorzugt sie vegetationsreiche Randbereiche, in denen zahlreiche Blütenpflanzen wachsen.

Diese Lebensräume sind jedoch zunehmend bedroht. Über Jahrhunderte hinweg hat sich die Natur in Europa an eine Landschaft angepasst, die von Landwirtschaft und Weidewirtschaft geprägt war. Nutztiere übernahmen die ökologische Rolle der ursprünglichen, mittlerweile ausgestorbenen Megafauna und trugen zum Erhalt eines Mosaiks aus diverser Wald- und Wiesenvegetation bei. Doch mit dem Aufkommen der industriellen Landwirtschaft änderte sich dieses Gleichgewicht und die traditionelle Weidewirtschaft wurde innerhalb weniger Jahrzehnte weitgehend aufgegeben. Dies führte zu dramatischen Veränderungen in der Landbedeckung, die auch den Nationalpark Slowakischer Karst betrafen. Ehemals ausgedehnte Weideflächen sind heute fast vollständig von Sträuchern überwuchert. Die Lebensräume von *Isophya beybienkoi*, die einst große Teile der Karstgebiete bedeckten, sind inzwischen auf wenige isolierte Kleinbiotope geschrumpft. Da Bei-Bienkos Plumpschrecke flugunfähig ist, findet praktisch keine Migration zwischen diesen Biotopen statt. Stirbt eine Subpopulation aus, wird das Habitat nicht neu besiedelt, und die Gesamtpopulation schrumpft weiter. Heute verschwinden die letzten verbliebenen isolierten Subpopulationen direkt vor unseren Augen.

2021 wurde ein umfangreiches Forschungs- und Naturschutzprogramm gestartet, um die Hoffnung auf eine Rettung dieses weltweit bedrohten Endemits zu steigern (Kapitel 7.1). *Isophya beybienkoi* wurde als Teil des nationalen Kulturerbes der Slowakei anerkannt, und ihr Schutz hat internationale Bedeutung. Intensive Studien in den Jahren 2021 und 2022 dokumentierten das Vorkommen der Art in einigen verbliebenen Kleinbiotopen auf den Karst-Plateaus des Nationalparks, doch insgesamt wurden nur knapp 200 Individuen gefunden. Da die Habitate klein und isoliert sind, stellt die Verbesserung der Habitatqualität, der Größe und der Vernetzung dieser Lebensräume eine der größten Herausforderungen beim Erhalt der Art dar. Wenn dies

Abb. 1 Weibchen von *Isophya beybienkoi.* Foto: Ján Svetlík

gelingt, könnte Bei-Bienkos Plumpschrecke zu einer Flaggschiffart für den Schutz gefährdeter Biodiversität werden, die auf traditionelle Landnutzungsformen angewiesen ist.

Abb. 2 Karstlandschaft mit ausgeprägter Randvegetation, dem hauptsächlichen Lebensraum dieser Art. Foto: Ján Svetlík

5.4 AFRIKA

5.4.1 *HEUSCHRECKEN DER SAHARA UND IHRE ANPASSUNGEN AN DAS WÜSTENLEBEN*

Michel Lecoq

In der Sahara, der größten trockenheißen Wüste der Welt, sind die Heuschrecken fast überall mit extremen Umweltbedingungen konfrontiert. Tagestemperaturen können 50° C überschreiten, und der Temperaturunterschied zwischen Tag und Nacht kann mehr als 40° C betragen. Während der heißesten Stunden können die Oberflächentemperaturen sogar 60–70° C annehmen. Der jährliche Niederschlag ist der niedrigste der Welt und zudem unvorhersehbar. In den meisten Gegenden liegt er unter 130 mm, und in manchen Gebieten regnet es mehrere Jahre in Folge überhaupt nicht. Und trotzdem finden sich nicht wenige Arten von Heuschrecken in diesem unwirtlichen Lebensraum. Die bekannteste ist sicherlich die Wüstenheuschrecke *Schistocerca gregaria* (Abb. 1, Kapitel 3.1), deren Verbreitung, zumindest in der Solitärphase, recht gut mit den Grenzen der Wüstengebiete von Mauretanien bis Indien übereinstimmt. Die erstaunliche Anpassung dieser Heuschrecken an

Abb. 1 Imago der solitären Form von *Schistocerca gregaria* in der Wüste von Mauretanien. Diese Wanderheuschrecke gilt als Musterbeispiel für die Anpassung von Heuschrecken an das Wüstenklima der Sahara. Foto: Antoine Foucart, CIRAD, Frankreich.

das Wüstenklima ist das Ergebnis einer Reihe von morphologischen, physiologischen und reproduktiven Änderungen.

Die Heuschrecken der Sahara haben vielfältige morphologische Anpassungen entwickelt, die ihnen helfen, die extreme Trockenheit der Sahara nicht nur zu überleben, sondern sogar besonders gut zu meistern. Ihre Körper sind generell von einer stabilen, dicken Kutikula bedeckt, die mit einer Schicht von Wachsen und Fetten überzogen ist und so den Wasserverlust durch Verdunstung minimiert. Ein dichter Bewuchs mit langen Haaren mindert bei einigen Arten die Verdunstung weiter. Manche Heuschrecken haben besonders lange Beine entwickelt, um ihren Körper möglichst weit vom heißen Boden entfernt zu halten (Abb. 2). Zudem sind viele Heuschrecken der Sahara durch ihre Tarnung vor Räubern geschützt (Abb. 3, Kapitel 2.2).

Neben ihrer Morphologie sind die Heuschrecken der Sahara auch in ihrem Verhalten an die extremen Bedingungen angepasst. Sie passen ihre Aktivität an die Temperaturen an und vermeiden die Zeiten mit der größten Hitze. Die Wüstenheuschrecke beispielsweise reguliert ihre Körpertemperatur, indem sie sich täglich an der Vegetation auf und ab bewegt und verschiedene thermoregulierende Körperhaltungen einnimmt. Die Orientierung des Körpers wird je nach Temperatur an den Einstrahlungswinkel der Sonne angepasst. Um sich am kühlen Morgen aufzuwärmen, stellen sich die Heuschrecken senkrecht zu den Strahlen, um so eine größtmögliche Körperfläche zu exponieren. Wenn es wärmer wird, flüchten die Tiere sich in den Schatten oder orientieren sich parallel zu den Sonnenstrahlen und recken sich höchstmöglich auf, um sich möglichst weit vom heißen Boden zu entfernen. So minimieren sie die Hitzeaufnahme und vermeiden ein mögliches tödliches Überhitzen.

Eine weitere Strategie gegen Überhitzung und Austrocknung ist das Eingraben. Diese Strategie verfolgt zum Beispiel *Eremogryllus hammadae* (Eremogryllinae), die sandige und feinkörnige Böden bevorzugt (Kapitel 5.1.1). Die recht kleine Art ist eine gute Fliegerin. Auf der Flucht fliegt sie im Zick-Zack und vergräbt sich sofort nach der Landung im Sand, sodass nur noch die Antennen, die Oberseite des Kopfes und die Augen herausschauen (Abb. 4). Eine weitere Art der Wüsten und Halbwüsten, *Poekilocerus bufonius hieroglyphicus*, hat wiederum eine andere Strategie gegen die Hitze entwickelt. Die Art frisst fast ausschließlich an Schwalbenwurzgewächsen (Asclepiadaceae) und ist häufig auf dem Fettblattbaum (*Calotropis procera*) zu finden. Alle Teile der Pflanze sind giftig, vor allem der Pflanzensaft (Kapitel 5.4.4). Die Heuschrecke wiederum ist immun gegen die Pflanzenstoffe und nutzt die Pflanze als reichhaltige Wasserquelle. Bei sehr heißen Temperaturen kann sie so ihre Körpertemperatur mithilfe der Verdunstungskühle senken.

Die Anpassung des jährlichen Lebenszyklus kann ebenfalls eine wichtige Rolle spielen. Einige Arten, wie zum Beispiel *Dericorys albidula*, überleben die Trockenzeit als Ei im Ruhestadium. Bei *P. bufonius hieroglyphicus* entwickeln sich die Eier nur bei ausreichend Feuchtigkeit, können aber lange Trockenphasen von mehr als einem Jahr überstehen. Wieder andere Arten wie die Wüstenheuschrecke überleben als Imagines und warten mit der Fortpflanzung auf gute Bedingungen. Ihre polyphage Ernährung, also die Möglichkeit, verschiedene Pflanzenarten zu fressen, erlaubt es ihnen, ihr Nahrungsspektrum über die Jahreszeiten und ihre Wanderwege hinweg je nach Verfügbarkeit anzupassen.

Weiterhin sind viele Heuschreckenarten bekannt für ihre langen Wanderungen (Kapitel 3). Diese Fähigkeit ist besonders in Wüstenlebensräumen von besonderer Bedeutung. Die Weibchen der Wüstenheuschrecke erreichen erst bei mehr als 20 mm Niederschlag die Geschlechtsreife und kommen zur Eiablage. Eier und Larven reifen nur dann. Diese Bedingungen herrschen nur sehr selten lang genug an einem einzelnen Ort

Abb. 2 *Truxalis* sp. Man beachte die Länge der Beine, mit deren Hilfe das Tier den Körper möglichst weit entfernt vom Boden hält. Die helle Farbe stellt auf den sandigen Böden eine gute Tarnung dar Foto: Antoine Foucart, CIRAD, Frankreich.

Abb. 3 Beispiel der Tarnung bei dieser Nymphe von *Tuarega insignis*. Diese Wüstenart – die größte der Sahara – lebt auf sehr steinigen Böden und kommt überall in der Sahara vor. Foto: Antoine Foucart, CIRAD, Frankreich.

in der Sahara, weswegen sich meist nur je eine Generation an einem Ort entwickelt. Daher spielt die Möglichkeit, längere Wanderungen mit den vorherrschenden Winden zu unternehmen, eine besondere Rolle für die Entwicklung dieser Arten. Wanderheuschrecken ziehen nach den saisonalen Regenfällen über die Sahara hinweg – solitäre Individuen während der Nacht, die migratorischen Stadien am Tag. Bei schlechten Bedingungen verbringen die adulten Tiere oft mehrere Monate in einem Ruhestadium, ohne sich fortzupflanzen, und wandern Dutzende bis Hunderte von Kilometern am Tag. So können sie über große Distanzen und lange Zeiträume nach passenden Lebensraumbedingungen suchen. Der saisonale Niederschlag bedeutet, dass die Fortpflanzung im nördlichen Teil der Sahara normalerweise im Winter und Frühling erfolgt, wenn der Regen den Mittelmeerraum erreicht, und im südlichen Teil im Sommer und frühen Herbst, wenn der Monsun die nötige Feuchte bringt (Kapitel 5.4.2). Auf diese Weise haben sich die Wanderheuschrecken perfekt an die lokale und saisonale Verfügbarkeit von Ressourcen angepasst.

Diese Beispiele zeigen, dass die Heuschrecken der Sahara eine beeindruckende Vielzahl an Strategien und Anpassungen zum Überleben unter den unwirtlichen Lebensbedingungen der Wüste entwickelt haben. Diese Fähigkeiten verdeutlichen die hohe Anpassungsfähigkeit an variable Umweltbedingungen, die die Heuschrecken generell auszeichnet.

Abb. 4 *Eremogryllus hammadae* (Acrididae) im Sand vergraben. Die Heuschrecke kniet sich erst auf die beiden vorderen Beinpaare und schüttelt die Hinterbeine wechselseitig nach hinten, wobei sie Sand hinter den Körper wirft. So entsteht ein tiefes Loch, in dem das Tier sich innerhalb von weniger als einer Minute vergräbt. Am Ende ragen nur noch Stirn, Augen und Antennen aus dem Sand. Foto: Antoine Foucart, CIRAD, Frankreich.

> **Abb. 1** Karte Westafrikas mit schematischer Repräsentation der saisonalen Wanderbewegungen von *Oedaleus senegalensis* im Vergleich zur Innertropischen Konvergenzzone (ITCZ) im Januar (rot gestrichelte Linie) und August (blau gestrichelte Linie). Die Generationen G1, G2 und G3 zeigen die Verbreitungen der jeweiligen Generationen. G1D, Eier in Diapause in der Trockenzeit; blaue und rote Pfeile, Hauptwanderbewegungen (blau: während der Regenzeit; rot: während der Trockenzeit) resultierend aus den saisonalen Veränderungen von guten Habitatbedingungen (ca. 25–50 mm Regen/Monat). Hauptvegetationszonen: 1: Wüste; 2: Halbwüste; 3: Steppe; 4: Savanne; 5: bewaldete Savanne; 6: tropischer Wald. Karte: Michel Lecoq mit Daten von Think Africa (2020) und Exploring Africa (2025).

5.4.2 WESTAFRIKANISCHE HEUSCHRECKEN: IMMER DEM REGEN NACH

Michel Lecoq

Die Savannen Westafrikas haben eine vielfältige und artenreiche Heuschreckenfauna. All diese Arten leben in einer Region mit starken saisonalen Schwankungen der Umweltbedingungen – eine kurze, intensive Regenzeit und eine lange Trockenzeit, die mit fünf bis acht Monaten im Norden der Sahara länger ist als im Süden (weniger als drei Monate). Im Süden, wo das Klima dem des Sudans entspricht, variiert der Niederschlag zwischen 750 und 1500 mm/Jahr, weiter nördlich in der Sahelzone zwischen 250 und 750 mm/Jahr. In dieser Region spielt die Innertropische Konvergenzzone (ITCZ) eine Schlüsselrolle, da sie den Wechsel zwischen warmer und trockener tropischer Luft des Harmattans und der kälteren, feuchteren, marinen tropischen Luft des Monsuns bedingt. Die ITCZ bewegt sich saisonal von Süd nach Nord und zurück und verursacht so den Wechsel zwischen Trocken- und Regenzeit (Abb. 1).

ANPASSUNGEN DER LEBENSZYKLEN

Die Heuschrecken in diesen Regionen haben eine Vielzahl an Strategien zum Umgang mit den stark unterschiedlichen saisonalen Bedingungen entwickelt (Kapitel 2.1, 2.2, 5.4.1). Einige Arten pflanzen sich kontinuierlich über das gesamte Jahr hinweg fort und nutzen jedes etwas feuchtere Intervall in der Trockenzeit zur Paarung und Eiablage. Individuen aller Lebensstadien kommen daher zu jeder Jahreszeit vor, sogar in der Mitte der Trockenzeit. Diese Strategie wird zum Beispiel

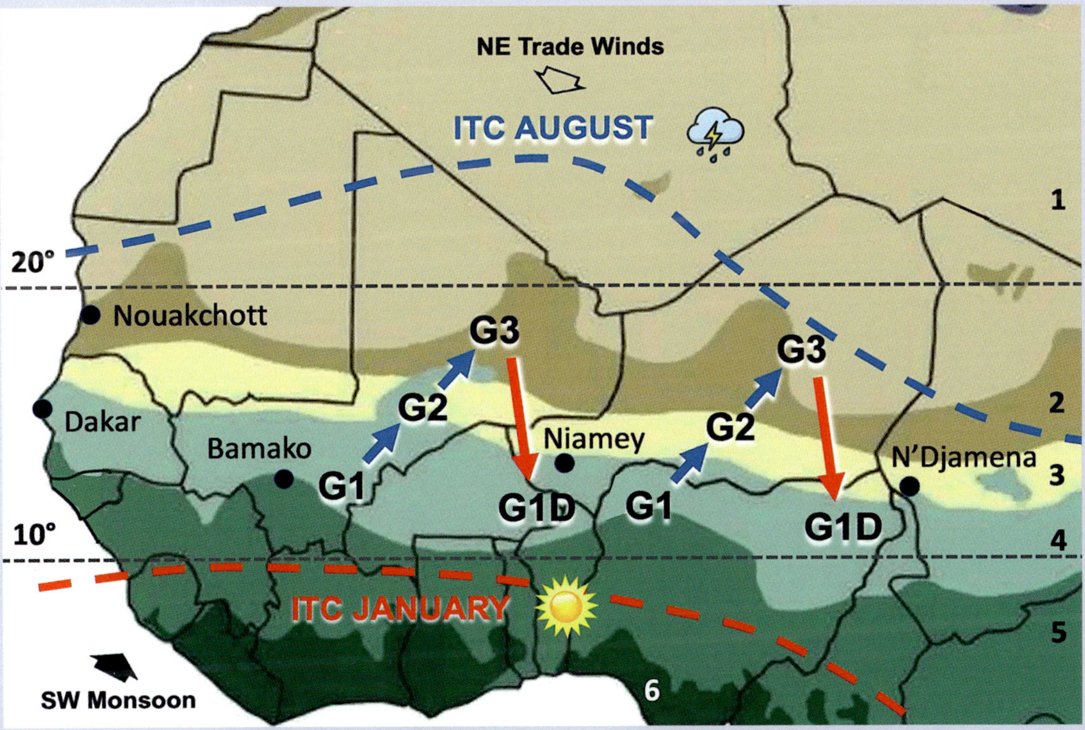

von den Arten *Acrida bicolor* (Abb. 2 rechts), *Pyrgomorpha vignaudii* und *Gastrimargus africanus* verfolgt. Andere Arten überleben die trockenen Monate als noch nicht fortpflanzungsfähige ausgewachsene Tiere; in diesen Fällen werden Geschlechtsreife und Eiablage durch Regenfälle ausgelöst. Diese Strategie verfolgen zum Beispiel *Acanthacris ruficornis* und *Ornithacris cavroisi*. Wiederum andere Arten verbringen die Trockenzeit als Eier in einer Diapause, wie zum Beispiel *Kraussaria angulifera* und *Oedaleus nigeriensis*; in diesen Fällen lösen die ersten Regenfälle die Embryonalentwicklung aus, gefolgt vom Schlupf der jungen Nymphen.

SAISONALE WANDERUNGEN

Zusätzlich zu den verschiedenen Anpassungen im Lebenszyklus folgen viele Arten von Heuschrecken in saisonalen Wanderungen den guten Lebensbedingungen der Regenzeit (Kapitel 3, 5.4.1). Diese Wanderbewegungen können sehr gut an der Art *Oedaleus senegalensis*, einem regelmäßigen Schädling an verschiedenen Getreiden wie Hirse, nachvollzogen werden (Abb. 3). Die Art hat einen Lebenszyklus mit einer embryonalen Diapause während der Trockenzeit (von Oktober bis Juni) und drei Generationen während der Regenzeit. Die Eier entwickeln sich innerhalb von 12 bis 15 Tagen; im Normalfall werden innerhalb von drei Wochen fünf Nymphenstadien durchlaufen. Die dann erwachsenen und geschlechtsreifen Weibchen beginnen 8 bis 15 Tage nach der letzten Häutung Eier zu produzieren. Unter guten Bedingungen und in Phasen ohne Diapause kann *O. senegalensis* ihren Lebenszyklus in weniger als zwei Monaten durchlaufen. Während der Regenzeit vollziehen die adulten Populationen weitreichende Wanderungen. Sie legen während einer einzigen Nacht Distanzen bis zu 350 km im Flug zurück, um der ITCZ und den damit verbundenen Niederschlägen und passenden Umweltbedingungen zu folgen. Aufgrund dieser Wanderungen kommen Folgegenerationen der Art (G1 bis G3) in verschiedenen Regionen vor. Die nördliche Verschiebung der ITCZ zu Beginn der Regenzeit führt zu einer graduellen Veränderung der Feuchtigkeit im Habitat. Die Populationen von *O. senegalensis* müssen daher neue Regionen erschließen, da das aktuell geeignete Habitat schnell zu nass wird. Südwestliche Luftströmungen verdriften die Tiere (G1 und G2, erste und zweite Generationen) in nördlichere Gebiete, wo weniger Niederschlag und damit bessere Bedingungen vorherrschen. Diese Wanderungen werden von einer nördlichen Verschiebung der ITCZ begleitet. Dieses Phänomen kehrt sich

Abb. 2 Heuschrecken haben ihre diversen Lebenszyklen an das Klima der Sahelzone angepasst. (Links) *Acanthacris ruficornis citrina*, eine Art der Buschsavannen, pflanzt sich in nur einer Generation pro Jahr fort und überdauert die Trockenzeit als noch nicht geschlechtsreife Nymphen. (Rechts) *Acrida bicolor* (hier in der grünen Farbmorphe) lebt in Grasland, hat keine festgelegte Fortpflanzungszeit und kann drei Generationen pro Jahr erzeugen. Fotos: Michel Lecoq

zum Ende der Regenzeit um. Verbliebene Populationen von *O. senegalensis* (normalerweise G3, dritte Generation) werden nach und nach aus den austrocknenden nördlichen Regionen verdrängt und folgen der ITCZ in ihrer schnellen südlichen Verschiebung. Einige erwachsene Tiere verharren in der mittleren Zone und legen Eier, während andere (abhängig von der Geschwindigkeit der ITCZ) ihre südliche Wanderung fortführen und das Ausgangsgebiet vom Beginn der Saison wieder erreichen. Hier wird die Mehrzahl der Eier der G3 abgelegt. Diese Eier überstehen die Trockenzeit in einer Diapause, um zu Beginn der nächsten Regenzeit die neue G1 hervorzubringen. Die räumliche und zeitliche Verteilung des Niederschlags bedingt hierbei das Ausmaß und die Taktung der nächsten Wanderungen. Der Grad an Synchronisation der Verteilung guter Habitatbedingungen mit der Phänologie der Heuschrecken bestimmt hierbei das Ausmaß des Reproduktionserfolgs der folgenden Generationen und damit auch die Wahrscheinlichkeit von Plagen.

Diese Wanderungen über weite Distanzen sind eine Anpassung an die fragmentierten und zeitlich limitierten Lebensraumbedingungen in semi-ariden Gebieten, in denen der Niederschlag zeitlich und räumlich variiert, vor allem zu Beginn und zum Ende der Regenzeit. Solche Wanderbewegungen sind charakteristisch für viele Heuschreckenarten der westafrikanischen Savannen, auch wenn sie im Detail abhängig vom Lebenszyklus und den ökologischen Ansprüchen der Arten variieren können. Auch wenn die meisten Wanderungen während der Regenzeit stattfinden, bleiben Arten mit adulter Diapause, wie *Acanthacris ruficornis*, *Acorypha clara* oder *Ornithacris cavroisi*, auch während der gesamten Trockenzeit mobil und folgen den täglichen Bewegungen der ITCZ. Insgesamt gesehen sind die Wanderungen von so hoher Bedeutung in den Savannenregionen, dass die Dichte der Heuschreckenpopulationen sowohl von der lokalen Reproduktionsrate als auch von langen Wanderbewegungen abhängen und dazu führen, dass erwachsene Tiere in schneller Abfolge ankommen, aber auch wieder abwandern.

Abb. 3 Braune (links) und grüne (rechts) Morphe von *Oedaleus senegalensis*, eine der wichtigsten Schädlinge von Getreiden und Hirse in der Sahelzone. Die Art lebt in Grasländern und auf sandig-tonigen Böden. Sie verbringt die Trockenzeit als Ei in der Diapause und durchläuft drei Generationen in der Regenzeit (Fotos: Michel Lecoq).

5.4.3 DIE KAUM BEKANNTE HEUSCHRECKENFAUNA DER AFRIKANISCHEN REGENWÄLDER

Jeanne Agrippine Yetchom Fondjo, Martin Husemann, Oliver Hawlitschek

DIE ERFORSCHUNGSGESCHICHTE DER TROPISCHEN, WESTAFRIKANISCHEN HEUSCHRECKEN

Die größte Vielfalt der Insekten finden wir in den Tropen. Dabei gibt es jedoch Unterschiede: im Vergleich mit Südamerika und Asien ist der Artenreichtum der Heuschrecken in Afrika nach heutigem Kenntnisstand sehr gering. Aber spiegeln diese Zahlen auch die wahren Verhältnisse wider? Oder sind sie eher ein Ergebnis unterschiedlicher Untersuchungsintensitäten in den verschiedenen Regionen – haben wir in den afrikanischen Regenwäldern bisher einfach nicht genau genug hingeschaut? Ein Blick in die Geschichte der Heuschreckenforschung in der Region kann Aufschluss geben.

Als Beispiel wollen wir die Kurzfühlerschrecken Kameruns und Togos betrachten. Die Mehrzahl der dort lebenden Arten wurde durch den Schweizer Karl Friedrich Brunner von Wattenwyl und den Deutschen Ferdinand Karsch Mitte der 1890er-Jahre, später durch Willy Ramme, Lucien Chopard, und Ignacio Bolívar im frühen 20. Jahrhundert beschrieben. Zu dieser Zeit waren europäische Wissenschaftler bereits lange in Südamerika und Asien aktiv gewesen, aber erst seit Kurzem in Afrika, insbesondere in den Gebieten südlich der Sahara. Viele Jahrhunderte lang hatten die Europäer sich auf Handelsstationen in den Küstengebieten beschränkt. Im späten 19. Jahrhundert jedoch begann, was in der Geschichtswissenschaft als «Wettlauf um Afrika» bezeichnet wird: Westeuropäische Kräfte annektierten und kolonialisierten große Teile Afrikas. Der Kolonialismus wiederum ebnete den Weg für europäische Sammler und Forscher.

Die Kolonisierung Kameruns durch das Deutsche Reich dauerte von 1884 bis 1919 an. Viele Taxonomen dieser Epoche verließen ihre naturwissenschaftlichen Museen in Europa nur selten und betrieben kaum oder gar keine eigene Feldforschung. Die meisten Menschen, die Tiere im Feld sammelten, waren hingegen entweder direkt Teil der Maschinerie, die den europäischen Kolonialmächten ihre militärische Kontrolle und wirtschaftliche Ausbeutung erlaubten, oder deren Nutznießer. Mitunter wurden dieselben Menschen zugleich von der europäischen Öffentlichkeit für ihren Umgang mit den Ethnien Afrikas verachtet und von Taxonomen durch die Benennung von Arten geehrt.

Einer der bekanntesten Heuschreckenforscher, der in diese Aktivitäten involviert war, war der deutsche Entomologe Ferdinand Karsch, der erst im Naturkundemuseum in Berlin und später an der Landwirtschaftlichen Universität Berlin von 1881 bis 1915 tätig war. Er verbrachte sein ganzes Leben in Deutschland und reiste selbst nie nach Afrika, beschrieb aber 54 Gattungen und 152 Arten von diesem Kontinent. Eine von ihm benannte Gattung von Laubheuschrecken der Unterfamilie Phaneropterinae trägt den Namen «*Preussia*», nach Paul Rudolph Preuss, einem Botaniker, der nach eigenen Angaben ein gutes Verhältnis zu der heimischen Bevölkerung pflegte, gleichzeitig aber

Abb. 1 Die Erstautorin dieses Kapitels, J. Fondjo (links), mit einem Assistenten auf der Suche nach unbekannten Heuschreckenarten in den Wäldern Kameruns. Foto: Jeanne Agrippine Yetchom Fondjo.

Abb. 2 *Oxya hyla* ist eine typische Art offener Lebensräume. Foto: Jeanne Agrippine Yetchom Fondjo.

Abb. 3 *Apoboleus degener* bevorzugt dichte Wälder mit geschlossenem Kronendach. Foto: Jeanne Agrippine Yetchom Fondjo.

an militärischen Handlungen der Kolonialkräfte beteiligt war. Die Gattung «*Morgenia*» widmete Karsch dem Infanteriegeneral Curt von Morgen; dieser hatte die Tiere während einer militärischen Expedition in die Regionen Douala und Adamawa gesammelt.

Die in jener Zeit gesammelten Exemplare stammten vor allem aus dem Südwesten und Nordwesten Kameruns. Nach dem Ende der Kolonialzeit wurden weiterhin auf mehreren französischen und belgischen Expeditionen, z.B. denen von M. Descamps, A. Descarpentries und A. Villiers, M. Donskoff und J. Le Breton, mehr als 1200 Heuschrecken gesammelt. Diese Proben, die zum größten Teil im Naturkundemuseum von Paris lagern, wurden von Donskoff im Jahre 1981 publiziert. Weitere Arbeiten an diesem Material folgten im 21. Jahrhundert: Mestre und Chiffaud dokumentierten 447 Arten von Caelifera aus 20 westafrikanischen Ländern in ihrem Katalog der Acridoidea von 2009.

In den letzten Jahren wurde wieder vermehrt an der Heuschreckenfauna Kameruns geforscht, da viele einheimische Wissenschaftlerinnen und Wissenschaftler das Thema für sich entdeckt haben (Abb. 1). Zahlreiche neue Arten wurden von Forscherinnen und Forschern um Professor Dr. Richard Seino, Professor Dr. Sevilor Kekeunou, Dr. Charly Oumarou Ngoute, Dr. Alain Christel Wandji, Dr. Alain Simeu Noutchom und Dr. Jeanne Agrippine Yetchom Fondjo beschrieben, sodass die kamerunische Fauna aktuell 240 Arten von Caelifera umfasst. Viele weitere werden momentan beschrieben oder harren noch ihrer Entdeckung. Nach fast 100 Jahren des Kolonialismus und des Postkolonialismus sind die kamerunischen Forscherinnen und Forscher heute endlich gleichwertige Partner in der Forschung der Diversität ihres eigenen Landes.

Trotz dieser positiven Entwicklungen ist die westafrikanische Heuschreckenfauna nach wie vor weniger gut bekannt als diejenige anderer tropischer Regionen. Im Bereich der Faunistik und Taxonomie bleibt viel zu tun. Vor allem in Anbetracht der fortschreitenden Entwaldung der Region sollten die Verbreitungsgebiete und der Gefährdungsstatus vieler Arten geklärt werden (Kapitel 7.1).

Abb. 4 Die kurzflügelige *Hintzia squamiptera* ist bisher ausschließlich aus den Wäldern Kameruns bekannt. Foto: Jeanne Agrippine Yetchom Fondjo.

Abb. 5 Mit ihrem grün-schwarzen Muster ist *Afromastax zebra zebra* im Spiel aus Licht und Schatten des Regenwaldes hervorragend getarnt. Foto: Premaphotos.

Abb. 6 *Stenocrobylus festivus* bewohnt Strauch- und Buschvegetation. Foto: Jeanne Agrippine Yetchom Fondjo.

VIELFALT UND VERBREITUNG DER WESTAFRIKANISCHEN KURZFÜHLERSCHRECKEN

Innerhalb der Tropen stellen die Regenwälder die Lebensräume mit der höchsten Artenvielfalt dar. Dies gilt auch in Afrika, nur wurden die Regenwälder dort bisher sehr viel weniger intensiv untersucht als diejenigen anderer Regionen. Da nur wenige Daten verfügbar sind, sieht die Artenzusammensetzung der Wälder bei den Kurzfühlerschrecken der der Savannen Ostafrikas recht ähnlich. In beiden Regionen werden die Caelifera durch fünf Superfamilien repräsentiert: Acridoidea, Eumastacoidea, Pyrgomorphoidea, Tetrigoidea und Tridactyloidea. Einige Arten kommen tatsächlich sowohl in den Savannen als auch im Regenwald vor; so zum Beispiel *Coryphosima stenoptera, Morphacris fasciata, Trilophidia conturbata* (Acrididae) und die *Taphronota calliparea* (Pyrgomorphidae).

Trotz der beschränkten Datenlage ist eindeutig, dass die Caelifera der westafrikanischen Regenwälder eine besondere Artengemeinschaft mit vielen Endemiten darstellen. Viele Gattungen kommen ausschließlich dort vor, z.B. *Serpusia, Pteropera, Pterotiltus, Cyphocerastis, Hintzia, Digentia, Holopercna* (Acrididae), *Hemierianthus* (Chorotypidae) und *Parapetasia* (Pyrgomorphidae).

Die Gattung *Hemierianthus* umfasst ein Dutzend Arten und ist von der Elfenbeinküste bis in den Kongo verbreitet. Die Arten sind auf Wälder beschränkt und auch dort recht selten. Der starke Sexualdimorphismus macht es schwierig, Männchen und Weibchen einer Art zuzuordnen, sogar, wenn beide Geschlechter der Art bekannt sind und beschrieben wurden.

Die Gattung *Parapetasia* besteht nach derzeitigem Kenntnisstand aus zwei Arten: *P. rammei* und *P. femorata*. Beide sind Endemiten der feuchten Wälder West- und Zentralafrikas und bevorzugen verschiedene Lebensräume. *Parapetasia rammei* kommt nur in den höheren Lagen Kameruns vor, *P. femorata* hingegen in den Tieflagen Kameruns, Äquatorialguineas, Gabuns und Nigerias. Die Art gilt in Kamerun als weit verbreitet, was möglicherweise auch auf die Nachbarländer zutrifft, woher jedoch kaum Daten zur Verfügung stehen. Beide Arten kommen in ihren natürlichen Lebensräumen ganzjährig vor.

Die Gattung *Pterotiltus* enthält 14 beschriebene Arten, davon 13 aus den feuchten Wäldern West- und Zentralafrikas. Eine Art (*P. hollisi*) hingegen ist in Uganda und West-Kenia endemisch. Alle Arten der Gattung bewohnen Wälder, insbesondere die Krautschicht an Waldrändern und Wegen. Die Flügel sind komplett reduziert, was vermutlich den Artenreichtum und den hohen Grad an Endemismus begünstigt.

Afrika südlich der Sahara beherbergt eine Vielzahl an weiteren Gattungen und Arten, von den Tief- in die Hochlagen, von den tropischen Regionen zu den Wüsten, auf Ackerland, auf Rohböden und im Buschland. Diese Arten können als wichtige Indikatoren für die Art und den Zustand von Lebensräumen dienen. Typische Arten der offenen Lebensräume sind zum Beispiel *Acrida bicolor, Acridoderes strenuus, Atractomorpha acutipennis, Catantops stramineus, Chirista compta, Coryphosima stenoptera, Eyprepocnemis plorans, Oxya hyla* (Abb. 2), *Spathosternum pygmaeum* und *Zonocerus variegatus*. Sie benötigen Licht, Wärme, schüttere Vegetation und die damit verbundenen Nahrungsquellen und Mikroklimata. Andere Arten hingegen sind von einem Schatten spendenden, geschlossenen Blätterdach abhängig: darunter *Apoboleus degener* (Abb. 3), *Bunkeya congoensis, Euschmidtia congana, Hintzia squamiptera* (Abb. 4), *Holopercna gerstaeckeri, Serpusia opacula* und *Afromastax zebra zebra* (Abb. 5). Manche Arten wie *Chrotogonus senegalensis, Gastrimargus africanus, Heteropternis thoracica* und *Morphacris fasciata* leben ausschließlich auf dem Boden, während andere wie *Oxycatantops congoensis, Stenocrobylus festivus* (Abb. 6) und *Taphronota calliparea* auf Sträuchern und Bäumen leben.

Alle diese Arten zeigen spezifische Anpassungen an ihre Umwelt. Ihr Überleben hängt von der Erhaltung ihrer Lebensräume ab; sind die der Wälder erst einmal zerstört, werden auch die darin lebenden endemischen Arten sehr schnell verschwinden.

5.4.4 AFRIKANISCHE KEGELKOPFSCHRECKEN: GIFTIGE SCHÖNHEITEN

Ricardo Mariño-Pérez, Jeanne Agrippine Yetchom Fondjo

Die Familie der Kegelkopfschrecken (Pyrgomorphidae) umfasst einige der farbenprächtigsten Grashüpfer der Welt, weshalb sie oft als «gaudy grasshoppers» (zu Deutsch: «grelle Grashüpfer») bezeichnet werden. Derzeit sind 488 Arten aus 148 Gattungen bekannt. Pyrgomorphidae sind durch eine Rille im Fastigium des Vertex (Scheitels) und die klar differenzierten Merkmale der männlichen Genitalien zu erkennen. Die Familie umfasst Arten mit unterschiedlichen Flügelentwicklungsstufen, von apteren (flügellose) über mikroptere (Tegmina vorhanden, aber nicht funktional) und brachyptere (reduzierte Tegmina, die immer noch geöffnet werden können) Tiere bis hin zu Arten mit vollständig funktionalen Flügeln. Bei einigen Arten wie *Maura rubroornata* (Abb. 1), *Zonocerus elegans* und *Z. variegatus* kommen sogar innerhalb einer einzigen Population unterschiedliche Flügelentwicklungsstufen vor. Kegelkopfschrecken sind insbesondere in Afrika hoch divers und auf dem afrikanischen Kontinent sowie Sokotra (aber nicht auf Madagaskar) mit 56 Gattungen vertreten, von denen 45 endemisch sind. Die 11 nichtendemischen Gattungen sind auch in Israel, auf Madagaskar, der Arabischen Halbinsel, dem Asiatischen Kontinent, in Südeuropa sowie Australien verbreitet.

CHEMISCHE ABWEHRMECHANISMEN

Viele afrotropische Mitglieder der Familie Pyrgomorphidae beeindrucken durch ihre Warnfärbung (Kapitel 2.2). Einige ernähren sich von giftigen Pflanzen und speichern die so aufgenommenen Gifte, um sie zur Feindabwehr zu verwenden (Kapitel 2.1). Aus diesem Grund werden sie oft als «toxic milkweed grasshoppers» (zu Deutsch: giftige Seidenpflanzen-Grashüpfer) bezeichnet. Mitglieder vieler Gattungen dieser Familie, wie *Phymateus, Phyteumas, Poekilocerus, Zonocerus* und *Colemania,* besitzen eine mitteldorsale Abdominaldrüse, die stark abstoßende Substanzen wie Cardenolide und Pyrrolizidinalkaloide absondert. Sowohl Nymphen als auch adulte Tiere können diesen Mechanismus bei Bedrohung anwenden, was oft mit einer gekrümmten Haltung einhergeht, um den hämostatischen Druck zu erhöhen und Zischgeräusche zu erzeugen.

Ein weiterer chemischer Abwehrmechanismus ist die Sekretion von Schaum. Arten der Gattung *Taphronota* geben diese Sekrete durch Öffnungen am Pronotum und Abdomen ab, während *Dictyophorus* (Abb. 2), *Loveridgacris* und *Parapetasia* (Abb. 3) den giftigen Schaum durch die Vermischung von Hämolymphe mit Luft aus den Tracheenöffnungen produzieren. Manchmal kann der Schaum sehr bunt sein, wobei die Farbe von der Ernährungsweise der jeweiligen Art abhängt.

Ihre chemischen Abwehrmechanismen schützen diese Arten nicht vor dem weit verbreiteten Verzehr durch Menschen (Kapitel 8.4, 8.5). Die sieben meistverzehrten Arten sind die häufig vorkommenden *Chrotogonus senegalensis, Occidentosphena uvarovi, Phymateus viridipes, Pyrgomorpha cognata, P. vignaudii, Zonocerus elegans* und *Z. variegatus.* Die Grashüpfer werden normalerweise von Hand, mit Netzen oder mit Körben gesammelt und dann gekocht oder gebraten, um, wenn korrekt durchgeführt, alle Toxine zu beseitigen. In vielen Fällen sind die Nymphen weicher und werden daher zu höheren Preisen gehandelt.

SCHÄDLINGE UND BEDROHTE ARTEN

Nymphen bestimmter Gattungen wie *Phymateus, Zonocerus, Poekilocerus* und *Taphronota* neigen zum Bilden von Gruppen, möglicherweise zum besseren Schutz vor Räubern. Es wurde diskutiert, ob diese Versammlungen als Gregarisierung betrachtet werden können, was Verhaltens- oder Farbänderungen nach sich zieht. In einigen Fällen marschieren Nymphen in Gruppen, und Erwachsene fliegen mitunter in Schwärmen. Im Fall von *Zonocerus elegans* (Abb. 4) werden

Abb. 1 *Maura rubroornata*, langflügelige Imago (A) und Nymphe (B), Südafrika. Foto: Ricardo Mariño-Pérez.

Abb. 2 *Dictyophorus spumans*, Südafrika. Foto: Ricardo Mariño-Pérez.

Abb. 3 *Parapetasia femorata*, Äquatorialguinea. Foto: Ricardo Mariño-Pérez.

Abb. 4 Eine Nymphe von *Zonocerus elegans*, Südafrika. Foto: Ricardo Mariño-Pérez.

Abb. 5 *Taphronota calliparea* aus Mosambik. Foto: Ricardo Mariño-Pérez.

häufig große Mengen an Tieren gefunden, die als adulte Tiere aber kaum aggregieren, wahrscheinlich, weil selbst die makropteren Formen schlechte Flieger sind. Andere Arten wie *Phymateus viridipes* hingegen fliegen ausdauernd. Bei *Taphronota calliparea* (Abb. 5) ist ein Farbunterschied zwischen solitären Nymphen (grün) und der aggregierten Form (schwarz mit gelben Markierungen, was sich bei der Häutung zum letzten Nymphenstadium zu grün ändert) dokumentiert. Adulte Tiere trennen sich bald danach voneinander. Einige dieser Arten werden als Schädlinge von Nutzpflanzen angesehen (Kapitel 3). Dies wurde hauptsächlich für *Z. variegatus* untersucht, aber 27 weitere Arten, die zu 11 Gattungen gehören, sind ebenfalls als Schädlinge von Getreide, Kaffee, Bohnen, Mais, Tabak und Baumwolle sowie anderen Kulturpflanzen bekannt.

Andere Arten wiederum gelten als schützenswert (Kapitel 7). Fünf in Somalia vorkommende Pyrgomorphiden sind aufgrund ihres eng begrenzten Verbreitungsgebiets möglicherweise gefährdet. Von *Paraphymateus roffeyi* sind nur vier oder fünf Exemplare von drei Standorten in Zentralsomalia bekannt. *Xiphipyrgus tunstalli* wurde nur an zwei Standorten gesammelt, *Vittisphena somalica* ist ausschließlich von ihrer Typuslokalität bekannt, *Parorthacris somalica* nur von Männchen aus der Typuslokalität und *Megalopyrga monochroma* gar nur von einem einzigen weiblichen Holotyp. Dieser Mangel an Belegen kann durch fehlende aktuelle Sammlungsarbeit, teilweise auch durch politische Gründe erklärt werden. Doch auch in besser erkundeten Regionen kommen seltene Mikroendemiten vor, beispielsweise *Marsabitacris citronota* vom Mount Marsabit in Kenia, von der nur ein einziges männliches Exemplar bekannt ist. *Physemophorus sokotranus* und *Xenephias socotranus*, zwei endemische Arten der Insel Sokotra, die politisch zu Jemen, geografisch aber zu Afrika gerechnet wird, sind nach derzeitigem Kenntnisstand durch Habitatfragmentierung gefährdet. Möglicherweise sind sie aber auch weiter verbreitet als bekannt, da *P. sokotranus* 2024 mehrfach bei iNaturalist registriert wurde.

DIE HARLEKINSCHRECKE – BUNT UND GEFÄHRLICH

Ricardo Mariño-Pérez UND Jeanne Agrippine Yetchom Fondjo

Eine der auffälligsten und bekanntesten Arten von Kegelkopfschrecken ganz Afrikas ist die Harlekinschrecke *Zonocerus variegatus*. Sie gehört zu den schönsten, aber auch zu den berüchtigtsten Arten des Kontinents. Ihre Jugendstadien bilden Schwärme und können schwere landwirtschaftliche Schäden hervorrufen.

Neben ihrer Schadwirkung besitzt die Harlekinschrecke auch eine wirksame chemische Verteidigung. Am Rücken, zwischen dem ersten und zweiten Abdominalsegment, sitzt eine Wehrdrüse, die ein stark übelriechendes Sekret abzusondern vermag. Dieser Umstand hat zu Trivialnamen wie Stinkschrecke oder dem französischen Äquivalent «criquet puant» geführt. Die Flüssigkeit kann über 20 cm weit verspritzt werden und löst bei Aufnahme durch Fressfeinde, auch Menschen, Symptome wie Krämpfe, Bauch- und Magenschmerzen, Lähmungen, allergische Reaktionen, Durchfall und Erbrechen aus. Dies wurde unter anderem von mehreren ethnischen Gruppen Südkameruns berichtet.

Trotz dieser weithin bekannten Vergiftungsfälle wird die Harlekinschrecke nach wie vor als Delikatesse (nach sachgerechter Zubereitung) und als Zutat der traditionellen Medizin zur Behandlung von gutartigen Vergrößerungen der Milz und Prostata, Nabelhernien und Rheuma geschätzt. Dazu werden die Heuschrecken zuerst durch Kochen abgetötet. Kopf, Verdauungstrakt, Beine und Flügel werden entfernt. Schließlich werden die Tiere gesalzen, an der Sonne getrocknet und schließlich mariniert, gegrillt, frittiert oder erneut gekocht.

Abb. 1 Eine Kopula der Harlekinschrecke *Zonocerus variegatus*, Foto: Igor Siwanowicz

5.4.5 DIE BALLONLAUBHEUSCHRECKEN: MYSTERIÖSE BEWOHNER DER OSTAFRIKANISCHEN WÄLDER

Claudia Hemp

Nachts erfüllt ein Konzert unterschiedlichster Tiergeräusche die submontanen und montanen Bergwälder Ostafrikas. Viele dieser Rufe und Gesänge können Waldvögeln zugeordnet werden, vor allem dem lautstarken abendlichen Spektakel der Silberwangen-Hornvögel und auch anderen bekannten Tieren. Der Ursprung einiger lauter, seltsamer, grillen- oder vogelähnlicher Gesänge hingegen blieb lange verborgen, da jede Suche nach dem Sänger vergeblich war: Die Tiere verstummten, sobald sich ein Mensch näherte.

Der Kilimandscharo hat seit langer Zeit das Interesse vieler Wissenschaftlerinnen und Wissenschaftler auf sich gezogen. Die Wirbellosen-Fauna dieses Berges wurde bereits zu Beginn des letzten Jahrhunderts auf einer vom schwedischen Wissenschaftler Yngwe Sjöstedt geleiteten Expedition ausführlich untersucht. Es dauerte aber bis 1996, als Andreas Hemp beim Durchtrennen einer Liane an den Südhängen dieses gewaltigen Vulkans eine leuchtendgrüne, mittelgroße Laubheuschrecke mit ballonartig aufgeblähten Hinterflügeln entdeckte. Als er das Tier mit der Hand packte, stellte er sehr schnell fest, dass es nicht so wehrlos war, wie es zunächst schien. Die Heuschrecke wusste sich nicht nur mit ihren bedornten Vorder- und Mittelbeinen zur Wehr zu setzen, sondern auch ihre starken Kiefer zum Einsatz zu bringen und gleichzeitig drohende Laute auszustoßen. Wir brachten unseren besonderen Fund mit in unsere Feldstation in Old Moshi. Direkt nach Sonnenuntergang, und sogar im Käfig, begann das Tier laut und pausenlos zu zirpen. Dieses Zirpen sollte später zum lautesten Gesang aller Laubheuschrecken erklärt werden und das Rätsel um die unbekannten nächtlichen Gesänge lösen.

Wir nannten unsere Neuentdeckung wegen der ballonartig aufgeblähten Flügel dieses und aller später gefundenen Männchen Ballonlaubheuschrecke. Als wir endlich wussten, wie man die kontinuierlich rufenden, aber optisch sehr gut getarnten Tiere auf ihren Sitzwarten unter breiten Blättern in der Strauchschicht und dem Blätterdach lokalisieren kann, fanden wir viele weitere Exemplare – genauso wie die stummen und flügellosen Weibchen. Dabei zeigte sich auch, dass die Ballonlaubheuschrecke eine empfindliche Art mit besonderen Ansprüchen an ihren Lebensraum ist, die offensichtlich nur im Blätterdach einiger Waldgemeinschaften am Mt. Kilimandscharo erfüllt sind. Daher hielten wir sie für endemisch für diese Region.

Untersuchungen der Insektensammlungen in Nairobi und in Museen in ganz Europa zeigten, dass nichts Ähnliches jemals gefunden wurde. Daher beschrieben wir eine neue Gattung für diese Tiere – *Aerotegmina* – was so viel bedeutet wie «aufgeblähte Flügel». Wir sahen damals *Aerotegmina kilimandjarica* als einzige Art der Gattung an. Später jedoch führten Feldstudien in anderen Bergwäldern Ostafrikas zu weiteren Entdeckungen von Ballonlaubheuschrecken in den nördlichen Pare Mountains, Mt. Meru und dem Manyara Escarpment im nördlichen Tansania sowie auf dem Mt. Sabuk und Mt. Kenia im kenianischen Hochland.

Da viele Heuschreckenarten Ostafrikas mit endemischen Arten in verschiedenen Gebirgszügen repräsentiert sind, erwarteten wir ein ähnliches Muster bei *Aerotegmina*. Überraschenderweise fanden wir jedoch keine Unterschiede zwischen den verschiedenen Populationen. Eine flugunfähige Art des Blätterdaches, beschränkt auf geschlossene Bergwälder und unfähig zu größeren Wanderungen unter den aktuellen klimatischen Bedingungen, kommt im Norden bis zum Mt. Kenia und im Süden bis zum Mt. Kilimandscharo vor. Das machte uns stutzig. Lieferte uns dieses seltsame Insekt einen Hinweis darauf, dass Wälder, wie sie nun nur in den Bergen gefunden werden, vor nicht allzu langer Zeit in Ostafrika viel weiter verbreitet waren und sogar im Flachland vorkamen?

Abb. 1 Bergwald am Mt. Kilimandscharo. *Aerotegmina kilimandjarica* kommt von der submontanen bis zur montanen Waldzone vor. Sie wird durch Nachtfrost beschränkt. Foto: Andreas und Claudia Hemp.

Die Entdeckung einer weiteren neuen Ballonlaubheuschrecke in den Eastern Arc Mountains bescherte uns weitere Erkenntnisse zu Verbreitung der ostafrikanischen Bergwälder. Mt. Kilimandscharo entstand vor nicht mehr als ein bis zwei Millionen Jahren, ein geringes geologisches Alter im Vergleich zu den Eastern Arcs, die auf ca. 100 Millionen Jahre geschätzt werden. Wenn die Eastern Arcs der evolutionäre Ursprung der Gattung *Aerotegmina* sind und Arten wie *A. kilimandjarica* erst vor Kurzem entstanden waren, wie durch genetische Studien bestätigt, dann unterstützt das die Hypothese, dass in Ostafrika vor ein bis zwei Millionen Jahren ein feuchteres, kühleres Klima vorherrschte. Zu dieser Zeit erstreckten sich vielleicht große zusammenhängende Wälder mit geschlossenem Blätterdach auch über das Flachland und verbanden so auch die Populationen von *Aerotegmina*. Genetische Analysen der Laubheuschrecken unterstützen diese Annahme und bieten somit eine mögliche Erklärung für die hohe Diversität und den hohen Endemismus der Eastern Arcs.

Obwohl Wissenschaftlerinnen und Wissenschaftler bereits seit mehr als 20 Jahren Alarm schlagen, sind von den Küstenwäldern Kenias und Tansanias nur kleine Fragmente verblieben, und ihre Zerstörung setzt sich unvermindert fort. Hierbei gehen nicht nur wunderschöne Lebensräume mit einzigartigen Pflanzen und Tiergemeinschaften verloren, sondern auch Archive, die uns helfen, die Biogeografie der Region, ihre Vegetationsgeschichte und damit auch die klimatische Vergangenheit Afrikas zu verstehen.

< **Abb. 2** Lärmend, aber trotzdem kaum zu entdecken: Männchen der Kilimandscharo-Ballonlaubheuschrecke *(Aerotegmina kilimandjarica)* in typischer Position unter einem breiten Blatt hoch oben im Blätterdach. Foto: Andreas und Claudia Hemp.

< **Abb. 3** Die seltene Riesen-Ballonlaubheuschrecke *Aerotegmina megaloptera*, deren Lebensraum im Kazimzumbwi Wald in der Nähe von Dar es Salaam größtenteils der Expansion der Stadt Kisarawe zum Opfer gefallen ist. Die Männchen erzeugen ein einem Wecker ähnliches Geräusch, das über große Entfernungen im nächtlichen Wald trägt und Weibchen auch bei geringen Populationsdichten anlocken kann. Foto: Andreas und Claudia Hemp.

Abb. 4 Anders als die Flügel der Männchen sind die der Weibchen, hier der Kilimandscharo- (A) und Riesen-Ballonlaubheuschrecke (B), nicht zu einem Resonanzkörper aufgebläht. Foto: Andreas und Claudia Hemp.

5.4.6 DIE SONDERBAREN, FLUGUNFÄHIGEN GRASHÜPFER DES SÜDAFRIKANISCHEN VELD UND FYNBOS

Daniela Matenaar

Auf meinen Wanderungen durch das «Veld» in Südafrika habe ich mich oft gefragt, ob es ein Zweig war, den ich versehentlich weggetreten hatte, oder ein Kieselstein, der bemerkenswerterweise von selbst ins Rollen kam und meinen Weg kreuzte. Ich war überrascht, denn meistens war es tatsächlich etwas Lebendiges, und sobald ich danach greifen wollte, war es weg. Tauchen Sie mit mir in die Welt der perfekten Tarnung ein – die Welt der Lentuliden! Die Familie der Lentulidae gehört zur Überfamilie der Acridoidea und ist entfernt mit den Grashüpfern verwandt, die man jeden Sommer in den Gärten Mitteleuropas antrifft. Die Lentuliden leben jedoch anderswo – in Afrika – in den riesigen Gebieten südlich der Sahara, wo sie heute fast alle erdenklichen Lebensräume in der Wildnis bewohnen, von den weiten Wüsten Namibias bis zu den üppigen tropischen Regenwäldern Ostafrikas. Ihr Ursprung und das Hauptzentrum ihrer Artenvielfalt liegt jedoch im heutigen südlichen Afrika: Die Lentuliden entwickelten sich im Fynbos-Biom, dessen einzigartige, strauchige Vegetation durch Feuer reguliert wird, sodass die dort vorkommenden Lebewesen ihren Lebenszyklus dem Feuer angepasst haben. Von dort aus breiteten sich die Lentuliden nach Nordosten aus. Währenddessen haben sie sich perfekt an die jeweiligen Umweltbedingungen angepasst. Schien es in Anbetracht ihres Ursprungs sinnvoll, in einem sehr windigen Lebensraum am Meer Flügel zu haben und gleichzeitig sehr zierlich und leicht zu sein? Sicherlich nicht, denn der Energieaufwand für das Fliegen war hoch, und Flügel zu besitzen, konnte sich in der Tat als tödlich erweisen, wenn man in Küstennähe lebte. Außerdem verlangte die einzigartige und immense Pflanzenvielfalt samt ihrer Struktur schlichtweg danach, jede mögliche Nische zu erobern, sich anzupassen, zu verstecken und mit der Umgebung zu verschmelzen, um eine optimale Tarnung zu erlangen (Kapitel 2.2). Und genau das haben die Lentuliden erreicht. Sie haben ihre Flügel vollständig verloren und sind weder in der Lage, Geräusche zu erzeugen noch zu verarbeiten, zumindest nicht in der uns so vertrauten Heuschreckenweise – mit anderen Worten, sie sind taub und können nicht zirpen. Dennoch können sie in auffälligen Farben vorkommen und ihre Umgebung tadellos nachahmen. Die meisten Lentuliden sind auf bestimmte Wirtspflanzen spezialisiert. Sie sitzen auf der Pflanze, von der sie sich ernähren; die meisten von ihnen verbringen buchstäblich ihr ganzes Leben auf nur wenigen einzelnen Pflanzen. Sie suchen Unterschlupf am Boden oder tief im Inneren der Pflanze und wärmen sich durch Sonnenbaden auf der Pflanze auf. Sie trinken, ruhen, balzen und paaren sich schließlich auf diesen. Für den Fall, dass die Lentuliden gestört oder gejagt werden (sie sind nachweislich eine zuverlässige Nahrungsquelle für Paviane), verfügen sie noch immer über beeindruckende Verteidigungsmechanismen: Sie verhalten sich so, als wären sie die Pflanze oder der Stein selbst. Sie verhalten sich wie der Kieselstein, gegen den man gerade versehentlich getreten hat, oder wie ein abgebrochener trockener Zweig. Manchmal gleichen sie eher einem Samenkorn, das schnell an einem vorbeisaust, oder, durch den Wind getragen, langsam auf den Boden segelt. Sie können den Wind aber auch absichtlich nutzen – zur Fortbewegung. Das haben wir bei der Schlanken Restio-Heuschrecke *(Betiscoides meridionalis)* beobachtet: Was macht man als sehr kleines, zartes und flügelloses Individuum, um die nächste Pflanze zu erreichen, ohne zu viel Energie zu verschwenden? Richtig, man springt einfach hoch und wartet, dass der Wind den Rest erledigt – und im Nu ist man ein paar Meter weiter geweht worden. Wenn der Landeplatz den Bedürfnissen der Tiere nicht gerecht wird, klettern oder springen sie sehr kontrolliert weiter, bis sie wieder einen geeigneten Unterschlupf finden. Dennoch sind Lentuliden auch in

Abb. 1 (A) Küsten-Fynbos in der Pufferzone des Kogelberg-Naturreservats mit Proteaceae- und verschiedenen Restionaceae-Arten. Lentuliden-Arten der Gattungen *Betiscoides*, *Devylderia* und *Gymnidium* leben in diesem Biotop. (B) Lebensräume von *Betiscoides muris* und Arten der Gattungen *Devylderia* und *Karruia* im Groot Winterhoek Wilderness Area mit Fynbos-Buschland. (C) Regelmäßig überflutetes Feuchtgebiet mit typischer Restionaceen-Gesellschaft und *Betiscoides nova* am Jonaskop. (D) Die Swartberg Nature Reserve nach einem Brand des Fnybos. Alle Standorte im Westkap, Südafrika. Fotos: Daniela Matenaar.

der Lage, sich festzuhalten, denn einige von ihnen, wie zum Beispiel alle Arten der Gattung *Betiscoides*, sind an Feuchtgebiete angepasst; gleichwohl sind sie nicht die besten Schwimmer und ertrinken leicht.

Das Balzverhalten der Lentuliden ist ebenso faszinierend wie ihre Tarnung. Grashüpfer-Balz ohne die bekannten, bezaubernden Gesänge? Das kann man sich nur schwer vorstellen. Normalerweise zeigen die Weibchen recht schnell Interesse, wenn ein Männchen vor ihnen zu singen beginnt (Kapitel 4). Bei den Lentuliden ist das anders. Über ihr Paarungsverhalten ist wenig bekannt, aber man hat herausgefunden, dass sie sich vorzugsweise nachts paaren und dass Balz und Paarung sehr lange dauern können. Hierbei nähert sich das Männchen dem Weibchen vorsichtig, indem es mit seinen Fühlern ihren Kopf und mit den Füßen der Vorder- und Sprungbeine ihren Rücken berührt. Wenn es das Weibchen zulässt, setzt sich das Männchen auf dessen Rücken und hält sich dort fest, wobei die wiederholten Berührungen manchmal stundenlang andauern, bis es zur eigentlichen Paarung kommt. Wir konnten ein Männchen dabei filmen, wie es nach fast 10 Stunden intensiven Balzens abgeworfen wurde.

So sehr die Lentuliden an ihre Wirtspflanzen bzw. ihre Umgebung angepasst sind, so sehr sind sie auch auf die perfekten Bodenbedingungen angewiesen, wenn es darum geht, ihren Lebenszyklus zu vollenden. Da sie in einer Umgebung zur Welt kommen, die auf wiederkehrende Feuerereignisse angewiesen und an diese angepasst ist, ist es für die vorkommenden Arten von entscheidender Bedeutung, diese schwierigen und sich abrupt ändernden Bedingungen zu überleben. Die Weibchen verlassen ihre Wirtspflanzen, um ihre Eier tief in den Boden zu legen, vorzugsweise bei angemessener Bodenfeuchte und Vegetationsdecke, um die bestmöglichen Bedingungen für ihren Nachwuchs zu schaffen. Beobachter berichteten mir oft sehr anschaulich, wie Heuschrecken bei Veld-Bränden buchstäblich um ihr Leben sprangen. Geflügelte Arten haben eine Chance, aus eigener Kraft zu entkommen, aber den Lentuliden kann nur der Wind helfen. Einige der gerade geschlüpften Nymphen stehen gleich zu Beginn ihres Lebens vor einer ihrer größten Herausforderungen. Finden sie sich auf fast kahlem Boden oder auf einer kleinen Pflanze wieder, die kaum für ihre Ernährung ausreicht – was sollen sie dann tun? Aufgeben und sterben? Nein, sie springen einfach weiter, bis sie einen geeigneten Lebensraum finden.

Aufgrund ihres sehr heterogenen Lebensraums und ihrer begrenzten Mobilität ist die Artenvielfalt der Lentuliden extrem hoch. Man geht davon aus, dass auf fast jedem Berggipfel im Fynbos-Biom eine andere Art zu finden ist. Dieser Umstand spricht für sich selbst, und man kann davon ausgehen, dass alle Arten der Lentuliden aus verschiedenen Gründen (z.B. Klimawandel, Lebensraumzerstörung und -fragmentierung) unmittelbar bedroht sind (Kapitel 7). Die Artenvielfalt und Ökologie der Lentuliden ist noch längst nicht abschließend erforscht, und die Menschheit hat die dringende Verpflichtung, deren Lebensgrundlage zu sichern und alles zu tun, um diese bemerkenswerten Lebewesen zu schützen.

< **Abb. 2** A: Männchen von *Betiscoides* sp., perfekt getarnt auf seiner Restio-Wirtspflanze im Jonkershoek Nature Reserve. B: Männchen von *Betiscoides muris* auf der Flucht in der Groot Winterhoek Wilderness Area, Westkap, Südafrika. C: Nymphe von *Karruia* sp. in der Groot Winterhoek Wilderness Area, Westkap, Südafrika. Fotos: Daniela Matenaar.

Abb. 3 Weibchen von *Lithidiopsis* sp. in Namib Greens, Namibia. Foto: Daniela Matenaar.

WO LENTULIDEN LEBEN

Die südafrikanischen Mitglieder der Familie Lentulidae bewohnen einige sehr spezifische Lebensräume.

Fynbos: Fynbos ist ein Biom mit strauch- und heideartiger Vegetation, die an wiederkehrende Feuerereignisse angepasst und von diesen abhängig ist. Das Biom befindet sich im südwestlichen Teil Südafrikas. Fynbos bedeckt einen großen Teil der Capensis oder Cape Floristic Region, die eines der sechs globalen Florenreiche darstellt und aufgrund ihrer enormen Pflanzenvielfalt und des großen Endemitenanteils als einer der ~30 Biodiversitäts-Hotspots der Erde gilt.

Veld: Ein weites, offenes und ländliches Gebiet im südlichen Afrika, das von Strauch- oder Grasvegetation dominiert wird und nur wenige und kleine Bäume aufweist.

5.5 AMERIKA

5.5.1 *HIMMELSINSELN: HOTSPOTS DER ENDEMISCHEN HEUSCHRECKENDIVERSITÄT NORDAMERIKAS*

L. Lacey Knowles, JoVonn G. Hill

Als «Himmelsinseln» (engl. «Sky Islands») werden Landlebensräume bezeichnet, die die umgebende Landschaft überragen und die voneinander durch tiefer gelegene Zonen isoliert sind. Nordamerikanische Sky Islands sind für ihre Vielfalt an Heuschreckenarten bekannt. Ihre isolierte geografische Lage begünstigt die Artbildung, jedoch variiert der Grad der Isolation der Heuschreckenarten in Abhängigkeit zu ihrer Habitatpräferenz (z. B. montane Spezialisten verglichen mit Arten, die offene Waldlandschaften bewohnen) sowie der Höhe, der geologischen Entwicklungsgeschichte und der jeweiligen Umweltbedingungen der Himmelsinseln. Daher beeinflussen Sky Islands die Artenvielfalt und die Verbreitung – unter anderem bei den Heuschrecken.

Die höchste Heuschreckendiversität der nordamerikanischen Sky Islands wurde in der Gattung *Melanoplus* (Acrididae: Melanoplinae) gefunden. Hier geben wir beispielhaft einen Überblick über einige dieser Heuschreckenarten.

VERTEILUNG UND ARTENVIELFALT VERSCHIEDENER SKY ISLANDS

In Amerika weist die hyperdiverse Gattung *Melanoplus* eine außergewöhnliche Vielfalt mit über 364 Arten auf. Interessanterweise befindet sich die höchste Diversität endemischer Arten auf den Sky Islands, welche sich stark von den tiefer gelegenen Habitaten unterscheiden.

Verschiedene Himmelsinseln werden von einer Heuschreckengemeinschaft bewohnt, die jeweils spezifisch für die jeweilige Region ist. Zum Beispiel unterscheidet sich die Heuschreckenfauna der Sky Islands der Rocky Mountains von derjenigen der Kaskadenkette oder des Sierra Nevada Gebirges und ist auch nur entfernt mit ihnen verwandt. Es gibt auch regionale endemische Artengruppen in den Rocky Mountains. In den zentralen Rocky Mountains von Colorado trifft man häufig auf Mitglieder der *Dodgei*-Artengruppe (Abb. 1), während diese in den nördlichen Rocky Mountain Sky Islands von Montana nicht vorkommen; hier findet man Arten der *Montanus*- oder *Indigens*-Gruppen (Abb. 2A-B). In jeder Region gibt es zahlreiche Arten, die eng miteinander verwandt sind. Diese regional begrenzten Verbreitungen auf den Sky Islands unterscheiden sich von der weiten Verbreitung vieler Taxa außerhalb dieser – hier werden häufig weite Regionen von einer Küste zur anderen von einzelnen Arten bewohnt (z. B. *Melanoplus sanguinipes, M. bivittatus,* und *M. femurrubrum*).

Die taxonomische Zusammensetzung und der regionale Endemismus sind nicht die einzigen Faktoren, in denen sich die Heuschrecken der Sky Islands unterscheiden. Interessanterweise variiert die Anzahl der Arten innerhalb der Artengruppen und somit auch zwischen geografischen Regionen. In Amerika findet sich der höchste Artenreichtum auf den Himmelsinseln im Westen, doch liegen auch im Osten Diversitätshotspots, insbesondere in den Appalachen und im geologisch jungen «Archipel» der Inlands-Sanddünen in Florida, die eine Insellandschaft von Habitaten bilden und die durch die dazwischenliegenden, tiefer gelegenen Ebenen mit unterschiedlichen Habitaten isoliert sind. Unter den diversen Sky Islands im Westen variiert die Vielfalt der Heuschrecken zudem zwischen Teilregionen.

Abb. 1 Verbreitung der Arten der *Melanoplus dodgei*-Gruppe in Colorado, Utah und New Mexico, und Darstellungen der männlichen Genitalien der Arten. Abbildung: Lacey Knowles.

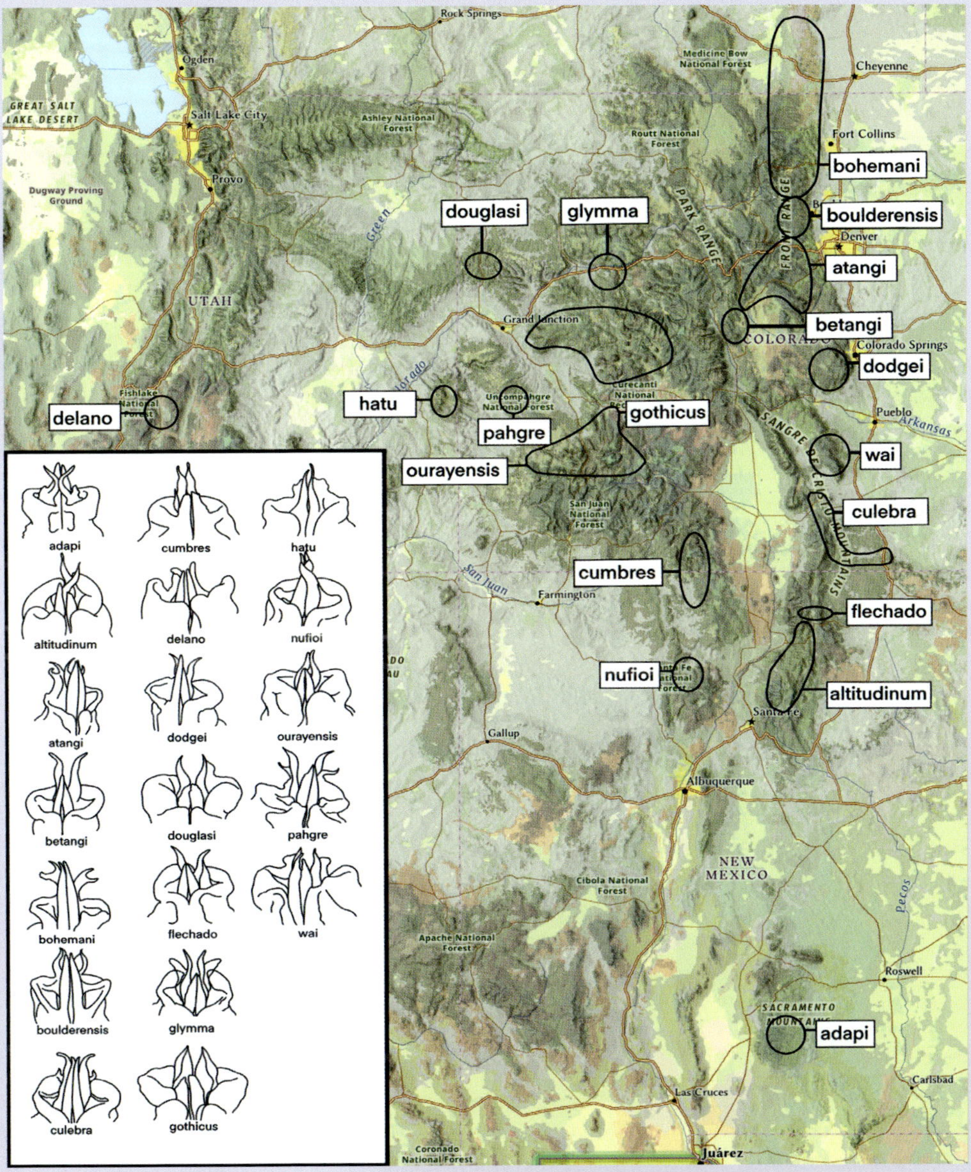

bohemani
boulderensis
atangi
betangi
dodgei
wai
culebra
flechado
altitudinum
adapi
douglasi
glymma
hatu
pahgre
gothicus
ourayensis
delano
cumbres
nufioi
Rock Springs
Ogden
Salt Lake City
Provo
GREAT SALT LAKE DESERT
Dugway Proving Ground
Ashley National Forest
Medicine Bow National Forest
Routt National Forest
Cheyenne
Fort Collins
Denver
PARK RANGE
FRONT RANGE
UTAH
COLORADO
Grand Junction
Colorado Springs
Pueblo
Arkansas
Green
Fishlake National Forest
Uncompahgre National Forest
Curecanti National
SANGRE DE CRISTO MOUNTAINS
San Juan National Forest
San Juan
Farmington
Santa Fe
Gallup
Albuquerque
NEW MEXICO
Cibola National Forest
Pecos
Apache National Forest
Roswell
SACRAMENTO MOUNTAINS
Carlsbad
Las Cruces
Coronado National Forest
Juárez
adapi
cumbres
hatu
altitudinum
delano
nufioi
atangi
dodgei
ourayensis
betangi
douglasi
pahgre
bohemani
flechado
wai
boulderensis
glymma
culebra
gothicus

Zum Beispiel beheimatet die Kaskadenkette im Vergleich zu anderen Gebirgssystemen relativ wenige Taxa. Außerdem kann sich die Artenvielfalt auch innerhalb der geografisch überlappenden Artengruppen unterscheiden. Zum Beispiel umfassen die *Indigens*- und *Montanus*-Gruppen der nördlichen Rocky Mountains jeweils zehn bzw. 32 Arten, was interessante Fragen über die Gründe der unterschiedlichen Artenvielfalt aufwirft. Des Weiteren unterscheiden sich die ökologischen Bedingungen und die Anpassungen zwischen den Sky Islands. Während die *Indigens*-Arten der nördlichen Rocky Mountains in Bezug auf ihre Ökologie auf montane Wiesen begrenzt sind (Abb. 2B), sind die *Viridipes*-Arten der Appalachen sowohl auf den südlichen, vegetationsfreien Felsnasen als auch in den angrenzenden Waldgebieten zu finden (Abb. 2E–F).

Die Faktoren, die zu den Unterschieden in der Artenvielfalt beitragen, sind nicht vollständig erforscht. Es werden sowohl abiotische als auch biotische Ursachen vermutet. Zu den abiotischen Faktoren zählen Unterschiede im Grad der Isolation der Populationen, der Anzahl der Himmelsinseln in jeder Region und/oder der Stabilität der Himmelsinseln in der Erdgeschichte (z. B. das Ausmaß, in dem Gletscherbildung im Pleistozän zu Verschiebungen in der Verbreitung geführt hat). Biotische Faktoren, die zu regionalen Unterschieden in der Diversität geführt haben könnten, umfassen lokale Anpassungen an Umweltgradienten und/oder sexuelle Selektion, die mit reproduktiver Interaktion zusammenhängt (z. B. können Unterschiede in den Genitalien von kryptischer Partnerwahl beeinflusst worden sein). Eine Untersuchung der differenzierbaren Merkmale der verschiedenen *Melanoplus* Arten deutet auf eine wichtige Rolle der sexuellen Selektion hin, wobei sich die Arten in der Struktur der männlichen Genitalien unterscheiden. Sexuell selektierte Merkmale durchlaufen oft eine schnelle Differenzierung, die zur reproduktiven Isolation führt und verhindert, dass die beginnende Artenbildung durch homogenisierenden Genfluss verloren geht, besonders in Regionen, wo temporäre Verbindungen zwischen Sky Islands durch klimatisch bedingte Verschiebungen der Verbreitung während der Eiszeit entstanden sind.

Schnelle Divergenz legt nahe, dass sowohl abiotische als auch biotische Faktoren die Artbildung begünstigten. Zum Beispiel könnte die Entstehung isolierter Gebirgsspitzen genetische Differenzierung durch genetische Drift hervorgerufen haben. Diese Abtrennung genetischer Variation früherer Generationen in isolierten Gipfeln könnte auch zu sexuell selektierten Unterschieden geführt haben, die sich dann zwischen den isolierten Gipfeln angesammelt haben. Überschneidung in der Phänologie kann ebenfalls die Artenvielfalt in einigen Sky Islands begrenzen. Standorte in höheren Gebirgslagen (z. B. über 2500 m) sind stark von Jahreszeiten geprägt und haben verkürzte Wachstumsphasen im Vergleich zu tiefer gelegenen Standorten. An solchen Stellen herrscht auch eine stärkere Erwärmung, wodurch mehr Arten mit einer höheren durchschnittlichen Überschneidung in der Phänologie im Vergleich zu tieferen Lagen entstehen konnten.

Heuschrecken der Himmelsinseln stellen eine faszinierende Gruppe von Lebewesen dar, in denen sich eine hohe Diversität über einen geologisch kurzen Zeitraum von gerade etwa 4 Millionen Jahren aufgebaut hat, ein klarer Gegensatz zum evolutionären Alter der Ordnung Orthoptera und Divergenzzeiten von mehr als 50–60 Millionen Jahren in vielen anderen Heuschreckengruppen (Kapitel 1.3). Mit einer taxonomischen Revision, zukünftigen phylogenetischen und genetischen Studien sowie der Charakterisierung der morphologischen Divergenz könnten die *Melanoplus*-Arten der Sky Islands viele Einblicke in die evolutionären Prozesse gewähren, die den Unterschieden in ihrer Diversität in verschiedenen Regionen und Artengruppen zugrunde liegen.

Abb. 2 Ausgewählte Heuschreckenarten der nordamerikanischen Himmelsinseln und ihre Lebensräume. A–B *Melanoplus indigens* und alpines Grasland in der Nähe des Double Springs Pass in Custer County, Idaho. C–D *Melanoplus magdalenae* und alpines Grasland auf South Baldy in den Magdalena Mountains, Socorro County, New Mexico. E–F *Melanoplus deceptus* und «Grassy Bald» (Gregory's Bald) der südlichen Appalachen im Great Smoky Mountains Nationalpark, Blount County, Tennessee. Fotos: Lacey Knowles & JoVonn Hill.

A
B
C
D
E
F

5.5.2 DIE HEUSCHRECKEN MEXIKOS: GROSS, BUNT UND DOCH WENIG BEKANNT

Paolo Fontana, Ricardo Mariño-Pérez

Mexiko stellt sozusagen das Herzstück des amerikanischen Doppelkontinents dar: Der nördliche Teil des Landes zählt zur holarktischen biogeografischen Region, der südliche zur neotropischen. Diese Grenzlage hat eine faszinierende Vielfalt von Flora und Fauna hervorgebracht.

Eine vorläufige, aber kürzlich aktualisierte Liste der Orthopteren-Taxa Mexikos wurde von Paolo Fontana und Kollegen zusammengestellt, basierend auf Daten des Orthoptera Species File (Kapitel 6.2). Diese Webseite listet heute 1054 Arten aus 22 Familien für Mexiko auf. Die artenreichsten Familien sind die Acrididae mit 399 Arten, gefolgt von den Tettigoniidae (257), Oecanthidae (72), Phalangopsidae (71), Romaleidae (37), Pyrgomorphidae (33), Anostostomatidae (26), Stenopelmatidae (26) und Trigonidiidae (21). Zwei Familien, die in Mexiko endemisch sind, sind die Xyronotidae mit vier Arten und die Tanaoceridae mit nur einer Art.

Es liegen viele Studien über die Diversität der Orthopteren an bestimmten Standorten in Mexiko vor, aber nur wenige Untersuchungen zur Vielfalt und Biogeografie auf den Ebenen größerer Regionen oder des gesamten Landes. Zwei Monografien von Daniel Otte bieten eine sehr detaillierte und immer noch aktuelle Sicht auf die Gomphocerinae und Oedipodinae-Unterfamilien der Acrididae von Nordamerika, einschließlich Mexiko. Für andere Orthopterenfamilien fehlen umfassende Monografien, und die Bestimmung ist nur nach einer gründlichen Überprüfung der Literatur und wissenschaftlicher Sammlungen (Kapitel 6.1) möglich. Mexikanische Orthoptera umfassen typische tropische Gattungen mit weiter Verbreitung in Zentral- und Südamerika.

Unter den Ensifera sind beispielsweise die weit verbreiteten Laubheuschrecken (Tettigoniidae) der Gattungen *Stilpnochlora, Lichenomorphus, Markia, Cocconotus* und *Copiphora* erwähnenswert. Viele langflügelige Arten der Unterfamilie Phaneropterinae werden im Spanischen als «esperanzas» (zu Deutsch «Hoffnung») bezeichnet. Aus biogeografischer Sicht sind sie eine Gruppe von kurz- bis mittellang beflügelten Gattungen der Phaneropterinae, welche aufgrund ihrer begrenzten Mobilität eine hohe Artbildungsrate aufweisen. Früher unter der Gattung *Dichopetala* zusammengefasst, wurden sie in acht Gattungen und 32 Arten unterteilt. Eine weitere endemische Gattung der Phaneropterinae in Mexiko ist *Arachnitus*, die nur eine squamiptere (schuppenflügelige) und eine flügellose Art umfasst. Weitere Arten mit reduzierten Flügeln und scheinbar begrenzter Verbreitung sind die beiden Arten der Gattung *Insara, I. oaxacae* und *I. acutitegmina*, die kürzlich aus dem Bundesstaat Oaxaca beschrieben wurden. Ein weiteres Beispiel in der Unterfamilie Conocephalinae ist die Art *Brachycaulopsis jovelensis*, die bisher die einzige Art der Gattung ist und nur im Bundesstaat Chiapas vorkommt.

Die Unterfamilie Listroscelidinae besteht aus neun Arten der Gattung *Neobarrettia* (Abb. 1), die alle in Mexiko gefunden werden können, einige auch im Süden der USA. Diese Arten sind durch ihre auffallende

Abb. 1 *Neobarrettia spinosa* besitzt eine Schrecktracht. Die Arten der Gattung *Neobarrettia* sind normalerweise grün gefärbt, zeigen aber bei Störung das leuchtende und dunkel gefleckte Muster ihrer Hinterflügel. Gleichzeitig heben sie ihre mit großen, dunkel gefärbten Stacheln besetzten Vorderbeine. Foto: Paolo Fontana.

Abb. 2 Die mehr als 20 mexikanischen Arten der Gattung *Stenopelmatus* sind wegen ihres auffallenden, gerundeten und sehr glatten Kopfes unter dem Namen «*cara de niño*» bekannt, was so viel wie «Kindergesicht» bedeutet. Foto: Paolo Fontana.

Abb. 3 Die gut getarnte Art *Xyronotus aztecus* ist eine Vertreterin einer der beiden Familien, die endemisch in Mexiko sind. Foto: Paolo Fontana.

Schrecktracht charakterisiert, die sie zu einigen der markantesten Insekten der ariden bis wüstengeprägten Habitate von Nordmexiko machen.

In Mexiko leben viele Grillenarten, besonders aus den Familien Gryllidae, Phalangopsidae, Trigonidiidae, Oecanthidae und Mogoplistidae, doch sind nur wenige Arten der Gryllotalpidae und Myrmecophilidae bekannt. Diese Orthopterengruppen sind weniger gut erforscht als die Tettigoniidae und Acrididae und könnten nach wie vor viele neue Entdeckungen liefern. Die Rhaphidophoridae, Anostostomatidae und Stenopelmatidae (Abb. 2) sind ebenfalls gut vertreten, während nur wenige Arten der Gryllacrididae bekannt sind.

Die Caelifera sind die am stärksten vertretenen und wahrscheinlich die am besten erforschten Orthopteren in Mexiko. Reich vertreten sind die Lümmelschrecken (Romaleidae) mit den Gattungen *Tropidacris*, *Titanacris* und *Chromacris*. Dank Daniel Ottes Monografien verfügen wir auch über umfangreiches Wissen über die Gomphocerinae und die Oedipodinae. Die Gruppe der Melanoplini in Mexiko ist sehr artenreich (über 160 Arten; Abb. 4, 6) mit vielen Arten der Gattung *Melanoplus* (Kapitel 5.5.1) und den endemischen Gattungen *Pedies*, *Oaxaca*, *Netrosoma*, *Perixerus* und *Phaedrotettix*. Bemerkenswerterweise sind auch die sonst unauffälligen Grabschrecken (Ripipterygidae) mit bunten Arten vertreten (Abb. 5).

Von großem biogeografischem Interesse sind die kleinen Artengruppen der Familien Tanaoceridae und Xyronotidae. *Tanaocerus rugosus* ist eine typische Art des Bundesstaates Baja California. Die einzige andere Art dieser Gattung kommt in Kalifornien (USA) vor. Die Gattung *Xyronotus* umfasst nur drei Arten, die alle endemisch für Mexiko sind: *Xyronotus aztecus* (Abb. 3), *X. cohni* und *X. hubbelli*. Die zweite endemische Gattung umfasst nur eine Art: *Axyronotus cantralli*.

Die mexikanischen Pyrgomorphidae (Kapitel 5.4.4) sind ebenfalls biogeografisch, aber auch aus anthropologischer und folkloristischer Sicht interessant (Kapitel 8.4). Diese Familie wird in Mexiko von etwa 30 Arten der Unterfamilien Orthacridinae, mit den Gattungen *Calamacris*, *Ichthiacris* und *Sphenacris*, und der Unterfamilie Pyrgomorphinae, mit den Gattungen *Ichthyotettix*, *Piscacris*, *Prosphena*, *Pyrgotettix*, *Sphenotettix* und *Sphenarium* vertreten. Die letztgenannte Gattung war kürzlich Thema einer taxonomischen Revision, die zur Beschreibung von acht neuen Arten geführt und die Anzahl der Arten in der Gattung somit auf 17 erhöht hat.

Die Vielzahl der neu beschriebenen Arten und Gattungen in verschiedenen Lebensräumen und biogeografischen Regionen verdeutlicht, dass die Erforschung der Heuschrecken in Mexiko weiterhin zu vielen neuen Entdeckungen führen kann und wir noch weit von einem vollständigen Bild dieser komplexen und vielfältigen Fauna entfernt sind.

Abb. 4 Die kürzlich neu beschriebene Gattung der Melanoplini des Bundesstaats Oaxaca, *Liladownsia*, hat ein breites Medienecho hervorgerufen. Aufgrund der auffallend farbenfrohen Erscheinung und beträchtlichen Größe der Tiere ist es nahezu unerklärlich, warum sie nicht früher gefunden und beschrieben wurde. Ein anderer Grund für die Berühmtheit war die Widmung des Namens an die bekannte mexikanische Sängerin, Songwriterin und Grammy-Gewinnerin Ana Lila Downs Sánchez, deren Künstlername Lila Downs ist. Die Autoren widmeten ihr den Gattungsnamen aufgrund ihrer Geburt in der Nähe der Typuslokalität, weil sie indigene Sprachen wie die dort gesprochene Zapotekische in ihre Musik einbindet und weil sie sehr oft in farbenfrohen, traditionellen, mexikanischen Trachten auftritt. Der Artname der bisher einzig bekannten Art *L. fraile* stellt einen der von der lokalen Bevölkerung für diese Art verwendeten Namen dar, «fraile», zu Deutsch «Mönch»: weil diese Art den Forschenden unbekannt war, aber offensichtlich nicht denen, die die wundervollen Lebensräume um die Stadt von San José del Pacífico jeden Tag durchqueren. Foto: Paolo Fontana.

Abb. 5 *Ripipteryx tricolor* ist ein auffallendes Mitglied der Ripipterygidae, der Grabschrecken. Foto: Paolo Fontana.

Abb. 6 *Aztecacris laevis* ist einer der vielen bunten Vertreterinnen der Melanoplinae. Foto: Paolo Fontana.

5.5.3 SÜDAMERIKA, EIN DIVERSITÄTSHOTSPOT DER FELDHEUSCHRECKEN

María Marta Cigliano, Martina E. Pocco

In Südamerika, wie auch auf anderen Kontinenten der Erde, gehören die Feldheuschrecken (Acrididae) mit 12 Unterfamilien und etwa 1153 Arten zu den artenreichsten Familien der Orthoptera (Kapitel 1.3). Einige dieser Unterfamilien sind fast weltweit verbreitet, während andere auf Südamerika beschränkt sind. Eine neue molekulargenetische Studie deutet darauf hin, dass sich die Acrididae ursprünglich in Südamerika entwickelt haben, und viele ursprüngliche Gruppen dieser Familie werden auch heute fast ausschließlich auf diesem Kontinent gefunden. Dazu gehören die Marelliinae, Pauliniinae, Ommatolampidinae, Leptysminae und Rhytidochrotinae. Während die Rhytidochrotinae größtenteils in den Wäldern Kolumbiens vorkommen, sind die anderen Unterfamilien im Amazonasbecken und im Norden Südamerikas weit verbreitet. Einige kommen auch bis nach Zentralamerika vor. Die Arten dieser Gruppen unterscheiden sich stark von gewöhnlichen Grashüpfern. Zwei besondere Arten, *Marellia remipes* und *Paulinia acuminata* (Abb. 1), haben eine sehr spezielle Lebensweise. Sie verbringen ihr ganzes Leben auf den Schwimmblättern großer Wasserpflanzen, ernähren sich von ihnen und legen auch ihre Eier darauf ab. Als spezifische Anpassung an das Schwimmen und Tauchen sind ihre Hinterbeine flach und breit.

Eine weitere interessante Art, *Stenopola puncticeps* (Abb. 2), gehört zu der kleinen Unterfamilie der Leptysminae mit 77 Arten. Sie sind bekannt für ihre besonderen Anpassungen an Feuchtgebiete wie Sümpfe und Moore. Sie fressen Seggen, Binsen oder andere grasartige Pflanzen, die in diesen Gebieten wachsen. *Cylindrotettix dorsalis* (Abb. 3) gehört ebenfalls zu den Leptysminae, und wie viele andere grasfressende Heuschrecken besitzen sie eine längliche Körperform. Während die meisten Grashüpfer ihre Eier unter die Erde legen, fressen die Weibchen der Leptysminae Löcher in Pflanzenstämme und legen ihre Eier in die Pflanze.

Opaonella tenuis gehört zu den 46 Arten der Rhytidochrotinae, die überwiegend in den Bergwäldern von Nordbrasilien bis Costa Rica leben und die

Abb. 1 *Paulinia acuminata* (Pauliniinae). Foto: Martina E. Pocco.

Abb. 2 *Stenopola puncticeps puncticeps* (Leptysminae). Foto: Maria Marta Cigliano.

Abb. 3 *Cylindrotettix dorsalis* (Leptysminae). Foto: Maria Marta Cigliano.

höchste Diversität in Kolumbien aufweisen. Die meisten Mitglieder sind flügellos, besitzen keine Tympana (Hörorgane), einen kurzen Thorax und sind auffallend gefärbt. Bemerkenswerterweise deutet das Fehlen von Tympana und artspezifischer Genitalien auf alternative Mechanismen der Erkennung von Fortpflanzungspartnern hin, wobei vermutlich visuelle Signale als primärer Mechanismus dienen. Dazu kommt, dass sie, anders als andere Grashüpfer, Farne statt Gras fressen.

Psiloscirtus bolivianus gehört zu den Ommatolampidinae, eine der größten Unterfamilien von Grashüpfern in Südamerika mit über 290 Arten. Die Verbreitungsgebiete mancher dieser Arten erreichen den Süden der USA, aber der Großteil ist auf den Norden Südamerikas und das Amazonasbecken beschränkt. Die Gruppe der Ommatolampidinae ist sowohl in ihrem Erscheinungsbild als auch in ihren Habitatpräferenzen äußerst vielfältig. Beispielsweise umfasst sie gut getarnte bodenlebende Arten wie *Vilerna rugulosa* und Baumkronenbewohner, während andere, wie *Abracris flavolineata*, eher Grashüpfer-typisch aussehen. Dementsprechend groß ist auch die Bandbreite an Ernährungsformen und Fortpflanzungsstrategien unter den Ommatolampidinae.

Oedipodinae (Ödlandschrecken, Kapitel 1.4), Gomphocerinae (Grashüpfer im engeren Sinne) und Acridinae (Grasschrecken) sind drei eng miteinander verwandte Gruppen der Feldheuschrecken, die zusammen mit über 2500 Arten weltweit vertreten sind. Viele ihrer Mitglieder bewohnen Grasland-Lebensräume und produzieren typischerweise Geräusche durch das Reiben ihrer Flügel und Beine oder das Schnippen von Körperteilen. Es besteht kein klarer Konsens unter Forschenden über die genaue Einordnung dieser eng verwandten Gruppen; angesichts des aktuellen Wissensstandes ist keine der drei Gruppen wahrscheinlich monophyletisch (Kapitel 1.3), also aufgrund ihrer evolutionären Verwandtschaft eindeutig differenzierbar, weshalb wir sie hier gemeinsam behandeln.

Abb. 4 *Hyalopteryx rufipennis* (Acridinae). Foto: Maria Marta Cigliano.

In Südamerika umfassen die Acridinae eine kleine Gruppe der sogenannten Hyalopterigini (17 bestätigte Arten), deren Flügel typischerweise an der Spitze schief abgeschnitten sind, wie bei *Hyalopterix rufipennis* (Abb. 4). Die Gomphocerinae sind mit etwa 90 Arten in Südamerika vertreten. Daraus sticht die in Brasilien, Kolumbien und Venezuela vorkommende Mato-Grosso-Schrecke *Rhammatocerus schistocercoides* (Abb. 5) durch ihr Wanderverhalten hervor. Mitglieder der Oedipodinae bevorzugen eher wärmere, trockene und offene Habitate und sind bekannt für ihre nahezu perfekte Tarnung auf diesem Untergrund (Homochromie, Kapitel 1.4). Sie sind in Südamerika mit weniger als 10 Arten deutlich seltener als in Nordamerika und Afro-Eurasien. Nur die Gattung *Trimerotropis* ist weit verbreitet, von ariden Regionen der USA bis nach Argentinien und Chile, während die anderen vier Gattungen (*Lactista*, *Heliastus*, *Sphingonotus*, *Diraneura*) nur lokal vorkommen.

Copiocerinae, Proctolabinae und Melanoplinae stellen ein weiteres Trio eng verwandter Gruppen dar. Die farbenfrohe *Adimantus ornatissimus* gehört zu den 91 Arten der Copiocerinae. Diese Gruppe von Grashüpfern bewohnt ein Gebiet von Mexiko bis Südamerika, mit Schwerpunkt im nördlichen Südamerika und Amazonasgebiet. Ihre Mitglieder sind – für Grashüpfer sehr untypisch – als Nahrungsspezialisten von Regenwaldpalmen bekannt.

Die ästhetisch ansprechenden Arten von *Poecilocloeus* (Abb. 6) gehören zu den Proctolabinae. Diese Gruppe umfasst 215 Arten in einem Gebiet von Südmexiko bis Nordost-Argentinien und dem Süden Brasiliens. Proctolabinae bewohnen normalerweise feuchte Wälder bis zu etwa 2500 m über dem Meeresspiegel. Einige leben in großen Bäumen, während andere, insbesondere die kurzflügeligen (brachyptere) Arten, in kleinen Bäumen und Sträuchern gefunden werden. Viele dieser Insekten spezialisieren sich auf Pflanzen der Familien Solanaceae und Asteraceae und legen ihre Eier oft auf die Blätter ihrer Wirtspflanzen.

Melanoplinae ist mit etwa 1217 Arten die größte Unterfamilie der Acrididae in Amerika (Kapitel 5.5.1) und kommt von Alaska bis nach Patagonien vor. Die meisten Arten sind in der nördlichen Hemisphäre vertreten, aber etwa 270 Arten leben auch in Südamerika. Unter ihnen ist die Gruppe der Jivarini (z. B. *Maeacris aptera*), die in den Anden lebt, sich in vielen Aspekten von dem Rest der Unterfamilie unterscheidet und scheinbar die früheste evolutionäre Abzweigung der Gruppe bildet. Die Melanoplinae sind auf dem gesamten Kontinent verbreitet, außer im Amazonasbecken, und können in allen möglichen Habitaten vom Meeresspiegel bis zu Höhen von 5000 m in den Anden gefunden werden. Die morphologische Variation zwischen den Arten, besonders bei den Genitalien der Männchen und manchmal auch der Weibchen, ist sehr hoch. Diese

Abb. 5 *Rhammatocerus schistocercoides* (Gomphocerinae). Foto: Maria Marta Cigliano.

Männchen zeigen keine speziellen Balzrituale vor der Paarung, sondern nähern sich den Weibchen abrupt, um aufzuspringen. Die meisten Arten leben in Graslandschaften und fressen eine Mischung aus verschiedenen dikotyledonen Pflanzen und Gräsern, sodass sie mitunter als Konkurrenz für Nutziere angesehen werden (Kapitel 2.1). Bestimmte Arten, wie die der Gattung *Dichroplus* (*Dichroplus maculipennis*), sind aus wirtschaftlichen Gründen wichtig in den argentinischen Grasländern.

Die südamerikanische Wanderheuschrecke *Schistocerca cancellata* gehört zur Unterfamilie Cyrtacanthacridinae, einer weltweit vorkommenden Gruppe mit etwa 171 Arten, von denen einige zu den wirtschaftlich relevantesten Wanderheuschrecken der Welt gehören (Kapitel 3.1). In Südamerika gibt es nur zwei Gattungen mit weniger als 20 Arten: *Halmenus* auf den Galapagosinseln und *Schistocerca*. *Schistocerca cancellata* ist seit Langem als bedeutender Schädling in Argentinien und den Nachbarländern bekannt. Sie ist die einzige wirklich schwärmende Wanderheuschrecke im südlichen Südamerika, mit einem riesigen Invasionsgebiet von fast 4.000.000 km^2 in Zentral- und Nordargentinien, Uruguay, Südbrasilien, Paraguay, Südostbolivien und Zentral- und Nordchile. Zwischen 1870 und 1954 wurde Argentinien mehrmals von schweren Plagen heimgesucht, bei denen 15 von 22 Provinzen betroffen waren. Ähnliche Vorkommnisse wurden in den Nachbarländern zur gleichen Zeit beobachtet. Größere Plagen wurden durch intensive Pestizidkampagnen eingedämmt. Der letzte schwere Ausbruch seit über 60 Jahren trat Ende 2005 in Nord-Argentinien auf, gefolgt von einer

Abb. 6 *Poecilocloeus* sp. (Proctolabinae). Foto: Martina E. Pocco.

Ausbreitung in die Nachbarländer über die darauffolgenden Jahre. Mittlerweile wurden Managementstrategien aus anderen Teilen der Welt übernommen, aber viele Aspekte sollten noch genauer untersucht und an das vorherrschende politische und administrative System der betroffenen Länder angepasst werden (Kapitel 3).

Seit dem 19. Jahrhundert haben zahlreiche Forschende zum Wissen über die südamerikanischen Acrididae gearbeitet, hauptsächlich jedoch im 20. Jahrhundert, was viel zum Verständnis der Diversität beigetragen hat. Ein großer Anteil der Region wurde erforscht, dennoch gibt es einige Länder in Südamerika, deren Acrididenfauna weiterhin kaum bekannt ist; so z.B. Venezuela, die Guyanas, Suriname, Bolivien, Chile, der Großteil Brasiliens (abgesehen vom Süden) und Peru. Wie bei anderen Gruppen litt aber auch die Erforschung der südamerikanischen Acrididae unter dem Schwund von Taxonomen in den letzten 30 Jahren. Dennoch repräsentiert sie ein wunderbares System zum Studium vieler evolutionärer Fragen. Die Einbeziehung genomweiter Daten zur Klärung der Verwandtschaftsbeziehungen auf allen Ebenen, die Anwendung neuer Visualisierungstechnologien zur Untersuchung morphologischer Merkmale in bislang unbekannten Details und die kontinuierliche Entwicklung des Orthoptera Species File, der taxonomischen Datenbank (Kapitel 6.2), die als Rückgrat für die Fortführung der Orthopteren-Systematik dient, könnten dazu beitragen, Studierende für die Systematik der südamerikanischen Grashüpfer zu begeistern.

5.5.4 FARBENFROH UND TOLPATSCHIG. DIE DIVERSITÄT DER AMERIKANISCHEN ROMALEIDAE

Martina E. Pocco, María Marta Cigliano

Die «Lümmelschrecken» (Romaleidae), englisch «Lubber grasshoppers», sind eine endemische Familie des amerikanischen Doppelkontinents aus der Gruppe der Acridoidea. Ihre 483 Arten sind morphologisch vielfältig und kommen vor allem in Süd- und Zentralamerika vor, wobei sich die Verbreitung einiger Mitglieder bis in den Süden Nordamerikas erstreckt. Generell sind Lümmelschrecken durch ihr schwerfälliges Verhalten (daher der Trivialname) und einen robusten, mittelgroßen bis großen Körper charakterisiert. Die Familie wird in zwei morphologisch und ökologisch unterschiedliche große Gruppen unterteilt: Romaleinae und Bactrophorinae. Die mehr als 200 Arten der Bactrophorinae kommen größtenteils in tropischen Regenwäldern im Norden von Südamerika und Zentralamerika vor. Viele sind Baumkronenbewohner, andere hingegen leben auf Sträuchern oder in der krautigen Vegetation gehölzfreier Gebiete. Die meisten Bactrophorinae sind mittelgroße Heuschrecken mit vorstehenden Augen, kurzen Flügeln (wenn überhaupt vorhanden), kräftigen Hinterbeinen, einem verlängerten zweiten Segment der Hintertarsen und Sinneshaaren, die den unteren Bereich des Abdomens und der Beine bedecken. Ein verbreitetes Beispiel ist die Art *Helicopacris modesta* (Abb. 1) aus Bolivien, die wie viele andere baumbewohnende Bactrophorinae (wie die flügellose Gattung *Richnoderma*) oft ruhend an mittelgroßen Zweigen von Bäumen und Sträuchern beobachtet wird. Ihr bauchseitig konkaver Thorax ist wahrscheinlich eine Anpassung an diese Angewohnheit.

Die 269 Arten der Romaleinae beinhalten die größten und farbenfrohesten Vertreter innerhalb der neotropischen Acridoidea, sind jedoch sehr heterogen in Bezug auf Morphologie und Verhalten. Sie umfassen sowohl robuste, dorsoventral abgeflachte Formen wie die wüstenbewohnende Gattung *Phrynotettix*, als auch zylindrisch verlängerte Formen, unter anderem der Gattung *Legua*, die mit den Baumkronen von Palmen assoziiert ist. Außer den kleinen Kronendachbewohnern des Amazonas-Regenwaldes sind Romaleinae generell mittelgroße bis große Grashüpfer, manchmal sogar extrem groß, wie *Tropidacris* (die größten bekannten Grashüpfer) und *Titanacris*. Die Weibchen von *Tropidacris collaris* (Abb. 2) können bis zu 13 cm Länge erreichen, die Männchen etwas mehr als 10 cm. Es gibt sogar Aufzeichnungen von Weibchen von *Tropidacris cristata* mit einer Länge von 14,5 cm und einer Flügelspannweite von 25 cm. Im Flug werden diese großen Tiere leicht mit kleinen Vögeln verwechselt.

Die Variation in der Morphologie zeigt sich nicht nur in der generellen Körperform, sondern auch in der Form des Kopfes und des Pronotums. Zahlreiche Arten weisen lange pronotale Kämme auf, wie z. B. *Prionolopha serrata*. Die Mehrheit der Romaleinae-Arten besitzt voll ausgebildete Flügel, oft mit bunten Hinterflügeln und manchmal mit kontrastreichen Farbmustern. Einige Arten zeigen Sexualdimorphismus, wie *Staleochlora ronderosi* (Abb. 3), mit makropteren Männchen und brachypteren Weibchen. Eines der bestimmenden Merkmale der Romaleinae ist das Vorhandensein (mit wenigen Ausnahmen) eines tegmino-alaren Stridulationsapparats (Kapitel 4.1). Im Gegensatz zu den meisten Acridoidea, die Töne durch das Reiben der Hinterbeine gegen die Flügel erzeugen, erzeugen Romaleinae Töne durch die Bewegung beider Flügelpaare, wobei sie die gezähnten, parallel verlaufenden und bogenförmigen Äderchen der Hinterflügel gegen eine stark hervorgehobene Ader auf der Unterseite der Tegmina reiben.

Ebenso vielfältig wie ihre Morphologie sind die Lebensräume, in denen die Romaleinae-Arten vorkommen. Sie sind weit verbreitet in subtropischen Mischwäldern und Savannen, wobei viele Arten dort Waldränder bevorzugen. Andere Artengruppen sind auf den

Abb. 1 *Helicopacris modesta* (Ophthalmolampini, Bactrophorinae), Männchen, Santa Cruz, Bolivien. Foto: Martina E. Pocco.

Abb. 2 *Tropidacris collaris* (Tropidacrini, Romaleinae), Weibchen, Bahía, Brasilien. Foto: Martina E. Pocco.

Amazonas-Regenwald beschränkt. Sie sind meist polyphag, doch gilt dies nicht für alle Gruppen. Arten der Gattung *Chromacris* bevorzugen meist Solanaceae, während andere an das Fressen von Gräsern angepasst sind.

Romaleinae sind nicht nur für ihr träges Verhalten bekannt, sondern auch besonders für ihre auffälligen Farben. Viele Arten zeigen eindrucksvolle Warnfärbung (gelb, rot oder orange mit schwarzem Hintergrund), in Kombination mit gregärem Verhalten in den Nymphenstadien. Die auffällige Färbung bleibt manchmal auch im adulten Stadium bestehen, wie z.B. bei *Zoniopoda tarsata* (Abb. 4) oder bei der nordamerikanischen Art *Romalea microptera*, während bei anderen Arten der Gattungen *Tropidacris* und *Chromacris* im adulten Stadium ein Wechsel zu einer kryptischen Färbung erfolgt. Die meisten Arten mit Warnfärbung wie *R. microptera* und *R. eques* sind in der Lage, giftige Pflanzen zu fressen, deren Toxine aufzunehmen und ungenießbare Chemikalien als Abwehrmechanismus durch die Stigmata auszuscheiden (Kapitel 2.2, 5.4.4). Die Nymphen von *Tropidacris collaris* zeigen stark gregäres Verhalten und leben in klar definierten Gruppen am Boden oder in bodennaher Vegetation. Ihre Färbung ist glänzend schwarz mit roten und cremefarbenen Streifen. Im Gegensatz dazu leben die adulten Tiere solitär und sind kryptisch gefärbt, bis auf die auffallend bläuliche Färbung ihrer Hinterflügel. Diese leuchtende Färbung zeigt sich, wenn die Grashüpfer ihre bunten Flügel im Flug ausbreiten. Adulte Tiere leben in höheren Bereichen von Bäumen oder Sträuchern und bevorzugen Hartlaub als Nahrung. In ähnlicher Weise zeigen die Nymphen von *C. speciosa* eine Warnfärbung (schwarz mit pinken oder roten Flecken) und ebenfalls stark ausgeprägtes Wanderverhalten. Im Lauf der Larvalentwicklung ändert sich das Verhalten zunehmend zu einem solitären, und die Färbung wird kryptisch, mit einem auffälligen orangen oder gelbschwarzen Farbmuster auf den Hinterflügeln. Diese Art zeigt eine starke Präferenz für Dicotyledonen, besonders giftige Nachtschattengewächse, deren Giftstoffe sie als chemische Abwehr nutzt. *Zoniopoda tarsata* ist eine weitere farbenfrohe Art, bei der die auffällige Farbe bis zum adulten Stadium bestehen bleibt. Sie bevorzugen Kräutervegetation und Sträucher in niedrigen, feuchten Standorten in der Nähe von Gewässern, können aber auch höhere Böden mit dichter und hoher Vegetationsbedeckung besiedeln. Sie sind häufig auf Korbblütlern zu finden. Das Wanderverhalten der Nymphen (Abb. 4B) dieser Art ist nicht so stark wie bei den vorherigen ausgeprägt.

Viele Romaleinae-Arten zeigen intraspezifische Variation in der Körperfärbung. In einigen Fällen kann diese Variation durch ihre geografische Verbreitung erklärt werden, wie bei der südamerikanischen Art *Zoniopoda tarsata*, die einen Farbgradienten zu helleren und blasseren Farben im Süden ihres Verbreitungsgebiets zeigt. *Chromacris speciosa* zeigt ebenfalls geografische Variation in der Körperfärbung, sowohl innerhalb der Populationen als auch zwischen verschiedenen Populationen. In anderen Fällen wird die Variation hauptsächlich durch ökologische Bedingungen bestimmt, wie bei *Tropidacris collaris*, wobei grüne Individuen in feuchten und bewaldeten Gebieten und braune Individuen in trockenen oder semiariden Gebieten vorkommen. Bei anderen Romaleinae-Arten ist die Variation in der Färbung weder mit geografischen noch mit ökologischen Faktoren assoziiert, wie bei *Diponthus argentinus*, die mindestens vier scheinbar zufällig verteilte, unterscheidbare Farbmorphen zeigt, wobei alle Muster mit kontrastierenden Farbstreifen versehen sind und sogar ein hoher Grad an Variabilität innerhalb jeder Farbmorphe vorliegt.

Die erstaunliche morphologische Vielfalt, die in den Romaleidae gefunden wird, spiegelt die Vielfalt der ökologischen Nischen wider, die sie bewohnen. Ihre Auffälligkeit in Bezug auf Morphologie und Färbung und ihr Erfolg in einer Vielzahl von Lebensweisen machen sie aus evolutionärer Sicht zu einer der interessantesten Gruppen von Grashüpfern. Jedoch sind die Systematik und die phylogenetischen Beziehungen innerhalb der Romaleidae, besonders innerhalb der Romaleinae, noch nicht vollständig verstanden.

Abb. 4 *Zoniopoda tarsata* (Romaleini, Romaleinae), (links): Männchen, Córdoba, Argentinien. (rechts): Nymphe, Córdoba, Argentinien. Foto: Martina E. Pocco.

< **Abb. 3** *Staleochlora ronderosi* (Elaeochlorini, Romaleinae), Weibchen, Formosa, Argentinien. Foto: Maria Marta Cigliano.

5.5.5 DIE PFERDEKOPFSCHRECKEN: SPRINGENDE STÖCKCHEN AUS MITTEL- UND SÜDAMERIKA

Oscar J. Cadena-Castañeda, Alba Bentos-Pereira, Juan Manuel Cardona-Granda

Die Mitglieder der Familie Proscopiidae sind im Englischen bekannt als «stick grasshoppers» (Stab-Grashüpfer) oder «horse-headed grasshoppers» (Pferdekopfschrecken) und im Spanischen als «saltamontes palo» oder «falsos bichos palo» («falsche Stabschrecken»). Sie sehen oberflächlich überhaupt nicht wie Heuschrecken aus, sondern ähneln viel mehr den Phasmiden oder «Stabschrecken». Phasmiden besitzen jedoch lange Antennen, einen prognathen, mehr oder weniger viereckigen Kopf und Beine, die alle gleichartig sind. Die Proscopiiden als Mitglieder der Kurzfühlerschrecken hingegen tragen kurze Antennen (kürzer als die Schenkel eines ihrer Vorderbeine), einen hypognathen Kopf mit einem verlängerten Fastigium und Sprungbeine. Im Gegensatz zu vielen anderen Kurzfühlerschrecken besitzen sie keine Tympanalorgane, und die meisten Arten sind flügellos. Es liegt ein deutlicher Geschlechtsdimorphismus vor: Männchen sind kleiner und farbenfroher als Weibchen.

Die Verbreitung dieser kuriosen Insektengruppe ist weitgehend auf Südamerika beschränkt. Nur wenige Arten kommen nördlich bis nach Panama und Costa Rica vor. Derzeit sind innerhalb der Proscopiidae 36 Gattungen mit 230 Arten bekannt, die in drei Unterfamilien eingeteilt werden: Hybusinae (eine Gattung und vier Arten), die nur in der Zona Central in Chile vorkommen; Xeniinae (drei Gattungen und 16 Arten), verbreitet in Chile, Argentinien, Paraguay und Bolivien; und Proscopiinae (zwei Tribi, 25 Gattungen und 198 Arten), deren Verbreitung von Costa Rica bis nach Argentinien und Chile reicht. Sechs Gattungen sind keiner Unterfamilie zugeordnet. Pferdekopfschrecken sind weniger gut untersucht als andere Heuschreckengruppen, weswegen ihre Taxonomie in vielen Bereichen nach wie vor ungeklärt ist. Gruppen, die kürzlich erst definiert wurden oder neuen Revisionen unterzogen wurden, stellen die Ausnahme dar. In allen anderen Bereichen bleibt viel Arbeit zu tun, und eine Bestätigung der Monophylie der Unterfamilien ist dringend erforderlich.

Nach derzeitigem Kenntnisstand ist das Zentrum der Radiation der Proscopiiden in einem Teil Südamerikas zu verorten, wahrscheinlich im argentinischen Patagonien und dem Vorland der Anden von Bolivien, wo die meisten ursprünglichen Gattungen auch heute noch vorkommen. Die Tribus Tetanorhynchini mit der *Bolidorhynchus-Microcoema*-Gruppe, der *Anchotatus-Anchocoema*-Gruppe und der Gattung *Astroma*, die zur Unterfamilie Proscopiinae gehören, werden als morphologisch ursprünglich angesehen: sie besitzen Flügel und ein verlängertes, aber einfaches Fastigium ohne starke Modifikationen (Abb. 1, 2). Sie teilen die Region mit einer hohen Artenvielfalt der Unterfamilie Hybusinae: die Gattungen *Hybusa*, *Epigrypa* und andere mit unklarem Status, wie *Epsigrypa* und *Carphoproscopia*.

Viele Pferdekopfschrecken sind Generalisten und besiedeln eine große Vielfalt an Lebensräumen. Einige bevorzugen offene Habitate wie Grasländer oder tropische und subtropische Savannen, wo sie auf Gräsern oder Sträuchern gefunden werden können. Ihre Körper sind typischerweise besonders verlängert, und ihre Köpfe haben ein extrem langes Fastigium, manchmal mit einer sogenannten «X-Sektion». In der Tribus Tetanorhynchini sind die Subgenitalplatten auch stark verlängert und erreichen fast die gleiche Größe wie das Fastigium. Diese Strukturen tragen zur optischen Tarnung in Grasbüscheln bei (Kapitel 2.2). Der überwiegende Teil der Diversität dieser Gruppe befindet sich in den Regionen Mato Grosso und São Paulo, Paraná und Santa Catarina in Brasilien sowie in Teilen Paraguays.

Viele Proscopiini (Abb. 1, 2) sind an das Leben in Bäumen angepasst. Sie sind von der nördlichen Verbreitungsgrenze der Tetanorhynchini bis nach Costa Rica zu finden. Während einige Gattungen (wie *Apioscelis*) auch in Sekundärwäldern vorkommen, sind andere Gattungen

Abb. 1 *Cephalocoema* sp., Paar (Proscopiinae: Tetanorhynchini) Nationalpark El Impenetrable, Argentinien. Foto: Holger Braun.

wie *Proscopia* klar auf Urwälder beschränkt. Im Vergleich zu ihren graslandbewohnenden Verwandten sind ihre Köpfe kürzer und kompakter, und das Fastigium und die subgenitale Platte sind weniger verlängert. Unterschiedliche Waldschichten – bodennahe Vegetation, mittlere Schichten und Baumkronen – haben ihre eigenen spezialisierten Arten. Besonders die Arten der Baumkronen werden kaum gesammelt und untersucht, wie die beiden zentralamerikanischen Arten der Gattung *Pseudoproscopia*. Es gibt jedoch auch graslandbewohnende Arten innerhalb der Proscopiini, wie *Prosarthria* in der Karibik, Nordkolumbien und Venezuela. Diese weisen, ähnlich den Tetanorhynchini, einen länglichen Körperbau auf.

Eine ganz andere Gruppe besteht aus den Gattungen *Corynorhynchus* und *Nodutus* des atlantischen Regenwaldes und der Ostküste von Brasilien. Beide Gattungen ähneln einander sehr in ihrer äußeren und inneren Morphologie, mit großen X-förmigen Fastigien, vergrößertem Notum und bemerkenswerter Homogenität in vielen Merkmalen. Sie repräsentieren eine evolutionäre Linie, die unabhängig von den Proscopiini ist, mit denen sie aber scheinbar den baumbewohnenden Lebensstil teilen.

Wie zuvor erwähnt, sind die Proscopiidae größtenteils Generalisten. Nur wenige, wie die Gattung *Astroma*, sind Spezialisten, in diesem Fall des Kreosotbuschs (*Larrea* sp.). Noch weniger Arten sind als Schädlinge bekannt, darunter Arten von *Stiphra* und *Tetanorhynchus* (Abb. 2), die gelegentlich Cashew (Anacardiaceae) und Eukalyptus (Myrtaceae) befallen.

Pferdekopfschrecken sind wenig bekannte Insekten, die jedoch sicherlich ein größeres wissenschaftliches Interesse verdienen. Zudem sind viele Regionen in Südamerika und Zentralamerika gänzlich unerforscht oder undokumentiert, sodass vermutlich noch viele Arten ihrer wissenschaftlichen Entdeckung harren. Darüber hinaus wurden viele Arten nur auf Basis eines Geschlechts beschrieben, und seit ihrer Erstbeschreibung wurden keine neuen Daten gesammelt, was zu einer doppelten Beschreibung der gleichen Art geführt haben könnte. Wenig bis nichts ist über ihr Verhalten und ihre Überlebensstrategien bekannt, die wahrscheinlich zwischen Arten oder taxonomischen Gruppen variieren. Dies ist ein weiterer Forschungsansatz, den es in Zukunft zu verfolgen gilt.

5.5.6 DIE BUNTE VIELFALT DER NEOTROPISCHEN FLUGZEUGSCHRECKEN

Oscar J. Cadena-Castañeda, Juan Manuel Cardona-Granda

Eumastacidae, im Englischen auch als «Monkey Hoppers» bekannt, sind kleine, aber sehr auffällige Insekten: Sie sind oft leuchtend gefärbt, und die Stellung ihrer seitlich abgespreizten Hinterbeine erinnert an die Tragflächen eines Flugzeugs – daher auch der deutsche Name «Flugzeugschrecken». Weltweit umfasst die Familie etwa 255 Arten. In den Neotropen sind sie von Nordargentinien bis nach Honduras verbreitet. Von Costa Rica bis nach Mexiko überschneidet sich ihr Verbreitungsgebiet mit dem der nahe verwandten und ähnlichen Episactidae, die sie dann in Guatemala und weiter nördlich vollständig ersetzen. Derzeit werden die neotropischen Flugzeugschrecken in fünf Unterfamilien eingeteilt: Eumastacinae (17 Gattungen und 81 Arten), Paramastacinae (einzige Gattung *Paramastax* mit 15 Arten), Parepisactinae (2 Gattungen und 5 Arten), Pseudomastacinae (einzige Gattung *Pseudomastax* mit 23 Arten) und Temnomastacinae mit zwei Tribi, Eumastacopini (früher als unabhängige Unterfamilie mit 8 Gattungen und 33 Arten behandelt) und Temnomastacini (2 Gattungen und 13 Arten). Außerhalb der Neotropen gibt es in Amerika zwei zusätzliche Unterfamilien: Masynteinae (*Masyntes* ist die einzige Gattung und umfasst 6 Arten), die endemisch in Kuba sind, und Morseinae (4 Gattungen und 15 Arten) mit einer ungewöhnlichen isolierten Verbreitung in den östlichen Vereinigten Staaten und der niederkalifornischen Halbinsel sowie in Südamerika mit *Daguerreacris tandiliae* aus der Provinz Buenos Aires in Argentinien.

Flugzeugschrecken variieren in Morphologie und Färbung, doch tragen auffallend viele Arten leuchtende Farben wie Blau, Grün, Gelb und metallisch Rot, was ihnen in Lateinamerika den Namen «saltamontes payaso» («Clown-Grashüpfer») eingebracht hat. Solche bunten Arten finden sich hauptsächlich in den Unterfamilien Eumastacinae, Paramastacinae und Temnomastacinae. In den tropischen und gemäßigten Regenwäldern ihrer Heimat sind sie dadurch leicht in der Vegetation zu entdecken. Die anderen Unterfamilien sind weniger auffällig gefärbt: Pseudomastacinae sind hauptsächlich schwarz oder braun mit einigen weißen Punkten, wobei die Weibchen meist besser getarnt sind als die Männchen und die olivgrün oder hellbraun gefärbten Parepisactinae, die sich so unbemerkt durch die Farnvegetation ihres Lebensraums bewegen.

Nicht alle Flugzeugschrecken können tatsächlich fliegen: neben langflügeligen und damit flugfähigen Formen kommen auch kurzflügelige (brachyptere), nahezu flügellose (subaptere) und flügellose (aptere) vor. Alle von ihnen sind jedoch aufgrund ihrer langen und dynamischen Sprünge schwer zu fangen. Aus diesem Sprungvermögen leitet sich der englische Name «Monkey Hoppers» (zu Deutsch Affen-Grashüpfer) ab. Eumastacidae besitzen weder Tympanalorgane noch Stridulationsstrukturen, die ihnen ermöglichen, die für viele andere Orthopterengruppen typischen Töne zu erzeugen. Es wurde jedoch kürzlich entdeckt, dass sie mithilfe von Signalen kommunizieren, die durch Vibrationen ihrer Körper auf dem Boden in der Nähe eines anderen Individuums erzeugt werden, welches dann die Anwesenheit des Senders wahrnimmt. Zusätzlich weisen die großen Augen darauf hin, dass visuelle Wahrnehmung eine wichtige Rolle in ihrer Kommunikation spielt.

Diese eleganten und farbenfrohen Grashüpfer sind von Meereshöhe bis zu 3000 m im Gebirge zu finden, wobei das Zentrum ihrer Vielfalt in den Anden und im Amazonasgebiet liegt. Die Länder, die die meisten

< **Abb. 2** *Tetanorhynchus* cf. *carbonelli* Piza, 1977 (Proscopiinae: Tetanorhynchini), Nationalpark Iguazú, Argentinien. Foto: Holger Braun

Taxa beherbergen, sind Kolumbien und Brasilien, wobei die Andenregion Kolumbiens der größte Hotspot für Gattungen und Arten der Eumastacinae, Parepisactinae und Paramastacinae ist. Die kolumbianischen Anden sind in drei «Cordilleras» (Gebirgsketten) unterteilt, bekannt als die östlichen, zentralen und westlichen Anden. Die Eumastacinae und einige Mitglieder der Unterfamilie Temnomastacinae (Gattung *Malenamastax*) sind hauptsächlich auf der östlichen Gebirgskette zu finden, während die Paramastacinae nur in den westlichen und zentralen Gebirgsketten vorkommen. Einige Gattungen, wie *Maripa* (Temnomastacinae), bewohnen die Galeriewälder in den Savannen des nördlichen Amazonas. Weiter nördlich, in den venezolanischen Anden, die aus der östlichen Gebirgskette Kolumbiens entspringen, folgt ein ähnliches Muster mit einigen Arten der Eumastacinae und Temnomastacinae. Im Mittelgebirge und im Flachland (in Richtung des Amazonas-Vorgebirges) der Anden von Ecuador, Peru und Bolivien sind die Pseudomastacinae die am weitesten verbreitete Gruppe, gefolgt von den Eumastacinae und Paramastacinae.

Das Amazonasbecken beherbergt die größte Vielfalt der Temnomastacinae (*Eumastacopini*), gefolgt von den Eumastacinae (fast ausschließlich durch *Eumastax*-Arten) und den Arten der Gattung *Pseudomastax* (*Pseudomastacinae*), die nicht in den Anden vorkommen. Weiter südlich, außerhalb des Amazonas, im Cerrado, Pantanal und Caatinga, stellen die Temnomastacinae (*Temnomastacini*) die vorherrschende Gruppe dar. Die Parepisactinae weisen eine seltsam disjunkte Verbreitung mit vier Arten der Gattung *Pare-*

Abb. 1 *Homeomastax dereixi*, Männchen (Eumastacinae). Foto: Juan Manuel Cardona-Granda und Oscar J. Cadena-Castañeda

pisactus in den Anden von Kolumbien und Ecuador sowie *Chapadamastax diamantina* in völlig anderen Lebensräumen im Bundesstaat Bahia in Brasilien auf. In Richtung der biogeografischen Region Chocó zwischen Kolumbien und Ecuador und in Richtung Mittelamerika bis nach Honduras herrscht *Homeomastax* vor (das mittelamerikanische Gegenstück zur amazonischen Gattung *Eumastax*), während *Helicomastax* nur aus Panama bekannt ist.

Diese hübschen und besonderen Insekten sind häufig, aber lokal meist nicht sehr divers: typischerweise werden eine bis maximal drei Arten an einem Ort gefunden, an dem gleichzeitig zahlreiche Arten von Feldheuschrecken (Acrididae) oder anderen Gruppen auftreten können. Neotropische Eumastacidae bewohnen gerne feuchte Standorte und dichte Vegetation, wobei sie hauptsächlich Farne und Blütenpflanzen der Familien der Schwarzmundgewächse (Melastomataceae), Malvengewächse (Malvaceae, z.B. *Sida* sp.), Rosengewächse (Rosaceae, z.B. *Rubus* sp.), einige Mimosengewächse (Mimosaceae) oder manchmal Wolfsmilchgewächse (Euphorbiaceae, *Acalypha diversifolia*) bevorzugen. Nur wenige Arten werden auf Gräsern in offenen Habitaten gefunden. Es ist jedoch klar, dass unser gegenwärtiges Wissen über diese Gruppe begrenzt ist und zusätzliche Studien erforderlich sind, um die Diversität und Biologie der Flugzeugschrecken in den Neotropen zu verstehen; viele Gebiete sind nach wie vor unerforscht, und wahrscheinlich sind viele Arten und sogar ganze Gattungen der Wissenschaft noch unbekannt.

Abb. 2 *Paramastax rosenbergi*, Männchen (Paramastacinae). Foto: Juan Manuel Cardona-Granda und Oscar J. Cadena-Castañeda

Abb. 3 *Pseudomastax personata*, Männchen (Pseudomastacinae). Foto: Juan Manuel Cardona-Granda und Oscar J. Cadena-Castañeda

Abb. 4 *Parepisactus norcentralis*, Männchen (Parepisactinae). Foto: Juan Manuel Cardona-Granda und Oscar J. Cadena-Castañeda

Abbildung> Die Heuschreckensammlung des Naturalis Museums Leiden (Niederlande) enthält ungefähr 400 000 Tiere aus dieser Insektenordnung. Foto: Naturalis.

6 FORSCHUNG

6.1 NATURKUNDEMUSEEN ALS ARCHIVE DER HEUSCHRECKENKUNDE

Luc Willemse

Mehrere Hundert, vielleicht sogar Tausende von Insektensammlungen der Welt enthalten auch Heuschrecken. Dieses Kapitel beleuchtet die Vergangenheit von Heuschreckensammlungen, betrachtet die Gegenwart und gibt einen Ausblick auf die Zukunft. Der Begriff «Sammlung» wird über den Text hinweg als zusammenhängende Sammlung von Insektenkästen (oder Gefäßen) mit Heuschreckenindividuen genutzt. Hingegen wird der Begriff «Repositorium» für den Ort (Gebäude, Museum oder Institut) verwendet, der die Sammlungen beherbergt.

HEUSCHRECKENSAMMLUNGEN – DIE VERGANGENHEIT

Der Ursprung naturkundlicher Sammlungen kann bis hin zu den «Wunderkammern» reicher Adeliger und Königsfamilien während der Europäischen Renaissance des 16. und 17. Jahrhundert zurückverfolgt werden. In diesen Wunderkammern oder Kuriositätenkabinetten wurden exotische Arten nebst vielfältigen anderen Objekten ausgestellt. Der Zweck war jedoch kein wissenschaftlicher, sondern die eigene Neugierde zu befriedigen und Besuchende zu beeindrucken.

Der Inhalt der Wunderkammern wurde in der Regel zufällig durch den Kauf von gerade verfügbaren Objekten, durch Tausch oder auf Bestellung aus verschiedenen Quellen zusammengestellt, oft ohne oder mit nur rudimentären Informationen über deren Herkunft. Die damalige Praxis der Lagerung der Objekte unterschied sich deutlich von den heute in Museen genutzten Protokollen. Dadurch erlitten viele der frühen Sammlungen Schaden durch Schimmel und anderweitige Einflüsse und waren von kurzer Dauer. Als der Besitz der Wunderkammern zu Beginn des 19. Jahrhunderts aus der Mode kam, wurden die Objekte versteigert und dadurch weit über teilweise obskure Sammler und zufällig gewählte Familienmitglieder, in wenigen Fällen aber auch an Bildungseinrichtungen verteilt. Auf diese Weise ging viel Material aus dieser Frühzeit der naturwissenschaftlichen Sammlungen verloren oder muss als zerstört angesehen werden. Nichtsdestotrotz stellten diese Wunderkammern gleichzeitig den Grundstein des wissenschaftlichen und öffentlichen Museumswesens dar. Als Erstes öffnete das Ashmol Museum in Oxford, England, im Jahre 1683 seine Türen für die Öffentlichkeit. Ihm folgte das Britische Museum in London (heute das Naturwissenschaftliche Museum des Vereinigten Königreiches), das vom Parlament 1753 gegründet wurde und 1759 der Öffentlichkeit Einlass gewährte. Später wurden weitere Museen in Europa, den USA und Australien gegründet: Wien – Österreich (1765), Charleston – USA (1773), Florenz – Italien (1775), Karlsruhe – Deutschland (1785), Paris – Frankreich (1793), Berlin – Deutschland (1810), Prag – Tschechien (1818), Leiden – Niederlande (1820), Sydney – Australien (1827), Sankt Petersburg – Russland (1832), und Brüssel – Belgien (1846).

Einen weiteren Meilenstein des 18. Jahrhunderts stellte neben der Gründung der Museen die Begründung der modernen Taxonomie und der binomialen Nomenklatur durch Carl von Linné (latinisiert «Linnaeus») dar. In seinem monumentalen Werk *Systema Naturae* stellte Linnaeus nicht nur eine neue Form der Benennung von Organismen vor, sondern auch das noch heute genutzte System zur Kategorisierung der Pflanzen und Tiere. Die zehnte Ausgabe der *Systema Naturae*, publiziert im Jahr 1758 mit 4400 Arten von Tieren, wird heute als der offizielle Startpunkt der zoologischen Nomenklatur betrachtet. Viele darin beschriebene Exemplare entstammen der privaten Sammlung Linnés.

In den 175 Jahren seit 1850, als die meisten großen Naturkundemuseen bereits bestanden, sind viele weitere nationale, regionale und lokale Museen überall auf der Welt entstanden. Viele dieser Sammlungen beinhalten Orthopteren. Als Ergebnis von Sammlungsreisen der Mitarbeitenden und von Bürgerwissenschaftlerinnen und Bürgerwissenschaftlern, durch Spenden aus privaten Sammlungen oder beidem wurden und werden die Sammlungen kontinuierlich erweitert. Jedes Museum und jede Sammlung hat ihre eigene Geschichte mit wichtigen Ereignissen, wichtigen Daten und Menschen, die entscheidende Beiträge – auf die eine oder andere Weise, als Sammler, Kuratoren oder Taxonomen – geleistet haben.

HEUSCHRECKENSAMMLUNGEN – DIE GEGENWART

Heute sind Heuschreckensammlungen verschiedensten Umfangs auf der ganzen Welt zu finden. Sie reichen von sehr kleinen Sammlungen mit nur einer Handvoll Individuen oder einigen Kästen bis hin zu sehr großen Sammlungen mit Tausenden von Kästen. Sie alle erzählen eine eigene Geschichte und unterscheiden sich in ihrer taxonomischen und geografischen Zusammensetzung, in der Art der Finanzierung (oder deren Mangel), ihrer Zugänglichkeit für Besucher sowie ihrer nationalen oder internationalen Bedeutung. Nachfolgend sollen zwei wichtige Aspekte der Sammlungen herausgestellt werden: die geografische Verteilung und die Eigenschaften der Sammlungen, die ihren Nutzen für die Wissenschaft definieren.

GEOGRAFISCHE VERTEILUNG VON HEUSCHRECKENSAMMLUNGEN

Alle, die Heuschrecken erforschen, werden früher oder später zusätzliches Material untersuchen oder weitere Daten erheben müssen. Um den Zugang zu solchem Material und Daten zu erhalten, ist es entscheidend zu wissen, wo wichtige Sammlungen mit Heuschrecken verortet sind. Vor dem digitalen Zeitalter waren Informationen über private und museale Sammlungen nur sehr schwer zugänglich. Zwischen 1935 und 1937 publizierten daher Horn & Kahle eine alphabetische Liste von Entomologen mit Details zu ihren Sammlungen in Buchform. Ein besserer Überblick über die Insekten- und Spinnensammlungen in allen Ländern der Welt wurde erst 1993 von Arnett und Kollegen publiziert. Die Autoren listen in dieser Arbeit ungefähr 1300 Sammlungen auf, von denen allerdings nur 45 Heuschrecken enthalten. Abgesehen von diesen publizierten Übersichten sind Informationen über die Logistik und den Inhalt von Heuschreckensammlungen unstrukturiert über viele Quellen verteilt, von denen jede unterschiedlich detailliert berichtet. Einige davon sind Bibliografien von Heuschreckenforschern wie Antonio Galvagni und -forscherinnen wie Boža Tvrtković (née Pokopac), andere fassen Material von Expeditionen der dritten Archbold-Expedition zusammen, oder sie stellen die Geschichte eines bestimmten Museums (z.B. Wien) dar. Seit Beginn des digitalen Zeitalters haben die Sammlungen, jede im eigenen Tempo, mit der Digitalisierung begonnen. Bis heute fehlt ein aktueller, umfassender und systematischer Überblick über naturwissenschaftliche Sammlungen und Repositorien, und nach wie vor ist es nötig, eine Vielzahl von Quellen abzufragen. Beispiele für Websites, die Informationen zu Heuschreckensammlungen bereitstellen, sind:

— GRSciColl (4): Das Global Registry of Scientific Collections, die größte und vollständigste Zusammenstellung naturwissenschaftlicher Sammlungen; eine Suche zu «Orthoptera» hat 27 Ergebnisse erbracht.

- Insekten- und Spinnensammlungen der Welt (3).
- Museumssammlungen Phasmodea (5): stellt eine Liste der Museen mit Phasmatodea Sammlungen (Kapitel 1.1) zur Verfügung.

Die meisten Websites, die Informationen über Heuschrecken bereitstellen, tun dies auf der Ebene von Individuen. Neben vielen institutionellen und regionalen Portalen sind die wichtigsten Datenaggregatoren (Stand November 2024):

- GBIF (6): Global Biodiversity Information Facility; enthält Informationen zu circa einer Million Individuen von Heuschrecken aus Repositorien überall auf der Welt.
- iDigBio (7): Integrated Digitized Biocollections; eine nationale Datenbank aus den USA zur Förderung der Digitalisierung naturwissenschaftlicher Sammlungen; sie enthält detaillierte Informationen zu ca. 700 000 Individuen von Heuschrecken, vornehmlich aus Amerika.
- OSF (8): Orthoptera Species File (siehe Kapitel 6.2); eine taxonomische Datenbank über die Heuschrecken der Welt, sowohl rezente als auch fossile Taxa mit den kompletten Informationen zur Taxonomie einschließlich Synonymen.
- ecdysis (9): Portal zu Daten von Gliederfüßern, vornehmlich für Amerika.
- Barcode of Life Data System (10): Eine Online-Datenbank zum Sammeln, Managen, Analysieren und Nutzen von DNA-Barcodes (siehe Kapitel 6.3). Momentan enthält BOLDSYSTEMS (11) Barcode-Daten für über 83 000 Heuschreckenexemplare aus 3500 Arten.

WEBSITES:

- Die Sammlung von Linnaeus: https://linnean-online.org/insects.html
- Das Archiv der Natuurkundige Commissie der Niederlande: https://dh.brill.com/nco/
- Insekten- und Spinnensammlungen der Welt: http://hbs.bpbmwebdata.org/codens/
- Globale Datenbank Naturwissenschaftlicher Sammlungen: https://scientific-collections.gbif.org/
- Phasmodea: https://www.phasmatodea.com/museum-collections
- Global Biodiversity Information Facility: Verbreitungsdaten inklusive Sammlungsmaterial: https://www.gbif.org/
- Integrated Digitized Biocollections: https://www.idigbio.org/
- Orthoptera Species File: https://orthoptera.speciesfile.org/
- Ecdysis: https://ecdysis.org/index.php
- The Barcode of Life Data Systems: https://www.ibol.org/phase1/bold/
- The BOLD systems: https://v3.boldsystems.org/
- Distributed System of Scientific Collections (DiSSCo): https://www.dissco.eu/

Keine dieser Portale ermöglicht eine Suche nach allen Heuschreckensammlungen der Welt, und schon gar nicht nach deren Inhalten. Um das zu erschaffen, wäre ein großer Aufwand mit internationaler Zusammenarbeit notwendig. Der dennoch bereits hohe Nutzen solcher Seiten könnte noch immens weiter gesteigert werden, wenn die Suche nach bestimmten Taxa oder Herkünften möglich wären. Dies scheitert unter anderem daran, dass dafür alle Sammlungen ein digitales Verzeichnis ihres Materials anlegen müssten. Ein bereits veröffentlichtes Beispiel eines solchen Verzeichnisses ist das der Academy of Natural Sciences of Drexel University (ANSP) in Philadelphia. Die meisten Sammlungen weltweit arbeiten an der Digitalisierung, sind aber noch weit vom Ziel entfernt.

EIGENSCHAFTEN VON HEUSCHRECKEN-SAMMLUNGEN

Die Zusammensetzung und Größe einer Heuschreckensammlung sind nur zwei der Merkmale, die ihren Nutzen für die Wissenschaft beschreiben. Andere Einflussfaktoren sind:

Verfügbarkeit und Wahrnehmung in der Öffentlichkeit: Wenn eine Sammlung und ihr Inhalt der Öffentlichkeit unbekannt sind, ist es unwahrscheinlich, dass sie auch genutzt wird. Ein Fehlen solcher öffentlichen Wahrnehmung betrifft zum Beispiel private Sammlungen, falls der Besitzer (noch) nichts über die Sammlung publiziert hat, oder Museumssammlungen, die für lange Zeit nicht aktiv betreut wurden, vor allem solche mit keinen oder nur wenigen Typusexemplaren.

Zugänglichkeit: Das Repositorium, also das Gebäude und die Räume, in denen eine Sammlung aufbewahrt wird, muss für Besucher zugänglich sein, damit die Sammlung auch untersucht werden kann.

Auffindbarkeit: Es scheint trivial, dass bestimmte Tiere in einer Sammlung auffindbar sein müssen, aber aus verschiedenen Gründen kann das durchaus eine Herausforderung darstellen. Gründe hierfür können die Nutzung einer veralteten Taxonomie und viel unbestimmtes Material sein.

Logistik: Die Infrastruktur, um eine Sammlung zu erreichen, die Verfügbarkeit eines Gästehauses oder anderer Übernachtungsmöglichkeiten in der Nähe und Labore vor Ort sind wichtige Vorrausetzungen.

Vollständigkeit: Ein weiterer wichtiger Aspekt einer Sammlung ist ihre Vollständigkeit. Wenn eine Sammlung nur sehr wenige und nur die häufigsten Arten enthält, ist sie für Expertinnen und Experten eher uninteressant.

Verlässlichkeit der Bestimmungen: Wer ist verantwortlich für die meisten Bestimmungen? Die Bestimmungen in naturkundlichen Sammlungen werden von Personen mit verschiedenen Hintergründen durchgeführt, von Studenten bis zu weltweit anerkannten Expertinnen.

All diese Aspekte bestimmen den wissenschaftlichen Wert und die Zugänglichkeit einer Sammlung. Das Fehlen von Arbeitskraft, Finanzierung und taxonomischer Expertise sind Herausforderungen, denen sich jede Sammlung stellen muss. Es ist Aufgabe der Kuratoren und Sammlungsmanagerinnen, den Nutzen der Sammlung nach ihren besten Möglichkeiten zu maximieren.

HEUSCHRECKENSAMMLUNGEN – DIE ZUKUNFT

Basierend auf den Entwicklungen neuer Techniken, der Rechtsprechung, der taxonomischen Expertise, der Digitalisierung von Sammlungen und anderen Faktoren kann man Voraussagen treffen, wie sich die Sammlungen in der Zukunft entwickeln werden.

— Auffindbarkeit von Sammlungen, Taxa und Individuen: Als Ergebnis der fortgesetzten Digitalisierung und der Erweiterung internationaler Zusammenarbeit (zum Beispiel das DiSSCo Program in Europa) könnte ein Visualisierungswerkzeug entwickelt werden, welches es erlaubt, alle Heuschreckensammlungen, nicht nur die institutionellen, sondern auch die privaten Sammlungen, aus der Ferne zu erkunden. Die Ergebnisse könnten auf interaktiven Karten dargestellt werden. Es könnten Eigenschaften der Sammlungen wie Öffnungszeiten, Logistik, Kontaktinformationen und sogar die Inhalte der Sammlungen gezeigt werden.
— Taxonomische Expertise: In Europa ist die Taxonomie als wissenschaftliche Disziplin unter Druck geraten. Eine Gefährdungsanalyse des taxonomischen Wissens in Form einer Roten Liste hat ergeben, dass nicht in jedem Land taxonomisches Wissen für jede Artengruppe vorhanden ist; das trifft auch auf Heuschrecken zu. Es ist allerdings unklar, ob dieser Trend auch global zutrifft, ob er sich fortsetzt und was die Auswirkungen in Zukunft sein werden. Auf der anderen Seite hat eine Analyse der Autorinnen und Co-Autoren von neu beschriebenen Heuschreckenarten zwischen 1758 und 2020 gezeigt, dass die Anzahl an Autoren stetig zugenommen hat, von nur 6 zwischen 1758 und 1770 hin zu 452 zwischen 2011 und 2020.
— Beschaffung und Verbreitung von neuem Material: In den letzten Jahren wurde die Regulierung des Zugangs zu und der Nutzung von Biodiversität deutlich ausgeweitet (vor allem im Zuge das Nagoya Protokolls); Ländern mit hoher Biodiversität wurden sich ihrer Verantwortung stärker bewusst. In der Folge wurden Sammelaktivitäten immer stärker reguliert, und mehr Material verbleibt in den Ursprungsländern. Dies dürfte in den nächsten Jahren zu einer Abnahme von neuem Sammlungsmaterial und einer Verschiebung der Lagerung des Materials von den westlichen Industrienationen zu Entwicklungsländern führen, aber vermutlich

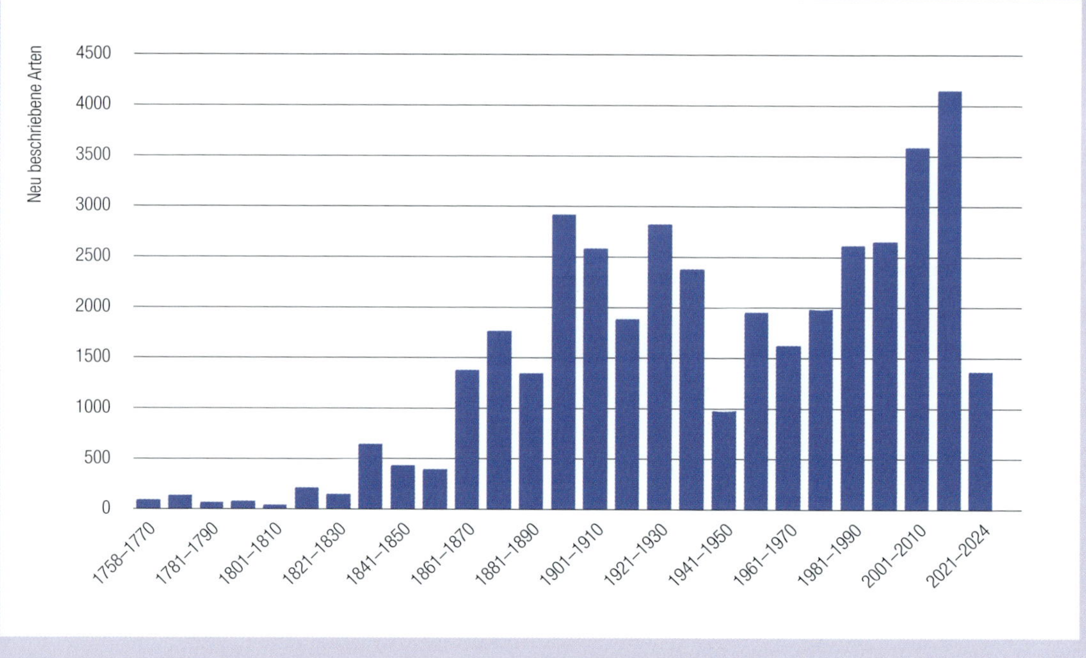

auch zu verstärkter internationaler Zusammenarbeit.

— Neue Arten: Basierend auf dem Orthoptera Species File (Kapitel 6.2) kann gezeigt werden, wie sich die Zahlen neu beschriebener Arten pro Jahrzehnt seit 1758 entwickelt haben (Abb. 1). Leider kann man aus solchen Daten weder vorhersagen, wie viele Arten in den nächsten Jahren und Jahrzehnten beschrieben werden, noch kann man abschätzen, wie viele Heuschreckenarten es tatsächlich auf der Welt gibt.
— Entwicklung neuer Techniken: Viele technische Disziplinen haben sich in den letzten Jahren rasant weiterentwickelt, und ein Ende dieses Trends ist nicht abzusehen. Dies betrifft zum einen die molekularen Techniken, künstliche Intelligenz (KI), bildgebende Verfahren (vor allem 3D und CT) und Massendigitalisierung. Zukünftige Entwicklungen in diesen Techniken werden großen Einfluss auf die Zugänglichkeit und den wissenschaftlichen Nutzen der Sammlungen haben.

ZUSAMMENGEFASSTE ERKENNTNISSE

Während der Zusammenstellung der Informationen für dieses Kapitel wurden zwei besondere Herausforderungen für Heuschreckensammlungen deutlich, die hier als Abschluss zusammengefasst sind:

— Die globale Verteilung von Sammlungen: Aus den benannten Gründen sind Sammlungen nicht einheitlich auf der Welt verteilt. Aus historischen Gründen sind die meisten Sammlungen, vor allem auch die, die viele Typusexemplare enthalten, in den industrialisierten Ländern auf der nördlichen Halbkugel zu finden. Demgegenüber müssten die Sammlungen, wenn sie sich nach der Vielfalt der örtlichen Heuschreckenfauna richten würden, in den tropischen Ländern der südlichen Hemisphäre in Amerika, Afrika und Südostasien zu finden sein. Wenn man die momentane Lage betrachtet, fehlen Sammlungen in großen Teilen Afrikas und Südostasiens und zum Teil auch in Südamerika. Wenn die Wissenschaft einen wichtigen Beitrag zum Schutz der Natur leisten will, ist es daher essenziell, dass in

diesen Regionen Sammlungen neu angelegt oder erweitert werden. Diese können dann ein Startpunkt für Umweltbildung und Vermittlung von Artenkenntnis sein.

— Das Fehlen nationaler Biodiversitätszentren: Momentan sind Sammlungen, die Typusexemplare enthalten, weit über viele Länder, aber auch über viele Institute innerhalb von Ländern verteilt. Laut einer Inventur verfügen sieben Länder über mehr als zehn Sammlungen, die Primärtypen enthalten. Gleichfalls beinhaltet fast die Hälfte (145) aller ca. 300 Sammlungen, die Heuschreckentypen enthalten, Typen von weniger als fünf Taxa. Obwohl es auch Argumente gegen eine Zentralisierung von Sammlungen gibt, speziell von Typensammlungen, spricht auch vieles dafür, und manche Länder überlegen einen solchen Schritt. Die Entwicklung nationaler Strategien für naturwissenschaftliche Sammlungen, die auch die Lagerung von Typen beinhalten, kann helfen, gute Entscheidungen zu treffen.

< **Abb. 1** Anzahl an Heuschreckenarten, die pro Jahrzehnt seit 1758 beschrieben wurden.

Abb. 2 Ein 3D-Scan von *Scelimena celebica* (Tetrigidae). Scan: J.-H. Pamin.

WIE ALLES BEGANN – DIE LINNAEISCHE SAMMLUNG

Luc Willemse

Die Insektensammlung Carl von Linnés (Abb. 1) enthält unter anderem Arten, die in seiner berühmten Arbeit *Systema Naturae* beschrieben wurden. Die Sammlung enthält nicht nur Stücke, die Linnaeus selbst in Schweden gesammelt hat, sondern auch Material, das ihm von seinen «Aposteln» (Studenten) aus allen Teilen der Welt geschickt wurde, zum Beispiel von Carl Peter Thunberg (1743–1828) aus Südafrika und Japan. Nach dem Tod Linnés hat sein Sohn Carl Linnaeus f. (1741–1783) die Versorgung der botanischen und zoologischen Sammlung seines Vaters übernommen. Zu dieser Zeit wurde die Sammlung unter schlechten Bedingungen gelagert und war durch Schimmel, Insekten und Nagetiere geschädigt. Linnaeus f. starb nur fünf Jahre nach seinem Vater, woraufhin die Witwe Linnés 1784 die gesamte Sammlung von Büchern, Manuskripten und Präparaten an Sir James Edward Smith verkaufte, der sie nach England brachte. In den folgenden Jahren, bis zu seinem Tod 1828, erweiterte Smith die Sammlung durch Exemplare, die er selbst sam-

melte und von einem großen Netzwerk von Freunden bezog. Die Sammlung Linnés, die durch Smith verwaltet wurde, wurde bereits von Zeitgenossen wie Fabricius und Kirby erforscht. Nach Smiths Tod wurde die Sammlung durch die zuvor von ihm selbst gegründete Linnaean Society erworben und wird bis heute im Burlington House, Piccadilly, in London aufbewahrt. Die Sammlung beinhaltet 9000 Exemplare, davon 3200 aus der Originalsammlung Linnaeus'. Da die botanische Sammlung besonders viel Aufmerksamkeit erhielt, war vielen Entomologen nicht bewusst, dass auch die Insektensammlung bis heute erhalten geblieben ist. Eine detaillierte Übersicht der von Linnaeus beschriebenen orthopteroiden Insekten und Anmerkungen zu den Tieren in der Sammlung wurde von Judith Marshall (1983) zusammengestellt.

Abb. 1 Heuschrecken aus der Sammlung Linnaeus. Foto: The Linnean Society of London.

DIE HEUSCHRECKENSAMMLUNG DES NATURALIS-MUSEUMS

Luc Willemse

Naturalis, kurz für «Naturalis Biodiversity Center», wurde 2010 als Folge der Vereinigung der Sammlungen des Zoölogisch Museum Amsterdam (ZMA), des Nationaal Herbarium Nederland und des Nationalen Naturkundemuseums (ebenfalls bereits als «Naturalis» bezeichnet) in Leiden, Niederlande, gegründet. Letzteres folgte 1995 auf das Rijksmuseum van Natuurlijke Historie (RMNH), welches seinerseits 1820 gegründet worden war. Die Geschichte des Naturalis und seiner Vorläufer erstreckt sich somit mehr als 200 Jahre in die Vergangenheit. In Bezug auf seine Heuschreckensammlung können vier Epochen unterschieden werden:

— 1820–1850: Zurzeit seiner Gründung enthielt die Heuschreckensammlung des RMNH präparierte Heuschrecken aus alten privaten Kabinetten, auch die, die Caspar Stoll in seinem *Magnus Opus* von 1787 und 1813 nutzte. In dieser Zeit wurde die Sammlung durch Material, das in Indonesien (früher Niederländisch-Ostindien) im Zuge der Erkundung der Flora und Fauna als Teil Natuurkundige Commissie voor Nederlandsch-Indië gesammelt wurde, erweitert. Zeitgleich erhielt das RMNH Material aus anderen Teilen der Welt, z. B. Japan, Südafrika (Kap der Guten Hoffnung), Nordafrika, Europa (Italien, Dalmatien), Kolumbien, USA (Tennessee) sowie Australien und Tasmanien. Dieses Material nutzte W. de Haan (1801–1855), um seine «Bijdragen tot de kennis der Orthoptera» (1842–1844) zu veröffentlichen, in denen er 135 neue Taxa beschrieb.

— 1850–1960: Ab 1850 wuchs die Heuschreckensammlung des RMNH weiter durch Material, dass niederländische Entomologen und Kuratoren des RMNH auf ihren Expeditionen sammelten. Die meisten dieser Reisen führten weiterhin nach Indonesien, aber auch in andere Teile der Welt, wie Surinam und das Karakorum-Gebirge Kaschmirs. Das in Indonesien gesammelte Material vor allem der Califera wurde von C. J. M. Willemse (1888–1962) bearbeitet, der in zahlreichen Arbeiten ca. 500 neue Taxa beschrieb.

— 1960–2010: Nach der indonesischen Unabhängigkeit wurden weniger Exkursionen durchgeführt, und die Zahl der Sendungen neu gesammelter Heuschrecken an das RMNH sank deutlich. Dennoch wuchs die Sammlung des Naturalis zwischen 1960 und 2010 stark, vor allem durch Zugänge von Material, dass die Kuratoren, aber auch assoziierte Bürgerwissenschaftler auf Reisen in Europa und darüber hinaus sammelten.

— 2010–heute: Nach der Vereinigung der Institute wurden zwei weitere wichtige Heuschreckensammlungen von bedeutenden niederländischen Forschern in die Naturalis Sammlung aufgenommen: Die Sammlung von C. J. M. Willemse aus dem Natuurhistorisch Museum Maastricht, wo sie seit 1963 bewahrt worden war, und die bis dato privat in Eygelshoven untergebrachte Sammlung von F. M. H. Willemse.

Im Jahr 2024 besteht die Orthoptera Sammlung des Naturalis aus fast 400 000 Individuen von 4800 Arten und Primärtypen von ca. 500 Taxa.

Abb. 1 Vier Generationen von Orthopterologen aus der Familie Willemse in der Sammlung des Naturalis Museums. Von links nach rechts: Joost, Luc, Fer und Cornelis (Cees). Foto: Naturalis

BESTIMMUNG VON HEUSCHRECKEN DURCH KÜNSTLICHE INTELLIGENZ

Luc Willemse

Erkennung von Belegexemplaren

Die meisten Sammlungen enthalten eine große Anzahl an unbestimmten Individuen, zum einen aus Zeitmangel des Sammlungspersonals, zum anderen, weil kein Museum taxonomische Expertise für alle dort gelagerten Gruppen bereitstellen kann. Diese Individuen können einzeln oder zu mehreren in Insektenkästen aufbewahrt sein, oft vorsortiert nach höheren taxonomischen Rängen (Ordnung, Familie) oder nach geografischen Regionen. Manchmal sind sie auch vollkommen vermischt. Um die Menge an unbestimmtem Material zu verringern, haben viele Institute, vor allem die größeren, in den letzten Jahren begonnen, die Sammlungen auf der Ebene von Kästen zu digitalisieren. In Insektensammlungen werden die Kästen als Ganzes fotografiert und online gestellt, wo sie von Expertinnen und Experten der weltweiten Community inspiziert werden können. Machine Learning hilft dabei, die Kastenbilder auf individueller Ebene zu segmentieren. Die einzelnen Bilder können anschließend durch KI zumindest auf höheren taxonomischen Ebenen vorsortiert werden.

Taxonomische Bestimmung

Diese Informationen können durch die Sammlungstechnikerinnen und -techniker anschließend entweder digital in den Datenbanken oder physisch durch neue Etiketten mit den Individuen verbunden werden; danach können die Tiere effizient sortiert und neu in die Sammlung eingeordnet werden. Dies erleichtert die Suche nach bestimmten Exemplaren innerhalb des nicht identifizierten Materials ungemein.

Abb. 1 Ein Algorithmus erkennt und nummeriert Individuen in Insektenkasten BE.2286032 mit unsortiertem Material (links). KI-basierte Algorithmen identifizieren Tiere auf höherer taxonomischer Ebene (Linienfarbe) mit bestimmter Genauigkeit (Linientyp) (rechts). Der Insektenkasten gehört zum Naturkundemuseum der Universität Oxford. Die Abbildung zeigt eine Simulation. Foto: Oxford University Museum of Natural History.

6.2 DAS ORTHOPTERA SPECIES FILE (OSF), EINE DIGITALE DATENBANK DER HEUSCHRECKEN DER WELT

Maria Marta Cigliano, Holger Braun

Die Erforschung von Grillen, Laubheuschrecken, Grashüpfern und verwandten Insekten erfordert zunächst ihre Bestimmung und Charakterisierung. Die Disziplin, biologische Arten zu definieren und zu benennen, nennt man Taxonomie. Artnamen sind grundlegend für die Kategorisierung dieser Einheiten der Biodiversität und bilden das Fundament für die meisten anderen biologischen Disziplinen. Die Kenntnis des Namens einer Art gewährt Forschenden den Zugang zu allem, was über ihre Biologie, Verbreitung und Bedeutung bekannt ist. Daher ist die Hauptaufgabe des Orthoptera Species File (OSF), eine frei zugängliche und permanent aktualisierte taxonomische Datenbank der Heuschreckenarten der Welt bereitzustellen, um sicherzustellen, dass präzise Informationen Forschenden weltweit zur Verfügung stehen.

Das OSF basierte ursprünglich auf der Species File Software, die von David Eades entwickelt wurde. David Eades, der auch die Species File Group am Illinois Natural History Survey unterstützte, führte mit dieser neuen Plattform eine bedeutende Innovation ein: eine Infrastruktur, die online die Ergänzung und Änderung von Daten erleichtert. Die Editierfunktionen, die sich auf Taxon-Namen und Nomenklatur beziehen, beinhalten alle Anforderungen des Internationalen Codes der Zoologischen Nomenklatur. Der Inhalt der Datenbank stammte aus den Arbeiten, die von Daniel Otte von der Academy of Natural Sciences of Philadelphia zusammengetragen und in der Buchreihe Orthoptera Species File von 1994 bis 2000 veröffentlicht wurden (Abb. 1). Daniel Otte und Piotr Naskrecki arbeiteten zwischen 1997 und 2002 zusammen, um eine erste Online-Version des Orthoptera Species File zu erstellen, die Fotos und Tonaufnahmen enthielt.

Derzeit enthält das OSF vollständige taxonomische Informationen (inklusive Synonyme) für etwa

Abb. 1 Orthoptera Species File Buchserie von 1994 bis 2000.

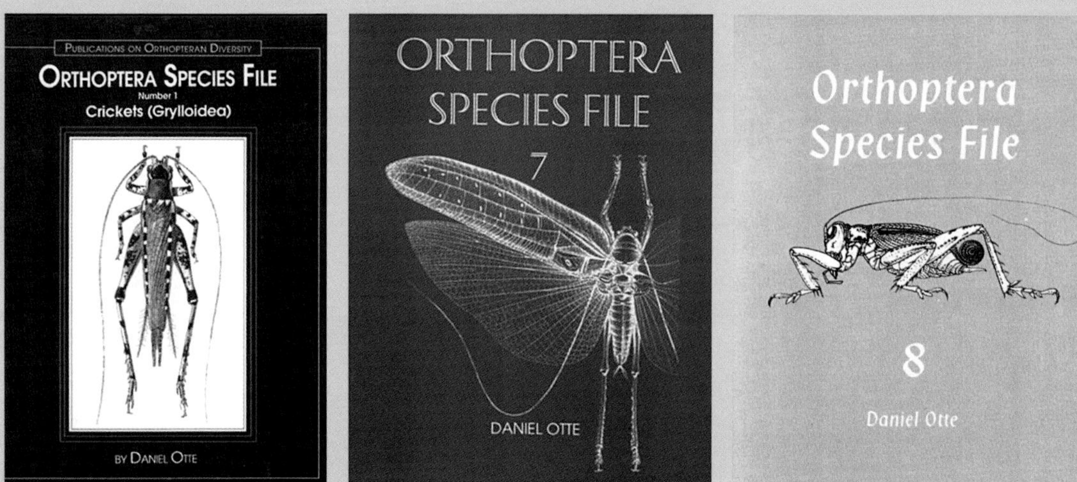

30.000 gültige Arten (sowohl rezente als auch fossile) mit vollständigen Quellenangaben, Bildern, Tonaufnahmen und einer großen Sammlung von Datensätzen. Jedes Jahr werden 300 bis 500 neue Arten hinzugefügt (im Durchschnitt 367 Arten von 2010 bis 2022, einschließlich 10 neuer fossiler Arten). Gleichzeitig werden neue Synonymisierungen und Änderungen in der Nomenklatur eingearbeitet. Die Informationen werden durch kontinuierliche Überwachung der Zoological Record Datenbank, der Fachzeitschriften «Zootaxa» und «Journal of Orthoptera Research» sowie anderer taxonomischer Zeitschriften, Google Scholar und ResearchGate sowie neuer Arbeiten, die in den sozialen Medien geteilt werden, bezogen. Oftmals werden Beiträge und Informationen zu inkorrekten oder unvollständigen Daten direkt von den Autorinnen und Autoren per E-Mail oder anderen Medien empfangen.

Die Orthopterists' Society vergibt in Zusammenarbeit mit dem Illinois Natural History Survey Zuschüsse für Arbeiten zur Unterstützung des OSF. Seit 2013 hat dieses Programm 90 Projekte von Forschenden aus über 30 Ländern finanziert und so maßgeblich zur Erweiterung des Archivs beigetragen. Durch die Zuschüsse werden zum Beispiel Fotoserien von Typusexemplaren, Bilder von lebenden Insekten mit georeferenzierten Fundorten und Tonaufnahmen bereitgestellt.

Durch die Zusammenarbeit mit der Orthopterists' Society arbeitet das OSF innerhalb einer Governance-Struktur, die sowohl die Einbindung der Gemeinschaft als auch das nachhaltige Management ihrer umfangreichen Datenbank gewährleistet. Dieses dreiteilige System umfasst das Editorial Board, das Governance Committee und das Data Management Team. Das Editorial Board am Museo de La Plata in

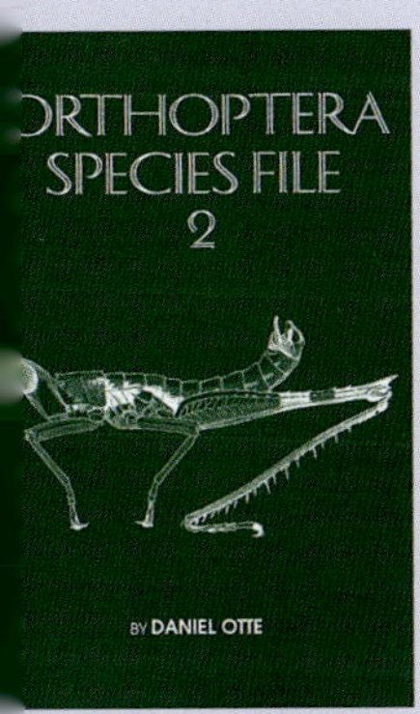

Argentinien überwacht die Pflege und Richtigkeit des OSF. Die Klassifikation und Nomenklatur der Datenbank spiegeln die neuesten veröffentlichten Informationen wider. Das Governance Committee bewertet Förderanträge und berät bei widersprüchlichen Klassifikationen. Das Data Management Team, bestehend aus der Species File Group am Illinois Natural History Survey und dem Museo de La Plata, verwaltet die Datenbank und entwickelt die TaxonWorks-Software.

Im September 2023 migrierte das OSF zur TaxonWorks-Plattform, und das alte OSF wurde zu Referenzzwecken archiviert (http://orthoptera.archive.speciesfile.org/). Die Species File Group hat zwei neue Produkte geschaffen: TaxonWorks, das als neue Software-Infrastruktur für Datenpflege und Datenfilterung dient, und TaxonPages, das Informationen der Öffentlichkeit zur Verfügung stellt.

Die neue öffentliche Schnittstelle (zugänglich unter https://orthoptera.speciesfile.org/) bietet derzeit einen Überblick über die relevantesten Informationen. Sie umfasst verschiedene Panels, darunter die taxonomische Geschichte der Namen, Referenzen, Verbreitungskarten und Nomenklaturstatistiken. Art-Seiten enthalten auch eine Bildergalerie, Informationen über Typusexemplare und Links zu anderen Websites. Tonaufnahmen sind derzeit über Links zum alten OSF zugänglich. Zusätzliche Registerkarten, die die vollständigen Informationen der Datenbank sowie verschiedene Such- und Filteroptionen anzeigen, werden gemäß der Bedürfnisse der Community schrittweise entwickelt.

Die Umstellung auf TaxonWorks soll das OSF auf mehrere Arten verbessern:

— Verbesserte Zugänglichkeit: Die neu gestaltete Schnittstelle ermöglicht einfachen Zugang zu Informationen auf Desktop- und Mobilgeräten.
— Erweiterte Such- und Analysemöglichkeiten: TaxonWorks bietet leistungsstarke Werkzeuge für Forschende, um die Taxonomie und Verbreitung der Orthoptera durch verschiedene Filter- und Datenkombinationsoptionen zu erkunden und eingehende Analysen zu erleichtern.
— Moderne Datenverwaltung: Diese Umstellung stellt sicher, dass das OSF mit zeitgemäßen Standards in der digitalen Landschaft Schritt hält, effiziente Datenverwaltungspraktiken unterstützt und Relevanz im Bereich der Cyber-Taxonomie beibehält.

Parallel zur technologischen Evolution behält das OSF seinen Ruf als zuverlässige Ressource für die Taxonomie der Heuschrecken. Taxonomische Präzision und Zuverlässigkeit bleiben oberste Priorität.

Zusammengefasst ist die Migration zu TaxonWorks ein bahnbrechender Moment in der Entwicklung des OSF. Die Zugänglichkeit der öffentlichen Version von mobilen Geräten sowie die analytischen Fähigkeiten und das kollaborative Potenzial der realen Datenbank, die innerhalb der neuen Infrastruktur gepflegt wird, positionieren das OSF an der Spitze der digitalen Taxonomie, um seine Bedeutung für die Orthopterologie dauerhaft zu erhalten.

6.3 DNA BARCODING: EIN GENETISCHER KATALOG DER HEUSCHRECKENVIELFALT

Oliver Hawlitschek, Martin Husemann, Mattia Ragazzini, Lara-Sophie Dey

Derzeit sind 30 000 Arten von Heuschrecken bekannt. Damit sind sie zwar deutlich weniger artenreich als die diversesten Insektenordnungen (Käfer, Fliegen, Hautflügler und Schmetterlinge), doch ist diese Artenzahl absolut betrachtet immer noch gewaltig. Die Bestimmung einer Art innerhalb dieser Vielfalt ist keine leichte Aufgabe, und nur wenige Fachleute besitzen eine gute Kenntnis aller Gruppen von Heuschrecken weltweit. Und selbst diesen Expertinnen und Experten fällt es nicht leicht, eine Heuschrecke zu bestimmen, wenn sie zu einer schlecht untersuchten Gruppe gehört oder aus einem wenig bekannten Gebiet stammt. In solchen Fällen ist es oft nötig, historische Literatur in einer Vielzahl von Sprachen zu konsultieren und das zu bestimmende Exemplar mit Material aus Museen auf der ganzen Welt zu vergleichen (Kapitel 6.1). Heute stellen glücklicherweise Online-Datenbanken wie das Orthoptera Species File (Kapitel 6.2) Fotos vieler Arten bereit. Für manche Arten genügt dies aber nicht, da sie beispielsweise nur nach anatomischer Untersuchung der männlichen Geschlechtsorgane bestimmt werden können. Von manchen Arten ist gar nur ein Geschlecht überhaupt wissenschaftlich erfasst. Diese Probleme sind allerdings keineswegs auf Heuschrecken beschränkt.

In den letzten Jahrzehnten hat die Entwicklung der Molekulargenetik mögliche Lösungen dafür eröffnet, deren bekannteste als DNA Barcoding bezeichnet wird: Wie die Strichcodes («Barcodes») im Supermarkt soll diese Methode jedes Tier (bzw. jeden Organismus) durch das Scannen eines spezifischen Codes identifizieren. Die Praxis ist zwar etwas komplexer als in dieser Umschreibung, aber nicht allzu viel: DNA Barcoding erfordert grundsätzlich nur ein molekulargenetisches Labor und eine gewisse Kenntnis der Methodik. Spezifische taxonomische Expertise ist hingegen nicht nötig. Über die letzten Jahre sind zudem die Kosten stark gesunken, und ein Barcoding-fähiges Labor passt heute in einen großen Koffer.

Wie der Name nahelegt, steckt der genetische Barcode eines Organismus in seiner DNA. Diese kodiert all seine erbliche Information in vier verschiedenen Nukleotiden oder Basen, repräsentiert durch die Buchstaben A, T, G und C, die von einer Sequenziermaschine ausgelesen werden können. Das Genom, also die Gesamtheit aller Nukleotide eines Organismus, ist üblicherweise sehr groß und umfasst Hunderte Millionen von Basen (oder Basenpaare, wenn beide DNA-Stränge gezählt werden). Die Genome von Heuschrecken können sogar bis zu 22 Milliarden Basenpaare umfassen, was fast eine Größenordnung über dem menschlichen Genom mit 3,1 Milliarden Basenpaaren liegt. Ein solches Genom komplett zu sequenzieren und dann bioinformatisch zu rekonstruieren, ist auch heute noch sehr teuer und kompliziert. Deshalb wurde 2003 das Cytochrom C Oxidase I Gen, abgekürzt auch COI, CO1 oder COX1, als Standard Barcoding-Marker für Tiere etabliert. COI ist nur 645 Basenpaare lang, genügt aber, um eine sehr große Zahl von Arten aus praktisch allen Tiergruppen zu identifizieren.

Die Sequenzierung eines Barcodes ist somit recht einfach. Um ihn einer Art zuzuordnen, muss er allerdings mit einer Referenzdatenbank aus zuvor bestimmten Barcodes verglichen werden. Somit ist Barcoding nur dann auch wirklich zuverlässig, wenn die Datenbank für eine Region und Tiergruppe annähernd vollständig und kuratiert ist. Dies wiederum ist die Leistung der taxonomischen Expertinnen und Experten. Daher wurden seit 2003 weltweit Großprojekte zur Erstellung von Barcode-Datenbanken ins Leben gerufen, sowohl von einzelnen Teams als auch von Konsortien. Das iBOL (International Barcode of Life) Konsortium

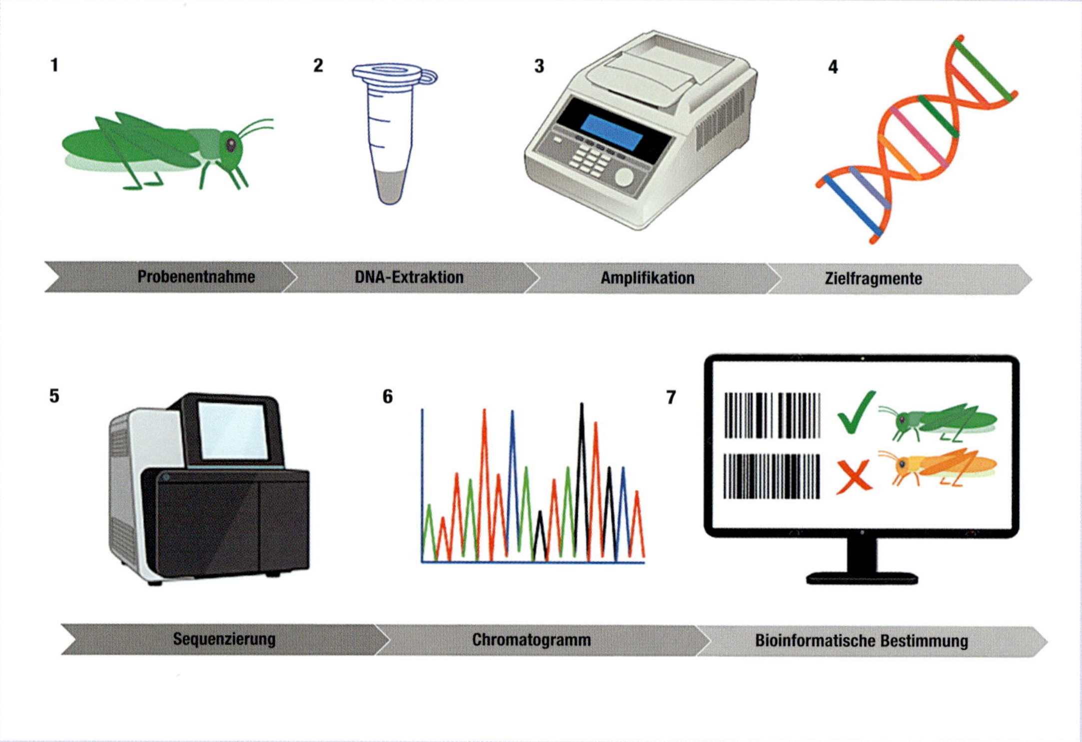

wurde 2010 mit dem Ziel gestartet, Referenzen für alle vielzelligen Organismen zu generieren und sie unter anderem, wie im derzeitigen BIOSCAN Projekt, zum Biodiversitätsmonitoring einzusetzen. Bis heute wurden so über 22 Millionen Barcode-Sequenzen aller Organismengruppen in einer gemeinsamen Datenbank gespeichert: BOLD, Barcode of Life Data Systems in Guelph, Kanada.

Die grundlegendste Funktion des DNA Barcoding besteht darin, Taxonominnen und Taxonomen bei der Artbestimmung zu unterstützen. Insbesondere der Zeitaufwand für das manuelle Sortieren und Gruppieren von Mischproben fällt dadurch weg, sodass mehr Zeit für die Aufgaben bleibt, die die eigentliche Expertise erfordern. Darüber hinaus hat Barcoding jedoch auch noch völlig neue Möglichkeiten im Bereich der taxonomischen Forschung und der Entdeckung von Arten eröffnet. In vielen Barcoding-Studien abseits von gut untersuchten Regionen und taxonomischen Gruppen können bis zu 20 % der Sequenzen nicht auf Artniveau bestimmt werden, weil sie von Arten stammen, für die keine Referenz existiert. In den Tropen, aber nicht nur dort, werden so regelmäßig Dutzende bis Hunderte neue Arten entdeckt. Durch Abgrenzungs- und Clustering-Algorithmen können Barcodes in sogenannte mOTUs (molecular Operational Taxonomical Units, genetische Einheiten) gruppiert werden, die im nächsten Schritt nach morphologischer Untersuchung formell beschrieben werden können.

Trotz aller Erfolge und Möglichkeiten hat auch DNA Barcoding seine Grenzen. Ausgerechnet Heuschrecken haben sich hierbei als besonders problematisch herausgestellt. Ihre außergewöhnlich großen Genome beinhalten viele Pseudogene, also nicht-funktionelle Kopien von Genen, die fälschlicherweise sequenziert werden und so zu Fehlern bei den Barcodes führen können. Weiterhin können viele Heuschreckenarten Hybriden mit nahen Verwandten bilden. Da das COI-

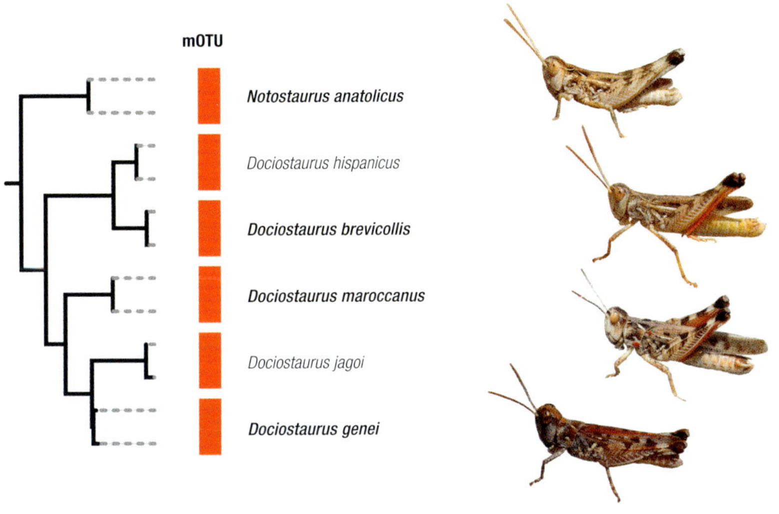

Gen zum mitochondrialen Genom gehört und daher stets nur über die mütterliche Linie vererbt wird, kann es unbemerkt über Artgrenzen weitergegeben werden. Schließlich sind viele Artengruppen innerhalb der Heuschrecken aus evolutionärer Sicht verhältnismäßig so jung, dass noch nicht genug Zeit für die Diversifizierung und Differenzierung ihres COI-Gens vergangen ist. Diese Arten können durch Standard-DNA-Barcoding schlicht nicht unterschieden werden; hier sind aufwendigere genetische Methoden, kombiniert mit morphologischen und bioakustischen Daten, erforderlich.

Wie in vielen Bereichen der Wissenschaft liefern neue Methoden die Antworten auf einige Fragen, eröffnen gleichzeitig jedoch viele neue. DNA Barcoding erleichtert die Arbeit von taxonomischen Fachleuten, ersetzt sie aber keineswegs. Bisher wurden nur 4429 Heuschreckenarten als Referenz in BOLD abgelegt, was gerade 15 % der bekannten Vielfalt entspricht. Taxonomische Expertise ist daher mehr denn je gefragt.

< **Abb. 1** Vereinfachte Darstellung der Arbeitsabläufe beim DNA Barcoding mit Probennahme, DNA-Extraktion, Amplifikation, Sequenzierung und Eintrag in die Datenbank. Abbildung: Lara-Sophie Dey.

Abb. 2 DNA Barcoding kann die Untersuchung morphologisch konservativer Artengruppen stark erleichtern. Diese Vertreter der Gattung *Dociostaurus* sehen einander äußerlich sehr ähnlich. Ihre DNA-Barcodes aber bilden Gruppen, sogenannte Cluster (oder «molecular Operational Taxonomical Units», mOTUs), die Arten entsprechen und so die Zuordnung von Individuen mittels ihrer Barcodes ermöglichen. Abbildung: Mattia Ragazzini, mit Fotos von Christian Roesti.

Abbildung > Menschliche Aktivitäten zerstören die letzten intakten Naturlebensräume in rasender Geschwindigkeit, nicht nur im Norden Madagaskars wie auf diesen Bildern zu sehen, sondern überall auf der Welt. Heuschrecken, die von diesen Lebensräumen abhängen werden mit ihnen gemeinsam verschwinden, manche sogar bevor sie überhaupt wissenschaftlich beschrieben wurden. Foto: Oliver Hawlitschek.

7 SCHUTZMASSNAHMEN

7.1 SCHUTZ DER HEUSCHRECKENVIELFALT DURCH FORSCHUNG UND MANAGEMENT

Axel Hochkirch

Wie viele andere Arten von Pflanzen, Pilzen und Tieren sind auch zahlreiche Heuschreckenarten gefährdet (z. B. Kapitel 5.3.6). Die wichtigste Quelle für Informationen über den Gefährdungsstatus von Heuschrecken sowie über ihre Gefährdungsfaktoren und die nötigen Naturschutzmaßnahmen ist die Rote Liste der gefährdeten Arten des Weltnaturschutz-Dachverbands IUCN. Rote-Liste-Bewertungen folgen sehr strengen quantitativen Kriterien, die für jede einzelne Art angewandt werden. Je nach Gefährdungslage werden die Arten in eine von acht Rote-Liste-Kategorien eingeordnet: «Least Concern» (LC, entspricht der deutschen Kategorie «ungefährdet») für Arten ohne hohes Aussterberisiko, «Near Threatened» (NT = «Vorwarnliste») für nahe an den Grenzwerten der höheren Gefährdungskategorien, «Vulnerable» (VU = «gefährdet») für hohes Aussterberisiko, «Endangered» (EN = «stark gefährdet») für sehr hohes Aussterberisiko, «Critically Endangered» (CR = «vom Aussterben bedroht») für extrem hohes Aussterberisiko, «Extinct in the wild» (EW = «in der Natur ausgestorben») für Arten, die in Gefangenschaft oder außerhalb des ursprünglichen Verbreitungsgebietes überlebt haben, «Extinct» (EX = «ausgestorben») für Arten, bei denen es keinen Zweifel gibt, dass sie nicht überlebt haben, sowie «Data Deficient» (DD = «Daten ungenügend») für Arten, bei denen keine ausreichenden Informationen vorhanden ist für die Bewertung des Aussterberisikos. Etwa jede dritte der bislang 1500 Heuschreckenarten, die für die Rote Liste der IUCN bewertet wurden, ist als gefährdet (VU, EN oder CR) oder sogar ausgestorben eingestuft. Die Gefährdungsursachen sind vielfältig, meist sind sie jedoch mit dem steigenden menschlichen Bedarf an Land und Ressourcen verbunden. Um den Rückgang der Heuschrecken zu stoppen, ist es wichtig, die Ansprüche der Arten zu verstehen und die Gefährdungsfaktoren zu identifizieren. Leider sind jedoch Daten über viele Heuschreckenarten immer noch Mangelware. Von vielen Arten (insbesondere in den Tropen) ist nur das Typusmaterial der Beschreibung vorhanden, während Informationen über ihre Verbreitung, Populationstrends, Lebensräume oder Gefährdungsfaktoren fehlen. Daher ist Freilandforschung wichtig, um solche Wissenslücken zu füllen und sinnvolle Naturschutzmaßnahmen für gefährdete Heuschreckenarten zu entwickeln.

Die sinnvolle Planung und Durchführung von Naturschutzmaßnahmen ist nur mit einem ausreichenden Verständnis der Gefährdungsfaktoren von Heuschrecken möglich. Je nach den Lebensraumansprüchen der verschiedenen Arten und dem Grad der menschlichen Beeinflussung dieser Habitate können diese Faktoren sehr vielgestaltig sein. Typische Arten des Grünlandes oder der natürlichen Grasländer werden häufig von den Veränderungen der landwirtschaftlichen Nutzung beeinflusst, wie z. B. die Umwandlung in Ackerland, Nutzungsintensivierung der Nutzung (größere Felder, größere und schwerere Maschinen, Düngung, Pestizide, höhere Viehdichten, häufigere Mahd), aber auch durch die vollständige Aufgabe der Landnutzung und die damit verbundene Verbuschung von Flächen. Arten der Wälder sind durch Abholzung gefährdet, aber auch durch die Anlage von Monokulturen (oft nicht heimischer Baumarten), industrielle Forstwirtschaft und die häufigeren Waldbrände durch Brandstiftung und zunehmende Trockenheit. Die wichtigsten Gefährdungsfaktoren für Arten der Feuchtgebiete sind Entwässerung und die häufigeren Dürren durch den Klimawandel (Kapitel 7.2). In natürlichen Flussauen werden Arten durch Fließgewässerregulierung, Dämme und die Veränderung der natürlichen Überschwemmungsdynamik bedroht. Überweidung ist ein wichtiger Gefährdungsfaktor für viele Arten der

Abb. 1 *Acrostira bellamyi* (Pamphagidae) ist eine vom Aussterben bedrohte endemische Art aus La Gomera, Kanarische Inseln, Spanien. Sie bewohnt dort Lorbeerwälder, die zunehmend in Kiefernbestände umgewandelt werden, und Buschland mit Wolfsmilchgewächsen, die durch Beweidung und Brände bedroht sind. Foto: Axel Hochkirch.

Steppen, Savannen und Wüsten. Höhlenbewohnende Arten werden durch Bergbau und touristische Aktivitäten gefährdet, während Küstenarten häufig durch den Bau von Hotels und andere touristische Anlagen sowie durch den steigenden Meeresspiegel verdrängt werden. Auf ozeanischen Inseln ist der wichtigste Gefährdungsfaktor die Einschleppung nicht heimischer invasiver Arten, etwa Pflanzenarten, die die Lebensraumstruktur und das Mikroklima verändern, weiterhin Beutegreifer und Pathogene, die die Mortalität direkt erhöhen, oder Pflanzenfresser, die mit Heuschrecken um Nahrung konkurrieren. In Gebirgen sind Arten häufig durch die Aufgabe der traditionellen Landnutzung (insbesondere der Beweidung) gefährdet, aber auch durch Klimawandel und die Entwicklung von Wintersportgebieten (Kapitel 7.3). Einige Gefährdungsfaktoren können viele verschiedene Lebensräume betreffen, wie z. B. Urbanisierung, Straßenbau oder Industrie. Die Effekte der Umweltverschmutzung auf Heuschrecken sind bislang noch wenig untersucht, aber insbesondere Pestizide können viele Arten gefährden (Kapitel 7.5). Auch die steigende Nitratbelastung durch intensive Landwirtschaft verändert die Vegetationsstruktur vieler Lebensräume, die dadurch ihre Eignung für Offenlandarten verlieren können.

Eine umfassende Gefährdungsanalyse ist somit die Basis der Naturschutzplanung. Einige Gefährdungsfaktoren haben einen direkteren Effekt auf Arten als andere. Zum Beispiel ist der wichtigste akute Gefährdungsfaktor für endemische Heuschreckenarten mediterraner Küsten die touristische Entwicklung, insbesondere die direkte Zerstörung von Lebensräumen durch Infrastrukturprojekte (Kapitel 5.3.3). In der Zukunft könnte aber der steigende Meeresspiegel durch den Klimawandel oder die Einführung invasiver Pflanzenarten ein noch größeres Problem werden. Solche potenziellen zukünftigen Gefährdungsfaktoren müssen bei der Naturschutzplanung berücksichtigt werden, doch am wichtigsten ist die direkte Abschwächung der wichtigsten akuten Gefährdungsfaktoren. Habitatverlust und -verschlechterung sind zwar die am häufigsten genannten Gefährdungsfaktoren für Heuschrecken, doch gilt es dabei auch zu berücksichtigen, dass diese auch leichter zu erkennen sind als viele andere Gefährdungsfaktoren (wie z. B. die Ausbreitung eines Pathogens). Daher kann die Identifizierung von Gefährdungsfaktoren schwierig werden, wenn keine offensichtlichen Lebensraumveränderungen ersichtlich sind.

Die Aufgabe der strategischen Naturschutzplanung ist es, die am besten geeigneten Naturschutzmaßnahmen einzuleiten. Zur Anwendung dieser Methode wurden umfangreiche Anleitungen wie die «IUCN Guidelines for Species Conservation Planning» erstellt. Strategische Naturschutzplanung basiert auf Evidenzen, berücksichtigt Wissenslücken und beinhaltet den Input aller Interessensvertreter in einem partizipativen Prozess, sodass die Umsetzung des Plans durch alle relevanten Akteure unterstützt wird. Hierfür wird zunächst ein ausführlicher Überblick über den Status der Art verfasst («Status Review»), der als Basis für den Aktionsplan dient. Dieser Überblick enthält alle bekannten (publizierten oder unpublizierten) Informationen zur Art, mit Kapiteln zur Taxonomie, jetzige und frühere Verbreitung, Biologie und Ökologie der Art, den Naturschutzkontext, Gefährdungsfaktoren sowie deren Ursachen. Vor diesem Hintergrund wird zunächst eine «Vision» verfasst, die den erwünschten Zustand der Art auf lange Sicht in inspirierender Weise enthält. Hierunter entwickelt man «Goals», also Ziele, die die Vision mit einem klaren Zeitplan und konkreten Zahlen konkretisieren. In einem Workshop mit Interessensvertretungen werden die Vision und die Ziele ausführlich diskutiert und die Gefährdungsanalyse des Status Reviews präzisiert, in der die Wichtigkeit jedes einzelnen Gefährdungsfaktors bewertet wird. Unterhalb der «Goals» werden «Objectives» verfasst, positive Aussagen über die nötigen Maßnahmen, um bestimmte Ziele zu erreichen. Diese werden dann in konkreten «Actions» spezifiziert, also Aktionen, die durch klare Ergebnisse definiert sind und die «SMART-Kriterien» erfüllen sollten, wobei SMART für «specific, measurable, achievable, realistic and time-bound» steht, also «spezifisch, messbar, erreichbar, realistisch und zeitgebunden». Diese Aktionen werden üblicherweise durch folgende Informationen definiert: Was muss getan werden? Wann muss es getan werden? Wo muss es getan werden? Wer wird die Aktion durchführen? Wer ist verantwortlich für die Durchführung? Welche Ressourcen werden für die Durchführung benötigt? Welche Indikatoren zeigen, dass die Aktion durchgeführt wurde? Die enge Verbindung zwischen Aktionen und Ergebnissen ist der Schlüssel eines effektiven Aktionsplans.

Aktionspläne für gefährdete Insekten haben häufig folgende Ziele: (1) Forschung, um die für den Schutz der Art relevanten Wissenslücken zu schließen; (2) Lebensraum-Management zur Umkehr des negativen Trends (durch Abschwächung der Gefährdungsfaktoren und/oder spezifisches Habitat- oder Artmanagement); (3) Öffentlichkeitsarbeit für die Art und ihre Gefährdung, die vor allem die wichtigsten Interessensvertreter berücksichtigt. Offensichtlich ist das zweite Ziel das wichtigste, um die Art vor dem Aussterben zu bewahren. Die

Maßnahmen im Bereich Management sind daher der Kern jedes Naturschutzprojekts und das zentrale Element jedes Förderantrags.

Da Lebensraumverlust und -verschlechterung die Hauptbedrohungen für Heuschrecken darstellen, müssen Schutzmaßnahmen in der Regel auf die Wiederherstellung oder das Management von Lebensräumen abzielen. Daher ist es wichtig, die Lebensraumansprüche der Heuschreckenarten sowie die Auswirkungen von Managementänderungen zu verstehen. Ein Monitoring der Zielart (oder einer Artengruppe) in Hinblick auf den Erfolg der Schutzmaßnahmen erlaubt eine Anpassung des Managements, falls erforderlich. So wurde zum Beispiel die Feldgrille (*Gryllus campestris*) Anfang der 1990er-Jahre in der regionalen Roten Liste des deutschen Bundeslandes Niedersachsen als «vom Aussterben bedroht» geführt. Es gab zu diesem Zeitpunkt nur noch eine einzige Population im Westen Niedersachsens, am Rand eines Hochmoores. Eine Erhebung im Jahr 1991 ergab, dass nur noch 32 singende Männchen vorhanden waren. Diese Population beschränkte sich auf ein kleines Heidefragment, das teilweise von Kiefern (*Pinus sylvestris*) überwuchert war. Diese Verschlechterung des Lebensraums wurde als Hauptbedrohung identifiziert. Der Landkreis als Eigentümer des Gebiets stimmte zu, die Kiefern zu fällen und den Oberboden zu entfernen, um die Wiederherstellung der Heidevegetation zu fördern. Im darauffolgenden Jahr keimten die ersten jungen Besenheide-Pflanzen (*Calluna vulgaris*) und die Feldgrillenpopulation begann, sich auf

Abb. 2 Von der stark gefährdeten *Amphinotus nymphula* (Tetrigidae) existieren nur wenige isolierte Populationen in den Nebelwäldern der Seychellen. Diese Wälder sind stark durch invasive Pflanzenarten und wahrscheinlich auch die globale Klimaerwärmung bedroht. Foto: Axel Hochkirch.

die restaurierten Bereiche auszubreiten. Ein Jahr später wurden einige singende Männchen auf einer 500 m nördlich gelegenen Grünlandfläche gehört, die anschließend durch gelegentliche Schafbeweidung gepflegt wurde, um die Habitatbedingungen zu verbessern. Nach weiteren zwei Jahren etablierte sich dort eine Teilpopulation, und die Art breitete sich weiter nach Norden aus. Die Ausbreitung wurde durch die Anlage breiterer Heidekorridore entlang von Straßen gefördert. Nach zehn Jahren erreichte die Population ein neues Maximum von 949 singenden Männchen, und ein Umsiedlungsprojekt wurde gestartet, da man davon ausging, dass die angrenzenden Moorgebiete keinen geeigneten Lebensraum bieten. Dennoch setzte sich die Ausbreitung der Population fort. Sie durchquerte sogar das Moor und erreichte im Jahr 2006 ein neues Maximum von fast 2.500 singenden Männchen.

Umsiedlungs- oder Wiederansiedlungsprojekte sind bei Heuschrecken noch immer recht selten. Solche Projekte sind oft komplexer, als man zunächst vermuten würde, und viele Umsiedlungsprojekte scheitern mangels sorgfältiger Planung. Entscheidend für den Erfolg sind die Verfügbarkeit oder Restauration geeigneter Lebensräume am Ansiedlungsort sowie die Beseitigung aller Gefährdungsfaktoren, bevor eine Umsiedlung oder Wiederansiedlung begonnen werden kann. Eine Nachzucht in Gefangenschaft kann solche Projekte unterstützen, jedoch kann die Zucht ohne fundierte Kenntnisse über klimatische Anforderungen und Entwicklungszeiten der Eier schwierig sein. Die Sterblichkeit der ersten Nymphenstadien ist zudem häufig hoch, und es kann mehrere Jahre dauern, bis Zuchtprotokolle so optimiert sind, dass Wiederansiedlungen möglich werden. Insbesondere Krankheitserreger können Einführungen aus Zuchten behindern. Daher werden Umsiedlungen aus Wildpopulationen in der Regel bevorzugt – vorausgesetzt, die Quellpopulation ist groß genug, damit dieser Individuen entnommen

werden können. Auch die Populationsentwicklung dieser Quellpopulation muss nach der Umsiedlung überwacht werden.

Die Schönheit und Vielfalt der Heuschrecken ist beeindruckend, und es ist wichtig, Schutzmaßnahmen zu initiieren und umzusetzen, um sie zu bewahren. Während Wissenschaftler helfen können, Wissenslücken zu schließen und den Erhaltungszustand von Arten zu bewerten, wird die praktische Umsetzung von Schutzmaßnahmen in der Regel von anderen Akteuren übernommen, z. B. Naturschutzbehörden, Naturschutzverbänden, Landbesitzern oder Pächtern. In den meisten Fällen ist der Öffentlichkeit nicht bewusst, dass in einem bestimmten Gebiet eine bedrohte Art vorkommt oder welche Maßnahmen zu ihrem Schutz erforderlich sind. Eine Zusammenarbeit mit den relevanten Interessensgruppen ist daher entscheidend, um die unglaubliche Vielfalt der Heuschrecken auf unserem Planeten zu erhalten.

< **Abb. 3** Die Crau-Schrecke *Prionotropis rhodanica* (Pamphagidae) ist vom Aussterben bedroht. Sie kommt ausschließlich auf einer kleinen Fläche von 12 bis 16 km^2 in der Crau-Steppe Südfrankreichs vor; ihre Populationsgröße wird auf weniger als 5000 adulte Tiere geschätzt. Die Crau-Schrecke ist eine der wenigen Heuschreckenarten, für die ein spezialisiertes Zuchtprogramm in Gefangenschaft ins Leben gerufen wurde. Foto: Axel Hochkirch.

Abb. 4 *Zeuneriana marmorata* (Tettigoniidae), eine endemische Art des Golfs von Venedig, sie gilt als stark gefährdet. Die Feuchtgebiete ihrer Heimat sind durch Trockenlegung, Umwandlung in Ackerland und Pestizideinsatz zur Mückenbekämpfung bedroht. Foto: Axel Hochkirch.

7.2 AUSWIRKUNGEN DES KLIMAWANDELS AUF HEUSCHRECKEN IN MITTELEUROPA

Thomas Fartmann, Felix Helbing, Franz Löffler, Dominik Poniatowski

Der Klimawandel hat insbesondere seit den späten 1980er-Jahren zu einem Temperaturanstieg und einer Zunahme von Extremwetterereignissen geführt. Die Jahresniederschläge haben sich im gemäßigten Europa hingegen nur leicht verändert. Dennoch treten Sommerdürren zunehmend häufiger auf, da sich die Niederschläge vom Sommer auf den Winter verlagert haben und die Verdunstung aufgrund höherer Sommertemperaturen zugenommen hat. Entsprechend wirkt sich der Klimawandel schon jetzt stark auf Insekten aus. Mit weiter voranschreitender Erwärmung dürfte der Einfluss der globalen Erwärmung zukünftig noch stärker sichtbar werden. Sowohl graduelle klimatische Änderungen als auch die zunehmende Häufigkeit und Intensität von Extremereignissen wie Bränden, Dürren oder Überflutungen tragen hierzu bei. Allerdings sind die Auswirkungen von Letzterem deutlich schwerwiegender, insbesondere in stark voneinander isolierten Grünlandlebensräumen. Extremereignisse sind sowohl räumlich als auch zeitlich für die Arten kaum vorhersehbar, wodurch sie kaum Anpassungsmöglichkeiten haben. Insgesamt sind die Reaktionen auf den Klimawandel oft komplex und unterscheiden sich teilweise selbst zwischen nah ver-

Abb. 1 Weibchen der Kurzflügeligen Beißschrecke *(Metrioptera brachyptera)* (Foto: Dominik Poniatowski).

wandten Arten und in Abhängigkeit von der Zusammensetzung der Landschaft.

Die Kurzflügelige Beißschrecke (*Metrioptera brachyptera*) (Abb. 1) und Roesels Beißschrecke (*Roeseliana roeselii*) (Abb. 2) sind normalerweise kurzflügelig und flugunfähig. Die Lebensräume der beiden Beißschrecken unterscheiden sich dagegen deutlich voneinander. *Metrioptera brachyptera* ist ein Habitatspezialist, der vor allem Kalkmagerrasen und Moorränder in geringer Dichte besiedelt. Im Gegensatz dazu ist *R. roeselii* ein Habitatgeneralist, der in sehr unterschiedlichen Offenlandlebensräumen mit grasig-krautiger Vegetation vorkommt. Im Vergleich zur Schwesterart sind die Dichten zudem meistens deutlich höher. Bei beiden Beißschrecken führt Dichtestress während der ersten Larvenstadien zur Ausschüttung eines Stresshormons, wodurch die Entwicklung langflügeliger (makropterer) und flugfähiger Morphen induziert wird. Im wahrsten Sinne des Wortes verleiht Stress hier Flügel. In den zurückliegenden 20 Jahren waren die Frühjahre überdurchschnittlich warm und trocken, dies führte zu geringer Larvensterblichkeit und folglich hohen Populationsdichten (Abb. 3). Da die Populationsdichten von *M. brachyptera* natürlicherweise

Abb. 2 Langflügeliges Weibchen von Roesels Beißschrecke *(Roeseliana roeselii)* (Foto: Dominik Poniatowski).

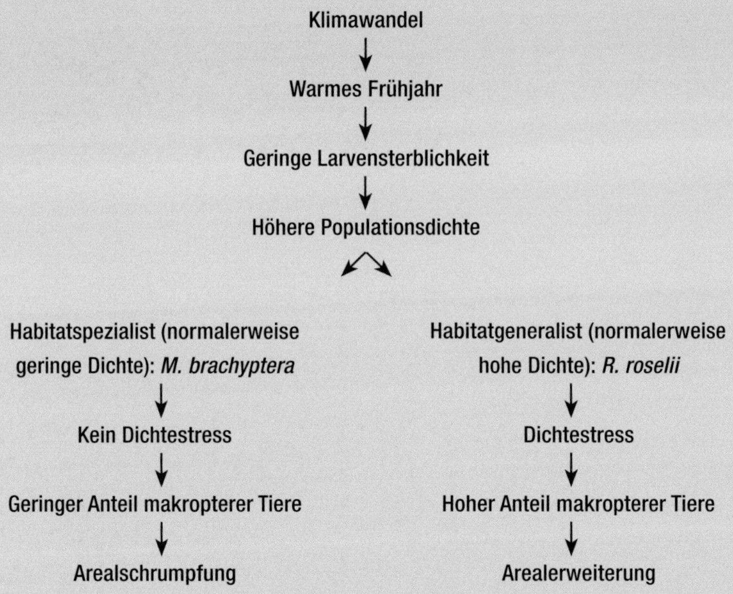

meist gering sind, bewirkte selbst eine verringerte Larvensterblichkeit aufgrund günstiger Witterungsbedingungen in aller Regel keinen Dichtestress und somit traten auch keine langflügeligen Individuen auf. Selbst im seltenen Fall des Auftretens makropterer Tiere schränkt die starke Isolation der Lebensräume in Mitteleuropa die Ausbreitungsfähigkeit von *M. brachyptera* im Zuge des Klimawandels entscheidend ein. Zudem sind die Eier der Art sehr austrocknungsempfindlich. Folglich ist *M. brachyptera* auch zunehmend durch klimawandelbedingte Dürreereignisse gefährdet. Beim Habitatspezialisten *R. roeselii* sieht die Reaktion auf den Klimawandel dagegen deutlich anders aus. Aufgrund der natürlicherweise höheren Dichten haben die wärmeren und trockeneren Frühjahre der letzten beiden Jahrzehnte regelmäßig zu Dichtestress unter den jungen Larven geführt. Heutzutage können regelmäßig makroptere Tiere von *R. roeselii* gefunden werden; Makropterenanteile von 20 % innerhalb einer Population sind keine Seltenheit. Da sie fliegen können, sind diese Morphen mobiler als die kurzflügeligen Tiere. Aufgrund der großräumigen Verfügbarkeit geeigneter Lebensräume konnte sich die Art in den letzten Jahrzehnten in West-, Mittel- und Nordeuropa ausbreiten und dem Klimawandel folgen.

Insgesamt ist davon auszugehen, dass viele wärmeliebende und gleichzeitig mobile Habitatgeneralisten im gemäßigten Europa vom Klimawandel profitieren. Beispielsweise konnte bei etwa einem Drittel der 82 in Deutschland heimischen Heuschreckenarten in den letzten drei Jahrzehnten eine deutliche Erweiterung des Verbreitungsgebietes festgestellt werden (Abb. 2, 4). Im Gegensatz dazu war die Ausbreitung von stärker spezialisierten Arten aufgrund der Verinselung ihrer Lebensräume und des unzureichenden Lebensraumverbunds stark begrenzt. Insbesondere feuchtigkeitsliebende, kälteadaptierte und wenig mobile Habitatspezialisten zählen zu den Verlierern des Klimawandels. Wie die jüngsten Dürreperioden gezeigt haben, können aber selbst Heuschreckenpopulationen im frischen und trockenen Grünland zusammenbrechen, wenn die Vegetation oberirdisch vertrocknet. Auf lange Sicht erhöht der Klimawandel das Risiko einer Homogenisierung der Heuschreckengemeinschaften im gemäßigten Europa. Während einige thermophile und mobile Habitatgeneralisten immer häufiger werden, sind für die meisten Habitatspezialisten weiterhin starke Rückgänge zu erwarten.

< **Abb. 3** Einfluss des Klimawandels auf zwei verwandte Beißschreckenarten während der postembryonalen Entwicklung: der Habitatspezialist Kurzflügelige Beißschrecke *(Metrioptera brachyptera)* und der Habitatgeneralist Roesels Beißschrecke *(Roeseliana roeselii)*. (Abbildung: Thomas Fartmann).

Abb. 4 Weibchen der Grünen Strandschrecke *(Aiolopus thalassinus)* (Foto: Marcel Kettermannn).

7.3 BEDROHTE ALPINE REFUGIEN MEDITERRANER HEUSCHRECKEN

Joaquín Ortego

Anthropogene Treibhausgasemissionen führen zu einer Erderwärmung mit noch nie dagewesener Geschwindigkeit. Verglichen mit den durchschnittlichen Temperaturen zwischen 1850 und 1900 hat dies bereits zu einer Erhöhung der globalen Oberflächentemperatur um 1,1 °C (ca. 1,59° C auf dem Land) geführt. Alpine Ökosysteme sind voraussichtlich besonders stark von den Effekten der Klimaerwärmung bedroht, weswegen sie als ideales Frühwarnsystem für ökologische Einflüsse durch Temperaturerhöhung angesehen werden. «Sky Islands» oder «Himmelsinseln» des Mittelmeergebiets (Kapitel 5.3.2) – Ansammlungen von kühlen Berggipfeln umgeben von warmem Tiefland – stellen oft die Verbreitungsgrenze vieler kälteangepasster Arten dar und bilden die Lebensräume der südlichsten Vertreter zahlreicher taxonomischer Gruppen. Weiterhin bergen diese Himmelsinseln auch ein hohes Maß an gefährdeten mikroendemischen Arten, die ausschließlich auf einem einzelnen oder wenigen benachbarten Berggipfeln vorkommen (Kapitel 5.5.1). Das trifft auch auf viele alpine Heuschreckenarten mit eng begrenzter Verbreitung zu, welche oft extrem kleine und fragmentierte Populationen bilden. Aufgrund ihres Gefährdungsgrades durch die Klimaerwärmung, ihrer kurzen Generationszeit und schnellen Reaktionen auf Umweltstörungen sind die alpin-mediterranen Heuschrecken gut geeignet, um die Einflüsse des menschengemachten Klimawandels zu bewerten und ihnen entgegenzuwirken.

GEBIRGSSCHRECKEN DER TRIBUS PODISMINI

Die Gebirgsschrecken der Tribus Podismini (Orthoptera, Acrididae, Melanoplinae; Abb. 1) umfassen einige der faszinierendsten alpinen Heuschrecken der mediterranen Bergregionen. Manche Gattungen (z. B. *Cophopodisma*, *Chortopodisma* und *Epipodisma*) sind entweder monotypisch oder durch nur eine Art im weiteren Mittelmeerraum einschließlich der Alpen und Pyrenäen vertreten. Bei anderen Gattungen wie *Podisma*, *Italopodisma*, *Oropodisma* und *Peripodisma* hingegen fand wahrscheinlich eine kleinräumige Radiation auf verschiedenen Himmelsinseln der nördlichen mediterranen Halbinseln statt, die zu der Bildung einer bemerkenswerten Zahl von endemischen Arten mit eng begrenzter Verbreitung führte (Kapitel 5.3.1, 5.3.3). Die meisten Taxa innerhalb dieser Radiationen sind heute allopatrisch verbreitet und genetischen Daten zufolge wohl im Pleistozän entstanden (<2,6 Millionen Jahre). Sie sind vermutlich das Produkt von Diversifikation in geografischer Isolation als Konsequenz

Abb. 1 Historische und aktuelle Höhenverbreitung von *Podisma carpetana carpetana* in der Sierra de Guadarrama, Zentralspanien. (A) zeigt die Höhenbereiche, die von der Art nach historischen Belegen (1887–1974, in Dunkel- und Hellblau) und neuesten Untersuchungen (2017, in Rot) besiedelt wurden. Die historische Höhenverbreitung basiert auf Aufzeichnungen aus der Literatur und den 410 Exemplaren im Nationalen Naturwissenschaftlichen Museum (MNCN-CSIC, Madrid, Spanien). Es ist zu beachten, dass die blauen/roten Flächen basierend auf der minimalen Höhe, auf der die Art gefunden wurde, dargestellt wurden und daher wahrscheinlich die tatsächlich von der Art besetzte Gesamtfläche zu jedem Zeitpunkt aufgrund von Heterogenität der mikroklimatischen Bedingungen und spezifischen Mikrohabitatpräferenzen erheblich überschätzen. Der Pfeil zeigt die Höhenverschiebung, die die Art zwischen historischen und aktuellen Funden erfahren hat. (B) zeigt das kleine Gebiet, in dem die Art 2017 in der Sierra de Guadarrama gefunden wurde. Die Punktgröße ist proportional zur Anzahl der an jedem Punkt erfassten Exemplare (Bereich = 1–16 Individuen). (C) zeigt den typischen Lebensraum. (Bilder: Joaquín Ortego).

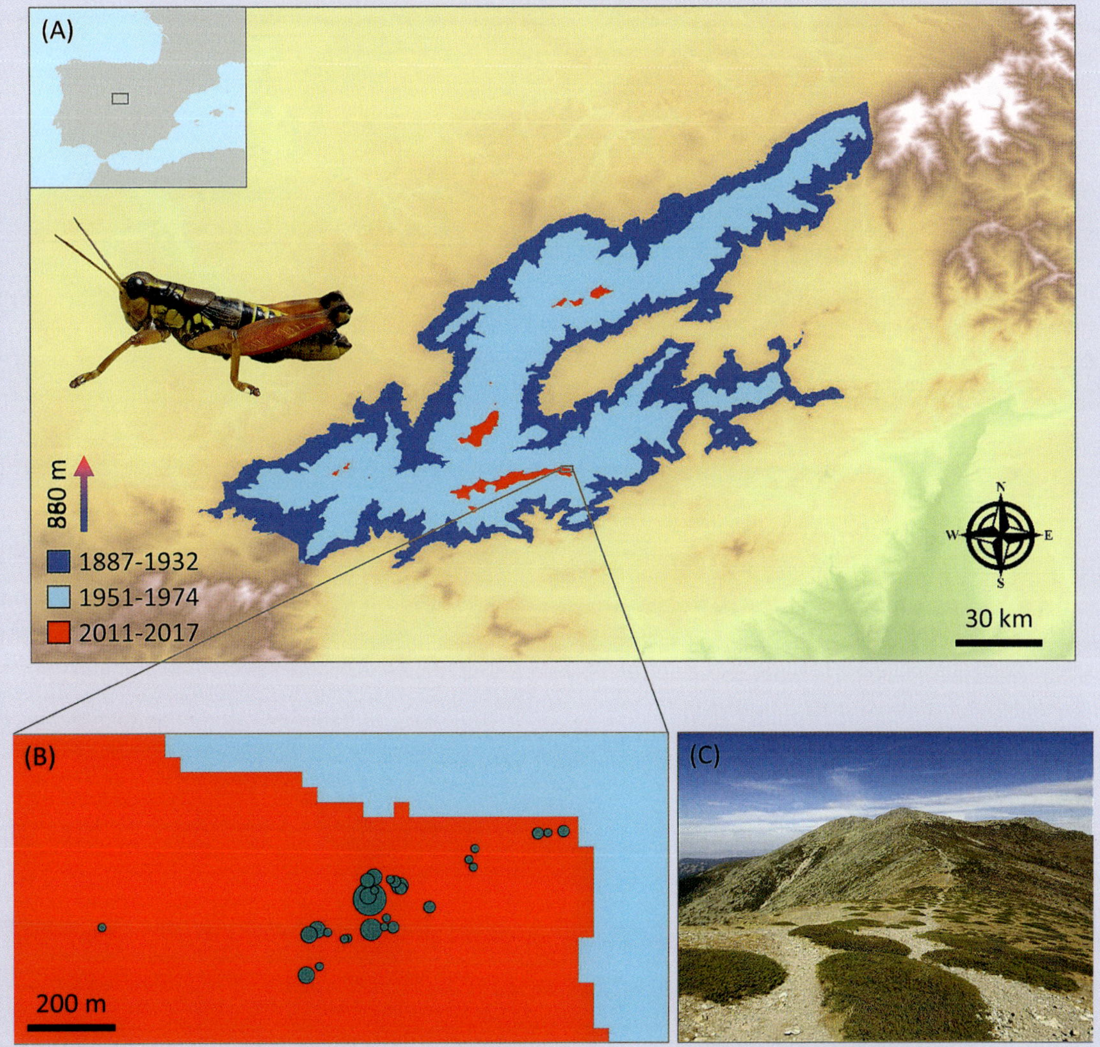
(A)
880 m
1887-1932
1951-1974
2011-2017
N
W
E
S
30 km
(B)
200 m
(C)

der Fragmentierung ihrer damaligen Lebensräume durch Klimaschwankungen des Quartärs. Die meisten Arten sind flugunfähig und nur sehr eingeschränkt ausbreitungsfähig, was wahrscheinlich zu der auffallenden genetischen Fragmentierung ihrer heute lebenden Populationen geführt hat. Kleine Verbreitungsgebiete sowie schrumpfende und fragmentierte Populationen haben zu der Aufnahme der meisten mediterranen Arten der *Podismini* in die Rote Liste der gefährdeten Arten der IUCN mit den Kategorien «vom Aussterben bedroht», «stark gefährdet», «gefährdet» oder «gering gefährdet» geführt (Kapitel 7.1). Die vergleichenden Untersuchungen historischer Belege und aktueller Daten der Gattungen *Podisma* der Iberischen Halbinsel und *Oropodisma* des Balkans durch unser Forschungsteam weisen darauf hin, dass die Verbreitung vieler Populationen in den letzten 50 bis 100 Jahren deutlich zurückgegangen ist und sich in höhere Lagen verschoben hat, was auf die Effekte der menschengemachten Klimaerwärmung hinweist (Kapitel 7.2).

DER FALL VON *PODISMA CARPETANA* IM ZENTRUM DER IBERISCHEN HALBINSEL

Der Vergleich jüngster Felduntersuchungen mit historischen Aufzeichnungen hat ergeben, dass die Populationen von *Podisma carpetana carpetana* in der Sierra de Guadarrama (Spanien) dramatisch zurückgegangen sind und sich in höhere Gebirgslagen verschoben haben. Aufgrund ihrer Nähe zur spanischen Hauptstadt Madrid, wo der bekannte Orthopterologe Ignacio Bolívar im 19. Jahrhundert ansässig war, ist dieses Taxon mit zahlreichen historischen Belegen (> 400 Exemplare im Nationalen Naturwissenschaftlichen Museum, MNCN-CSIC) sehr gut dokumentiert (Kapitel 6.1). Etwa 40 Jahre lang schien *P. carpetana carpetana* gänzlich verschwunden zu sein: Das letzte historische Exemplar wurde 1974 gesammelt, und erst 2013 wurde eine kleine Population durch Ranger des Nationalparks Sierra de Guadarrama wiederentdeckt. Unsere intensiven Untersuchungen in der Region zwischen 2011 und 2017 bestätigten, dass die Art an den meisten Standorten verschwunden ist, an denen sie zwischen 1887 und 1974 gefunden wurde, und heute wahrscheinlich auf eine einzige verbliebene Population in einem isolierten Kleinstbiotop in den höchsten Höhenlagen (>2100 m) der Sierra de Guadarrama beschränkt ist. Dies entspricht einer Verschiebung von über 800 m im Vergleich zu den niedrigsten belegten Höhenlagen (1240–1500 m) zwischen 1907 und 1961 (Abb. 1A, B). Die heutige Population besiedelt ausschließlich ein sehr kleines Habitatfragment (<0,1 km²) mit Heide-Wacholder (*Juniperus communis*), Geißklee (*Cytisus oromediterraneus*), vegetationsfreien Flächen und steinigen, alpinen Matten (Abb. 1C). Die Höhenverschiebung der Population ist wahrscheinlich eine Folge der Erwärmung des Klimas. Dennoch könnten auch andere Faktoren wie Überweidung, massive Freizeitnutzung der Sierra de Guadarrama aufgrund ihrer Nähe zur Hauptstadt und die Errichtung des Skigebiets Puerto de Navacerrada im Jahr 1940 eine Rolle spielen (Kapitel 7.1). Zudem sind die Werte der genetischen Diversität der Restpopulation von *P. carpetana* der Sierra de Guadarrama die niedrigsten gemessenen aller auf der Iberischen Halbinsel. Es ist daher zu erwarten, dass ihr Anpassungspotenzial angesichts der fortschreitenden

Abb. 2 Historische und aktuelle Höhenverteilung von vier endemischen Taxa der Gattung *Oropodisma* der Peloponnes-Halbinsel, Südgriechenland. (A) zeigt die geografische Lage der in den unteren Panels präsentierten Populationen: (B) *O. erymanthosi* vom Berg Erymanthos, (C) *O. kyllinii* vom Berg Kyllini, (D) *O. chelmosi* vom Berg Mainalon, (E) *O. chelmosi* vom Berg Parnon und (F) *O. taygetosi* vom Berg Taygetos. Die unteren Panels zeigen die Höhenbereiche, die von jeder Art in verschiedenen Gebirgszügen gemäß historischen Aufzeichnungen (1970–1978, in Blau) und neuesten Untersuchungen (2022–2023, in Rot) besiedelt wurden. Es ist zu beachten, dass die blauen/roten Flächen basierend auf der minimalen Höhe, in der die Art aufgezeichnet wurde, dargestellt wurden und daher wahrscheinlich die tatsächlich von der Art besetzte Gesamtfläche zu jedem Zeitpunkt aufgrund von heterogenen mikroklimatischen Bedingungen und spezifischen Mikrohabitatpräferenzen erheblich überschätzen. Pfeile in den unteren rechten Ecken der Panels B–F zeigen die Höhenverschiebung, die die Art zwischen historischen und aktuellen Funden erfahren hat. Das eingefügte Bild in (A) zeigt ein Weibchen von *O. chelmosi*. Zeichnung: Marina Trillo.

Veränderungen der Umwelt weiter abnimmt und die Population innerhalb kurzer Zeit aussterben könnte.

DER FALL VON *OROPODISMA* IN DER PELOPONNES-REGION

Die auffälligen Verbreitungsänderungen von *P. carpetana* in Süd-Iberien sind vergleichbar mit den Höhenverschiebungen, die einige Populationen der Gattung *Oropodisma* auf der Balkanhalbinsel erfahren haben (Kapitel 5.3.1). In den Jahren 2021 und 2023 führten wir umfangreiche Untersuchungen der meisten bekannten Populationen der Gattung *Oropodisma* für taxonomische, demografische und naturschutzgenomische Studien durch. Dabei stellten wir erhebliche Populationsrückgänge bei den südlichsten Taxa fest, insbesondere bei denen der Gebirgszüge der Peloponnes-Halbinsel Griechenlands. Laut unseren Untersuchungen haben die einzigen bekannten Populationen von *O. erymanthosi*, *O. kyllinii* und *O. taygetosi* sowie die Populationen von *O. chelmosi* von den Bergen Parnon und

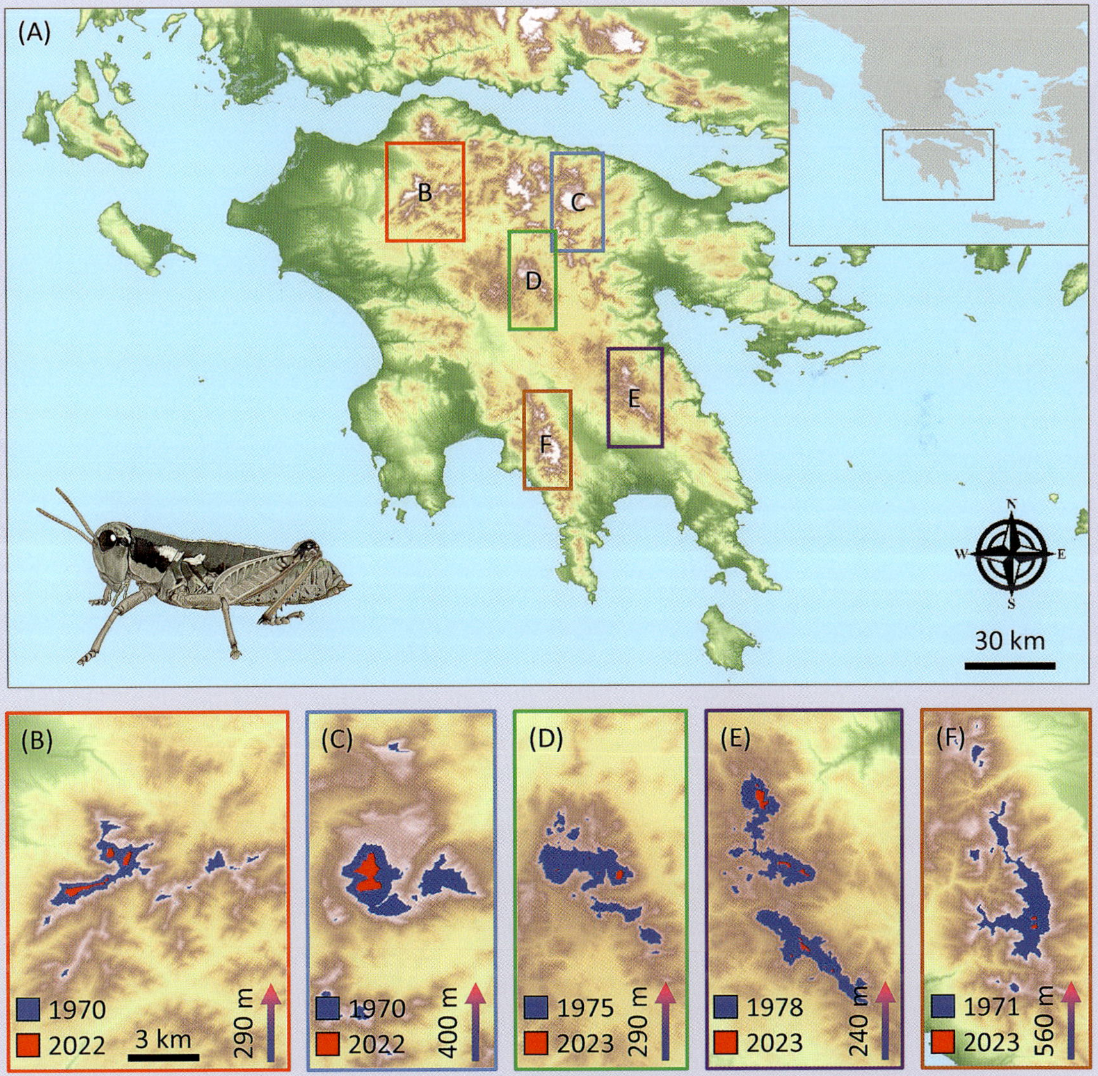

Mainalon seit den 1970er-Jahren Höhenverschiebungen von 240–560 m erlebt (Abb. 2). Während *O. erymanthosi* und *O. kyllinii* weiterhin einigermaßen individuenreiche Populationen aufrechterhielten, konnten auch nach intensiven Erkundungen auf den Bergen Taygetos, Parnon und Mainalon nur sehr wenige Tiere von *O. taygetosi* gefunden werden. Diese Daten legen nahe, dass die meisten endemischen Taxa mit eng begrenzter Verbreitung auf der Peloponnes-Halbinsel wahrscheinlich kurz vor dem Aussterben stehen und ihr IUCN-Erhaltungsstatus in zukünftigen Neubewertungen der Arten wahrscheinlich um eine oder mehrere Kategorien erhöht werden sollte (z. B. von «gefährdet» zu «stark gefährdet» bei *O. taygetosi*).

SCHLUSSFOLGERUNGEN

Zusammen weisen diese vorläufigen Ergebnisse auf gravierende Populationsrückgänge bei einigen Gebirgsschrecken mediterraner Himmelsinseln hin, die höchstwahrscheinlich auf steigende Temperaturen und fortschreitende Verschlechterung der Umweltbedingungen für diese alpinen Arten zurückzuführen sind. Studien und Bewertungen historischer Populationstrends alpiner Heuschrecken sind dringend erforderlich, um den Erhaltungsstatus vieler Arten mit extremer Anfälligkeit gegenüber der Klimaerwärmung auf den neuesten Stand zu bringen.

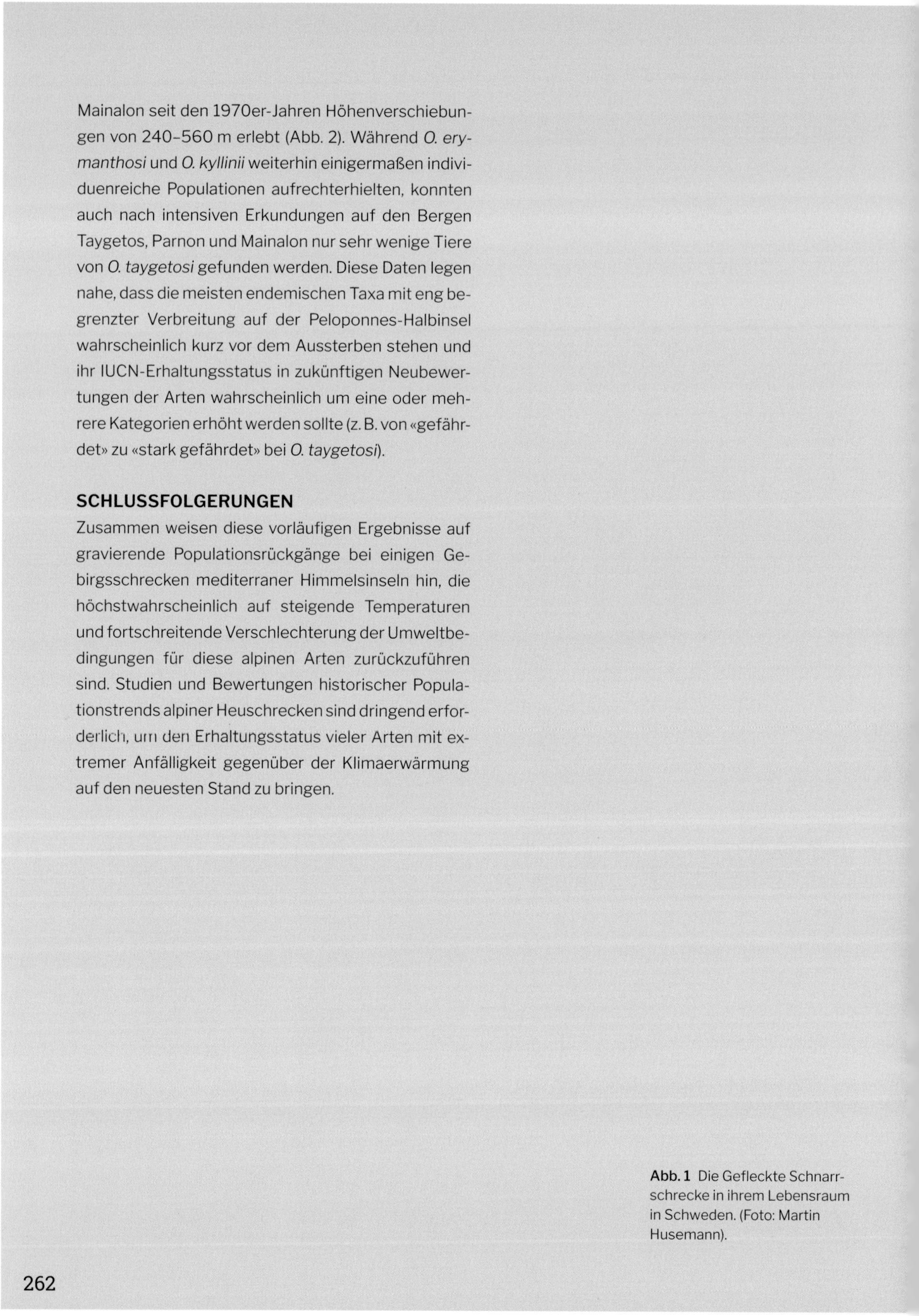

Abb. 1 Die Gefleckte Schnarrschrecke in ihrem Lebensraum in Schweden. (Foto: Martin Husemann).

7.4 DIE GEFLECKTE SCHNARRSCHRECKE: VOM AUSSTERBEN BEDROHT! NUR WESHALB?

Lara-Sophie Dey, Martin Husemann

Die Gefleckte Schnarrschrecke *Bryodemella tuberculata* gehört mittlerweile in Zentraleuropa zu einer der seltensten Heuschreckenarten (Abb. 1). Obwohl sie bis Anfang des 20. Jahrhunderts in weiten Teilen Europas vorkam, sind heute nur noch einige wenige Reliktpopulationen in der Alpenregion, in Schweden auf der Insel Öland, im Süden Finnlands sowie eine Population in Litauen bekannt. In Zentralasien hingegen ist die Art noch recht weit verbreitet.

Es stellt sich daher die Frage nach den Gründen für den Rückgang dieser Art in Europa in den letzten 100 Jahren. Klimatische Modellierungen können zumindest eine teilweise Antwort liefern, und zwar in Bezug auf die Frage, ob der Klimawandel die Ursache der Aussterbeprozesse sein könnte (Kapitel 7.2). Die Ergebnisse dieser Modellierungen zeigen jedoch deutlich, dass die klimatischen Veränderungen der Heuschrecke eigentlich eher zugutekommen sollten, als dass sie einen Nachteil bedeuten. Es wurde ersichtlich, dass die Orte der heute ausgestorbenen Vorkommen klimatisch für die Art weiterhin geeignet wären (Abb. 4).

Basierend auf diesen Ergebnissen wurden alternative Ursachen für das Verschwinden der Art gesucht. Hierfür wurde versucht, die Geschichte der Landschaft und Landnutzung an verschiedenen ehemaligen Standorten der Gefleckten Schnarrschrecke

zu rekonstruieren. Einer dieser Standorte ist die Lüneburger Heide. Hier wurde die Schnarrschrecke das letzte Mal um 1910 herum gefangen. Zur gleichen Zeit konnte eine Veränderung in der Habitatstruktur verzeichnet werden: zu dieser Zeit wurde der Import von Honig und Wolle günstiger als die heimisch erwirtschafteten Produkte aus der traditionellen Schnucken- und Heidewirtschaft. Da die Schäfer und Imker nun ihre Waren nicht mehr verkaufen konnten, wurde die traditionelle Heide zur Agrarlandschaft umgeformt. Mit dieser Umstrukturierung wurde auch die Gefleckte Schnarrschrecke verdrängt und ist infolgedessen am Standort ausgestorben. Obwohl bereits nach kurzer Zeit die Rückkehr zur Heidewirtschaft stattfand, kehrte die Gefleckte Schnarrschrecke nicht zurück. In weiten Teilen Europas fanden ähnliche Landschaftsveränderungen wie in der Lüneburger Heide statt. Neben der Umwandlung von Heidelandschaften in Ackerland wurden auch Flussufer für die Schifffahrt begradigt, was ebenfalls Habitate der Schnarrschrecke zerstörte. Selbst nach aufwendiger Renaturierung der Habitate kann die Art nicht wieder selbstständig einwandern, da die verbleibenden Restpopulationen zu weit entfernt sind. Hier könnte nur Wiederansiedlung durch den Menschen helfen (Kapitel 7.1).

Obwohl bekannt ist, dass die Art in Mitteleuropa kurz vor dem Aussterben steht, gibt es bisher kaum Maßnahmen zum Schutz ihrer Lebensräume. Ein Beispiel ist der Standort an der Sylvenstein-Staumauer an der bayerischen Isar. Hier konnte bereits über die vergangenen zehn Jahre ein Rückgang der Population beobachtet werden. Zwar stellt die Fläche einen geschützten Naturraum dar und ist vor direkten Eingriffen geschützt. Durch Veränderungen des Abflussregimes zur Wasserkraftgewinnung bleiben jedoch die starken Hochwasser aus, die das Kiesbett früher nahezu vegetationsfrei hielten. Heute verbuschen die Flächen rapide. Intensive Management-Maßnahmen wären zum Erhalt der Lebensräume nötig. Durch den Schutz der Gefleckten Schnarrschrecke würden auch andere Arten wie die Rotflügelige Schnarrschrecke (*Psophus stridulus*), Türks Dornschrecke (*Tetrix tuerki*) und der Kiesbank-Grashüpfer (*Chorthippus pullus*) profitieren. Daher könnte und sollte die Gefleckte Schnarrschrecke als Flagschiffart für den Schutz dieser Lebensräume genutzt werden.

Abb. 2 Verbreitung und Modellierung der ökologischen Nische der Gefleckten Schnarrschrecke). Weiße Punkte stellen Standorte ausgestorbener Vorkommen dar, schwarze Punkte noch existente. Die Hintergrundfarbe repräsentiert die modellierte Eignung als Lebensraum nach Klimaparametern: gelb = hohe Eignung, blau = niedrige Eignung. *Bryodemella tuberculata* ist aus vielen klimatisch eigentlich geeigneten Lebensräumen verschwunden. Verändert nach Dey et al. (2021)

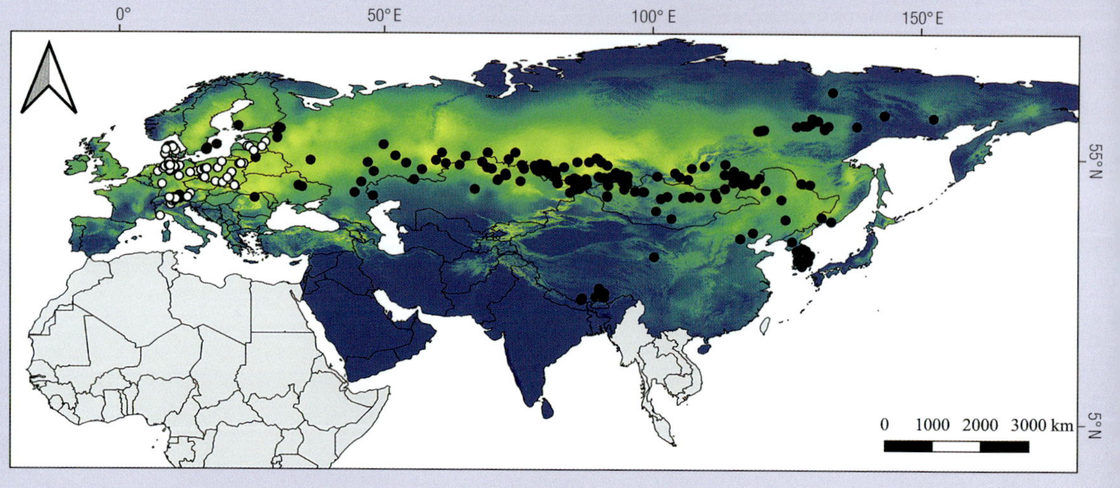

7.5 DAS GEHEIMNISVOLLE AUSSTERBEN DER ROCKY-MOUNTAIN-WANDERHEUSCHRECKE

Jeffrey A. Lockwood

Im 19. Jahrhundert zogen riesige Schwärme der Rocky-Mountain-Wanderheuschrecke (*Melanoplus spretus*) über Nordamerika hinweg. Sie verzehrten täglich Hunderttausende Pfund an Pflanzenmaterial. Zum Höhepunkt der Expansion machte das Gesamtgewicht der Heuschrecken mehr als das aller Bisons des Kontinents zusammen aus. Während der großen Plage zwischen 1874 und 1877 verursachten die Heuschrecken 200 Millionen Dollar an landwirtschaftlichen Schäden, was nach heutiger Kaufkraft umgerechnet 116 Milliarden Dollar entspräche.

Die Pioniere des amerikanischen Westens waren darauf angewiesen, sich selbst durch die Landwirtschaft mit Nahrung zu versorgen. Wurden die Ernten durch Heuschrecken vernichtet, drohte der Hungertod, weswegen sie sich erbittert und einfallsreich gegen die Plagen zur Wehr setzten. Landwirte fluteten, pflügten und eggten ihre Äcker, um die Eier der Heuschrecken abzutöten, und fingen die Nymphen nach dem Schlupf in speziell dafür gegrabenen Löchern. Es wurden verschiedene Maschinen erfunden, unter anderem von Pferden gezogene Apparate, die die jungen Heuschrecken zerquetschen, aufsaugen oder ersticken sollten.

Durch intensive Nachforschung haben Wissenschaftler die Zone identifiziert, in der die Wanderheuschrecken dauerhaft vorkamen. In den fruchtbaren Flusstälern der Rocky Mountains konnten die Tiere jederzeit gefunden werden, und dort nahmen auch die großen Plagen ihren Anfang. Ein riesiger Schwarm nahm im Jahr 1875 eine Fläche von 198 000 Quadratmeilen ein, mit einer geschätzten Menge von 3,5 Trillionen Individuen. Nur 27 Jahre später war die Art ausgestorben. Was kann zu dem so schnellen Verschwinden einer Art geführt haben, die von Kalifornien bis Missouri und von Texas nach Kanada verbreitet war?

Lange vermuteten einige Forschende, dass die Art in der solitären Phase weiter überlebte, aber keine

Abb. 1 Mumifiziertes Exemplar der Rocky-Mountain-Wanderheuschrecke; Links: über der Stiftkappe, rechts: im Größenvergleich zu einer 1-Cent-Münze, das beim Abtauen des Knife Point Gletschers, Wyoming, sichtbar wird. Fotos: Jeffrey A. Lockwood.

Abb. 2 Szene aus Locust: The Opera, wo die Sopranistin die Rolle der Rocky-Mountain-Wanderheuschrecke darstellt und der Tenor einen Wissenschaftler spielt. Foto: Jeffrey A. Lockwood.

Schwärme mehr bildete. Es wurde versucht, bei anderen heute noch lebenden Verwandten einen Phasenübergang zum migratorischen Stadium zu induzieren, doch ohne Erfolg. Neuere morphologische und genetische Studien haben jedoch belegt, dass *M. spretus* eine eigene Art war.

Andere Entomologen stellten die Theorie auf, dass Störungen des ökologischen Gleichgewichts die Massenvermehrung und das Schwärmen erst ausgelöst hätten. Jedoch wurden mumifizierte Exemplare der Wanderheuschrecke aus dem Eis der Gletscher der Rocky Mountains auf ein Alter von 700 Jahren datiert (Abb. 1). Zudem fanden anthropologische Studien Hinweise darauf, dass indigene Ethnien die Heuschrecken bereits vor 5000 Jahren als Nahrungsquelle nutzten (Kapitel 8.4, 8.5). Weiterhin wird die Theorie vertreten, dass andere große Veränderungen (Klimawandel, Verkleinerung der Bisonherden, Ausrottung der Indigenen) zum Aussterben der Heuschrecken beitrugen. Beweise für diese Hypothesen wurden nicht gefunden.

Das Rätsel wurde erst gelöst, als ein besseres Verständnis ökologischer Flaschenhalseffekte erreicht worden war. Während Rezessionen, wie in den späten 1800er-Jahren, war die Wanderheuschrecke auf ihre dauerhaften Lebensräume beschränkt. Zu dieser Zeit wurden die Bergtäler landwirtschaftlich umgestaltet und der Bergbau gefördert. Die Rückzugsgebiete der Heuschrecken wurden gepflügt, bewässert, beweidet, geeggt, geflutet und zertrampelt – genau zu den Zeiten, als die Heuschrecken am empfindlichsten waren. *Melanoplus spretus* wurde Opfer der unabsichtlichen Zerstörung ihres Lebensraums (Kapitel 7.1).

Die Geschichte der Rocky-Mountain-Wanderheuschrecke ist moralisch komplex und wurde im Stück *Locust: The Opera* [Wanderheuschrecke; Die Oper] (https://youtu.be/L_4xzj7gAjA; Abb. 2) verarbeitet. Die Zerstörung durch diese Heuschrecke hat unsagbares menschliches Leid hervorgerufen, sodass ihr Aussterben zunächst als positiv bewertet werden könnte. Gleichzeitig ging mit dieser besonderen Art ein einzigartiger Teil der Natur von besonderem Wert verloren.

7.6 WIE HABITAT-MANAGEMENT GRASHÜPFERN IN INDIENS SCHUTZGEBIETEN NÜTZT

Dhaneesh Bhaskar, P. S. Easa

Indien ist ein Land mit extrem hoher Biodiversität und vielen endemischen und bedrohten Arten, die durch verschiedene Schutzgebiete wie Nationalparks und Tigerreservate gesetzlich geschützt sind. Das Habitat-Management in diesen Gebieten konzentriert sich hauptsächlich auf Flaggschiff-Arten – vor allem große, bedrohte und charismatische Säugetiere wie Tiger und Elefanten. Diese Priorisierung ist ein Erbe kolonialer Waldgesetze und ein Resultat der früheren Nutzung als Jagdreviere oder Wildreservate. Damals war das Verständnis von Naturschutz und Habitat-Management noch begrenzt, was zu einseitigen Praktiken führte, die den Großteil der Biodiversität außer Acht ließen.

Ein Beispiel dafür ist der Eravikulam-Nationalpark im südindischen Biodiversitätshotspot der Westghats. Hier liegt der Schwerpunkt des Habitat-Managements auf einem bedrohten, endemischen Paarhufer, dem Nilgiri-Tahr (*Nilgiritragus hylocrius*), dessen größte Population in den grasbedeckten Berglandschaften des Parks lebt. Eine zentrale Managementstrategie des Parks ist das kontrollierte Abbrennen von Grünlandflächen, eine Praxis, die noch aus der Kolonialzeit stammt. Damals wurden Feuer gelegt, um Nilgiri-Tahre anzulocken und zu jagen. Heute dient diese Methode zur Kontrolle der Population des Nilgiri-Tahrs. Erstaunlicherweise wurde in den 60 Jahren seit der Einführung dieser Methode nie untersucht, wie sich das Abbrennen auf andere Arten auswirkt. Die erste Studie, die sich mit den Auswirkungen von kontrollierten Feuern auf andere Organismen im Eravikulam-Nationalpark befasste, wurde erst zwischen 2015 und 2018 durchgeführt (Abb. 1, 2). Ziel dieser Studie war es, die Auswirkungen großflächiger Brände im Nationalpark mit kleinflächigen Bränden im benachbarten Parambikulam-Tigerreservat zu vergleichen. Grashüpfer wurden als dominierende Herbivoren in den Grasland-Habitaten als Indikatorgruppe verwendet (Kapitel 2.1). Die Studie ergab, dass großflächige Brände, wie sie im Eravikulam-Nationalpark praktiziert werden, deutlich schädlichere Auswirkungen auf die Grashüpfergemeinschaften haben als kleinflächige Feuer, wie sie im Tigerreservat eingesetzt werden.

In Gebieten mit kleinflächigem Feuermanagement erholten sich die Grashüpfergemeinschaften rasch nach einem Brand. Bereits in der ersten Post-Monsun-Saison nach dem Brand gab es keinen signifikanten Unterschied mehr in der Anzahl der Grashüpferarten zwischen den verbrannten Flächen und den Kontrollflächen. Im Gegensatz dazu führte das großflächige Abbrennen im Eravikulam-Nationalpark zu einem langfristigen Rückgang in der Häufigkeit einzelner Grashüpferarten und zu einem insgesamt geringeren Artenreichtum. Dies könnte darauf zurückzuführen sein, dass durch die großflächigen Brände größere Distanzen zwischen nicht abgebrannten Bereichen entstanden, was die Wiederbesiedlung der abgebrannten Gebiete erschwerte, während das Mosaik von kleinflächigen Bränden im Tiger-Reservat Grashüpfern eine Neubesiedelung ermöglichte. Auch die Feuerintensität und die Bodentemperaturen spielten eine Rolle. Grashüpfer-Eier könnten durch die erhöhten Temperaturen nach einem Brand beschädigt werden. Veränderungen in der Vegetation, wie die Ausbreitung von Farnen oder die Dominanz des Neelakurinji-Strauchs (*Strobilanthes kunthiana*) in häufig abgebrannten Grasländern, beeinflussten ebenfalls die Artenzusammensetzung und Populationsgrößen. Besonders stark betroffen waren flügellose Grashüpfer wie *Zygophlaeoba sinuatocollis* und *Paramastacides ramachendrai*, deren Populationen in verbrannten Gebieten dramatisch zurückgingen. Auch ihre Wiederbesiedelungsrate war sehr gering.

Abb. 1 Forschende bei der Untersuchung von kontrolliertem Abbrennen im Eravikulam National Park. Foto: Dhaneesh Bhaskar.

Die Studie unterstreicht die Bedeutung eines anpassungsfähigen und wissenschaftlich fundierten Habitat-Managements in Schutzgebieten. Anstatt sich ausschließlich auf einzelne Schlüsselarten zu konzentrieren, sollten Managementstrategien das gesamte Ökosystem berücksichtigen, einschließlich der oft vernachlässigten wirbellosen Arten (Kapitel 7.1). Kleinflächiges Abbrennen erweist sich als vorteilhafter Ansatz, von dem sowohl die großen Herbivoren als auch die Vielfalt der wirbellosen Tiere profitieren.

> **Abb. 2** Bei *Carliola carinata*, einem endemischen, flugunfähigen Grashüpfer, wurde eine Veränderung von ihrer normalen braunen Färbung (oben) zu aschefarbigem Schwarz als Reaktion auf Feuer beobachtet (links), was im verbrannten Gebiet ihre Tarnung stärkt. Melanismus in verbrannten Gebieten ist ein besonderer Fall von Homochromie und wurde auch bei afrikanischen und europäischen Heuschrecken beobachtet. Nach der Erholung des Habitats vom Feuer konnte eine graduelle Abnahme von melanisierten Formen von *C. carinata* beobachtet werden, wobei dunkle Individuen immer noch einen Monat nach dem Feuer gefunden wurden (C). Die Veränderung der Färbung wird als Anpassung gegen Fressfeinde angesehen. Foto: Dhaneesh Bhaskar.

Abbildung > Säule mit Laubdekoration und kleinen Tieren, unter anderem einer Laubheuschrecke, aus dem Gewölbe der Villa Adriana (Tivoli, Rom); weißer Marmor, Hadrianisches Zeitalter (1. bis 2. Jahrhundert). Foto: Paolo Fontana

8 KULTURELLE ASPEKTE

8.1 DIE MEHR ALS 2000-JÄHRIGE TRADITION DES GRILLENKAMPFS IN CHINA

Wenhui Zhu, Scheng-Quan Xu

Kampfspiele machen einen wichtigen Teil der traditionellen volkstümlichen Unterhaltung in China aus und sind als solche seit der Zeit der sogenannten Frühlings- und Herbstannalen und der Zeit der Streitenden Reiche (7. bis 2. Jahrhundert vor Christus) belegt. Sie dienten einerseits den höheren gesellschaftlichen Klassen zur Belustigung und als Statussymbol, andererseits auch der breiten Bevölkerung zum Vertreib ihrer spärlichen Freizeit, insbesondere zu den Neujahrsfeierlichkeiten. «Kampfspiele» im weiteren Sinn umfassten Hahnen-, Stier- und Grillenkämpfe, aber auch «Kämpfe» zwischen Pflanzen oder Gegenständen.

Bereits zur Zeit der Streitenden Reiche vor über zwei Jahrtausenden war der Grillenkampf in China als eine Art des Glücksspiels populär. Zur Blütezeit gelangte er während der Tang-Dynastie vor etwa 1000 Jahren; in dieser Periode frönten nicht nur «echte» Glücksspieler dem Grillenkampf, sondern er wurde von weiten Teilen der Bevölkerung als Hobby ähnlich dem Fischen, der Vogel- und der Pflanzenzucht betrieben. Während der Song-Dynastie hielt der Grillenkampf sogar Einzug in den kaiserlichen Hof. Kaiser und Beamte waren derart fasziniert davon, dass manche darüber sogar ihre Pflichten vernachlässigt haben sollen. So hat der Grillenkampf auch mediale Berühmtheit erlangt: Der Spielfilm «Der letzte Kaiser» stellt dar, wie der letzte Kaiser der Qing-Dynastie, Puyi, seine Grillen pflegt.

Die für die Kämpfe verwendeten Grillen, im Chinesischen als «ququ» bekannt, gehören verschiedenen Arten der Gattung *Velarifictorus* an. Diese Arten leben vorwiegend in Grasland- oder Offenlandlebensräumen, in denen die von ihnen bevorzugte pflanzliche Nahrung limitiert ist. Es wird angenommen, dass dies zur Evolution einer territorialen Lebensweise und innerartlichen Aggressivität geführt hat. Menschen entdeckten diese Eigenschaften früh und begannen, die Grillen in Kämpfen gegeneinander antreten zu lassen. Die Grillenkämpfe sind, aufgrund der nur etwa sechsmonatigen Lebensspanne der Grillen, saisonal beschränkt und beginnen meist Mitte August. Sie finden typischerweise in Keramik- oder Porzellangefäßen statt. Die männlichen Kontrahenten eröffnen den Kampf mit energischem Flügelschlagen, um sich selbst zu motivieren und den Gegner einzuschüchtern. Danach versucht jede der Grillen, ihren Gegner unter heftigen Bewegungen ihrer Antennen und Drehen des Körpers zu beißen und festzuhalten. Der unterlegene Kontrahent versucht schließlich zu fliehen. Da Grillen individuelle Persönlichkeiten haben, ist der Ausgang jedes Kampfes unvorhersehbar und die Spannung bleibt bis zum Ende erhalten. Dies ist der Grund für die ungebrochene Beliebtheit der Grillenkämpfe.

Aufgrund der unterschiedlichen Klimazonen beginnt die Grillenkampf-Saison nicht überall zum gleichen Zeitpunkt. In den Provinzen Guangdong und Guangxi sind die Grillen bereits Mitte Juni erwachsen. Sie sind vergleichsweise groß, doch ihre Gesänge gelten als langsam, rau und laut. Das berühmteste Herkunftsgebiet für Grillen ist die Provinz Shandong mit den beiden großen Märkten von Ningyang und Ningjin. In Ningyang wird jedes Jahr im August die Grillensaison offiziell eröffnet. Grillen aus Shandong sind für ihre aggressive Natur und Kampfstärke bekannt. Historisch waren sie in Zeiten besonderer Popularität und Nachfrage dem Hochadel vorbehalten und galten als seltenes Statussymbol. Noch heute sind sie von großer kultureller und wirtschaftlicher Bedeutung. Die Grillenkämpfe von Ningyang wurden 2009 als lokales, immaterielles Kulturerbe anerkannt, und Shandong ist eine geschützte Herkunftsbezeichnung für Kampfgrillen.

In unserer heutigen schnelllebigen und technisierten Welt mit fortschreitender Verstädterung und

Abb. 1 Grillen beim Kampf. Foto: Zhuqing He.

Abb. 2 Grillenbehälter aus Keramik. Foto: Hao Tang.

Abb. 3 Grillenhandel auf einem Markt. Foto: Wenhui Zhu.

anderen, leicht verfügbaren Formen der Unterhaltung verliert der Grillenkampf, so wie viele traditionelle Beschäftigungen, nach und nach an Bedeutung. Nach wie vor erfreut er sich jedoch einer großen Zahl von Enthusiasten, die diesen alten Teil der chinesischen Kultur erhalten und fortführen.

8.2 DIE RIESENBLATTSCHRECKE, EIN HAUSTIER DER EXTRAKLASSE

Frank Glaw

Die Riesenblattschrecken gehören zu den größten Heuschrecken der Erde. Die Weibchen werden bis zu 13 cm lang, mehr als 30 g schwer, und ihre Flügelspannweite beträgt bis zu 25 cm. Ihr Verbreitungsgebiet umfasst Neuguinea, das nördliche Australien und vielleicht auch andere Teile von Südostasien. Obwohl die Art bereits vor 170 Jahren wissenschaftlich beschrieben wurde, gelangte sie erst vor wenigen Jahren lebend nach Europa, und bisher ist erstaunlich wenig über ihre Lebensweise bekannt. Demnach handelt es sich um einen überwiegend nachtaktiven Baumkronen-Bewohner im Regenwald. Anscheinend vertrauen sie hauptsächlich auf ihre hervorragende Tarnung und machen meist nur bedächtige Bewegungen, können bei Stress aber auch springen, flattern und kräftig zubeißen (Kapitel 2.2). Die innerartliche Kommunikation erfolgt überwiegend durch Vibrationen, hörbare Gesänge sind nicht bekannt.

Mittlerweile hat sich herausgestellt, dass die Riesenblattschrecke leicht und kostengünstig in menschlicher Obhut gehalten und gezüchtet werden kann. Ein Weibchen kann im Laufe seines Lebens bis zu 370 Eier mit seinem Legestachel in den Bodengrund ablegen. Die Larven schlüpfen nach etwa drei Monaten und durchlaufen nach drei weiteren Monaten die letzte Häutung, wonach sie noch über ein Jahr lang als Erwachsene leben können. Die Tiere lassen sich teilweise sogar aus der Hand füttern. Bei der Fütterung mit süßen Äpfeln läuft ihnen das Wasser im Maul so stark zusammen, dass es heruntertropft.

Viele Strukturen, die bei den meisten Insekten nur unter dem Binokular oder Mikroskop deutlich erkennbar sind, lassen sich bei der Riesenblattschrecke mit bloßem Auge beobachten, so zum Beispiel die «Ohren», die sich bei *Siliquofera grandis* und anderen Langfühlerschrecken in den Unterschenkeln der Vorderbeine befinden (Kapitel 4.2). Die Unterseite jedes Fußes trägt acht Haftpolster mit kleinen Löchern, mit denen die Riesenblattschrecken problemlos senkrechte Glasscheiben hochklettern können. Wenn sie auf glatten Oberflächen nach oben klettern, tritt aus diesen Löchern ein dünner Flüssigkeitsfilm aus, der die Adhäsion zwischen den Flächen erzeugt.

Die Riesenblattschrecken verbringen viel Zeit mit der Körperpflege. Mit großer Hingabe putzen sie die Haftpolster auf der Unterseite ihrer Füße, ihre Antennen und ihre Mundwerkzeuge. Auch überraschen sie immer wieder mit unerwarteten Verhaltensweisen: Bis zur Häutung zum erwachsenen Tier schießen sie ihre Kotbälle mit den Sprungbeinen meterweit durch die Gegend. Der Grund dafür scheint offensichtlich: Die grünen Heuschrecken sind mit ihrer Blattmimese im Lebensraum hervorragend getarnt, könnten sich aber durch Geruchsspuren verraten (Kapitel 2.2). Daher schießen sie den Kot möglichst weit weg, um ihre Fressfeinde auf eine falsche Spur zu locken (Kapitel 2.1).

Durch ihren gutmütigen, wenig schreckhaften Charakter mit ruhigen, bedächtigen Bewegungen laden Riesenblattschrecken regelrecht dazu ein, ihr interessantes Verhalten näher zu beobachten und sie so als Individuen oder vielleicht sogar als Persönlichkeiten zu erleben. Bei fachkundiger Präsentation sind sie bestens geeignet, um Kinder auf positive Weise an Insekten heranzuführen, Begeisterung für die Krabbeltiere zu wecken und Ängste und Vorbehalte abzubauen. Sie haben daher ein großes Potenzial für die Forschung und Lehre an Schulen und Universitäten und könnten dazu beitragen, Nachwuchsentomologen und zukünftige Naturschützer zu prägen und auf die Gefährdung von Insekten hinzuweisen.

HALTUNGSANLEITUNG

Terrarium: Mindestgröße 40 x 40 x 60 cm, gute Belüftung, Bodengrund aus 10 cm feuchter Erde
Temperatur: Zimmertemperatur, keine Heizung nötig
Nahrung: Brombeeren, daneben Äpfel, Möhren, Salat, Löwenzahn

Fortpflanzung: Eier werden in Bodengrund oder Eiablageschalen gelegt; Entwicklung 2,5 bis 3 Monate
Anmerkungen: Pflanzen sollten täglich mit Wasser besprüht werden, damit die Tiere das Wasser aufnehmen können

Abb. 1 *Siliquofera grandis*, die Riesenblattschrecke. Foto: Frank Glaw & Timon Glaw YES

Abb. 2 (links) Ventrale Ansicht eines Tarsus mit acht Haftpolstern und Krallen. (Rechts) Tympana, die «Ohren» von *Siliquofera grandis*. Fotos: Frank Glaw und Timon Glaw

8.3 AUF DER JAGD NACH DEM BESTEN FOTO: AUF HEUSCHRECKENSAFARI IN SÜDOSTEUROPA

Christan Roesti

In den letzten Jahren hat der Ökotourismus einen regelrechten Boom erfahren. Heuschrecken stehen jedoch bisher eher selten im Zentrum touristischer Aufmerksamkeit. Dabei zeigen viele Arten ausgesprochen spannendes Verhalten, welches mit Augen und Ohren erlebt werden kann. Die Suche nach seltenen Arten, die man vielleicht noch nie gesehen hat, ist für viele naturkundlich interessierte Menschen eine große Motivation. So verbrachte ich Tage, ja Wochen damit, seltene Arten zu finden, zu beobachten und zu fotografieren. Heuschrecken bieten fantastische Fotomotive, die sich mit ein wenig Beobachtungsgabe optimal in Szene setzen lassen. Die beste Zeit, um Heuschrecken zu fotografieren, ist oft der frühe Morgen, wenn das Licht noch gut ist und die tagaktiven Heuschrecken sich oft an exponierten Stellen sonnen. Das spannende Gesangs- und Balzverhalten vieler Arten bietet die Gelegenheit für eindrucksvolle Videoaufnahmen. Wenn das Licht gegen Mittag schlechter wird, ist es Zeit für eine Siesta.

Im Laufe der Zeit entstand bei mir der Wunsch, die besuchten Gebiete und die beobachteten Arten anderen naturkundlich Interessierten zu zeigen. Im Gegensatz zur Ornithologie, wo zahlreiche Unternehmen Reisen im großen Stil organisieren, gibt es für den Heuschreckentourismus bisher nicht viele Angebote. Allerdings haben sich einige kleine Unternehmen auf die Organisation von Natur- und Fotoreisen mit dem Schwerpunkt Heuschrecken und Insekten spezialisiert. Eines dieser Unternehmen ist die Orthoptera.ch GmbH aus der Schweiz (www.orthoptera.ch). Orthoptera.ch bietet seit 2012 jährlich mindestens eine naturkundliche Reise mit dem Schwerpunkt Heuschrecken oder Insekten an. Das Angebot richtet sich an naturbegeisterte Personen, die gerne beobachten, fotografieren und mitunter ihr erworbenes Wissen auch weitergeben wollen. Der Markt ist jedoch sehr begrenzt. Besonders wichtig ist uns die Zusammenarbeit mit lokalen Reiseleitenden, um die ansässige Bevölkerung in die Planung mit einzubeziehen. In Bulgarien und Rumänien sind dies beispielsweise die bekannten Heuschreckenforscher Dragan Chobanov (Kapitel 5.3.1) und Ionut Iorgu.

In Europa sind vor allem die südlichen Länder für Insektenreisen beliebt (Kapitel 5.3). Hier ist die Vielfalt größer als im Norden und es lassen sich immer wieder neue Arten finden, auch solche, die der Wissenschaft noch gänzlich unbekannt sind. Für uns hat sich die Balkanhalbinsel als sehr lohnend erwiesen, wo auch die hier gezeigten Fotos entstanden sind. Folgende Aspekte sind sehr positiv: Auf der Balkanhalbinsel sind die Menschen sehr freundlich und offen gegenüber Fremden und man kann als Tourist praktisch alle Lebensräume frei besuchen. Zudem sind die Gebiete abseits der Straßen nur sehr selten eingezäunt, man fühlt sich willkommen. Auf der gebirgigen Balkanhalbinsel ist das Klima im Sommer sehr angenehm, es regnet nur selten, ideale Bedingungen für die Heuschreckenbeobachtung. Die meisten Gebirgszüge des südlichen Balkans beherbergen mindestens eine endemische Heuschreckenart (Kapitel 5.3.1). Durch die unterschiedlichen Höhenlagen vom Meer bis ins Hochgebirge kann man von Mai bis September immer interessante Heuschreckenarten sowie auch bemerkenswerte Arten aus zahlreichen anderen Tiergruppen antreffen.

Die folgenden Bilder sollen zeigen, dass es sich lohnt, die Balkanhalbinsel zu besuchen. Eine entomologische Reise kann auch mit einem Badeurlaub verbunden werden, da Erholungs- und Beobachtungsgebiete der Heuschrecken oft nahe beieinanderliegen.

Abb. 1 Impression von einer Heuschrecken-Reise. Der Blick ist nach unten gerichtet und die Teilnehmerinnen und Teilnehmer liegen oder knien auf dem Boden. Oft hilft man sich gegenseitig, um möglichst gute Fotos zu machen. Foto: Christian Roesti.

Abb. 2 Die Halbinsel Peloponnes im Süden Griechenlands besitzt fantastische, trockenwarme und karstige Lebensräume. Hier lebt eine Vielzahl spezialisierter Heuschreckenarten. Foto: Christian Roesti.

> **Abb. 3** Eine wunderschöne Kurzfühlerschrecke ist *Ramburiella turcomana*. Sie lebt in Kulturlandschaften wie in Abb. 2 Foto: Christian Roesti.

> **Abb. 4** Es gibt Arten, die einem Entomologen sofort ans Herz wachsen. So erging es mir mit der Steinschrecke *Glyphanus obtusus*, die auf der Halbinsel Peloponnes sehr lokal vorkommt. Abgebildet ist ein Männchen, das auch im Adultstadium nur Stummelflügel besitzt. Foto: Christian Roesti.

> **Abb. 5** Ein Grund für eine Heuschreckenreise nach Griechenland ist eine der größten Heuschreckenarten Europas, *Saga natoliae*. In Griechenland findet man sie im gleichen Lebensraum wie *S. hellenica* und *S. campbelli*. Foto: Christian Roesti.

8.4 HEUSCHRECKEN AUF MADAGASKAR: LEIBSPEISE DER KÖNIGINNEN UND PROTEINQUELLE FÜR DAS VOLK

Sylvain Hugel, Brian L. Fisher

Die erste schriftliche Aufzeichnung über die Tradition des Verzehrs von Insekten auf Madagaskar, dessen Einwohnerinnen und Einwohner eine lange Geschichte in der Entomophagie haben, beschreibt die kulinarische Verwendung von Heuschrecken. Sie stammt von D'Azvedo, Kapitän einer Expedition von Jesuitenpriestern, der in einem Brief vom 23. Mai 1617 erwähnte, dass die Ortsansässigen im Westen Zentralmadagaskars Heuschrecken als besondere Delikatesse ansahen. Heuschrecken wurden von vielen nachfolgenden Autorinnen und Autoren als wichtige menschliche Nahrungsquelle sowie als wichtige Futterquelle für Nutztiere beschrieben. Die meisten frühen Aufzeichnungen weisen darauf hin, dass Heuschrecken erst in Wasser gekocht und dann in Fett gebraten wurden, um sie direkt zu verzehren. Um sie länger lagern zu können, trockneten die Menschen die Insekten in der Sonne und zermahlten sie anschließend zu einem Pulver. Beine und Flügel wurden dabei oft aussortiert. Offensichtlich genossen alle sozialen Schichten der madagassischen Gesellschaft Heuschrecken; auch auf den Tafeln der Königinnen Ranavalona I. bis III. wurden sie aufgetragen. Königin Ranavalona II hatte sogar Bedienstete, deren besondere Aufgabe das Sammeln von Heuschrecken war. Historische Aufzeichnungen zeigen aber gleichzeitig, dass Heuschrecken eine wichtige Nahrungsquelle in schlechten Zeiten darstellten. Chase Osborne, Autor und Entdecker, schrieb 1924 sogar, dass es «dank der Heuschrecken und anderer essbarer Insekten keine Hungersnot mehr auf Madagaskar [gibt], und es gibt, wegen der essbaren Insekten, wenig bis gar keine Sorge über die Essensfrage.»

Historische Aufzeichnungen betonen den Konsum von Heuschrecken insbesondere bei großen Schwärmen, wohl auch, da diese ungemein beeindruckenden Ereignisse, anders als vieles andere, überhaupt niedergeschrieben wurden. Dennoch wurden Insekten damals wie heute wahrscheinlich das ganze Jahr über gegessen. Diese Tradition ist in Madagaskar auch heute noch tief verwurzelt und umfasst den Ver-

Abb. 2 Beine und Flügel der Heuschrecken werden oft entfernt, bevor die Tiere in Öl gebraten werden. Foto: Brian Fisher.

zehr von Heuschrecken sowohl in solitären als auch in gregären Phasen (z. B. von *Locusta migratoria* und *Nomadacris septemfasciata*). Unsere Arbeit dokumentiert über 100 Insektenarten, die auf der Insel verzehrt werden. Mehr als ein Drittel dieser Arten gehört zu den Orthoptera. Unter diesen sind etwa zwei Drittel Grashüpfer (Caelifera) und ein Drittel Grillen und Laubheuschrecken (Ensifera). Die bekannteste Bezeichnung in der Volkssprache für die essbaren Orthoptera ist *valala* – dieser Name ist oft auf die Feldheuschrecken beschränkt.

Unsere Umfrage ergab, dass die Dreifarbschrecke *Paracinema tricolor*, die Reisschrecke *Oxya hyla* und die (in vielen Teilen der Welt vorkommende) Europäische Wanderheuschrecke *Locusta migratoria* – alle zu den Feldheuschrecken (Acrididae) gehörig – die am häufigsten verzehrten Orthopteren darstellen. Wir dokumentierten die Nutzung dieser Arten durch etwa die Hälfte der ethnischen Gruppen Madagaskars. Abgesehen von den Perioden der Massenvermehrungen sind *P. tricolor* und *O. hyla* die häufigsten Grashüpfer in Reisfeldern auf Madagaskar. Der weit verbreitete Konsum kann durch das opportunistische Sammeln dieser Arten tagsüber in und um Getreidefelder, vor allem durch Kinder, erklärt werden.

Unsere Umfrage zeigte auch, dass einige Heuschreckenarten aus verschiedenen Gründen als ungenießbar angesehen werden. Zum Beispiel werden Maulwurfsgrillen, obwohl sie in anderen Teilen der Erde gegessen werden, aufgrund weit verbreiteter kultureller Überzeugungen als ungenießbar betrachtet. Sie werden als *zazavery* bezeichnet, was «verlorenes Kind» bedeutet und als schlechtes Omen gilt.

Auch wenn der Verkauf von Heuschrecken zum Verzehr heutzutage selten ist, wird die lokal als *Sahobaka* bekannte Tabakgrille (*Brachytrupes membranaceus colosseus*) zu Verkaufszwecken in West-Madagaskar gesammelt. In den Stunden vor Einbruch der Dunkelheit folgen Sammelnde dem lauten Ruf dieser großen Grillen, um den Eingang ihres Baus im Sand zu finden.

< Abb. 1 *Locusta migratoria*, in der Wildnis im Westen Madagaskars gesammelt. Foto: Brian Fisher.

Auch wenn der Verzehr von Orthopteren in großen Städten zurückgeht, werden diese Insekten immer noch in weiten Teilen Madagaskars konsumiert und spielen eine wichtige Rolle für die instabile Nahrungsmittelsicherheit der Insel, besonders in ländlichen Gemeinden.

Abb. 3 Die farbenfrohe Kegelkopfschrecke *Phymateus saxosus* ist eine der wenigen Heuschreckenarten, die auf Madagaskar nicht gegessen wird. Sie wird Hundsgrille genannt *(valalan'alika)* und sondert einen abstoßenden Geruch ab ((Kapitel 5.4.4): Ein madagassisches Sprichwort sagt, dass «sogar Hunde sie nicht essen würden». Diese Art frisst zahlreiche Pflanzenarten, unter anderem Apocynaceae (Hundsgiftgewächse), und wird von der madagassischen Bevölkerung als giftig eingestuft. Foto: Brian Fisher

Abb. 4 *Brachytrupes membranaceus colosseus* im Angebot auf einem Markt in Westmadagaskar. Foto: Faneva Rajemison.

8.5 SALZ, LIMETTEN UND CHAPULINES: EINE ALTE MEXIKANISCHE TRADITION ERFINDET SICH NEU

Ricardo Mariño-Pérez

Der Ursprung der heutigen Bevölkerung Mexikos ist vielgestaltig: Sie setzt sich zusammen aus indigenen Ethnien, den Nachkommen von Europäern und Menschen indigen-amerikanischer und afrikanischer Herkunft aus dem karibischen Raum. Daraus gingen sogenannte «orientalische» und «okzidentalische» Aspekte der zeitgenössischen mexikanischen Kultur hervor. Entomophagie beispielsweise, also die Verwendung von Insekten zum menschlichen Verzehr, gilt im «okzidentalen», europäisch geprägten Teil der mexikanischen Kultur als Tabu, hat jedoch eine jahrhundertealte Tradition im «orientalischen» Teil. Aus historischen Gründen gilt der nördliche Teil Mexikos eher als «okzidental», der südliche als mehr «nicht-okzidental» – daher ist Entomophagie heute auch im Süden weiter verbreitet. Mexiko-Stadt stellt zwar nicht direkt den geografischen Mittelpunkt des Landes dar, gilt aber als Grenzpunkt zwischen den nördlichen und südlichen Kulturanteilen.

In allen Teilen des Landes werden Heuschrecken mit dem Wort «chapulines» anstelle des allgemeinen spanischen Begriffs «saltamontes» (wörtlich: «Berghüpfer») bezeichnet. «Chapulín» entstammt dem Nahuatl, der Sprache der Azteken. Dabei bedeutet «chapa(nia)» «hüpfen» und «ulli» «Gummi»; demnach ist ein chapulín ein «Insekt, das wie ein Gummiball hüpft». Die älteste, erhaltene, schriftliche Erwähnung dieses Begriffs taucht im sogenannten Florentiner Kodex auf, einem Buch, das von dem Franziskanermönch Fray Bernardino de Sahagún zweisprachig auf Spanisch und Nahuatl zwischen 1540 und 1585 verfasst wurde.

Im Zuge des jüngst wiedererwachten Interesses an der prä-hispanischen Küche hat auch der Konsum von Insekten, insbesondere Chapulines, in allen Teilen Mexikos zugenommen. Unterschiede zwischen den nördlichen und südlichen Landesteilen bestehen dabei weiterhin. Eine der häufigsten Arten, *Sphenarium purpurascens* (Pyrgomorphidae), wird in den nordwestlich von Mexiko-Stadt gelegenen Bundesstaaten Querétaro und Guanajuato als Schädling angesehen, während sie in den südöstlichen Staaten Tlaxcala, Puebla und Oaxaca als Delikatesse gilt. Die Tiere werden auch in den nordwestlichen Staaten gesammelt, doch wird der gesamte Ertrag in den Südwesten transportiert.

Der Großteil der Ernte wird von Privatpersonen für den Eigenverbrauch und/oder Verkauf auf lokalen Märkten eingebracht. Gesammelt werden sowohl Nymphen als auch Adulte. Die Ernte findet bei Tagesanbruch statt und die Tiere werden mit Stecken von den Pflanzen, auf denen die Tiere nachts ruhen, abgeklopft und mit runden Netzen gefangen. Jährlich werden in Zentral- und Südmexiko mindestens 75 bis 100 Tonnen Frischgewicht geerntet. Auf diese Weise werden gleichzeitig die Populationen von *S. purpurascens* kontrolliert und so die Schadwirkungen gegenüber dem Mais- und Bohnenanbau verringert. Die so gesammelten Chapulines werden einen Tag ausgehungert oder mit Papier gefüttert, um den Darmtrakt zu entleeren. Zur Zubereitung werden sie zuerst gekocht, danach in der Sonne getrocknet, mit Salz, Limetten, Pfeffer, Chili und Knoblauch gewürzt und schließlich frittiert oder gegrillt.

Da sich Nymphen und Adulte in Größe und Konsistenz unterscheiden, werden sie getrennt voneinander gehandelt. Die zarteren Nymphen erzielen höhere Nachfragen und Preise. Sie werden oft als Zwischenmahlzeit mit Guacamole, in Tacos, als Bestandteil von Saucen oder sogar Pizzabelag serviert. Getrocknet und gemahlen dienen sie als Gewürzbestandteil, zum Beispiel von «Chapulinsalz».

Neben *S. purpurascens* werden auch andere Arten, darunter *S. mexicanum* und *S. histrio*, regemäßig verzehrt. Während diese Arten aufgrund ihrer leichten Verfügbarkeit den Großteil der konsumierten Heuschrecken ausmachen, finden sich auf den Märkten auch Arten der Gattungen *Melanoplus* und *Akamasacris* (Melanoplinae) als regelmäßiger «Beifang». Heute dienen insgesamt 78 Heuschreckenarten aus 42 Gattungen und fünf Familien in Mexiko dem menschlichen Verzehr. Einige Arten, darunter die häufigen *Schistocerca* und manche Grillen, werden vor allem als Pulver verkauft, das mit Mehl gemischt zur Herstellung von Tortillas verwendet wird.

Heuschrecken sind in Mexiko seit Jahrhunderten Teil der menschlichen Ernährung. Aufgrund dieser langen Tradition und der Häufigkeit mancher Arten sowie einem wachsenden Interesse der Bevölkerung an nachhaltigen und effizienten Proteinquellen ist zu erwarten, dass sie noch lange ein zentraler Bestandteil der mexikanischen Küche bleiben.

Abb. 1 Lebende Chapulines *(Sphenarium purpurascens)*: Nymphen (grünlich) und Adulte (schwarz). Tecomatlán, Hidalgo, Mexiko. Foto: Ricardo Mariño-Pérez.

REZEPT: CHAPULINES VOM GRILL

Ricardo Mariño-Pérez

Abb. 1 Verschiedene Entwicklungsstadien der Maisheuschrecke *Sphenarium* sp. verzehrfertig auf einem Markt in Oaxaca-Stadt, Mexiko.

Zutaten:

200 g Chapulines (frisch oder getrocknet)
Saft von zwei Limetten
Pequin-Chili
Salz

Zubereitung:

Die Chapulines 20 Minuten in Limettensaft und Salz marinieren. Abseien, dann in der Pfanne auf kleiner Flamme anbraten, bis sie trocken und leicht rötlich erscheinen. Mit Pequin-Chili und Salz abschmecken und auf einem Teller mit Salatblättern servieren.

CHAPULINES IM FLORENTINER KODEX

Ricardo Mariño-Pérez

Buch 11 des Kodex beschreibt die Eigenschaften von Tieren, Vögeln, Fischen, Bäumen, Kräutern, Blumen, Metallen, Steinen und Farben. Darunter befinden sich auch mehrere verschiedene Arten von Heuschrecken mit ihren Namen auf Nahuatl. Wie in anderen Sprachen entstammen die Artbezeichnungen einer gemeinsamen Wurzel (chapoli), kombiniert mit Aspekten der Morphologie, Ökologie und der Bedeutung für die Menschen (z. B. Essbarkeit). Es werden unter anderem folgende Heuschrecken beschrieben:

Arten der Gattung *Schistocerca*: «In diesem Land leben mehrere Arten von Heuschrecken. Sie ähneln denen, die in Spanien vorkommen. Einige sind sehr groß und werden acachapoli genannt, was «Pfeil-Heuschrecke» bedeutet. Denn sie fliegen schnell und erzeugen dabei Geräusche wie ein Pfeil. Sie sind essbar.» (Abb. 1)

Arten der Gattung *Melanoplus*: «Andere werden tiectli chapoli genannt, sind von mittlerer Größe, rötlich-braun und werden bei der Maisernte gesammelt. Sie sind essbar.»

Arten der Gattung *Sphenarium* (vor allem *S. purpurascens*) waren als xopanchapoli bekannt, was «Sommerheuschrecke» bedeutet, aber meist schlicht Chapulines genannt. Sie werden wie folgt beschrieben: «Sie sind groß und dick. Sie fliegen nicht, sondern kriechen nur. Sie fressen grüne Bohnen. Manche sind schwarz, andere braun und wieder andere grün. Sie sind essbar.»

«Andere werden colacachapoli genannt und ähneln in ihrer Farbe den Vögeln, die als Wachteln bekannt sind. Sie sind essbar.» Hierbei bezieht sich der Kodex auf Arten der Gattung *Taeniopoda* (Romaleidae). Wie die zuvor genannten Arten sind sie allgemein häufig in Zentral- und Südmexiko und verhältnismäßig leicht zu sehen.

Der Kodex erwähnt auch tlalchapoli oder ixpopoiochapoli, was «blinde Heuschrecken» bedeutet. Der Autor schreibt dazu: «Sie sind sehr häufig und sehr klein. Sie kriechen auf Wegen und fliehen nicht, selbst wenn man auf sie tritt. Sie sind essbar.» Diese Beschreibung bezieht sich auf die Nymphen der zuvor genannten Heuschrecken, die hier als andere Art angesehen wurden.

Langfühlerschrecken werden als cacatecuilichtli bezeichnet. Der Name gibt lautmalerisch ihren Gesang wieder, der als «chij, chicchi, chi, chi» interpretiert wurde. Sie werden als essbar bezeichnet und können in Heu gefunden werden. Möglicherweise bezieht sich dieser Bericht auf Arten der Gattungen *Microcentrum* oder *Neoconocephalus*. Bemerkenswerterweise enthält dieser Name nicht die Wurzel chapoli. Im weiteren Gegensatz zu den zuvor genannten Arten wird das Verhalten nicht beschrieben.

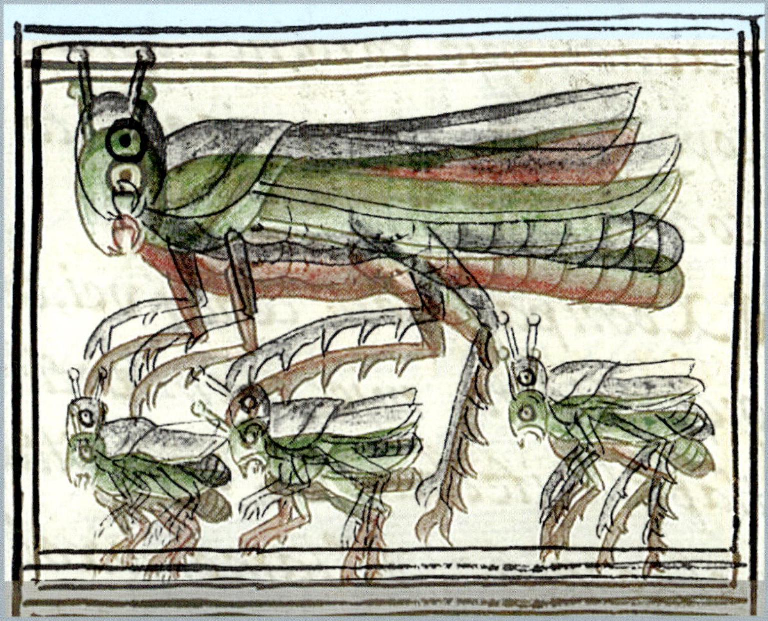

Abb. 1 Acachapoli (*Schistocerca* sp.) aus dem Codex Florentinus, Band 11, Seite 101v.S

Santanderia lita, eine Flugzeugschrecke (Eumastacidae), ist eine von vielen farbenfrohen, tropischen Heuschrecken. Foto: Juan Manuel Cardona-Granda und Oscar J. Cadena-Castañeda

DIE AUTORINNEN UND AUTOREN

Roberto Battiston
Museo di Archeologia e Scienze Naturali "G. Zannato", Montecchio Maggiore, Italien

Alba Bentos-Pereira
Museo Nacional de Historia Natural, Montevideo, Uruguay

Dhaneesh Bhaskar
Care Earth Trust, Chennai, Tamil Nadu 600061, Indien

Holger Braun
División Entomología, Museo de La Plata, La Plata, Argentinien

Oscar J. Cadena-Castañeda
Universidad Distrital Francisco José de Caldas, Grupo de Investigación en Artrópodos "Kumangui", Bogotá, Kolumbien
Universidad INCCA de Colombia, Grupo en Biotecnología y Medio Ambiente BIOMA, Bogotá, Kolumbien

Juan Manuel Cardona-Granda
Associate Director, Nature-Based Solutions, Clear-Blue Markets

Arianne Cease
Global Locust Initiative, School of Sustainability, School of Life Sciences, Arizona State University, Tempe, Arizona, USA

Dragan Chobanov
Institute of Biodiversity and Ecosystem Research, Bulgarian Academy of Sciences, Sofia, Bulgarien

María Marta Cigliano
División Entomología, Museo de La Plata, La Plata, Argentinien
Centro de Estudios Parasitológicos y de Vectores (CEPAVE), CONICET–UNLP, La Plata, Argentinien

Matthew Connors
James Cook University, Cairns, Queensland, Australien

Laure Desutter-Grandcolas
Institut de systématique, biodiversité et évolution, Muséum National d'Histoire Naturelle, CNRS, SU, EPHE, UA, Paris, Frankreich

Lara-Sophie Dey
Senckenberg Deutsches Entomologisches Institut (SDEI), Müncheberg, Deutschland

Swati Diwakar
Department of Environmental Studies, University of Delhi, Delhi, Indien

Cheten Dorji
Department of Forest Science, College of Natural Resources, Royal University of Bhutan, Punakha, Bhutan
Wildlife and Ecology, Massey University, Palmerston North, Neuseeland

Rachael Y. Dudaniec
School of Natural Sciences, Macquarie University, Sydney, New South Wales, Australien

P. S. Easa
Care Earth Trust, Chennai, Tamil Nadu 600061, Indien

Thomas Fartmann
Department of Biodiversity and Landscape Ecology, Osnabrück University, Osnabrück, Deutschland

Brian L. Fisher
Department of Entomology, California Academy of Sciences, San Francisco, California, USA

Paolo Fontana
Fondazione Edmund Mach, Università degli Studi di Padova, Padova, Italien

Frank Glaw
Zoologische Staatssammlung München (ZSM-SNSB), München Deutschland

Oliver Hawlitschek
Deptarment of Evolutionary Biology and Environmental Studies, Universität Zürich, Schweiz

Danilo Hegg
Wētā Conservation Charitable Trust, Dunedin, Neuseeland

Felix Helbing
Department of Biodiversity and Landscape Ecology, Osnabrück University, Osnabrück, Deutschland

Claudia Hemp
Senckenberg Biodiversität und Klima Forschungszentrum, University of Bayreuth, Bayreuth, Deutschland

JoVonn G. Hill
Mississippi Entomological Museum, Department of Entomology and Plant Pathology, Mississippi State University, Mississippi State, Mississippi, USA

Axel Hochkirch
Musée National d'histoire Naturelle de Luxembourg, Luxembourg, Luxemburg
Department of Biogeography, Trier University, Trier, Deutschland

Terry Francis Houston
Western Australian Museum, Welshpool D.C., Western Australia, Australien

Sylvain Hugel
Institut des Neurosciences Cellulaires et Intégratives, Centre National de la Recherche Scientifique, Université de Strasbourg, Strasbourg, Frankreich
Madagascar Biodiversity Center, Antananarivo, Madagaskar

David Hunter
Locust and Grasshopper Control, Canberra, Australien

Martin Husemann
Staatliches Museum für Naturkunde, Karlsruhe, Deutschland

Slobodan Ivković
Staatliches Museum für Naturkunde, Karlsruhe, Deutschland

Niko Kasalo
Laboratory of Evolutionary Genetics, Ruđer Bošković Institute, Bijenička cesta 54, HR-10000 Zagreb, Kroatien

L. Lacey Knowles
Department of Ecology and Evolutionary Biology, Museum of Zoology, University of Michigan, Ann Arbor, Michigan, USA

Sebastian König
Ecosystem Dynamics and Forest Management Group, School of Life Sciences, Technical University of Munich, Freising, Deutschland
Berchtesgaden National Park, Berchtesgaden, Deutschland

Ulrich Kotthoff
Leibniz Institute for the Analysis of Biodiversity Change, Centre for Biodiversity Monitoring and Conservation Science, Hamburg, Deutschland

Santosh Kumar
Cholistan University of Veterinary and Animal Sciences Bahawalpur, Punjab, Pakistan

Michel Lecoq
French Agricultural Research Centre for International Development (CIRAD), Montpellier, Frankreich
CBGP, University of Montpellier, CIRAD, INRAE, Institut Agro, IRD, Montpellier, Frankreich

Chien C. Lee
Institute of Biodiversity and Environmental Conservation, Universiti Malaysia, Sarawak, Kota Samarahan, Sarawak, Malaysia

Arne W. Lehmann
Stahnsdorf, Deutschland

Gerlind U. C. Lehmann
Evolutionary Ecology, Humboldt University, Berlin, Deutschland, NABU (Nature and Biodiversity Conservation Union), Berlin, Deutschland

Jeffrey A. Lockwood
Department of Philosophy and Religious Studies, University of Wyoming, Laramie, Wyoming, USA

Franz Löffler
Department of Biodiversity and Landscape Ecology, Osnabrück University, Osnabrück, Deutschland

Ricardo Mariño-Pérez
Department of Ecology and Evolutionary Biology, University of Michigan, Ann Arbor, Michigan, USA
Facultad de Ciencias, Universidad Nacional Autónoma de México, Mexico City, Mexiko

Bruno Massa
Dipartimento Scienze Agrarie Alimentari e Forestali, Università degli Studi di Palermo, Palermo, Italien

Daniela Matenaar
Hessisches Landesmuseum Darmstadt, Darmstadt, Deutschland

Fabio Leonardo Meza-Joya
Wildlife and Ecology, Massey University, Palmerston North, Neuseeland

Fernando Montealegre-Zapata
School of Life Sciences, University of Lincoln, Lincoln, Großbritannien

Mary Morgan-Richards
Wildlife and Ecology, Massey University, Palmerston North, Neuseeland

Joaquín Ortego
Department of Ecology and Evolution, Estación Biológica de Doñana (EBD-CSIC), Seville, Spanien

Martina E. Pocco
Centro de Estudios Parasitológicos y de Vectores (CEPAVE), CONICET – UNLP, La Plata, Argentinien
División Entomología, Museo de La Plata, FC-NyM-UNLP, La Plata, Argentinien

Dominik Poniatowski
Department of Biodiversity and Landscape Ecology, Osnabrück University, Osnabrück, Deutschland

Mattia Ragazzini
Department of Evolutionary Biology and Environmental Sciences, Universität Zürich, Schweiz

Mira W. Ries
Global Locust Initiative (GLI), School of Sustainability, School of Life Sciences, Arizona State University, Tempe, Arizona, USA

Christian Roesti
Bern, Schweiz

Ole-Kristian O. Schall
Leibniz Institute for the Analysis of Biodiversity Change, Centre for Taxonomy and Morphology, Hamburg, Deutschland

Roberto Scherini
Pavia, Italien

Jens Schirmel
iES Landau, Institute for Environmental Sciences, University of Kaiserslautern-Landau (RPTU), Landau, Deutschland
Eusserthal Ecosystem Research Station, University of Kaiserslautern-Landau (RPTU), Eusserthal, Deutschland

Nikita Sevastianov
Institute for Information Transmission Problems of the Russian Academy of Sciences (Kharkevich Institute), Moskau, Russland

Kerry L. Shaw
Department of Neurobiology and Behavior, Cornell University, Ithaca, New York, USA

Josip Skejo
Department of Biology, Evolution Lab, University of Zagreb, Zagreb, Kroatien

Hojun Song
Department of Entomology, Texas A&M University, College Station, Texas, USA

Thomas Stalling
Inzlingen, Deutschland

Riffat Sultana
Department of Zoology, University of Sindh, Jamshoro, Sindh, Pakistan

Soňa Svetlíková
Department of Ecology, Comenius University, Bratislava, Slowakei

Ming Kai Tan
Lee Kong Chian Natural History Museum, National University of Singapore, Singapur

Clara Therville
SENS, IRD, CIRAD, University Paul Valery Montpellier 3, University of Montpellier, Montpellier, Frankreich

Steven A. Trewick
Wildlife and Ecology, Massey University, Palmerston North, Neuseeland

Karim Vahed
Buglife – The Invertebrate Conservation Trust, Peterborough, Großbritannien

Varvara Vedenina
Institute for Information Transmission Problems of the Russian Academy of Sciences (Kharkevich Institute), Moskau, Russland

Luc Willemse
Naturalis Biodiversity Center, Leiden, Niederlande

Sheng-Quan Xu
College of Life Sciences, Shaanxi Normal University, Xi'an, China

Sonu Yadav
Biosecurity and Animal Welfare, Northern Territory Government, Darwin, Australien
Research Institute for the Environment and Livelihoods, Faculty of Science and Technology, Charles Darwin University, Darwin, Northern Territory, Australien

Jeanne Agrippine Yetchom Fondjo
Staatliches Museum für Naturkunde, Karlsruhe, Deutschland
Zoology Unit, Laboratory of Biology and Physiology of Animal Organisms, Graduate School in Fundamental and Applied Sciences, University of Douala, Douala, Kamerun

Wenhui Zhu
College of Life Sciences, Shaanxi Normal University, Xi'an, China

Viele Heuschreckenarten sind variabel in ihrer Farbe, und können hin und wieder in roten, violetten oder pinken Varianten vorkommen. Meist sind diese auffälligen Farben eher von Nachteil zu den normalen grünen, braunen oder grauen Färbungen. Bei den pinken Blatt-Laubheuschrecken (*Eulophophyllum lobulatum*, Tettigoniidae) aus Borneo, ist die grüne Variante häufiger (oben), aber die pinke Variante (unten) passt sich sehr gut den jungen Blättern ihrer Futterpflanzen an und ist daher gut getarnt. Fotos: Jonah Voo.

GLOSSAR

Abdomen Hinterleib eines Insekts, der den Verdauungstrakt, die Geschlechtsorgane und andere innere Organe enthält.

Ala (Plural: Alae) Hinterflügel der Orthoptera.

Analog Merkmal zweier Organismen, die eine ähnliche Form und/oder Funktion, jedoch keinen gemeinsamen evolutionären Ursprung haben.

Apomorphie Ein Merkmal, das von einem Vorfahren einer Gruppe von Organismen neu erworben wurde und daher diese Gruppe definiert.

Apter Ohne Flügel, flugunfähig.

Bioakustik Die Untersuchung der Erzeugung, Aussendung und des Empfangs von Schall in biologischen Systemen.

Biodiversitätshotspot Eine Region mit hoher und stark bedrohter Artenvielfalt.

Brachypter Mit kurzen Flügeln, nicht flugfähig, aber manchmal zur Stridulation fähig.

Caelifera Kurzfühlerschrecken, die Gruppe der Orthoptera, die die Grashüpfer umfasst. Charakteristisch sind kurze Antennen, die Lage des Tympanums und die Art der Stridulation. Siehe auch Ensifera.

Dorsal Die ‚Rückenseite' eines Tieres, bei Orthoptera von oben sichtbar.

Endemisch Ausschließlich in einer bestimmten geografischen Region vorkommend.

Ensifera Die Gruppe der Orthoptera, die die Grillen und Laubheuschrecken umfasst. Charakteristisch sind lange Antennen, die Art der Stridulation und die Lage des Tympanums

Entomophagie Verzehr von Insekten (auch als menschliche Nahrung).

Femur Schenkel; der obere Teil eines Insektenbeins, der sich nah am Körper befindet.

Gregär Die Form von Heuschrecken, die Schwärme bildet und Ausbrüche oder Plagen verursachen kann.

Hemimetabolie Der Typ des Lebenszyklus vieler Insekten, einschließlich Orthoptera, bei dem ein Nymphenstadium der Imago (Erwachsenenstadium) vorausgeht und kein Puppenstadium vorliegt.

Homolog Merkmale zweier Organismen, die von einem gemeinsamen evolutionären Vorfahren abstammen.

Imago Das Erwachsenenstadium von Insekten. Imagines können flugfähig sein, sind fortpflanzungsfähig und häuten sich nicht mehr.

Invasive (gebietsfremde) Art Eine von Menschen außerhalb ihres natürlichen Verbreitungsgebiets eingeführte Art, die in ihrer neuen Umgebung schädliche Auswirkungen hat.

Känozoikum Erdneuzeit, das Erdzeitalter, das vor 66 Millionen Jahren begann und bis heute andauert.

Konvergent Die unabhängige evolutionäre Entwicklung ähnlicher Merkmale in verschiedenen Gruppen von Organismen.

Makropter Mit langen Flügeln, normalerweise flugfähig.

Mandibel Teil der Mundwerkzeuge von Insekten, stärkste Beißstruktur bei Heuschrecken

Mesozoikum Erdmittelalter, das Erdzeitalter von 252 bis 66 Millionen Jahren, Zeitalter der Dinosaurier.

Mikropter Mit kurzen Flügeln, nicht flugfähig, aber manchmal zur Stridulation fähig.

Monophyletisch In der biologischen Systematik: Eine Gruppe von Taxa, die ausschließlich den gemeinsamen Vorfahren und alle Nachkommen umfasst.

Monotypisch Ein Taxon beliebigen Rangs, das nur ein Taxon des nächst niedrigeren Rangs umfasst, z. B. eine Gattung, die nur eine Art umfasst.

Morphologie Die (Untersuchung der) Form und Struktur von Organismen.

Nymphe Das nicht erwachsene Stadium hemimetaboler Insekten, z. B. Heuschrecken. Nymphen sind flugunfähig, nicht geschlechtsreif und wachsen durch Häutung.

Orthoptera Species File Online-Datenbank der Orthoptera.

Oszillogramm Grafische Darstellung einer Tonaufnahme, zeigt die Amplitude über die Zeit.

Ovipositor Das eierlegende Organ (Legestachel) vieler weiblicher Insekten (z. B. Ensifera).

Paläozoikum Erdaltertum, das Erdzeitalter von 540 bis 252 Millionen Jahren.

Pangaea Ein Superkontinent auf der Erde des späten Paläozoikums und des frühen Mesozoikums.

Paraphyletisch In der biologischen Systematik: Eine Gruppe von Taxa, die einen gemeinsamen Vorfahren und alle Nachkommen umfasst, aber auch Taxa, die keine Nachkommen sind.

Phylogenetik Die Untersuchung der evolutionären Beziehungen zwischen Organismen durch genetische Untersuchungen.

Pronotum Ein Teil des Exoskeletts, der die dorsale Seite des Thorax von Insekten bedeckt.

Propriorezeptor Ein Sinnesorgan, das Informationen über Eigenbewegung und Position wahrnimmt.

Puls Das grundlegende Element des Orthopterengesangs. Mehrere Pulse können eine Silbe bilden.

Radiation Der evolutionäre Prozess, bei dem aus einem Vorfahren durch Diversifikation schnell viele neue Formen entstehen.

Schrillkante Ein Teil des lauterzeugenden Apparats vieler Ensifera.

Schrillleiste Ein Teil des geräuscherzeugenden Apparats (Stridulationsapparats) vieler Ensifera.

Silbe Eine Zwischenstruktur des Orthopterengesangs, bestehend aus einem oder mehreren Pulsen. Mehrere Silben können einen Vers bilden.

Solitär Allein lebend; die Form von Heuschrecken, die keine Schwärme bildet und normalerweise keine Ausbrüche oder Plagen verursacht.

Spermatophore Ein Spermienpaket, das von Männchen produziert und extern auf Weibchen übertragen wird. Ensifera-Männchen produzieren typischerweise Spermatophoren.

Speziation Der evolutionäre Prozess, der neue Arten hervorbringt.

Stridulation Lauterzeugung von Tieren durch das Reiben von Körperteilen gegeneinander, bei Orthoptera typischerweise Flügel und Beine.

Tarsus Der untere Teil eines Insektenbeins, der «Fuß».

Taxon (Plural: Taxa) Eine Einheit beliebigen Rangs, die aufgrund bestimmter gemeinsamer Merkmale eine Gruppe von Lebewesen umfasst, z. B. eine Unterart, eine Art, eine Gattung, eine Familie, eine Unterordnung.

Taxonomie Die wissenschaftliche Disziplin der Definition und Benennung von Gruppen von Organismen, basierend auf deren Eigenschaften.

Tegmen (Plural: Tegmina) Die Vorderflügel der Orthoptera.

Thorax Der mittlere Körperteil eines Insekts, mit dem die Beine und Flügel verbunden sind.

Tibia Schiene; der mittlere Teil eines Insektenbeins.

Trachee (Plural: Tracheen) Eine Röhre aus Chitin, die Teil des Atmungssystems von Insekten ist.

Tympanum Das Hörorgan (Trommelfell) der Orthoptera. Es befindet sich bei den Ensifera an den Vorderbeinen und bei den Caelifera an den Seiten des Abdomens.

Ventral Die «Bauchseite» eines Tieres, bei den Orthoptera von unten sichtbar

Vers Eine komplexe Struktur des Heuschreckengesangs, bestehend aus einem oder mehreren Silben.

Wanderheuschrecke Heuschrecken, die Schwärme bilden und Ausbrüche oder Plagen verursachen können.

LITERATUR

Adriaansen, C., Woodman, J. D., Deveson, E. D., and Drake, V. A. (2016). Chapter 4.1: The Australian plague locust: Risk and response. In Shroder, J. F., and Sivanpillai, R., eds. *Biological and environmental hazards, risks, and disasters*, Academic Press.

Adžić, K., Deranja, M., Pavlović, M., Tumbrinck, J., and Skejo, J. (2021). Endangered pygmy grasshoppers (Tetrigidae). In *Imperiled: Enyclopaedia of conservation.* Elsevier. https://doi.org/10.1016/B978-0-12-821139-7.00046-5

Agrawal, A. A., Petschenka, G., Bingham, R. A., Weber, M. G., and Rasmann, S. (2012). Toxic cardenolides: Chemical ecology and coevolution of specialized plant–herbivore interactions. *New Phytologist* 194:28–45.

Akino, T. (2008). Chemical strategies to deal with ants: A review of mimicry, camouflage, propaganda, and phytomimesis by ants (Hymenoptera: Formicidae) and other arthropods. *Myrmecological News* 11:173–181.

Alexander, G., and Hilliard, J. R. (1969). Altitudinal and seasonal distribution of Orthoptera in the Rocky Mountains of northern Colorado. *Ecological Monographs* 39:385–432. https://doi.org/10.2307/1942354

All, J., Groves, C., and Kambesis, P. (2005). *Ghost Cave, Eastern Himalayas, Bhutan.* Hellenic Speleological Society. 14th International Congress of Speleology.

Allegrucci, G., and Sbordoni, V. (2019). Insights into the molecular phylogeny of Rhaphidophoridae, an ancient, worldwide lineage of Orthoptera. *Molecular Phylogenetics and Evolution* 138:126-138. https://doi.org/10.1016/j.ympev.2019.05.032

Amédégnato, C. (1977). Étude des Acridoidea centre et sud américains (Catantopinae sensu lato) : Anatomie des genitalia, classification, répartition, phylogénie. PhD Thesis, Université Pierre et Marie Curie, Paris.

Archbold, R., Rand, A.L., and Brass, L. J. (1942). *Summary of the 1938–1939 New Guinea Expedition.* Results of the Archbold Expeditions. No. 41. *Bulletin of the American Museum of Natural History* 79(3):197–288.

Arnett Jr., R. H., Samuelson, G. A., and Nishida, G. M. (1993). *The insect and spider collections of the world. Flora and Fauna Handbook* 11.

Avdeyev, V. I. (2008). Stages of steppe landscapes formation in Eurasia: General aspects of the problem. (In Russian). *News of the Orenburg State Agrarian University*, pp. 38–42.

Barbolini, N., Woutersen, A., Dupont-Nivet, G., Silvestro, D., Tardif, D., Coster, P.M.C., Meijer, N., Chang, C., Zhang, H.-X., Licht, A., Rydin, C., Koutsodendris, A., Han, F., Rohrmann, A., Liu, X.-J., Zhang, Y., Donnadieu, Y., Fluteau, F., Ladant, J.-B., Hir, G. Le, and Hoorn, C. (2020). Cenozoic evolution of the steppe-desert biome in Central Asia. *Science Advances* 6(41):eabb8227.

Barrientos-Lozano, L. (2011). Dinámica poblacional, biología y ecología de la Langosta Suramericana (*Schistocerca cancellata*, Serville). Instituto Tecnológico de Ciudad Victoria, Tamaulipas, México. Pp. 93–135.

Barrientos-Lozano, L., Rocha-Sanchez, A. Y., Buzzetti, F. M., Méndez-Gomez, B. R., and Horta-Vega, J. V. (2013). *Saltamontes y esperanzas del noreste de México. (Insecta: Orthoptera). Guía ilustrada.* Miguel Ángel Porrúa.

Belovsky, G. E., and Slate, J. E. (2018). Grasshoppers affect grassland ecosystem functioning: Spatial and temporal variation. *Basic and Applied Ecology* 26:24–34.

Benediktov, A. (2005). Vibrational signals in the family Tetrigidae (Orthoptera). *Proceedings of the Russian Entomological Society* 76:131–140.

Bennet-Clark, H. C. (1970). The mechanism and efficiency of sound production in mole crickets. *Journal of Experimental Biology* 52:619–652.

Benton, T. (2012). *Grasshoppers and crickets.* The New Naturalists Library. Collins.

Bentos-Pereira, A. (2003). The tribe Tetanorhynchini, nov. (Orthoptera, Caelifera, Proscopiidae). *Journal of Orthoptera Research* 12:159–171.

– – – . (2006). The tribe Proscopiini, nov. (Orthoptera, Eumastacoidea, Proscopiidae). *Journal of Orthoptera Research* 15(2):143–148.

Bentos-Pereira, A., and Rowell, C.H.F. (1999). The genus *Proscopia* Klug, 1820 (Orthoptera, Caelifera, Eumastacoidea, Proscopiidae) in Central America, with description of a new species. *Revue Suisse de Zoologie* 106:627–641.

Bentos-Pereira, A., Cadena-Castañeda, O. J., and Cardona, J. M. (2015). Familia Proscopiidae. In *Introducción a los saltamontes de Colombia* (Orthoptera: Caelifera: Acridoidea: Acridomorpha, Tetrigoidea & Tridactyloidea), pp. 95–141.

Béthoux, O. (2007). Cladotypic taxonomy applied: Titanopterans are orthopterans. *Arthropod Systematics and Phylogenetics* 65:135–156.

Béthoux, O., Nel, A., Lapeyrie, J., Gand, G., and Galtier, J. (2002). *Raphogla rubra* nov. gen. nov. sp., the oldest representative of the clade of modern Ensifera (Orthoptera: Tettigoniidea and Gryllidea). *European Journal of Entomology* 99:111–116.

Bhaskar, D., Easa, P. S., Sreejith, K. A., et al. (2019). Large-scale burning for a threatened ungulate in a biodiversity hotspot is detrimental for grasshoppers (Orthoptera: Caelifera). *Biodiversity and Conservation* 28:3221. https://doi.org/10.1007/s10531-019-01816-6

Bigelow, R. S. (1967). *The grasshoppers (Acrididae) of New Zealand.* University of Canterbury Publications.
Bland, R. G. (1991). Antennal and mouthpart sensilla of Tetrigidae (Orthoptera). *Annals of the Entomological Society of America* 84(2):195–200.
Blankers, T., and Shaw, K. L. (2024). The biogeographic and evolutionary processes shaping within and among population genetic variation. *Molecular Ecology* 33:e17444. https://doi.org/10.1111/mec.17444
Blumer, P., and Diemer, M. (1996). The occurrence and consequences of grasshopper herbivory in an alpine grassland, Swiss Central Alps. *Arctic and Alpine Research* 2:435–440.
Blunt, W., with the assistance of William T. Stearn (1971). *The complete naturalist: A life of Linnaeus.* Collins.
Bolívar, I. (1887). Excursión ortopterológica a Peñalara. *Actas de la Sociedad Española de Historia Natural* 16:4–9.
– – – . (1888). Excursión a San Ildefonso por Peñalara. *Actas de la Sociedad Española de Historia Natural* 17:63–66.
Brader, L., Djibo, H., Faye, F. G., Ghaout, S., Lazar, M., Luzietoso, P. N., and Ould Babah, M. A. (2006). Towards a more effective response to desert locusts and their impacts on food security, livelihoods and poverty. Food and Agriculture Organization of the United Nations.
Bridle, J. R., Saldamando, C. I., Koning, W., and Butlin, R. K. (2006). Assortative preferences and discrimination by females against hybrid male song in the grasshoppers *Chorthippus brunneus* and *Chorthippus jacobsi* (Orthoptera: Acrididae). *Journal of Evolutionary Biology* 19:1248–1256.
Brijlal, R., Rajak, A., and Armstrong, A. J. (2021). Aspects of the life history and ecology of two wingless grasshoppers, *Eremidium armstrongi* and *Eremidium browni* (Lentulidae), at the Doreen Clark Nature Reserve, KwaZulu-Natal, South Africa. *Journal of Orthoptera Research* 30:73–80.
Brongersma, L. D. (1978). Rijksmuseum van Geologie en Mineralogie 1878–1978: Past, present, and future. *Scripta Geologica* 48:37–96.
Buzzetti, F.M.M., Stancher, G., and Marangoni, F. (2021). Sixty years of work on Italy's Orthopteroids biodiversity, the big data of Galvagni collection. *Biodiversity Data Journal* 9:e65953. https://doi.org/10.3897/BDJ.9.e65953
Cade, W. (1975). Acoustically orienting parasitoids: Fly phonotaxis to cricket song. *Science* 190:1312–1313.
Cadena-Castañeda, O. J., and Barrantes, M.A.P. (2013). Estudios sobre el comportamento de los Ortópteros Neotropicales. *Bioma* 14:53–64.
Cadena-Castañeda, O. J., and Cardona-Granda, J. M. (2015). *Introducción a los Saltamontes de Colombia (Orthoptera: Caelifera, Acridomorpha, Tetrigoidea & Tridactyloidea).* Lulu. s
Cadena-Castañeda, O. J., and Chamé-Vásquez, E. R. (2024). Studies on Eumastacoid grasshoppers: *Paralethus montanus* n. sp. (Orthoptera: Episactidae) from Chiapas, Mexico. *Zootaxa* 5410(1):67–78.
Cadena-Castañeda, O. J., Garay, A., Castañeda, M.D.A., Cardona-Granda, J. M., and García García, A. (2016). Systematics and phylogeny of the genus *Caenomastax* Hebard, 1923 (Orthoptera: Eumastacidae: Eumastacinae). *Zootaxa* 4117(2):241–264.
Camboué, R. P. (1886). Les sauterelles à Madagascar sur le riz malgache. *Bulletin mensuel de la Société nationale d'acclimatation de France* 33:168–172.
Carbonell, C. S. (1977). Origin, evolution, and distribution of the Neotropical acridomorph fauna (Orthoptera): A preliminary hypothesis. *Revista Sociedad Entomologica Argentina* 36:153–175.
Carbonell, C. S., Cigliano, M. M., and Lange, C .E. (2024). Acridomorph (Orthoptera) species from Argentina and Uruguay. Versión II, September 2024. https://biodar.unlp.edu.ar/acridomorph/
Cardona, J. M. (2012). *Grasshoppers of northwest South America: A photo guide. Volume 1: The western fauna.* Blurb.
– – – . (2015). *Grasshoppers of northwest South America: A photo guide. Volume 2: The eastern fauna.* Blurb.
– – – . (2020). *Grasshoppers of northwest South America: A photo guide. Volume 3: The Amazonian fauna.* Blurb.
Cardoso, P., Barton, P. S., Birkhofer, K., Chichorro, F., Deacon, C., Fartmann, T., Fukushima, C. S., Gaigher, R., Habel, J., Hallmann, C. A., Hill, M., Hochkirch, A., Kwak, M. L., Mammola, S., Noriega, J. A., Orfinger, A. B., Pedraza, F., Pryke, J. S., Roque, F. O., Settele, J., Simaika, J. P., Stork, N. E., Suhling, F., Vorster, C., and Samways, M. J. (2020). Scientists' warning to humanity on insect extinctions. *Biological Conservation* 242:108426. https://doi.org/10.1016/j.biocon.2020.108426
Carstens, B. C., and Knowles, L. L. (2007a). Estimating species phylogeny from gene-tree probabilities despite incomplete lineage sorting: An example from *Melanoplus* grasshoppers. *Systematic Biology* 56:400–411.
Carstens, B. C., and Knowles, L. L. (2007b). Shifting distributions and speciation: Species divergence during rapid climate change. *Molecular Ecology* 16:619–627.
Cassar, L. F., Ebejer, M. J., and Massa, B. (2020). Annotated checklist of Orthoptera of the Maltese Islands. *Zootaxa* 4885 (1):107–124.
Cease, A. J. (2024). How nutrients mediate the impacts of global change on locust outbreaks. *Annual Review of Entomology* 69:527–550.
Cease, A. J., Elser, J. J., Fenichel, E. P., Hadrich, J. C., Harrison, J. F., and Robinson. B. E. (2015). Living with locusts: Connecting soil nitrogen, locust outbreaks, livelihoods, and livestock markets. *BioScience* 65: 551–558.
Cease, A. J., Trumper, E. V., Medina, H., Bazán, F. C., Frana, J., Harrison, J., Joaquin, N., Learned, J., Roca, M., Rojas, J. E., Talal, S., and Overson, R. P. (2023). Field bands of marching locust juveniles show carbohydrate, not

protein, limitation. *Current Research in Insect Science* 100069.
Centre for Overseas Pest Research (1982). *The locust and grasshoppers agricultural manual.* Centre for Overseas Pest Research.
Cerritos, R., and Cano-Santana, Z. (2008). Harvesting grasshoppers *Sphenarium purpurascens* in Mexico for human consumption. *Crop Protection* 27:473–480.
Chamot-Rooke, N., Rabaute, A., and Kreemer, C. (2005). Western Mediterranean Ridge mud belt correlates with active shear strain at the prism-backstop geological contact. *Geology* 33:861–864.
Channa, S.A., Sultana, R., and Wagan, M.S. (2013). Morphology and burrowing behaviour of *Schizodactylus minor* (Ander, 1938) (Grylloptera: Schizodactylidae: Orthoptera) of Pakistan. *Pakistan Journal of Zoology* 45.
Chapman, R.F., Page, W.W., and McCaffery, A.R. (1986). Bionomics of the variegated grasshopper (*Zonocerus variegatus*) in west and central Africa. *Annual Reviews of Entomology* 31:479–505.
Cheke, R.A. (1990). A migrant pest in the Sahel: The Senegalese grasshopper *Oedaleus senegalensis. Philosophical Transactions of the Royal Society of London (B)* 328:539–553.
Chopard, L. (1938). *Faune de de France: La biologie des Orthoptères.* P. Lechevalier.
Chopard, L. (1938). Les Orthoptères désertiques de l'Afrique du Nord. In P. Lechevalier, ed., *La vie dans la région désertique nord-tropicale de l'ancien monde. Mémoires de la Société de Biogéographie* 6:219–230.
Cigliano, M.M., and Lange, C.E. (1998). Orthoptera. In Morrone, J.J., and Coscarón, S., eds. *Biodiversidad de artrópodos Argentinos.* Ediciones Sur.
Cigliano, M.M., and Eades, D. (2010). New technologies challenge the future of taxonomy in Orthoptera. *Journal of Orthoptera Research* 19(1):15–18.
Cigliano, M.M., Pocco, M.E., and Lange, C.E (2014). Acridoideos (Orthoptera) de importancia agroeconómica. *Biodiversidad de Artrópodos Argentinos* vol. 3. Roig-Juñentt S., Claps, L.E., and Morrone, J.J., eds., INSUE.
Cigliano, M.M., Braun, H., Eades, D.C., and Otte, D. (2024). Orthoptera Species File [2024-11-27] http://Orthoptera.SpeciesFile.org
Clark, D.P. (1965). On the sexual maturation, breeding and oviposition behaviour of the Australian plague locust, *Chorthoicetes terminifera* (Walk.). *Australian Journal of Zoology* 13:17–45.
Clark, L.R. (1950). On the abundance of the Australian plague locust *Chortoicetes terminifera* (Walker) in relation to the presence of trees. *Australian Journal of Agricultural Research* 1:64–75.
Collins, R.O., and Burns, J.M. (2007). *A history of Sub-Saharan Africa.* Cambridge University Press.
Cressman, K., and Elliott, C. (2014). *The FAO commission for controlling the desert locust in South-West Asia: A celebration of 50 years.* Food and Agriculture Organization of the United Nations.
Darwin, C. (1862). *On the various contrivances by which British and foreign orchids are fertilised by insects, and on the good effect of intercrossing.* John Murray.
de Carvalho, T.N., and Shaw, K.L. (2010). Nuptial gifts enhance sperm transfer in the Hawaiian swordtail cricket, *Laupala cerasina. Animal Behavior* 79:819–826.
Descamps, M. (1979). Eumastacoidea néotropicaux: Diagnoses, signalisations, notes biologiques. *Annales de la Société Entomologique de France* 15(1):117–155.
Desutter-Grandcolas, L., Jacquelin, L., Hugel, S., Boistel, R., Garrouste, R., Henrotay, M., Warren, B.H, Chintauan-Marquier, I.C., Nel, P., Grandcolas, P., and Nel, A. (2017). 3-D imaging reveals four extraordinary cases of convergent evolution of acoustic communication in crickets and allies (Insecta). *Scientific Reports* 7:7099. https://doi.org/10.1038/s41598-017-06840-6
Deveson, E.D. (2011). The search for a solution to Australian locust outbreaks: How developments in ecology and government responses influenced scientific research. *Historical Records of Australian Science* 22:1.
Devriese, H., Nguyen, E., and Husemann, M. (2023). An identification key to the genera and species of Afrotropical Tetrigini (genera *Paratettix, Leptacrydium, Hedotettix, Rectitettix* nov. gen., and *Alienitettix* nov. gen.) with general remarks on the taxonomy of Tetrigini (Orthoptera, Tetrigidae). *Zootaxa* 5285(3):511–556.
Dey, L.S. (2023). Phylogenetic and phylogenomic analyses and distribution modelling of a challenging taxon – the band-winged grasshoppers. Chapter 6: Same same but different, pp. 229–286. PhD thesis, University of Hamburg. https://ediss.sub.uni-hamburg.de/handle/ediss/10252
Dey, L.S., Simões, M.V., Hawlitschek, O., Sergeev, M.G., Xu, S.Q., Lkhagvasuren, D., and Husemann, M. (2021). Analysis of geographic centrality and genetic diversity in the declining grasshopper species *Bryodemella tuberculata* (Orthoptera: Oedipodinae). *Biodiversity and Conservation* 30:2773–2796.
Diwakar, S., and Balakrishnan, R. (2006). Male and female stridulation in an Indian weta (Orthoptera: Anostostomatidae). *Bioacoustics* 16(1):75–85.
Diwakar, S., and Balakrishnan, R. (2007). The assemblage of acoustically communicating crickets of a tropical evergreen forest in southern India: Call diversity and diel calling patterns. *Bioacoustics* 16(2):113–135.
Dowle, E.J., Trewick, S.A., and Morgan-Richards, M. (2024). Fossil calibrated phylogenies of southern cave wētā show dispersal and extinction confound biogeographic signal. *Royal Society Open Science* 11(2). https://doi.org/10.1098/rsos.231118
Eades, D.C. (2001). Version 2 of the Orthoptera Species File Online. *Journal of Orthoptera Research* 10(2):153–163.

Eichler, W. (1928). Lebensraum und Lebensgeschichte der Dahlemer Palmenhausheuschrecke *Phlugiola dahlemica* nov. spec. (Orthopt. Tettigoniid.). *Deutsche Entomologische Zeitschrift* 73:498–570.

Engelhardt, E. K., Biber, M. F., Dolek, M., Fartmann, T., Hochkirch, A., Leidinger, J., Löffler, F., Pinkert, S., Poniatowski, D., Voith, J., Winterholler, M., Zeuss, D., Bowler, D. E., and Hof, C. (2022). Consistent signals of a warming climate in occupancy changes of three insect taxa over 40 years in central Europe. *Global Change Biology* 28:3998–4012. https://doi.org/10.1111/gcb.16200.

Euw, J. W., Fishelson, L., Parsons, J. A., Reichstein, T., and Rothschild, M. (1967). Cardenolides (heart poisons) in a grasshopper feeding on milkweeds. *Nature* 214: 35–39.

Exploring Africa 2025. https://exploringafrica.matrix.msu.edu/. Visited 2025.

Fabre, J. H. (1922). Série 6. IX Le Dectique á front blanc– Les mouers. In *Souvenirs entomologiques: Études sur l'instinct et les moeurs des insectes*. Libraire Delagrave.

Fartmann, T., Jedicke, E., Stuhldreher, G., and Streitberger, M. (2021a). *Insektensterben in Mitteleuropa: Ursachen und Gegenmaßnahmen*. Eugen Ulmer.

Fartmann, T., Poniatowski, D., and Holtmann, L. (2021b). Habitat availability and climate warming drive changes in the distribution of grassland grasshoppers. *Agriculture, Ecosystems and Environment* 320:107565. https://doi.org/10.1016/j.agee.2021.107565

Fartmann, T., Brüggeshemke, J., Poniatowski, D., and Löffler, F. (2022). Summer drought affects abundance of grassland grasshoppers differentially along an elevation gradient. *Ecological Entomology* 47:778–790. https://doi.org/10.1111/een.13168

Ferreira, J., Desutter-Grandcolas, L., Nel, A., Josse, H., and Campos, L. de. (2024). First 3-D reconstruction of the male genitalia of a Cretaceous fossil cricket: Diving into the evolutionary history of the Oecanthidae family (Orthoptera: Grylloidea) with the incorporation of new fossils in its phylogeny and a total-evidence dating approach. *Systematic Entomology* (in press).

Field, L. H., ed. (2001). *The biology of wētās, king crickets and their allies*. Cabi Publishing.

Finck, J., and Ronacher, B. (2017). Components of reproductive isolation between the closely related grasshopper species *Chorthippus biguttulus* and *C. mollis*. *Behavioral Ecology and Sociobiology* 71:70. https://doi.org/10.1007/s00265-017-2295-3

Fisher, B. F., and Hugel, S. (2022). Edible terrestrial arthropod traditions and uses on Madagascar. In *The new natural history of Madagascar*, S. M. Goodman, ed. Princeton University Press. Pp. 218–230.

Fishpool, L.D.C., and Popov, G. B. (1984). The grasshopper faunas of the savannas of Mali, Niger, Benin and Togo. *Bulletin de l'Institut Fondamental d'Afrique Noire (Série A)* (1981) 43:275–410.

Fitton, M., and Harman, K. (2007). The 'Linnaean' insect collection. Pp. 47–58 in Gardiner, B., and Morris, M., eds., *The Linnaean Collections. The Linnean Special Issue* 7:1–84.

Fletcher, M. T., Lowe, L. M., Kitching, W., and König, W. A. (2000). Chemistry of Leichhardt's Grasshopper, *Petasida ephippigera*, and its host plants, *Pityrodia jamesii*, *P. ternifolia*, and *P. pungens*. *Journal of Chemical Ecology* 26(10):2275–2290. https://doi.org/10.1023/A:1005518625764

Fontana, P., Tollis, P., Buzzetti, F. M., and Vigna Taglianti, A. (2001). The Orthopteroid insects of the Abruzzo National Park (Central Apennine, South Italy): A preliminary checklist. (Insecta: Blattodea, Mantodea, Orthoptera, Phasmatodea, Dermaptera). Poster abstract. *Metaleptea*, Special Meeting Issue, 45.

Fontana, P., Buzzetti, F. M., Cogo, A., and Odé, B. (2002). *Guida al riconoscimento e allo studio di cavallette, grilli, mantidi e insetti affini del Veneto. Guide Natura/1*, Museo Naturalistico Archeologico di Vicenza.

Fontana, P., García García, P. L., and Buzzetti, F. M. (2007). Listado preliminar de los Ortópteros de México. *Entomologia Mexicana* 6(2):1337–1342.

Fontana, P., Buzzetti, F. M., and Mariño-Pérez, R. (2008). *Chapulines, langostas, grillos y esperanzas de México: Guía fotográfica*. (Grasshoppers, locusts, crickets and katydids of Mexico: Photographic guide.) WBA Handbooks, 1.

Fontana, P., Buzzetti, F. M., Mariño-Pérez, R., Castellanos-Vargas, I., Monge-Rodríguez, S., and Cano-Santana, Z. (2017). *Ortópteros de Oaxaca*. (Orthopterans of Oaxaca). WBA Project, *WBA Monographs* 8.

Food and Agriculture Organization. 2024. Frequently asked questions about locusts. The Food and Agriculture Organization of the United Nations. https://www.fao.org/locusts/faqs/en/

Fournel, J., Micheneau, C., and Baider, C. (2015). A new critically endangered species of Angraecum (Orchidaceae) endemic to the island of Mauritius, Indian Ocean. *Phytotaxa* 222:211–220.

Gangwere, S. K., and Llorente, V. (1992). Distribution and habits of the Orthoptera (sens. lat.) of the Balearic Islands (Spain). *Eos* 68:51–87.

Gassó, E., Stork, L., Weber, A., Ameryan, M., and Wolstencroft, K. (2020). *Natuurkundige Commissie Archives Online*. Brill. https://doi.org/10.1163/9789004336865

Gastón, J. (1969). *Sintesis historica de la langosta en la Argentina*. Secretaría de Estado de Agricultura y Ganadería.

Gerhardt, H. C., and Huber, F. (2002). *Acoustic communication in insects and anurans: Common problems and diverse solutions*. University of Chicago Press.

Glaw, F., and Glaw, T. (2023). Die Riesenblattschrecke Siliquofera grandis (Blanchard, 1853). [2023-05-22] https://freunde-zsm.de/2023/04/objekt-des-monats-april-2023-die-riesenblattschrecke-siliquofera-grandis-blanchard-1853/

– – – . (2024). Die Neuguinea-Riesenblattschrecke *Siliquofera grandis*. *Reptilia* 165:44–48.
Golding, F. D. (1948). The Acrididae (Orthoptera) of Nigeria. *Transactions of the Royal Entomological Society of London* 99:517–587.
Gottsberger, B., and Mayer, F. (2019). Dominance effects strengthen premating hybridization barriers between sympatric species of grasshoppers (Acrididae, Orthoptera). *Journal of Evolutionary Biology* 32(9): 921–930. https://doi.org/10.1111/jeb.13490
Gorochov, A. V. (2007). Notes on taxonomy of the subfamily Hexacentrinae with description of some taxa (Orthoptera: Tettigoniidae). *Zoosystematica Rossica* 16(2):209–214.
Greathead, D. J. (1962). A review of the insect enemies of Acridoidea (Orthoptera). *Transactions of the Royal Entomological Society of London* 114:437–517.
Greeff, M., Caspers, M., Kalkman, V., Willemse, L., Sunderland, B. D., Bánki, O., and Hogeweg, L. (2022). Sharing taxonomic expertise between natural history collections using image recognition. *Research Ideas and Outcomes* 8:e79187. https://doi.org/10.3897/rio.8.e79187
Grzywacz, B., Warchałowska-Śliwa, E., Kociński, M., Heller, K.-G., and Hemp, C. (2021). Diversification of the balloon bushcrickets (Orthoptera, Hexacentrinae, Aerotegmina) in the East African mountains. *Scientific Reports* 11:9878. https://doi.org/10.1038/S41598-021-89364-4
Günther, K. K. (1992). Revision der Familie Cylindrachetidae Giglio-Tos, 1914 (Orthoptera, Tridactyloidea). *Deutche Entomologische Zeitschrift* 39(4/5):233–291.
Gwynne, D. T. (1997). The evolution of edible 'sperm sacs' and other forms of courtship feeding in crickets, katydids and their kin (Orthoptera: Ensifera). In *The evolution of mating systems in insects and arachnids*, edited by Choe, J., and Crespie, B. J. Cambridge University Press.
– – – . (2001). Katydids and bush-crickets: Reproductive behavior and the evolution of the Tettigoniidae. Cornell University Press.
Harris, R., McQuillan, P., and Hughes, L. (2012). Patterns in body size and melanism along a latitudinal cline in the wingless grasshopper, *Phaulacridium vittatum*: Geographic variation in size and melanism. *Journal of Biogeography* 39(8):1450–1461.
Harris, R.M.B., McQuillan, P., and Hughes, L. (2013). Experimental manipulation of melanism demonstrates the plasticity of preferred temperature in an agricultural pest (*Phaulacridium vittatum*). *PLoS ONE* 8(11):e80243.
Hawlitschek, O., Morinière, J., Lehmann, G. U., et al. (2016). DNA barcoding of crickets, katydids and grasshoppers (Orthoptera) from Central Europe with focus on Austria, Germany and Switzerland. *Molecular Ecology Resources* 17:1037–1053. https://doi.org/10.1111/1755-0998.12638
Hawlitschek, O., Sadílek, D., Dey, L. S., Buchholz, K., Noori, S., Baez, I. L., Wehrt, T., Brozio, J., Trávníček, P., Seidel, M., and Husemann, M. (2023). New estimates of genome size in Orthoptera and their evolutionary implications. *PLoS ONE* 18:e0275551. https://doi.org/10.1371/journal.pone.0275551
Heads, S. W. (2009). New pygmy grasshoppers in Miocene amber from the Dominican Republic (Orthoptera: Tetrigidae). *Denisia* 26:69–74.
– – – . (2010). The first fossil spider cricket (Orthoptera: Gryllidae: Phalangopsinae): 20 million years of troglobiomorphosis or exaptation in the dark? *Zoological Journal of the Linnean Society* 158:56–65. https://doi.org/10.1111/j.1096-3642.2009.00587.x
Heads, S. W., and Wang, Y. (2013). First fossil record of *Melanoplus differentialis* (Orthoptera: Acrididae: Melanoplinae). *Entomological News* 123:33–37. https://doi.org/10.3157/021.123.0108
Hebard, M. (1923). Studies in the Dermaptera and Orthoptera of Colombia. Third paper. Orthopterous family Acrididae. *Transactions of the American Entomological Society* 49:165–313.
Hebert, P. D., Cywinska, A., Ball, S. L., and deWaard, J. R. (2003a). Biological identifications through DNA barcodes. *Proceedings of the Royal Society of London Series B: Biological Sciences* 270:313–321. https://doi.org/10.1098/rspb.2002.2218
Hebert, P.D.N., Ratnasingham, S., and de Waard, J. R. (2003b). Barcoding animal life: Cytochrome c oxidase subunit 1 divergences among closely related species. *Proceedings of the Royal Society of London Series B: Biological Sciences*. https://doi.org/10.1098/rsbl.2003.0025
Hegg, D., Morgan-Richards, M., and Trewick, S. A. (2022). High alpine sorcerers: Revision of the cave wētā genus *Pharmacus* Pictet and de Saussure (Orthoptera: Rhaphidophoridae: Macropathinae), with the description of six new species and three new subspecies. *European Journal of Taxonomy* 808:1–58. https://doi.org/10.5852/ejt.2022.808.1721
Heller, K.-G., and Hemp, C. (2018). Extremely divergent song types in the genus *Aerotegmina* Hemp (Orthoptera: Tettigoniidae: Hexacentrinae) and the description of a new species from the Eastern Arc Mountains of Tanzania (East Africa). *Bioacoustics* 28(3). https://doi.org/10.1080/09524622.2018.1443284
Heller, K.-G., Ostrowski, T. D., and Hemp, C. (2010). Singing and hearing in *Aerotegmina kilimandjarica* (Tettigoniidae: Hexacentrinae), a species with unusual low carrier frequency of the calling song. *Bioacoustics* 19(3):195–210.
Helversen, O. von, and Elsner, N. (1977). The stridulatory movements of acridid grasshoppers recorded with an opto-electronic device. *Journal of Comparative Physiology* 122:53–64.
Helversen, D. von, and Helversen, O. von (1975). Verhaltensgenetische Untersuchungen am akustischen Kommunikationssystem der Feldheuschrecken (Orthoptera, Acrididae). *Journal of Comparative Physiology* 104:273–323.

– – – . (1994). Forces driving coevolution of song and song recognition in grasshoppers. In Schildberger, K., and Elsner, N., eds., *Neural basis of behavioural adaptations. Fortschritte der Zoologie* 39:253–284.

Hemp, C. (2001). *Aerotegmina*, a new genus of African Listroscelidinae (Orthoptera: Tettigoniidae, Listroscelidinae, Hexacentrini). *Journal of Orthoptera Research* 10(1):125–132.

– – – . (2006). *Aerotegmina shengenae*, a new species of Listroscelidinae (Orthoptera: Tettigoniidae) from the Eastern Arc Mountains of East Africa. *Journal of Orthoptera Research* 15(1):99–103.

– – – . (2010). Cloud forests in East Africa as evolutionary motors for speciation processes of flightless *Saltatoria* species. In *Mountains in the mist: Science for conservation and management of tropical montane cloud forests*, edited by Bruijnzeel, L. A., Scatena, F. N., and Hamilton, L. S. University of Hawaii Press.

– – – . (2016). The Eastern Arc Mountains and coastal forests of East Africa – An archive to understand large-scale biogeographical patterns: *Pseudotomias*, a new genus of African Pseudophyllinae (Orthoptera: Tettigoniidae). *Zootaxa* 4126(4):480–490.

Hemp, C., Schultz, O., Hemp, A., and Wägele, W. (2007). New Lentulidae species from East Africa (Orthoptera: Saltatoria). *Journal of Orthoptera Research* 16:85–96.

Hemp, C., Heller, K.-G., Warchalowska-Sliwa, E., and Hemp, A. (2013). The genus *Aerotegmina* (Orthoptera, Tettigoniidae, Hexacentrinae): Morphological relations, phylogeographical patterns and the description of a new species. *Organisms, Diversity and Evolution* 13(4):521–530. https://doi.org/10.1007/s1317-013-0133-7.

Hemp, C., Scherer, C., Brandl, R., and Pinkert, S. (2020). The origin of the endemic African grasshopper family Lentulidae (Orthoptera: Acridoidea) and its climate-induced diversification. *Journal of Biogeography* 47:1805–1815.

Henneberry, T. J. (2008). Federal entomology: Beginnings and organizational entities in the United States Department of Agriculture, 1854–2006, with selected research highlights. *Agricultural Information Bulletins* 309846, United States Department of Agriculture, Economic Research Service.

Hill, J. G. (2018). The grasshopper fauna of southeastern grasslands: A preliminary investigation. In Hill, J. G., and Barone, J. A., eds., *Southeastern Grasslands: Biodiversity, Ecology, and Management*. University of Alabama Press.

Hochkirch, A., Deppermann, J., and Gröning, J. (2006). Visual communication behaviour as a mechanism behind reproductive interference in three pygmy grasshoppers (genus *Tetrix*, Tetrigidae, Orthoptera). *Journal of Insect Behavior* 19:559–571.

Hochkirch, A., Witzenberger K., Teerling A., and Niemeyer F. (2007). Translocation of an endangered insect species, the field cricket (*Gryllus campestris* Linnaeus, 1758) in northern Germany. *Biodiversity and Conservation* 16:3597–3607.

Hochkirch, A., Nieto, A., García Criado, M., Cálix, M., Braud, Y., Buzzetti, F. M., Chobanov, D., Odé, B., Presa Asensio, J. J., Willemse, L., Zuna-Kratky, T., Barranco Vega, P., Bushell, M., Clemente, M. E., Correas, J. R., Dusoulier, F., Ferreira, S., Fontana, P., García, M. D., Heller, K.-G., Iorgu, I. S., Ivkovic, S., Kati, V., Kleukers, R., Krištín, A., Lemonnier-Darcemont, M., Lemos, P., Massa, B., Monnerat, C., Papapavlou, K. P., Prunier, F., Pushkar, T., Roesti, C., Rutschmann, F., Sirin, D., Skejo, J., Szövényi, G., Tzirkalli, E., Vedenina, V., Barat Domenech, J., Barros, F., Cordero Tapia, P. J., Defaut, B., Fartmann, T., Gomboc, S., Gutiérrez-Rodríguez, J., Holuša, J., Illich, I., Karjalainen, S., Kočárek, P., Korsunovskaya, O., Liana, A., López, H., Morin, D., Olmo-Vidal, J. M., Puskás, G., Savitsky, V., Stalling, T., and Tumbrinck, J. (2016). *European Red List of Grasshoppers, Crickets and Bush-crickets*. Publications Office of the European Union.

Hochkirch, A., Casino, A., Penev, L., Allen, D., Tilley, L., Geirgiev, T., Gospodinov, K., and Barov, B. (2022). European Red List of Insect Taxonomists. Publications Office of the European Union. https://data.europa.eu/doi/10.2779/364246

Horsák, M., Chytrý, M., Hájková, P., Hájek, M., Danihelka, J., Horsáková, V., Ermakov, N., German, D. A., Kočí, M., Lustyk. P., Nekola, J. C., Preislerová, Z., and Valachovič, M. (2015). European glacial relict snails and plants: Environmental context of their modern refugial occurrence in southern Siberia. *Boreas* 44:638–657.

Houston, T. F. (2007). Observation of the biology and immature stages of the sandgroper *Cylindraustralia kochii* (Saussure), with notes on some congeners (Orthoptera: Cylindrachetidae). *Records of the Western Australian Museum* 23:219–234.

Hsu, P.-W., Hugel, S., Wetterer, J. K., Tseng, S.-P., Ooi, C.-S.M., Lee, C.-Y., and Yang, C.-C.S. (2020). Ant crickets (Orthoptera: Myrmecophilidae) associated with the invasive yellow crazy ant *Anoplolepis gracilipes* (Hymenoptera: Formicidae): Evidence for cryptic species and potential co-introduction with hosts. *Myrmecological News* 30:103–129. https://doi.org/10.25849/myrmecol.news_030:103

Hugel, S. (2022). Orthoptera, Caelifera and Ensifera, grasshoppers, katydids, crickets, *valala, angely*. In *The new natural history of Madagascar*, edited by Goodman, S. M. Princeton University Press.

Hugel, S., Micheneau, C., Fournel, J., Warren, B. H., Gauvin-Bialecki, A., Pailler, T., Chase, M. W., and Strasberg, D. (2010). Glomeremus species from the Mascarene Islands (Orthoptera, Gryllacrididae) with the description of the pollinator of an endemic orchid from the island of Réunion. *Zootaxa* 2545:58–68.

Hunter, D., and Cosenzo, E. L. (1990). The origin of plagues and recent outbreaks of the South American locust, *Schistocerca cancellata* (Orthoptera: Acrididae) in Argentina. *Bulletin of Entomological Research* 80:295–300.

Hurka, H., Friesen, N., Bernhardt, K.-G., Neuffer, B., Smirnov, S. V., Shmakov, A. I., and Blattner, F. G. (2019). The Eurasian steppe belt: Status quo, origin and evolutionary history. *Turczaninowia* 22(3):5-71.

Husemann, M., Dey, L.-S., Sadílek, D., Ueshima, N., Hawlitschek, O., Song, H., and Weissman, D. B. (2022). Evolution of chromosome number in grasshoppers (Orthoptera: Caelifera: Acrididae). *Organisms Diversity and Evolution* 22:649–657. https://doi.org/10.1007/s13127-022-00543-1

Ingrisch, S. (2002). Orthoptera from Bhutan, Nepal, and North India in the Natural History Museum Basel. *Entomologia Brasiliensia*, 24:123–159.

Ingrisch, S., and Köhler, G. (1998). *Die Heuschrecken Mitteleuropas.* Westarp Wissenschaften.

International Union for Conservation of Nature (2017). SSC Species Conservation Planning Sub-Committee (2017). *Guidelines for species conservation planning.* Version 1.0. International Union for Conservation of Nature.

Iorgu, I. S., Iorgu, E. I., Stalling, T., Puskás, G., Chobanov, D., Szövényi, G., Moscaliuc, L. A., Motoc, R., Tăuşan, I., and Fusu, L. (2021). Ant crickets and their secrets: *Myrmecophilus acervorum* is not always parthenogenetic (Insecta: Orthoptera: Myrmecophilidae). *Zoological Journal of the Linnean Society* 20:1–18.

Iorio, C., Scherini, R., Fontana, P., Buzzetti, F. M., Kleukers, R., Odé, B., and Massa, B. (2019). *Grasshoppers and crickets of Italy: A photographic field guide to all the species.* WBA Handbooks.

Jago, N. D. (1990). The genera of the Central and South American grasshopper family Proscopiidae (Orthoptera: Acridomorpha). *Eos: Revista española de Entomología* 65(1):249–307.

Jiménez-Mejias, P., Fernández-Mazuecos, M., Amat, M. E., and Vargas, P. (2015). Narrow endemics in European mountains: High genetic diversity within the monospecific genus *Pseudomisopates* (Plantaginaceae) despite isolation since the late Pleistocene. *Journal of Biogeography* 42(8):1455–1468. https://doi.org/10.1111/jbi.12507

Johns, P. M. (1997). The Gondwanaland wētā: Family Anostostomatidae (formerly in Stenopelmatidae, Henicidae or Mimnermidae): Nomenclatural problems, world checklist, new genera and species. *Journal of Orthoptera Research* 6:125–138. https://doi.org/10.2307/3503546

Jongema, Y. (2017). *World list of edible insects.* Wageningen University.

Joyce, R.J.V. (1952). The ecology of grasshoppers in East Central Sudan. *Anti-Locust Bulletin* 11:1–103.

Karsch, F. (1890). Neue westafrikanische, durch Herrn Premierleutnant Morgen von Kribi eingesendete Orthopteren. *Entomologische Nachrichten* 17/18:257–276.

Kasalo, N., Fisher, N. J., Creek, E., and Connors, M. (2023). *Tepperotettix reliqua* (Orthoptera: Tetrigidae), a lonely Papuan relict in Australia. *Australian Zoologist* 43(1):67–78.

Kasalo, N., Skejo, J., and Husemann, M. (2023). DNA barcoding of pygmy hoppers: The first comprehensive overview of the BOLD systems' data shows promise for species identification. *Diversity* 15(6):696.

Kataoka, H., Koita, N., Kondo, N. I., Ito, H. C., Nakajima, M., Momose, K., . . . and Teraoka, H. (2022). Metabarcoding of feces and intestinal contents to determine carnivorous diets in red-crowned cranes in eastern Hokkaido, Japan. *Journal of Veterinary Medical Science* 84(3):358–367.

Kearney, M. R. (2018). The matchstick grasshopper genus *Warramaba* (Morabidae: Morabinae): A description of four new species and a photographic guide to the group. *Zootaxa* 4482(2):201–244. https://doi.org/10.11646/zootaxa.4482.2.1

Kekeunou, S., and Tamesse, J. L. (2016). Consumption of the variegated grasshopper in Africa: Importance and threats. *Journal of Insects as Food and Feed* 2(3):213–222.

Khattar, N. (1972). A description of the adult and the nymphal stages of *Schizodactylus monstrosus* (Drury) (Orthoptera). *Journal of Natural History* 6:589–600.

Khatua, S., Dhara, S., Sahu, R., and Ghorai, S. K., (2020). Burrowing adaptations and anthropogenic threats of a dune cricket, *Schizodactylus monstrosus* (Drury): A case study from Champa riverbank, West Bengal, India. *International Journal of Experimental Research and Review* 23:43–51.

Kleukers R., Ode, B., and Willemse, L. (2018). First record of the Atlantic beach-cricket *Pseudomogoplistes vicentae* on the Spanish mainland. *Articulata* 33:131–134.

Knowles, L. L. (2000). Tests of Pleistocene speciation in montane grasshoppers from the sky islands of western North America (genus *Melanoplus*). *Evolution* 54:1337–1348.

Knowles, L. L., and Carstens, B. C. (2007a.) Delimiting species without monophyletic gene trees. *Systematic Biology* 56:887–895.

– – – . (2007b). Estimating a geographically explicit model of population divergence. *Evolution* 61:477493.

Knowles, L. L., Huang, J. P., Wood, P. L., Mariño-Pérez, R., Hill, J. G., and Sanabria-Urbán, S. (2023). Phylogenetic tests of diversification models: Did repeated colonization or in situ divergence build-up an endemic Mexican fauna of grasshoppers? (In review).

König, S., Krauss, J., Keller, A., Bofinger, L., and Steffan-Dewenter, I. (2022). Phylogenetic relatedness of food plants reveals highest insect herbivore specialisation at intermediate temperatures along a broad climatic gradient. *Global Change Biology* 28:4027–4040.

Koot, E. M., Morgan-Richards, M., and Trewick, S. A. (2022). Climate change and alpine adapted insects: Modelling environmental envelopes of a grasshopper radiation. *Royal Society Open Science* 9:211596.

Korsunovskaya, O., Berezin, M., Heller, K. G., Tkacheva, E., Kompantseva, T., and Zhantiev R. (2020). Biology, sounds and vibratory signals of hooded katydids (Orthoptera: Tettigoniidae: Phyllophorinae). *Zootaxa* 4852:309–322.

Krenn, H. W., Fournel, J., Bauder, J. A., and Hugel, S. (2016). Mouthparts and nectar feeding of the flower visiting cricket *Glomeremus orchidophilus* (Gryllacrididae). *Arthropod Struct Dev* 45:221–229.

Kuřavová, K., Sipos, J., Wahab, R. A., Kahar, R. S., and Kočarek, P. (2017). Feeding patterns in tropical groundhoppers (Tetrigidae): A case of phylogenetic dietary conservatism in a basal group of Caelifera. *Zoological Journal of the Linnean Society* 179(2):291–302.

Le Gall, M., Overson, R., and Cease, A. J. (2019). A global review on locusts (Orthoptera: Acrididae) and their interactions with livestock grazing practices. *Frontiers in Ecology and Evolution* 7:1–24.

Lecoq, M. (1978). Le problème sauteriaux en Afrique soudano-sahélienne. *Agronomie Tropicale* 33:241–258. https://www.researchgate.net/publication/235409847

– – – . (1988). Les criquets du Sahel [Sahelian grasshoppers]. Collection Acridologie Opérationnelle, n°1. Comité Inter-Etats de Lutte contre la Sécheresse dans le Sahel, Département de Formation en Protection des végétaux (Niamey). http://locust.cirad.fr/ouvrages_pratiques/pdf/DFPV1.pdf

– – – . (1992). Une structure de population originale chez *Poekilocerus bufonius hieroglyphicus* (Klug, 1832) dans le Tamesna nigérien, en saison sèche (Orth., Pyrgomorphidae). *Bulletin de la Société entomologique de France* 97:55–60.

– – – . (2022). *Schistocerca gregaria* (desert locust). Crop Protection Compendium. CAB International. https://doi.org/10.1079/cabicompendium.49833

– – – .(2022). *Oedaleus senegalensis* (Senegalese grasshopper). Crop Protection Compendium. CAB International. https://doi.org/10.1079/cabicompendium.37101

– – – . (2023). *Locusta migratoria* (migratory locust). Crop Protection Compendium. CAB International.

Lecoq, M., and Bazelet, C. S. (2019). Red Locust *Nomadacris septemfasciata* (Serville, 1838) (Acrididae). In Lecoq, M., and Zhang, L., eds., *Encyclopedia of pest Orthoptera of the world.* China Agricultural University Press.

Lecoq, M., and Cease, A. J. (2022). What have we learned after millennia of locust invasions? *Agronomy* 12:1–10.

Lecoq, M., and Zhang, L., eds. (2019). *Encyclopedia of pest Orthoptera of the world.* China Agricultural University Press.

Lee, C., and McPherson, S. (2023). *Nature's tricks: How animals and plants use disguises and deception.* Don Hanson Charitable Foundation.

Lee, J., Famoso, N. A., and Lin, A. (2024). Microtomography of an enigmatic fossil egg clutch from the Oligocene John Day Formation, Oregon, USA, reveals an exquisitely preserved 29-million-year-old fossil grasshopper oothecal. Park Stewardship Forum, University of California.

Leguével de Lacombe, B. F., and de Froberville, E. (1840). *Voyage à Madagascar et aux îles Comores (1823 à 1830).* Desessart.

Lehmann, G.U.C. (2012). Weighing costs and benefits of mating in bushcrickets (Insecta: Orthoptera: Tettigoniidae), with an emphasis on nuptial gifts, protandry and mate density. *Frontiers in Zoology* 9:19.

Lehmann, G.U.C., and Lehmann, A. W. (2000a). Spermatophore characteristics in bushcrickets vary with parasitism and remating interval. *Behavioral Ecology and Sociobiology* 47:393–399.

– – – . (2000b). Female bushcrickets mated with parasitized males show rapid remating and reduced fecundity (Orthoptera: Phaneropteridae: *Poecilimon mariannae*). *Naturwissenschaften* 87:404–407.

– – – . (2006). Potential lifetime reproductive success of male bushcrickets parasitized by a phonotactic fly. *Animal Behaviour* 71:1103–1110.

– – – . (2007). Sex differences in "time out" from reproductive activity and sexual selection in male bushcrickets (Orthoptera: Zaprochilinae: *Kawanaphila mirla*). *Journal of Insect Behavior* 20:215–227.

– – – .(2008). Bushcricket song as a clue for spermatophore size? *Behavioral Ecology and Sociobiology* 62:569–578.

– – – .(2016). Material benefit of mating: The bushcricket spermatophylax as a fast uptake nuptial gift. *Animal Behaviour* 112:267–271.

Lehmann, G.U.C., Lehmann, K., Neumann, B., Lehmann, A. W., Scheler, C., and Jungblut, P. R. (2018). Protein analysis of the spermatophore reveals diverse compositions in both the ampulla and the spermatophylax in a bushcricket. *Physiological Entomology* 43:1–9.

Lewis, S. M., Vahed, K., Koene, J. M., Engqvist, L., Bussiere, L. F., Perry, J. C., Gwynne, D., and Lehmann, G.U.C. (2014). Emerging issues in the evolution of animal nuptial gifts. *Biology Letters* 10:20140336.

Ley, W. (1951). *Dragons in amber: Further adventures of a romantic naturalist.* Sidgwick and Jackson.

Li, R., Ying, X., Deng, W., Rong, W., and Li, X. (2021). Mitochondrial genomes of eight Scelimeninae species (Orthoptera) and their phylogenetic implications within Tetrigoidea. *PeerJ* 9:e10523.

Liana, A. (1980). Matériaux pour la connaissance des Proscopiidae (Orthoptera). *Mitteilungen aus dem Hamburgischen Zoologischen Museum und Institut* 77:229–260.

Linnaeus, C. (1758). Systema naturæ per regna tria naturæ, secundum classes, ordines, genera, species, cum characteribus, differentiis, synonymis, locis. Tomus I. Editio decima, reformata. Pp. [1–4], 1–824. Holmiæ. (Salvius).

Llorente del Moral, V., and Presa Asensio, J. J. (1997). *Los pamphagidae de la península ibérica: (Insecta, Orthoptera, Caelífera)*. Universidad de Murcia.

Lockwood, J. A. (2004). *Locust: The devastating rise and mysterious disappearance of the insect that shaped the American frontier.* Basic Books.

Lockwood, J. A., and DeBrey, L. D. (1990). A solution for the sudden and unexplained extinction of the Rocky Mountain locust, *Melanoplus spretus* (Walsh). *Environmental Entomology* 19:1194–1205.

Lockwood, J. A., Thompson, C. D., DeBrey, L. D., Love, C. M., Nunamaker, R .A., and Pfadt, R. E. (1991). Preserved grasshopper fauna of Knife Point Glacier, Fremont County, Wyoming, U.S.A. *Arctic and Alpine Research* 23:108–114.

Lockwood, J. A., Guzzo, A. M., and Carlisle, A. H. (2020). Librettos, sopranos, and science: Communicating ecology through opera. *Bulletin of the Ecological Society of America* July: 1–7 (e01730). https://doi.org/10.1002/bes2.1730

Löffler, F., Poniatowski, D., and Fartmann, T. (2019). Orthoptera community shifts in response to land-use and climate change: Lessons from a long-term study across different grassland habitats. *Biological Conservation* 236:315–323. https://doi.org/10.1016/j.biocon.2019.05.058

Loeffler-Henry, K., Kang, C., Dawson, J. W., and Sherratt, T. N. (2023). Mimicry in motion: A grasshopper species that looks like, and moves like, a sympatric butterfly. *bioRxiv* 2023.06.04.543626. https://doi.org/10.1101/2023.06.04.543626

Loureiro, J., Correia, P., Nel, A., and de Jesus, A. (2010). *Lusitaneura covensis* n. gen., n. sp., first Caloneurodea from the Carboniferous of Portugal (Insecta: Pterygota: Panorthoptera). *Annales de la Société entomologique de France* 46:242–246. https://doi.org/10.1080/00379271.2010.10697664

Louveaux, A., Amédégnato, C., Poulain, S., and Desutter-Grandcolas, L. Orthoptères Acridomorpha de l'Afrique du Nord-ouest. Version [24 February 2024]. http://acrinwafrica.mnhn.fr/

MacArthur, R. H., and Wilson, E. O. (1967). *The theory of island biogeography.* Princeton University Press.

Magor, J. I., Lecoq, M., and Hunter, D. M. (2008). Preventive control and desert locust plagues. *Crop Protection* 27:1527–1533.

Mantle, B., LaSalle, J., and Fisher, N. (2012). Whole-drawer imaging for digital management and curation of a large entomological collection. *ZooKeys 209*:147–163. https://doi.org/10.3897/zookeys.209.3169

Mařan, J. (1958). Eine neue Art der Gattung Isophya Br. W. aus der Tschechoslowakei, Orthoptera:Tettigoniidae. *Acta Entomologica Musei Nationalis Pragae* 32(523):5–24.

Mariño-Pérez, R., and Song, H. 2023. Keys to Pyrgomorphidae genera of the world. *Miscellaneous Publications of the Museum of Zoology, University of Michigan* 212:1–185.

Marshall, D. C., and Hill, K.B.R. (2009). Versatile aggressive mimicry of cicadas by an Australian predatory katydid. *PLoS ONE* 4(1):e4185. https://doi.org/10.1371/journal.pone.0004185

Matenaar, D., Bröder, L., Bazelet, C. S., and Hochkirch, A. (2014). Persisting in a windy habitat: Population ecology and behavioral adaptations of two endemic grasshopper species in the Cape region (South Africa). *Journal of Insect Conservation* 18:447–456.

Matenaar D., Bröder, L., and Hochkirch, A. (2016). A preliminary phylogeny of the South African Lentulidae. *Hereditas* 153:1–8.

Matenaar, D., Fingerle, M., Heym, E., Wirtz, S., and Hochkirch, A. (2018). Phylogeography of the endemic grasshopper genus *Betiscoides* (Lentulidae) in the South African Cape Floristic Region. *Molecular Phylogenetics and Evolution* 118:318–329.

Mason, S. C.,Jr., Betancourt, I. S., and Gelhaus, J. K. (2020). Importance of building a digital species index (spindex) for entomology collections: A case study, results and recommendations. *Biodiversity Data Journal* 8: e58310. https://doi.org/10.3897/BDJ.8.e58310

Massa, B., ed. (1995). Arthropoda di Lampedusa, Linosa e Pantelleria. *Il Naturalista Siciliano* 19.

Massa, B. (2013). Pamphagidae (Orthoptera: Caelifera) of North Africa: Key to genera and the annotated check-list of species. *Zootaxa* 3700 (3):435–475.

– – – . (2016). On some interesting African Katydids (Orthoptera Tettigoniidae). *Entomologia* 4:303.

Massa, B., and Fontana, P. (2020). Endemism in Italian Orthoptera. *Biodiversity Journal* 11(2):405–434.

Massa, B., Fontana, P., Buzzetti, F. M., Kleukers, R., and Odè B. (2012). Orthoptera. *Fauna d'Italia* XLVIII. Calderini.

Massa, B., Cusimano, C. A., Fontana, P., and Brizio, C. (2022). New unexpected species of *Acheta* (Orthoptera, Gryllidae) from the Italian volcanic island of Pantelleria. *Diversity* 14:802. https://doi.org/10.3390/d14100802

Matt, S., Flook, P. K., and Rowell, C.H.F. (2008). A partial molecular phylogeny of the Eumastacoidea s. lat. (Orthoptera, Caelifera). *Journal of Orthoptera Research* 17(1):43–55.

McCartney, J., Potter, M. A., Robertson, A. W., Telscher, K., Lehmann, G.U.C., Lehmann, A. W., Helversen, D. von, Reinhold, K., Achmann, R., and Heller, K.-G. (2008). Understanding nuptial gift size in bush-crickets: An analysis of the genus *Poecilimon* (Tettigoniidae; Orthoptera). *Journal of Orthoptera Research* 17:231–242.

Medina, H., Cease, A., and Trumper, E. (2017). The resurgence of the South American locust (*Schistocerca cancellata*). *Metaleptea* 37:17–21.

Mendelson, T. C., and Shaw, K. L. (2002). Genetic and behavioral components of the cryptic species boundary between *Laupala cerasina* and

L. kohalensis (Orthoptera: Gryllidae). *Genetica* 116:301–310.

Mendelson, T. C., and Shaw, K. L. (2005). Rapid speciation in an arthropod. *Nature* 433:375–376.

Mestre, J., and Chiffaud J. (2023). *Les acridiens d'Afrique occidentale et nord-cenbtrale,* [4] + 770 p., 360 Figs, 479 cartes.

Mey, E. (1994). In memoriam Wolfdietrich Eichler (1912–1994). *Rudolstädter naturhistorische Schriften* 6:107–108.

Meza-Joya, F. L., Morgan-Richards, M., Koot, E. M., and Trewick, S. A. (2023). Global warming leads to habitat loss and genetic erosion of alpine biodiversity. *Journal of Biogeography* 50:961–975.

Meza-Joya, F. L., Morgan-Richards, M., and Trewick, S. A. (2024). Phenotypic and genetic divergence in a cold-adapted grasshopper may lead to lineage-specific responses to rapid climate change. *Diversity and Distributions* 30:e13848.

Michelsen, A. (1998). Biophysics of sound localization in insects. In Hoy, R. R., Popper, A. N., and Fay, R. R., eds., *Comparative hearing: Insects*. Springer.

Micheneau, C., Fournel, J., Warren, B. H., Hugel, S., Gauvin-Bialecki, A., Pailler, T., Strasberg, D., and Chase, M. W. (2010). Orthoptera, a new order of pollinator. *Annals of Botany* 105:355–364.

Modder, W.W.D. (1983). Diurnal variation in feeding and gut activity in nymphs of the African pest grasshopper. *Zonocerus variegatus. Insect Science and Its Application* 5:527–531.

Morgan-Richards, M., Marshall, C. J., Biggs, P. J., and Trewick, S. A. (2023). Insect freeze-tolerance downunder: The microbial connection. *Insects* 14:89.

Mugleston, J. D., Naegle, M., Song, H., and Whiting, M. F. (2018). A comprehensive phylogeny of Tettigoniidae (Orthoptera: Ensifera) reveals extensive ecomorph convergence and widespread taxonomic incongruence. *Insect Systematics and Diversity* 2:1–25. https://doi.org/10.1093/isd/ixy010

Mullen, S. P., Mendelson, T. C., Schal, C. and Shaw, K. L. (2007). Rapid evolution of cuticular hydrocarbons in a species radiation of acoustically diverse Hawaiian crickets (Gryllidae: Trigonidiinae: *Laupala*). *Evolution* 61:223–231.

Nickle, D. A. (2002). New species of katydids (Orthoptera: Tettigoniidae) of the Neotropical genera *Arachnoscelis* (Listroscelidinae) and *Phlugiola* (Meconematinae), with taxonomic notes. *Journal of Orthoptera Research* 11:125–133.

Nocke, H. (1972). Physiological aspects of sound communication in crickets (*Gryllus campestris* L.). *Journal of Comparative Physiology* 80:141–162.

Nuhlíčková, S., Svetlík, J., Kaňuch, P., Krištín, A., and Jarčuška, B. (2023). Movement patterns of the endemic flightless bush-cricket, *Isophya beybienkoi*. *Journal of Insect Conservation* 28:141–150. https://doi.org/10.1007/s10841-023-00529-0

Ogan, S., Paulus, C., Froehlich, C., Renker, C., Kolwelter, C., Schendzielorz, M., Danielczak, A., Müller, K., Eulering, H., and Hochkirch, A. (2022). Re-surveys reveal biotic homogenization of Orthoptera assemblages as a consequence of environmental change. *Diversity and Distribution* 28:1795–1809.

Oliver, T. H., and Morecroft, M. D. (2014). Interactions between climate change and land use change on biodiversity: Attribution problems, risks, and opportunities. *WIREs Climate Change* 5:317–335.

Ortego, J., and Knowles, L. L. (2022). Geographic isolation versus dispersal: Relictual alpine grasshoppers support a model of interglacial diversification with limited hybridization. *Molecular Ecology* 31(1):296–312.

Ortis, G., Marini, L., Cavaletto G., and Mazzon, L. (2023). Increasing temperatures affect multiyear life cycle of the outbreak bush-cricket *Barbitistes vicetinus* (Orthoptera, Tettigoniidae). *Insect Science* 30:530–538. https://doi.org/10.1111/1744-7917.13094

Otte D. (1970). A comparative study of communicative behavior in grasshoppers. *Miscellaneous Publications of the Museum of Zoology, University of Michigan* 141:1–167.

– – – . (1981). *The North American grasshoppers.* Vol. 1. Acrididae: Gomphocerinae y Acridinae. Harvard University Press.

– – – . (1984). *The North American grasshoppers.* Vol. 2. Acrididae: Oedipodinae. Harvard University Press.

– – – . (1994). *The crickets of Hawaii: Origin, systematics and evolution.* Orthopterists' Society.

– – – . (2002). Studies of *Melanoplus* 1. Review of the Viridipes Group (Acrididae: Melanoplinae). *Journal of Orthoptera Research* 11:31–118.

– – – . (2012). Eighty new species of *Melanoplus* from the United States. *Transactions of the American Entomological Society* 138:73–167.

– – – . (2024). Keys to southern African Lentulidae (Orthoptera: Acridoidea) and revision of *Eremidium*. *Transactions of the American Entomological Society* 150:22–158.

Paranjape, S. Y., and Bhalerao, A. M. (1994). Distribution and etho-ecology of grouse locusts of certain localities in Maharashtra with a note on the status of tetrigid taxonomy. *Records of the Zoological Survey of India*, 351–366.

Pfeiffer, I. (1861). *Reise nach Madagaskar: Nebst einer Biographie der Verfasserin, nach ihren eigenen Aufzeichnungen,* Volume 1. Gerold.

Pocco, M. E., Scattolini, M. C., Lange, C. E., and Cigliano, M. M. (2014). Taxonomic delimitation in color polymorphic species of the South American grasshopper genus *Diponthus* Stål (Orthoptera, Romaleidae, Romaleini). *Insect Systematics and Evolution* 45(4):303–350.

Pocco, M. E., Minutolo, C., Dinghi, P. A., et al. (2015). Species delimitation in the Andean grasshopper genus *Orotettix* Ronderos and Carbonell (Orthoptera: Melanoplinae): An integrative approach combining morphological, molecular and biogeographical data. *Zoological Journal of the Linnean Society* 174:733–759. https://doi.org/10.1111/zoj.12251

Pocco, M. E., Guzmán, N., Plischuk, S., Confalonieri, V., Lange, C. E., and Cigliano, M. M. (2018). Diversification

patterns of the grasshopper genus *Zoniopoda* Stål (Romaleidae, Acridoidea, Orthoptera) in open vegetation biomes of South America. *Systematic Entomology* 43(2):290–307. https://doi.org/10.1111/syen.12277
Pocco, M. E., Lange, C. E., and Cigliano, M. M. (2023). Relationships and taxonomy of the genus *Diponthus* Stål (Orthoptera: Acridoidea: Romaleidae). *Zootaxa* 5336(1):033–081.
Poniatowski, D., and Fartmann, T. (2011a). Weather-driven changes in population density determine wing dimorphism in a bush-cricket species. *Agriculture, Ecosystems and Environment* 145:5–9. https://doi.org/10.1016/j.agee.2010.10.006
Poniatowski, D., and Fartmann, T. (2011b). Dispersal capability in a habitat specialist bush-cricket: The role of population density and habitat moisture. *Ecological Entomology* 36:717–723. https://doi.org/10.1111/j.1365-2311.2011.01320.x
Poniatowski, D., Heinze, S., and Fartmann, T. (2012). The role of macropters during range expansion of a wing-dimorphic insect species. *Evolutionary Ecology* 26:759–770. https://doi.org/10.1007/s10682-011-9534-2
Poniatowski, D., Münsch, T., Helbing, F., and Fartmann, T. (2018). Arealveränderungen mitteleuropäischer Heuschrecken als Folge des Klimawandels. *Natur und Landschaft* 93(12):553–561.
Poniatowski, D., Beckmann, C., Löffler, F., Münsch, T., Helbing, F., Samways, M. J., and Fartmann, T. (2020). Relative impacts of land-use and climate change on grasshopper range shifts have changed over time. *Global Ecology and Biogeography* 29:2190–2202. https://doi.org/110.1111/geb.13188
Popov, G. B. (1985). Ecological studies on oviposition by swarms of the desert locust (*Schistocerca gregaria* Forskål) in eastern Africa. *Anti-Locust Bull.* 31:1–72.
– – – . (1988). Sahelian grasshoppers. *ODNRI Bulletin* 5. http://gala.gre.ac.uk/11048
– – – . (1989). *Nymphs of the Sahelian grasshoppers: An illustrated guide.* Overseas Development Natural Resources Institute. https://doi.org/10.1017/S0007485300046046 (abstract)
Prange, H. D., and Pinshow, B. (1994). Thermoregulation of an unusual grasshopper in a desert environment: The importance of food source and body size. *Journal of Thermal Biology* 19(1):75–78. https://doi.org/10.1016/0306-4565(94)90011-6
Ragge, D. R., and Reynolds, W. J. (1998) . *The songs of the grasshoppers and crickets of Western Europe.* Harley Books.
Rentz, D. (1996). *Grasshopper Country.* University of New South Wales Press.
Rentz, D.C.F. (1991). Orthoptera. In Naumann, I. D., Carne, P. B., Lawrence, J. F., Nielson, E. S., Spradbery, J. P., Taylor, R. W., Whitten, M. J., and Littlejohn, M. J., eds. *The Insects of Australia Volume I*, 2nd ed. Melbourne University Press.
– – – . (2010). *A guide to the katydids of Australia.* CSIRO Publishing.
Rentz, D.C.F., and Monteith, G. B. (2022). A review of the Australian endemic genus *Cooloola* Rentz, 1980, with description of seven new species and summary of biology (Orthoptera: Anostostomatidae: Anostostomatinae: Cooloolini). *Australian Entomologist* 49(3):209–253.
Rentz, D.C.F., Lewis, R. C., Su, Y. N., and Upton, M. S. (2003). *A Guide to Australian Grasshoppers and Locusts.* Natural History Publications (Borneo).
Richards, A. M. (1964). Insects of Campbell Island. Orthoptera: Rhaphidophoridae of Auckland and Campbell Islands. *Pacific Insects Monographs*: 216–225.
Ries, M. W., Adriaansen, C., Aldobai, S., Berry, K., Bal, A. B., Catenaccio, M. C., Cigliano, M. M., Cullen, D. A., Deveson, E. D., Diongue, A., Foquet, B., Hadrich, J., Hunter, D., Johnson, D. L., Karnatz, J. P., Lange, C. E., Lawton, D., Lazar, M., Latchininsky, A. V., Lecoq, M., Gall, M. L., Lockwood, J., Manneh, B., Overson, R., Peterson, B. F., Piou, C., Poot-Pech, M. A., Robinson, B. E., Rogers, S. M., Song, H., Springate, S., Therville, C., Trumper, E., Waters, C., Woller, D. A., Youngblood, J. P., Zhang, L., and Cease, A. (2024). Global perspectives and transdisciplinary opportunities for locust and grasshopper pest management and research. *Journal of Orthoptera Research* 33:169–216.
Roberts, H. R. (1941). A comparative study of the subfamilies of the Acrididae (Orthoptera) primarily on the basis of their phallic structures. *Proceedings of the Academy of Natural Sciences, Philadelphia* 93:201–246.
Römer, H. (1998). The sensory ecology of acoustic communication in insects. In Hoy, R. R., Popper, A. N., and Fay, R. R., eds., *Comparative hearing: Insects.* Springer.
Rowell, C.H.F. (2013). *The grasshoppers (Caelifera) of Costa Rica and Panama.* The Orthopterists' Society.
Rowell, C.H.F., Hemp, C., and Harvey, A. W. (2015). Jago's Grasshoppers of East and North East Africa, Vol. 1. Blurb.
Rühr, P. T., Edel, C., Frenzel, M., and Blanke, A. (2024). A bite force database of 654 insect species. *Scientific Data* 11(58):1–7. https://doi.org/10.1038/s41597-023-02731-w
Rust J. (1998). Biostratinomie von Insekten aus der Fur-Formation von Dänemark (Moler, oberes Paleozän/unteres Eozän). *Paläontologische Zeitschrift* 72:41–58.
Sahagún, B. (1577). *Florentine Codex.* Mexico. Disponible en Códice Florentino Digital/Digital Florentine Codex, editado por Kim N. Richter y Alicia Maria Houtrouw, "Libro 11: Cosas terrenales," fol. ir, Getty Research Institute, 2023. https://florentinecodex.getty.edu/es/book/11/folio/ir Consultado el 22 mayo 2024
Sanabria-Urbán, S., Mariño-Pérez, R., and Song, H. (2019). Corn grasshopper *Sphenarium purpurascens* Charpentier (Orthoptera: Pyrgomorphidae). In

Encyclopedia of Pest Orthoptera of the World. China Agricultural University Press.
Schirmel, J., Gerlach, R., and Buhk, C. (2019). Disentangling the role of management, vegetation structure and plant quality for Orthoptera in lowland meadows. *Insect Science* 26:366–378.
Schirmel, J., Entling, M.H., and Eckerter, P. (2020). Eichenschrecken als Hauptbeute des neozoischen Stahlblauen Grillenjägers *Isodontia mexicana* (Hymenoptera: Sphecidae) in der südpfälzischen Agrarlandschaft. *Articulata* 35:149–160.
Schubnel, T., Legendre, F., Roques, P., Garrouste, R., Cornette, R., Perreau, M., Perreau, N., Desutter-Grandcolas, L., and Nel, A. (2021). Sound vs. light: Wing-based communication in Carboniferous insects. *Communications Biology* 4:794. https://doi.org/10.1038/s42003-021-02281-0
Schultz O., Hemp, C., Hemp, A., and Wägele, W. (2007). Molecular phylogeny of the endemic East African flightless grasshoppers *Altiusambilla* Jago, *Usambilla* (Sjöstedt) and *Rhainopomma* Jago (Orthoptera: Acridoidea: Lentulidae). *Systematic Entomology* 32:712–719.
Sevastianov, N., Neretina, T., and Vedenina, V. (2023). Evolution of calling songs in the grasshopper subfamily Gomphocerinae (Orthoptera, Acrididae). *Zoologica Scripta* 52:154–175.
Shaw, K.L. (2000). Further acoustic diversity in Hawaiian forests: Two new species of Hawaiian cricket (Orthoptera: Gryllidae: Trigonidiinae: *Laupala*). *Zoological Journal of the Linnean Society* 129:73–91.
Shin, S., Baker, A.J., Enk, J., McKenna, D., Foquet, B., Vandergast, A.G., Weissman, D.B., and Song, H. (2024). Orthoptera-specific target enrichment (OR-TE) probes resolve relationships over broad phylogenetic scales. *Scientific Reports* 14:21377. https://doi.org/10.1038/s41598-024-72622-6
Showler, A.T., and Lecoq, M. (2021). Incidence and ramifications of armed conflict in countries with major desert locust breeding areas. *Agronomy* 11:114.
Simon, S., Letsch, H., Bank, S., Buckley, T.R., Donath, A., Liu, S., Machida, R., Meusemann, K., Misof, B., Podsiadlowski, L., Zhou, X., Wipfler, B., and Bradler, S. (2019). Old World and New World Phasmatodea: Phylogenomics resolve the evolutionary history of stick and leaf insects. *Frontiers in Ecology and Evolution* 7. https://doi.org/10.3389/fevo.2019.00345
Sivyer, L., Morgan-Richards, M., Koot, E., and Trewick, S.A. (2018). Anthropogenic cause of range shifts and gene flow between two grasshopper species revealed by environmental modelling, geometric morphometrics and population genetics. *Insect Conservation and Diversity* 11(5):415–434.
Skejo, J., Pushkar, T.I., Kasalo, N., Pavlović, M., Deranja, M., Adžić, K., et al. (2022). Spiky pygmy devils: Revision of the genus *Discotettix* (Orthoptera: Tetrigidae) and synonymy of Discotettiginae with Scelimeninae. *Zootaxa* 5217(1):1–64.
Skejo, J., Kasalo, N., Fontana, P., Ivković, S., Škorput, J., Buzzetti, F.M., Gomboc, S., Scherini, R., Ćato, S., Rebrina, F., Heller, K.-G., Adžić, K., Deranja, M., and Tvrtković, N., (2023). *Dinarippiger* gen. nov. (Tettigoniidae: Bradyporinae: Ephippigerini), a new saddle bush-cricket genus for *Ephippiger discoidalis* Fieber, 1853 from the Dinaric Alps. *Zootaxa* 5271 (1):049–090. https://doi.org/10.11646/zootaxa.5271.1.2
Sjöstedt, Y. (1909). 17. Orthoptera. 6. Locustodea: 125–148, 7. Acridiodea: 149–200. In Sjöstedt, Y., ed., *Wissenschaftliche Ergebnisse der Schwedischen Zoologischen Expedition nach dem Kilimanjaro, dem Meru und den umgebenden Massaisteppen Deutsch-Ostafrikas 1905–1906.*
Song, H., Amédégnato, C., Cigliano, M.M., Desutter-Grandcolas, L., Heads, S., Huang, Y., Otte, D., and Whiting, M.F. (2015). 300 million years of diversification: Elucidating the patterns of orthopteran evolution based on comprehensive taxon and gene sampling. *Cladistics* 31(6):1–31.
Song, H., Foquet, B., Mariño-Pérez, R., and Woller, D.A. (2017). Phylogeny of locusts and grasshoppers reveals complex evolution of density-dependent phenotypic plasticity. *Scientific Reports* 7 :1–13. https://doi.org/10.1038/s41598-017-07105-y
Song, H., Mariño-Pérez, R., Woller, D.A., and Cigliano, M.M. (2018). Evolution, diversification, and biogeography of grasshoppers (Orthoptera: Acrididae). *Insect Systematics and Diversity* 2(4):3, 1–25. https://doi.org/10.1093/isd/ixy008
Spira, T.P. (2011). *Wildflowers and plant communites of the southern Appalachian Mountains and Peidmont: A naturalist's guide to the Carolinas, Virgina, and Tennessee and Georgia.* University of North Carolina Press.
Stalling, T. (2024). *Myrmecophilus jordanicus*, a new species of ant cricket from Jordan and Israel, with notes on the synonymy of *Myrmecophilus nigricornis* (Orthoptera: Myrmecophilidae). *Israel Journal of Entomology* 53:25–32.
Stalling, T., and Birrer, S. (2013). Identification of the ant-loving crickets, *Myrmecophilus* Berthold, 1827 (Orthoptera: Myrmecophilidae), in Central Europe and the northern Mediterranean Basin. *Articulata* 28(1/2):1–11.
Stamps, G. F., and Shaw, K.L. (2019). Male use of chemical signals in sex discrimination of *Laupala pruna. Animal Behavior* 156:111–120.
Steedman, A. (1990). *Locust handbook.* 3rd ed. Natural Resources Institute.
Stoll, C. (1787). *Représentation exactement colorée d'après nature des Spectres ou Phasmes, des Mantes, des Sauterelles, des Grillons, des Criquets et des Blattes. Qui se trouvent dans les quatre parties du monde. l'Europe, l'Asie, l'Afrique et l'Amérique; Rassemblées et Décrites par Caspar Stoll.* Pages 1–56, plates 1–18, figures 1–68.

– – – . (1813). *Représentation exactement colorée d'après nature des Spectres ou Phasmes, des Mantes, des Sauterelles, des Grillons, des Criquets et des Blattes. Qui se trouvent dans les quatre parties du monde. l'Europe, l'Asie, l'Afrique et l'Amérique; Rassemblées et Décrites par Caspar Stoll.* Pages 57–74, plates 19–25, figures 69–100.

Sultana, R., and Wagan, M. S. (2015). Grasshoppers and locusts of Pakistan. Higher Education Commission-Pakistan.

Sword, G. A., Lecoq, M., and Simpson, S. J. (2010). Phase polyphenism and preventative locust management. *Journal of Insect Physiology* 56:949–957.

Tan, M. K. (2012). *Orthoptera in the Bukit Timah and Central Catchment Nature Reserves (Part 1): Suborder Caelifera*. Raffles Museum of Biodiversity Research, National University Singapore, Singapore. Uploaded 4 May 2012.

– – – . (2017). *Orthoptera in the Bukit Timah and Central Catchment Nature Reserves (Part 2): Suborder Ensifera.* 2nd ed. Lee Kong Chian Natural History Museum, National University of Singapore, Singapore. Uploaded 16 June 2017.

Tan, M. K., and Robillard, T. (2012). Two new cricket species (Orthoptera: Gryllidae and Mogoplistidae) from the mangrove areas of Singapore. *Raffles Bulletin of Zoology* 60(2):411–420.

Tan, M. K., and Robillard, T. (2021). Population divergence in the acoustic properties of crickets during the COVID-19 pandemic. *Ecology (The Scientific Naturalist)* 102(7):e03323. https://doi.org/10.1002/ecy.3323

Tan, M. K., Artchawakom, T., Wahab, R. A., Lee, C.-Y., Belabut, D. M., and Tan, H.T.W. (2017). Overlooked flower visiting Orthoptera in Southeast Asia. *Journal of Orthoptera Research* 26(2)143–153. https://doi.org/10.3897/jor.26.15021

Tan, M. K., Leem, C.J.M., and Tan, H.T.W. (2017). High floral resource density leads to neural constraint in the generalist, floriphilic katydid, *Phaneroptera brevis* (Orthoptera: Phaneropterinae). *Ecological Entomology* 42(5):535–544. https://doi.org/10.1111/een.12414

Tan, M. K., Montealegre-Z., F., Wahab, R. A., Lee, C.-Y., Belabut, D. M., Japir, R., and Chung, A.Y.C. (2019). Ultrasonic songs and stridulum anatomy of *Asiophlugis* crystal predatory katydids (Tettigonioidea: Meconematinae: Phlugidini). *Bioacoustics* 29(6):619–637. https://doi.org/10.1080/09524622.2019.1637783

Tatamic, N. J., Umbers, K.D.L., and Song, H. (2013). Molecular phylogeny of the *Kosciuscola* grasshoppers endemic to the Australian alpine and montane regions. *Invertebrate Systematics* 27:307–316. https:/ /doi.org/10.1071 /IS 12072

Taylor-Smith, B. L., Morgan-Richards, M., and Trewick, S. A. (2013). New Zealand ground wētā (Anostostomatidae: *Hemiandrus*): Descriptions of two species with notes on their biology. *New Zealand Journal Zoology* 40:314–329.

Taylor-Smith, B. L., Trewick, S. A., and Morgan-Richards, M. (2016). Three new ground wētā and a redescription of *Hemiandrus maculifrons*. *New Zealand of Zoology* 43:363–383.

Therville, C., Anderies, J. M., Lecoq, M., and Cease, A. (2021). Locusts and people: Integrating the social sciences in sustainable locust management. *Agronomy* 11:951.

Think Africa 2025. https://thinkafrica.net/. Visited 2025.

Thorn, S., König, S., Fischer-Leipold, O., Gombert, J., Griese, J., and Thein, J. (2022). Temperature preferences drive additive biotic homogenization of Orthoptera assemblages. *Biology Letters* 18:20220055. https://doi.org/10.1098/rsbl.2022.0055

Tomar, M., and Diwakar, S. (2020). Investigating host plant association, calling activity, and sexual dimorphism in Indian *Gryllacropsis* sp. (Orthoptera: Anostostomatidae). *Ecology and Evolution* 10(21):11850–11860.

Tonzo, V., and Ortego, J. (2021). Glacial connectivity and current population fragmentation in sky islands explain the contemporary distribution of genomic variation in two narrow-endemic montane grasshoppers from a biodiversity hotspot. *Diversity and Distributions* 27(9):1619–1633. https://doi.org/10.1111/ddi.13306

Trewick, S. A. (2021). A new species of large *Hemiandrus* ground wētā (Orthoptera: Anostostomatidae) from North Island, New Zealand. *Zootaxa* 4942(2).

Trewick, S. A., and Morgan-Richards, M. (2019). *Wild Life New Zealand.* Hand-in-Hand Press. https://sites.massey.ac.nz/wildlifenz/

Trewick, S. A., and Morgan-Richards, M. (2000). Artificial wētā roosts: A technique for ecological study and population monitoring of tree wētā (*Hemideina*) and other invertebrates. *New Zealand Journal of Ecology 24*: 201–208.

Trewick, S. A., Taylor-Smith, B. L., and Morgan-Richards, M. (2020). Ecology and systematics of the wine wētā and allied species, with description of four new *Hemiandrus* species. *New Zealand Journal of Zoology* 48:47–80.

Trewick, S., Hegg, D., Morgan-Richards, M., Murray, T., Watts, C., Johns, P., and Michel, P. (2022). *Conservation status of Orthoptera (wētā, crickets and grasshoppers) in Aotearoa New Zealand.* New Zealand Threat Classification Series 39. Department of Conservation, Wellington.

Trewick, S. A., Koot, E. M., and Morgan-Richards, M. (2023). Māwhitiwhiti Aotearoa: Phylogeny and synonymy of the silent alpine grasshopper radiation of New Zealand (Orthoptera: Acrididae). *Zootaxa* 5383:225–241.

Trewick, S. A., Taylor-Smith, B. L., and Morgan-Richards, M. (2024). Wētā Aotearoa: Polyphyly of the New Zealand Anostostomatidae (Insecta: Orthoptera). *Insects* 15:787.

Trumper, E. V., Cease, A. J., Cigliano, M. M., Bazán, F. C., Lange, C. E., Medina, H. E., Overson, R. P., Therville, C., Pocco, M. E., Piou, C., Zagaglia, G., and Hunter, D. (2022). A review of the biology, ecology, and

management of the South American locust, *Schistocerca cancellata* (Serville, 1838), and future prospects. *Agronomy* 12:1–20.
Tumbrinck, J. (2014). Taxonomic revision of the Cladonotinae (Orthoptera: Tetrigidae) from the islands of South-East Asia and from Australia, with general remarks to the classification and morphology of the Tetrigidae and descriptions of new genera and species from New Guinea and New Caledonia. In Telnov, D., ed., *Biodiversity, biogeography and nature conservation in Wallacea and New Guinea*, Vol. 2. Entomological Society of Latvia.
Turnell, B. R., and Shaw, K. L. (2015). Polyandry and postcopulatory sexual selection in a wild population. *Molecular Ecology* 24:6278–6288.
Umbers, K.D.L., Tatarnic, N. J., Holwell, G. I., et al. (2013). Bright turquoise as an intraspecific signal in the chameleon grasshopper (*Kosciuscola tristis*). *Behavioral Ecology and Sociobiology* 67:439–447. https://doi.org/10.1007/s00265-012-1464-7
Umbers, K.D.L., Slatyer, R. A., Tatamic, N. J., Muschett, G. R., Wang, S., and Song, H. (2022). Phylogenetics of the skyhoppers (*Kosciuscola*) of the Australian Alps: Evolutionary and conservation implications. *Pacific Conservation Biology* 28:298–299.
Uvarov, B. (1977). *Grasshoppers and Locusts*, Vol. 1. Cambridge University Press.
Uvarov, B. P. (1921. A revision of the genus *Locusta*, L.(= *Pachytylus*, Fieb.), with a new theory as to the periodicity and migrations of locusts. *Bulletin of Entomological Research* 12:135–163.
– – – . (1936). New Orthoptera from Cyprus. *Annals and Magazine of Natural History* 18:505–515.
– – – . (1949). On the insect fauna of Cyprus. Results of the expedition of 1939 by Harald, Hakan, and Lindberg, P. H. IV. Tettigoniidae and Acrididae. *Societas Scientiarum Fennica Commentationes Biologicae* 10:1–6.
Uvarov, B. P., and Volkonsky, M. A. (1939). Notes on a desert grasshopper with digging habits, *Eremogryllus hammadae* Krauss, 1902 (Orthoptera, Acrididae). *Proceedings of the Royal Entomological Society of London A* 14:19–23.
Vahed, K. (1998). The function of nuptial feeding in insects: A review of empirical studies. *Biological Reviews* 73(1):43–78.
– – – . (2019). The life cycle of the Atlantic beach-cricket, *Pseudomogoplistes vicentae* Gorochov, 1996. *Journal of Insect Conservation* 24:473–485.
Vahed, K., and Bourgaize, T. (2020). Overwintered adult male scaly crickets, *Pseudomogoplistes vicentae* Gorochov, found in Guernsey in March/April. *British Journal of Entomology and Natural History* 33:35–40.
Van Itterbeeck, J., Rakotomalala Andrianavalona, I. N., Rajemison, F. I., Rakotondrasoa, J. F., Ralantoarinaivo, V. R., et al. (2019). Diversity and use of edible grasshoppers, locusts, crickets, and katydids (Orthoptera) in Madagascar. *Foods* 8:666. https://doi.org/10.3390/foods8120666
Vedenina, V. Y. (2015). Courtship song analysis in two hybrid zones between sibling species of the *Chorthippus albomarginatus* group (Orthoptera, Gomphocerinae). *Entomological Review* 95:166–180.
Vedenina, V. Y., and Helversen, O. von (2003). Complex courtship in a bimodal grasshopper hybrid zone. *Behavioural Ecology and Sociobiology* 54:44–54.
Vedenina, V., and Mugue, N. (2011). Speciation in gomphocerine grasshoppers: Molecular phylogeny versus bioacoustics and courtship behavior. *Journal of Orthoptera Research* 20:109–125. https://www.jstor.org/stable/23034228
Vedenina, V. Y., Panyutin, A. K., and Helversen, O. von (2007). The unusual inheritance pattern of the courtship songs in closely related grasshopper species of the *Chorthippus albomarginatus*-group (Orthoptera: Gomphocerinae). *Journal of Evolutionary Biology* 20:260–277.
Vedenina, V., Fähsing, S., Sradnick, J., Klöpfel, A., and Elsner, N. (2013). A narrow hybrid zone between the grasshoppers *Stenobothrus clavatus* and *S. rubicundus* (Orthoptera: Gomphocerinae): Female preferences for courtship songs. *Biological Journal of the Linnean Society* 108:834–843. https://doi.org/10.1111/bij.12005
Voigt, C. C., Lehmann, G.U.C., Michener, R. H., and Joachimski, M. M. (2006). Nuptial feeding is reflected in tissue nitrogen isotope ratios of female katydids. *Functional Ecology* 20:656–661.
Voigt, C. C., Kretzschmar, A. S., Speakman, J. R., and Lehmann, G.U.C. (2008). Female bushcrickets fuel their metabolism with nuptial gifts. *Biology Letters* 4:476–478.
Waloff, Z. (1960). The fluctuating distribution of the desert locust in relation to the strategy of control. Report of the 7th Commonwealth Entomological Conference, London, July 1960.
– – – . (1976). Some temporal characteristics of desert locust plagues. *Anti-Locust Memoir* 13. Anti-Locust Research Center.
Whitman, D. W. (1990). Grasshopper chemical communication. In *Biology of Grasshoppers*, edited by Chapman, R. F., and Joern, A. John Wiley and Sons.
Willemse, F. (1966). List of new taxa of Orthoptera described by C. Willemse. *Publicaties van het Natuurhistorisch Genootschap in Limburg* 16:31–42.
– – – . (1971). The genus *Oropodisma* Uvarov, 1942, with the description of two new species (Orthoptera, Acrididae, Catantopinae). *Publicaties van het Natuurhistorisch Genootschap in Limburg* 20:19–25.
Willemse, F., and Willemse, L. (2008). An annotated checklist of the Orthoptera-Saltatoria from Greece including an updated bibliography. *Articulata–Beiheft* 13:1–91.
Willemse, L., Kleukers, R., and Odé, B. (2018). *The grasshoppers of Greece*. Naturalis Biodiversity Center.

Wim, C., Prakash, A., Müller, A., and Lazutkaite, E. (2023). Insecticide use against desert locust in the Horn of Africa 2019–2021 reveals a pressing need for change. *Agronomy* 13:819.
Wipfler, B., Letsch, H., Frandsen, P.B., Kaplie, P., Mayer, C., Bartel, D., Buckley, T.R., Donath, A., Edgerly-Rooks, J.S., Fujita, M., Liu, S., Machida, R., Mashimo, Y., Misof, B., Niehuis, O., Peters, R.S., Petersen, M., Podsiadlowski, L., Schütte, K., Shimizu, S., Uchifune, T., Wilbrandt, J., Yan, E., Zhou, X., and Simon, S. 2019. Evolutionary history of Polyneoptera and its implications for our understanding of early winged insects. *Proc. Nat. Acad. Sci. U.S.A.* 116: 3024–3029. https://doi.org/10.1073/pnas.1817794116
Witzenberger, K.A., and Hochkirch. A. (2008). Genetic consequences of animal translocations: A case study using the field cricket, *Gryllus campestris L. Biological Conservation* 141:3059–3068.
Woller, D.A. (2017). Xerophillic flightless grasshoppers (Orthoptera: Acrididae: Melanoplinae: *Melanoplus*: The Puer Group) of the southeastern U.S.A.: An evolutionary history. Dissertation submitted to Texas A & M University.
Woller D.A., Fontana, P., Mariño-Pérez, R., and Song, H. (2014). Studies in Mexican grasshoppers: *Liladownsia fraile*, a new genus and species of Dactylotini (Acrididae: Melanoplinae) and an updated molecular phylogeny of Melanoplinae. *Zootaxa* 3793(4):475–495. https://doi.org/10.11646/zootaxa.3793.4.6
Wright, A.M., Bapst, D.W., Barido-Sottani, J., and Warnock, R.C.M. (2022). Integrating fossil observations into phylogenetics using the fossilized birth–death model. *Annual Review of Ecology, Evolution, and Systematics* 53:251–273. https://doi.org/10.1146/annurev-ecolsys-102220-030855
Wright, D.E. (1987). Analysis of the development of major plagues of the Australian plague locust *Chortoicetes terminifera* (Walker) using a simulation model. *Australian Journal of Ecology* 12:423–437.
Würmli, M. (1973). Ergebnisse der Bhutan-Expedition 1972 des Naturhistorischen Museums in Basel. Orthoptera: Gryllacridoidea. *Verh. Naturf. Ges. Basel* 83:337–347.
Yadav, S., Stow, A.J., and Dudaniec, R.Y. (2019). Detection of environmental and morphological adaptation despite high landscape genetic connectivity in a pest grasshopper (*Phaulacridium vittatum*). *Molecular Ecology* 28(14):3395–3412.
Yadav, S., Stow, A., and Dudaniec, R.Y. (2020). Elevational partitioning in species distribution, abundance and body size of Australian alpine grasshoppers (*Kosciuscola*). *Austral Ecology*. https://doi.org/10.1111/aec.12876
Yetchom-Fondjo, J.A., Kekeunou S., Kenne, M., Missoup, A.D., and Xu, S.Q. (2020). Diversity, abundance and distribution of grasshopper species (Orthoptera: Acrididea) in three different types of vegetation with different levels of anthropogenic disturbances in the Littoral Region of Cameroon. *Journal of Insect Biodiversity* 014(1):016–033.
Zha, L., Yu, F., Boonmee, S., Eungwanichayapant, P.D., and Wen, T. (2017). The subfamily Cladonotinae (Orthoptera: Tetrigidae) from China with description of a new monotypic genus. *Journal of Natural History* 51(25–26):1479–1489.
Zhang, L., Lecoq, M., Latchininsky, A., and Hunter, D. (2019). Locust and grasshopper management. *Annual Review of Entomology* 64:15–34.

REGISTER

Kursive Seitenzahlen geben Abbildungen an.

1. Auflage: 2025

ISBN 978-3-258-08434-3

Gestaltungskonzept, Umschlag und Layout: pooldesign.ch

Titelbild: Die Stachelige Teufelsschrecke *Panacanthus cuspidatus* (Tettigoniidae) ist ein wirklich bizarr aussehender Vertreter der Orthopteren. Foto: Dante Fenoglio.
Rückseite Hauptbild: *Phytomastax* cf. *artemisiana* (Eumastacidae) aus Bartogay, Kasachstan. Foto: N. Sevastianov; Foto oben links: *Pseudophyllus hercules* (Tettigoniidae) ist eine große Blatt-imitierende Laubheuschrecke aus Borneo. Foto: Chien. C. Lee; Foto oben mitte: Nyphen von *Tropidacris collaris* (Romaleidae) im Wanderstadium, Formosa, Argentinen. Foto: Martina Pocco; Foto oben rechts: *Holoarcus truncatus* (Tetrigidae) ist eine Dornschrecke aus Neu Guinea, die totes Laub nachahmt. Foto: Chien. C. Lee.

Wir drucken mit mineralölfreien Farben und verwenden FSC®-zertifiziertes Papier. FSC® sichert die Nutzung der Wälder gemäß sozialen, ökonomischen und ökologischen Kriterien.

Gedruckt in der Tschechischen Republik

Diese Publikation ist in der Deutschen Nationalbibliografie verzeichnet.
Mehr Informationen dazu finden Sie unter http://dnb.dnb.de.

Der Haupt Verlag wird vom Bundesamt für Kultur für die Jahre 2021–2026 unterstützt.

© Shutterstock, Huza Studio

Sie möchten nichts mehr verpassen?

Folgen Sie uns auf unseren Social-Media-Kanälen und bleiben Sie via Newsletter auf dem neuesten Stand.

www.haupt.ch/informiert

Wir verlegen mit Freude und großem Engagement unsere Bücher.
Daher freuen wir uns immer über Anregungen zum Programm und schätzen Hinweise auf Fehler im Buch, sollten uns welche unterlaufen sein.

Haupt Verlag AG
Falkenplatz 14
CH-3012 Bern
herstellung@haupt.ch
www.haupt.ch

Verantwortlich in der EU (GPSR):
Brockhaus Kommissionsgeschäft GmbH
Kreidlerstr. 9
DE-70806 Kornwestheim
haupt@brocom.de